从零开始学液压
安装调试与诊断维修

衣娟 郭庆梁 李晓红 何立 编著

U0243482

化学工业出版社

·北京·

内 容 简 介

本书以作者多年来从事液压教学与实践工作的经验为基础,面向液压系统的安装、调试、运用与维修等全应用周期,多角度、新视野、全方位地介绍了液压系统维修与安装调试工作中经常出现的问题和解决思路。主要内容包括液压系统安装调试的工作方法、应用实例,液压系统的常见故障诊断基础知识、维修基础知识和故障诊断与维修实例。

本书可供从事液压系统设计、使用维护、试验测试、故障处理与检修工作的科技人员使用,也可以作为培训机构、高等院校和科研院所相关人员的教材和参考资料。

图书在版编目(CIP)数据

从零开始学液压安装调试与诊断维修/衣娟 等编
著. —北京:化学工业出版社,2021.11(2023.8重印)
ISBN 978-7-122-40268-4

Ⅰ.①从… Ⅱ.①衣… Ⅲ.①液压传动-设备安装②
液压传动-调试方法③液压传动-故障诊断④液压传动-
维修 Ⅳ.①TH137

中国版本图书馆 CIP 数据核字(2021)第 227085 号

责任编辑:王 烨 陈 喆
责任校对:王佳伟 装帧设计:刘丽华

出版发行:化学工业出版社(北京市东城区青年湖南街 13 号 邮政编码 100011)
印 装:北京盛通数码印刷有限公司
787mm×1092mm 1/16 印张 20 字数 550 千字 2023 年 8 月北京第 1 版第 2 次印刷

购书咨询:010-64518888 售后服务:010-64518899
网 址:http://www.cip.com.cn
凡购买本书,如有缺损质量问题,本社销售中心负责调换。

定 价:99.00 元

前言

制造业的自动化水平越来越成为衡量国家综合实力的重要指标之一，而液压传动则是支撑制造业自动化发展的一项主要技术措施。液压传动技术在石油化工、煤炭工业、基础建设、装备制造等领域发挥着日益重要的作用。如果液压装置在整个设备中发生故障，轻则导致产品质量下降，重则引起停产停工，甚至造成严重的灾难性事故。因此，快速准确地对液压装置进行故障诊断与维修是保证其运行可靠、性能良好并充分发挥效益的重要途径。

液压系统结构复杂，其工作效果受外界环境干扰作用明显。液压系统故障隐蔽性强，液压元件之间的相互影响较大，随机性因素较多，因此液压系统故障诊断与维修的难度较大。本书以介绍液压基本维修知识为出发点，结合大量维修工作实例，为从业人员掌握液压维修技术，解决工作中遇到的问题提供帮助。

本书以理论联系实际为原则，从液压系统的安装、调试、使用与维修等各个环节出发，以石油化工、煤矿机械、工程机械、交通工具等若干类典型设备的液压系统为例，较为详细地介绍了液压系统使用过程中遇到的各种问题及解决办法、思路、技巧要领与策略，同时注重新技术的开发与使用。

本书由辽宁石油化工大学衣娟、郭庆梁、李晓红、何立编著。另外浦艳敏、龚雪、郭玲、牛海山、胡亚楠、孙玉兰、宁利群、杨伟、高晶晶、王庆花、王莹、杨智超、张旭、董辉、于水、闫兵、王宏宇、李芳、李飞、李志武、王子君、徐立志、张利群、张树江、陈少杰、祝华、庞春君、凡林、付军、张杰、吕平、彭勃、庞长利、潘凯等为本书的编写提供了帮助。

在编写过程中，参阅了大量液压专业书籍，在此向这些文献的作者深表感谢！由于编著者水平有限，加之时间仓促，书中难免有不妥之处，敬请读者批评指正。

编著者

目录

附录 / 309

参考文献 / 312

第1章

液压系统的安装与调试基础知识

1.1 液压系统的安装工作

液压系统的安装包括机械设备、系统的全部液压元件和管道的安装，其中机械设备的安装与其他设备的安装类似；而液压元件和管道的安装，则要求有较高的清净性和严密性。安装前要保证所有元件安装面的清洁，对每根管道要进行除锈、清洗、涂油等；对系统管路要进行循环清洗、检漏、试压、调节等，这些都是安装中必需的步骤和特有的工序，然后还有调试工作。

液压系统安装调试的主要步骤如下。

① 安装前的准备：这是一件细致而复杂的工作，工作量往往占总安装工作量的25%或更大。

② 预安装：油站的各种设备及系统管道的预安装。

③ 清洗：预安装后，打好记号，再拆下来进行清洗。

④ 正式安装：根据预安装时的顺序，按打印记号进行安装、调整和紧固。

⑤ 循环清洗：对安装完毕的液压系统进行循环清洗，保证系统清洁。

⑥ 调试：为机械设备开工投产做好准备。液压设备安装、精度检验合格之后，必须进行调整试车，使其在正常运转状态下能够满足生产工艺对设备提出的各项要求，并达到设计时设备的最大生产能力。当液压设备经过修理、保养或重新装配之后，必须进行调试才能使用。安装调试的主要内容如下。

a. 调试前做好准备工作，熟悉情况，确定调试项目。

b. 调试设备外观检查，调整使其达到调试要求。

c. 空载试车：全面检查液压系统的各液压元件、各种辅助装置和系统内各回路的工作是否正常，工件循环或各种动作的自动换接是否符合要求。

d. 负载试车：检查系统能否实现预定的工作要求。

e. 液压系统的调整。

f. 液压系统的试压：检查系统、回路的漏油和耐压强度。

1.1.1 安装前的准备

液压传动系统虽然与机械传动系统有大量相似之处，但是液压传动系统又有它自己的特性，因此，只有经过专业培训，并有一定安装经验的人员才能从事液压系统的安装。

液压系统在安装前，首先要熟悉液压系统设计能否达到预期设计目标，系统原理图、电气控制图及所选液压元件的性能是否符合设计要求，不可使用有明显缺陷的液压元件。

液压元件规格型号及加工质量均应符合设计要求及有关规定；生产日期不宜过早，否则其内部密封件可能老化；各元件上的调节螺钉、手轮及其他配件应完好无损；电磁阀的电磁铁应工作正常；元件及安装底板、集成块的安装面应平整；油口内部清洁，油箱内部不能有锈蚀，辅件齐全，安装前应清洗干净；油管及接头的材质、牌号、参数规格及加工质量均符合设计要求，不应出现管壁腐蚀、伤口裂痕、表面剥离、接头及密封件应平整、光滑、无刺或者断扣等现象，接头体与螺母配合要紧密，不应松动或卡涩。

液压元件安装前要用煤油清洗，所有液压元件都要进行密封和耐压试验。安装前应将各种控制仪表进行校验，避免不准确造成事故。

(1) 审查液压系统

安装人员应审查待安装的液压系统能否达到预期的工作目标，能否实现机器的动作和达到各项性能指标，安装工艺有无实现的可能，全面了解设计总体各部分的组成，深入了解各部分的作用。审查的主要内容包含以下几点。

① 审查液压系统的设计。

② 鉴定液压系统原理图的合理性。

③ 评价系统的制造工艺水平。

④ 检查并确认液压系统的净化程度。

⑤ 液压系统零部件的确认。

(2) 安装前的技术准备工作

液压系统在安装前，应按照有关技术资料做好各项准备工作。

① 技术资料的准备与熟悉。液压系统原理图，电气原理图，管道布置图，液压元件、辅件、管件清单和有关元件样本等，这些资料都应准备齐全，以便工程技术人员对具体内容和技术要求逐项熟悉和研究。

② 物资准备。按照液压系统图和液压件清单，核对液压件的数量，确认所有液压元件的质量状况。尤其要严格检查压力计的质量，查明压力计检验日期，对检验时间过长的压力计要重新进行校验，确保准确可靠。

③ 质量检查。液压元件在运输或库存过程中极易被污染和锈蚀，库存时间过长会使液压元件中的密封件老化而丧失密封性，有些液压元件由于加工及装配质量不良、性能不可靠，所以必须对元件进行严格的质量检查。

1.1.2 安装程序与方案的确定

液压系统安装步骤，一般可按下述程序进行。

① 预安装（试装配）：弯管、组对油管和元件、点焊接头、整个管路定位。

② 第一次清洗（分解清洗）：酸洗管路、清洗油箱和各类元件等。

③ 第一次安装：连成清洗回路及系统。

④ 第二次清洗（系统冲洗）：用清洗油清洗管路。

⑤ 第二次安装：组成正式系统。

⑥ 调整试车：灌入实际工作用油，进行正式试车。

液压系统作为液压设备的重要组成部分，其安装现场的施工程序和施工方案与主机的结构形式及液压装置的总体配置形式相关。按液压装置两种配置形式分散配置型和集中配置型的特点不同，液压系统的现场安装也相应有表1-1所列的两种程序与方案。

表 1-1 液压系统的安装程序与方案

液压装置的配置形式	特点	系统的安装程序与方案	说明
分散配置型	将系统的液压泵及其驱动电机（或内燃机）、执行器、控制阀和辅助元件按照设备的布局、工作特性和操纵要求等分散安装在主机的适当位置上，并用管道实现液压系统各组成元件的逐一连接	液压系统的安装与主机的安装往往同时进行	不论何种安装程序与方案，均应根据液压设备的平面布置图对号吊装就位、测量及调整设备安装中心线及标高点（可通过安装螺栓旁的垫板调整），以保证液压泵的吸油管、油箱的放油口具有正确方位；安装好的设备要有适当的防污染措施；设备就位后需对设备底座下方进行混凝土浇筑
集中配置型（液压站）	一般要将液压动力源装置、液压控制装置等独立安装在主机之外，仅将系统的执行器与其驱动的工作机构安装在主机上，再用管道实现液压装置与主机的连接	主机的安装和液压系统的安装既可以同时独立进行，也可以非同时独立进行	

1.1.3 液压元件和管件的质量检查

(1) 外观检查与要求

① 液压元件的质量检查。

a. 液压元件的型号规格应与元件清单上一致。

b. 生产日期不宜过早，否则其内部密封件可能老化，要查明液压元件保管时间是否过长，或保管环境是否不合要求，应注意液压元件内部密封件老化程度，必要时要进行拆洗、更换，并进行性能测试。

c. 各元件上的调节螺钉、手轮及其他配件应完好无损，各液压元件上的辅件必须齐全。

d. 电磁阀的电磁铁、压力继电器的内置微动开关及电接触式压力计内的开关等应工作正常；检查电磁阀中的电池芯及外表质量，若有异常不准使用。

e. 元件及安装底板或油路块的安装面应平整，其沟槽不应有飞边、毛刺、棱角，不应有磕碰凹痕，油口内部应清洁；油路块的工艺孔封堵螺塞或球胀等堵头应齐全，并连接密封良好。

f. 油箱内部不能有锈蚀，通气过滤器、液位计等油箱辅件应齐全，安装前应清洗干净。检查通油口是否堵塞，检查元件内部是否清洁。

g. 液压元件所附带的密封件表面质量应符合要求，否则应予以更换。

h. 板式连接元件连接平面不准有缺陷。安装密封件的沟槽尺寸加工精度要符合有关标准。

i. 管式连接元件的连接螺纹口不准有破损和活扣现象。

j. 板式阀安装底板的连接平面不准有凹凸不平缺陷，连接螺纹不准有破损和活扣现象。

② 管件的检查。

a. 管道的材质、牌号、通径、壁厚和接头的型号规格及加工质量均应符合设计要求及有关规定。

b. 金属材质油管的内外壁不得有腐蚀和伤口裂痕、表面凹入或剥离层和结疤，软管（胶管和塑料管）的生产时间不得过久。

c. 管接头的螺纹、密封圈的沟槽棱角不得有伤痕、毛刺或断扣等现象，接头体与螺母配合不得松动或卡涩。

③ 管道的检查。

液压管道是连接液压泵、各种液压阀和滚动机的通道。管道的选择是否合理、安装是否正确、清洗是否干净等，对液压系统的工作性能影响很大。

为保证液压管道具有足够的耐压强度，在输送压力油液过程中能量损失小，安装使用方便，要求管道内壁必须光滑清洁、无砂、无锈蚀、无氧化铁皮。检查管道时，若发现管道内外侧已腐蚀或有明显变色、管道被割口、壁内有小孔、管道表面凹入深度达管道直径的20％以上、管道伤口裂痕深度为管道壁厚的10％以上等情况均不能使用。

检查长期存放的管道，若发现内部腐蚀严重，应用酸液彻底冲洗内壁，清洗干净再检查其耐用程度是否合格，合格后，才能进行安装。

检查经加工弯曲的管道时，应注意管道的弯曲半径不宜太小；弯曲曲率太大，将导致管道应力集中地增加，降低管道的疲劳强度，同时也易出现锯齿形皱纹。用填充物弯曲管道时，其最小弯曲半径（如图1-1所示）为：

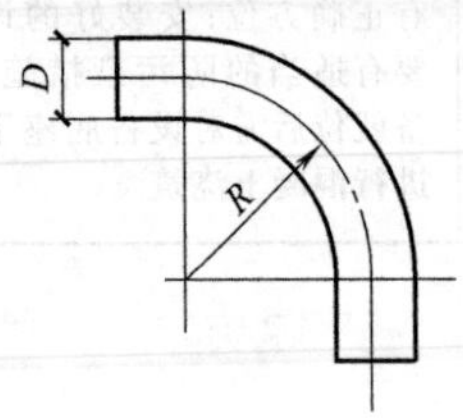

图1-1　液压管道弯曲曲率

钢管热弯曲：　$R \geq 3D$；

钢管冷弯曲：　$R \geq 6D$；

铜管冷弯曲：

$R \geq 2D$（$D \leq 15mm$）；

$R \geq 2.5D$（$D = 15 \sim 22mm$）；

$R \geq 3D$（$D > 22mm$）。

管道弯曲处最大截面的椭圆度不应超过15％，弯曲处外侧壁厚的减薄不应超过管道壁厚的20％，弯曲处内侧部分不允许有扭伤、压坏或凹凸不平的皱纹，弯曲处内外侧部分都不允许有锯齿形或形状不规则的现象。扁平弯曲部分的最小外径应为原管外径的70％以下。

④ 接头质量检查。

a. 接头不准有缺陷。若有下列异常，不准使用：

• 接头体或螺母的螺纹有伤痕、毛刺或断扣等现象；

• 接头体各接合面加工精度未达到技术要求；

• 接头体与螺母配合不良，有松动或卡涩现象。

b. 软管和接头有下列缺陷时不准使用：

• 软管表面有伤皮或老化现象；

• 接头体有锈蚀现象；

• 螺纹有伤痕、毛刺、断扣，配合有松动、卡涩现象；

• 安装密封圈的沟槽尺寸和加工精度未达到规定的技术要求。

c. 法兰件有下列缺陷时不准使用：

• 法兰密封面有气孔、裂缝、毛刺、径向沟槽；

• 法兰密封沟槽尺寸、加工精度不符合设计要求；

• 法兰上的密封金属垫片有各种缺陷。

⑤ 液压辅件质量检查。

a. 油箱要达到规定的质量要求。油箱上辅件必须齐全。油箱内部不准有锈蚀，装油前油箱内部一定要清洗干净。

b. 所领用的滤油器型号规格与设计要求必须一致，确认滤芯精度等级，滤芯不得有缺陷，连接螺口不准有破损，所带辅件必须齐全。

c. 各种密封件外观质量要符合要求，并查明所领密封件保管期限。有异常或保管期限过长的密封件不准使用。

d. 蓄能器质量要符合要求，所带辅件要齐全。查明保管期限，对存放时间过长的蓄能器要严格检查质量，不符合技术指标和使用要求的蓄能器不准使用。

e. 空气滤清器用于过滤空气中的粉尘，通气阻力不能太大，保证箱内压力为大气压。所以空气滤清器要有足够大的通过空气的能力。

（2）液压元件的拆洗与测试

液压元件一般不宜随便拆开，但对于内部污染或生产、库存时间过久，密封件可能自然老化的元件则应根据情况进行拆洗和测试。

① 拆洗过程。

a. 拆洗液压元件必须在熟悉其构造、组成和工作原理的基础上进行。

b. 元件拆开时建议对各零件拆下的次序进行记录，以便拆洗结束组装时正确、顺利地安装。

c. 清洗时，一般应先用洁净的煤油清洗，再用液压系统中的工作油液清洗。不符合要求的零件和密封件必须更换。

d. 组装时要特别注意不要使各零件被再次污染和异物落入元件内部。

e. 油箱、油路板及油路块的通油孔道也必须严格清洗并妥善保管。

② 测试过程。

经拆洗的液压元件应尽可能进行试验，一些主要液压元件的测试项目见表 1-2。测试的元件均应达到规定的技术指标，测试后应妥善保管，以防再次污染。

表 1-2　液压元件拆洗后的测试项目表

元件名称		测试项目
液压泵和液压马达		额定压力、流量下的容积效率
液压缸		最低启动压力，缓冲效果，内、外泄漏
液压阀	压力阀	调压状况，启闭压力，外泄漏
	换向阀	换向状况，压力损失，内、外泄漏
	流量阀	调节状况，外泄漏
冷却阀		通油和通水检查

1.1.4　液压系统的安装及其要求

液压系统的安装有预安装、第一次安装和第二次安装三道程序，包括液压管道、液压元件（包括液压阀类元件、液压缸和液压泵等）及辅助元件的安装等内容。

（1）液压管道的安装

液压系统管道的主要作用是传输载能工作介质。一般应在所连接的设备及各液压装置部件、元件等组装、固定完毕再进行管道安装。安装管道时应特别注意防振、防漏问题。全部管道多分两次安装，其大致顺序是：预安装→耐压试验→拆散→酸洗→正式安装→循环冲洗→组成液压系统。

① 吸油管的安装及要求。

由于硬管流动阻力小，安全可靠性高且成本低，所以除非油管与执行机构的运动部分一并移动（如油管装在杆固定的活塞式液压缸缸筒上），一般应尽量选用硬管。

吸油管的安装及要求：

a. 吸油管路要尽量短，弯曲少，以减少吸油管的阻力，避免吸油困难，产生吸空现象。对于泵的吸程高度，各类泵的要求有所不同，但一般不得大于 500mm。

b. 吸油管连接应严密，不得漏气，以免泵在工作时吸进空气，导致系统产生噪声，甚至无法吸油。

c. 吸油管上应安装滤油器，滤油精度通常为 100 ~ 200 目，滤油器的通油能力至少相当于泵的额定流量的两倍，同时要考虑清洗时拆装方便。

② 回油管的安装及要求。

a. 执行机构的主回油路及溢流阀的回油管应伸到油面以下，以防止油飞溅而混入气泡。

b. 溢流阀的回油管不允许和泵的进油口直接连通，可单独接回油箱，也可与主回油管冷却器相通，避免油温上升过快。

c. 具有外部泄漏的减压阀、顺序阀、电磁阀等的泄油口与回油管连通时不允许有背压，否则应单独接回油箱，以免影响阀门的正常工作。

d. 安装成水平面的油管，应有 3/1000～5/1000 的坡度。管路过长时，每 500mm 应固定一个夹持油管的管夹。

③ 压油管的安装及要求。

压力油管的安装位置应尽量靠近设备和基础，同时又要便于支管的连接和检修，为了防止压力油管振动，应将管道安装在牢固的地方。在振动的地方要加阻尼来消振，或将木块、硬橡胶衬垫装在管夹上，使铁板不直接接触管道。

安装压力油管时，应符合下列要求。

a. 管线要尽量短，转弯数少，过渡平滑。尽量减少上下弯曲和接头数量，并保证管道的伸缩变形。在有活接头的地方，管道的长度应能保证活接头的拆卸安装方便。系统中主要管道或辅件能自由拆装，而不影响其他元件。

b. 在设备上安装管道时，应布置成平行或垂直方向，注意要整齐，管道的交叉要尽量少。

c. 平行或交叉的管道之间要有 10mm 以上的空隙，以防止干扰和振动。

d. 管道不能在圆弧部分接合，必须在平直部分接合。法兰盘要与管道成直角。在有弯曲的管道上安装法兰时，只能安装在长曲直线部分，如图 1-2 所示。

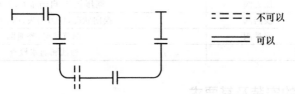

图 1-2　在有弯曲管道上安装法兰的位置

e. 管道的最高部分应设有排气装置，以便启动时放掉管道中的空气。

④ 橡胶软管的安装及要求。

橡胶软管用于两个相对运动部件之间的连接。橡胶软管在高温下工作时寿命短，因此应安装在远离热源的地方。还应做到：

a. 要避免急转弯，其弯曲半径应大于 9～10 倍外径，至少应在离接头 6 倍直径处弯曲。

b. 软管的弯曲同软管接头的安装应在同一运动平面上，以防扭转。软管两端的接头需在两个不同的平面上运动时，应在适当的位置安装管夹，把软管分成两部分，使每一部分在同一平面上运动。

c. 软管长度应有一定余量。因为软管受压时，要产生长度和直径的变化，因此在弯曲使用情况下，不能马上从端部接头处开始弯曲。在直线使用情况下，不要使端部接头和软管间受拉伸，所以要考虑长度上留有适当余量，使它比较松弛。

d. 在安装和工作时，软管不应有扭转现象；不应与其他管道接触，以免磨损破裂；在连接处应自由悬挂，以免受其自重而产生弯曲。

⑤ 管路敷设。

管道敷设前，应认真熟悉管路安装图样，明确各管路排列顺序、间距与走向。在现场对照安装图，确定液压阀件、接头、法兰及支架（或管夹）的位置并划线、定位。支架（或管夹）一般固定在预埋件上，管夹之间距离应适当，过小会造成浪费，过大将发生振动。管道、管沟的敷设可参考图 1-3 进行。软管在行走机械设备的液压系统中使用量大，多通过带有各种接头的软管总成实现系统连接，其安装和敷设的注意事项见表 1-3。

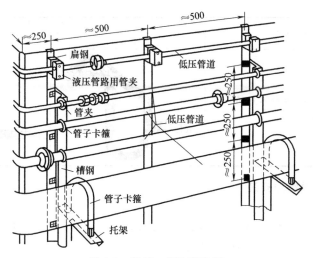

图 1-3　管道、管沟敷设图

表 1-3　软管安装和敷设的注意事项

序号	注意事项	图　　例	
		错误	正确
1	软管总成两端装配后不应把软管拉直,应有些松弛。因在压力作用下,软管长度会有些变化,其变化幅度为-4%~+2%		
2	软管的最小弯曲半径必须大于软管允许的最小半径,使之处于自然状态,以免降低软管的使用寿命		
3	软管长度要适当,弯曲处距弯曲处和外套应有一定的距离		
4	合理使用弯头可以避免使软管产生额外的负载		
5	正确安装和固定软管,避免软管与其他物体摩擦碰撞,必要时,可采用护套保护。如软管必须装在发热物体旁,应使用耐火护套或采用其他保护措施	磨损	保持足够空间

续表

序号	注意事项	图　例	
		错误	正确
6	当软管安装在运动物体上,应留有足够的自由度	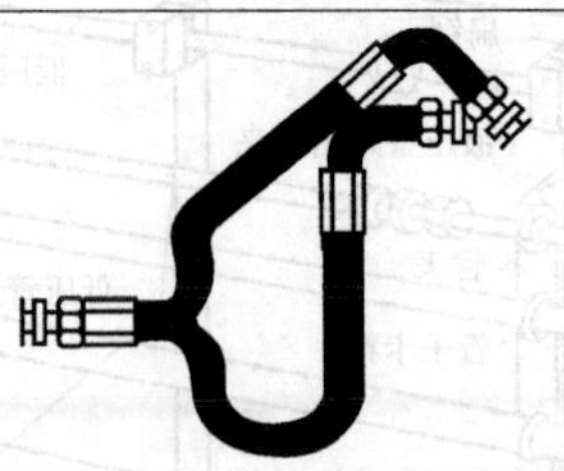	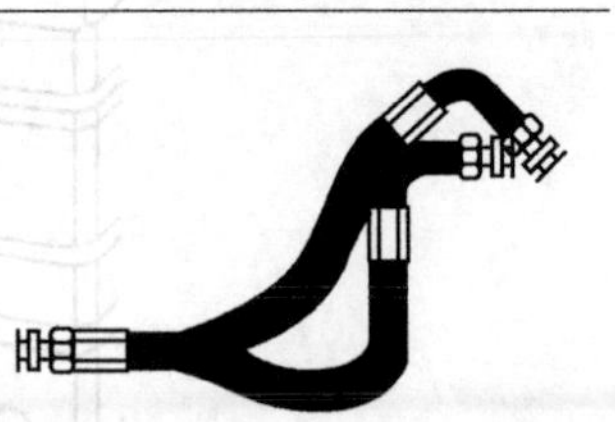

(2) 液压泵及泵组的安装

① 安装要求。

a. 液压泵与原动机之间联轴器的形式及安装要求必须符合制造厂的规定。

b. 外露的旋转轴、联轴器必须安装防护罩。

c. 液压泵与原动机的安装底座必须有足够的刚度,以保证运转时始终同轴。

d. 液压泵的进油管路应短而直,避免拐弯过多及断面突变。在规定的油液黏度范围内,必须使泵的进油压力和其他条件符合泵制造厂的规定值。

e. 液压泵的进油管路密封必须可靠,不得吸入空气。

f. 高压、大流量的液压泵装置推荐采用:泵进口设置橡胶弹性补偿接管,泵出口连接高压软管,驱动电机泵装置底座设置弹性减振垫。

② 安装特点。

液压泵组包括泵、原动机、联轴器及传动底座等。各类泵的安装具有以下共同点。

a. 安装时首先要注意传动轴旋转方向。

b. 按要求向泵内灌满油液。

c. 液压泵可以安装在油箱内或油箱外。

可以水平安装(图1-4)或垂直安装(图1-5)。液压泵安装时应尽可能使其处于油箱液面之下,如图1-4所示。对于小流量泵,可以装在油箱上自吸,如图1-6所示。对于大流量的泵,由于原动机功率较大,建议不要安装在油箱上,而采用倒灌自吸方式,如图1-7所示。

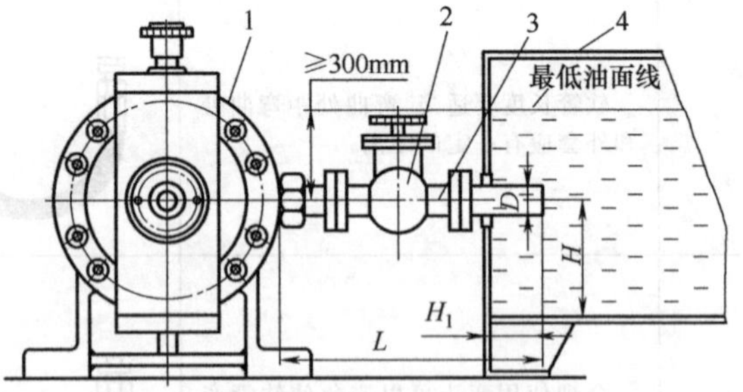

d. 液压泵可以采用支架或法兰安装,泵和原动机应采用公用基座。支架、法兰和基础都应有足够的刚性,以免泵或液压马达运转时产生振动。

图1-4　液压泵吸油口低于油箱液面安装
1—液压泵;2—截止阀;3—吸油管路;4—油箱

e. 在工作环境振动不大而且原动机工作平稳(如电动机)时,二者之间一般应采用弹性联轴器连接,联轴器的形式及安装要求应符合泵制造厂的规定。

f. 若原动机振动较大(如内燃机),则液压泵与原动机之间建议采用带轮或齿轮进行连接,见图1-8,应加一对支座来安装带轮或齿轮,该支座与泵轴的同轴度误差应不大于φ0.05mm;泵的安装支架与原动机的公用基座要有足够的刚性,以保证运转时始终同轴。

g. 液压泵与原动机或液压马达与工作机构连接完毕,应采用千分表等测量检查其安装精度(同轴度与垂直度),见图1-9,同轴度和垂直度偏差一般应≤0.05~0.1mm;轴线间的倾角不得大于1°。

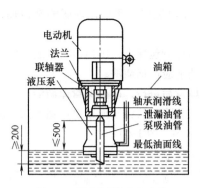

图 1-5　液压泵的垂直安装

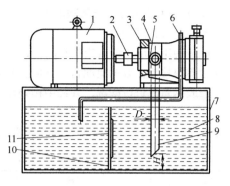

图 1-6　液压泵在油箱顶上自吸的安装

1—电动机；2—联轴器；3—泵支架；4—液压泵；

5—排油口；6—泄漏油管；7—油箱；8—油液；

9—吸油管路；10—隔板；11—滤网

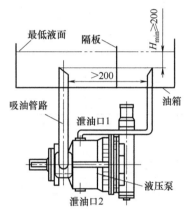

图 1-7　液压泵在油箱下
面倒灌自吸的安装

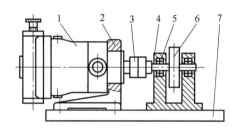

图 1-8　液压泵与原动机之间
采用带轮或者齿轮连接

1—液压泵；2—泵支架；3—联轴器；4—支座；

5—轴承；6—带轮或者齿轮；7—公用基座

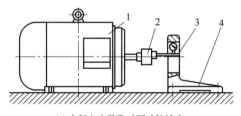

(a) 支架上泵安装孔对原动机输出
轴的同轴度测量检查

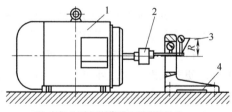

(b) 支架上泵安装端面对原动机输出
轴的垂直度测量检查

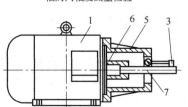

(c) 泵轴安装孔对钟形法兰安装孔
的同轴度测量检查

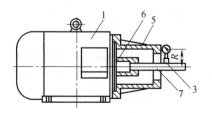

(d) 泵轴安装孔对钟形法兰安装
端面垂直度的测量检查

图 1-9　安装精度（同轴度与垂直度）的测量检查方法示意图

1—原动机；2—联轴器；3—磁性指示表座；4—支架；5—钟形法兰；6—原动机输出轴；7—同轴度芯轴

h. 不得用敲击方式安装联轴器，以免损伤液压泵或液压马达内部零件；外露的旋转轴、联轴器必须设置防护罩。

i. 按使用说明书的规定进行配管，液压泵及液压马达的接管包括进、出口接管。进、出油口接管不得接反，泵的泄油管应直接接油箱。液压管道安装前应严格清洗。

一般钢管应进行酸洗，并经中和处理。清洗工作应在焊管后进行，以确保管道清洁。

液压泵的吸油管路应短而粗，常用的吸油、压油、回油管路的管径与液压泵流量的关系见表 1-4；应避免拐弯过多和断面突变，吸油管道长 $L < 2500mm$（图 1-4）。

表 1-4　液压泵流量与管路管径的关系

流量 /(L/min)	吸油管 /mm	回油管 /mm	压油管 /mm	流量 /(L/min)	吸油管 /mm	回油管 /mm	压油管 /mm
2	5～8	4～5	3～4	56	28～29	25～28	14～25
3	7～11	6～7	4～6	60	29.3～50	25～29.3	15～25
5	8～14	7～8	4～7	66	30～53	26～30	15～26
6	10～16	8～10	8	76	33～57	28～33	17～28
9	12～20	10～12	5～10	87	35～60	30～35	18～30
11	13～22	11～13	6～11	92	36～62	31～36	18～31
13	14～24	12～14	7～12	100	38～65	33～38	19～33
16	15～26	13～15	8～13	110	40～68	34～40	20～34
18	16～28	14～16	8～14	120	41～70	36～41	21～34
20	17～30	15～17	8～15	130	43～75	37～43	22～37
23	18～32	16～18	10～16	140	45～77	38～45	22～38
25	20～33	16～20	10～16	150	46～80	40～46	23～40
28	20～34	17～20	10～17	160	48～82	41～48	24～41
30	20～36	18～20	10～18	170	49～85	43～49	25～43
32	21～37	18～21	10～18	180	50～88	44～50	25～54
36	22～40	20～22	11～20	190	52～90	45～52	26～45
40	24～40	20～24	12～20	200	53～92	46～53	27～46
46	26～44	22～26	13～22	250	60～104	52～90	29～52
50	27～46	23～27	14～23	300	65～113	57～95	33～57

注：1. 压油管在压力高、流量大、管道短时取大值，反之取小值。

2. 压油管，当压力 $p < 2.5MPa$ 时取小值，$p = 2.5 \sim 14MPa$ 时取中间值，$p \geqslant 14MPa$ 时取大值。

管道弯头不多于两个；泵的吸油高度应 $\leqslant 500mm$ 或自吸真空度 $\leqslant 0.03MPa$；若采用补油泵供油，供油压力不超过 0.5MPa，若超过 0.5MPa 时，要改用耐压密封件。

液压泵布置在单独油箱上时，有两种安装方式：立式和卧式。立式安装，管道和泵等均在油箱内部，便于收集漏油，外形整齐。卧式安装，管道露在外面，安装和维修比较方便。

液压泵一般不允许承受径向负载，因此常用电动机直接通过弹性联轴器来传动。安装时要求电机与液压泵的轴应有较高的同心度，其偏差应在 0.1mm 以下，倾斜角不得大于 1°，以避免增加泵轴的额外负载并引起噪声。必须用带或齿轮传动时，应使液压泵卸掉径向和轴向负荷。液压马达与泵相似，对某些马达允许承受一定径向或轴向负荷，但不应超过规定允许数值。

通常规定液压泵吸油口的安装高度距离油面不大于 0.5m。某些泵允许有较高的吸油高度，而有些泵则规定吸油口必须低于油面。个别无自吸能力的泵则需另设辅助泵供油。

泵的吸油管路必须可靠密封，不得吸入空气，以免影响泵的性能。泵的吸、回油管口均需在油箱最低液面 200mm 以下。

为了降低振动和噪声，高压、大流量的液压泵装置推荐：泵进油口设置橡胶弹性接管，泵出油口连接高压软管，泵组公用基座设置弹性减振垫。

吸油管路一般须设置公称流量小于泵流量 2 倍的粗过滤器（过滤精度一般为 80～

$180\mu m$）。吸油管道上的截止阀的通径应比吸油管道通径大一挡。吸油管端至油箱侧壁的距离 $H_1 \geq 3D$，至油箱底面的距离 $H \geq 2D$。

对于壳体上具有两个对称泄漏油口的液压泵，其中一个一定要直接接通油箱，另一个则可用螺塞堵住。不论何种安装方法，其泵壳外泄油管均应超过泵轴承中心线以上。泵的泄油管背压力一般应 $\leq 0.2MPa$，以免壳腔压力过高造成轴端橡胶密封漏油。

③ 注意事项。

安装液压泵还应注意以下事项：

a. 液压泵的进口、出口和旋转方向应符合泵上标明的要求，不得反接。

b. 安装联轴器时，不要用力敲打泵轴，以免损伤的转子。

（3）液压马达及液压缸的安装

① 液压缸的安装及其注意事项。

液压缸安装时要求：

a. 装配前应对各零件进行彻底清洗。

b. 装配时要按顺序进行，装配顺序与拆卸相反。

c. 正确安装各处的密封装置。安装 O 形密封圈时，不要将其拉到永久变形的程度，也不要边滚动边套装，否则可能因形成扭曲状而漏油；安装 Y 形密封圈时要注意安装方向，应使其唇边对着有压力的油腔；安装 V 形密封圈时同样要注意其安装方向，V 形密封圈是由形状不同的支承环、密封环和压环组成，安装时应将密封环的开口面向压力油腔，压环压向密封环的压紧力要调节适当，以不漏油为限，不可压得过紧，以免引起过大摩擦阻力；安装 YX 形密封圈时还要注意区分是轴用还是孔用，以免装错；密封装置如与滑动表面配合，装配时应涂以适量的液压油；拆卸后的 O 形密封圈和防尘圈应全部换新。

d. 螺纹连接件拧紧时应使用专用扳手，转矩应符合标准要求。

e. 装配过程中，不要磕碰或划伤活塞杆表面、缸筒内表面等配合面；细长活塞杆应防止产生弯曲现象。

f. 活塞与活塞杆装配后，应检查其同轴度和直线度是否超差。

g. 装配完毕活塞组件移动时应无阻滞感和阻力大小不均等现象。

② 将液压缸安装到主机上时应注意的问题。

a. 将液压缸安装到主机上时，进出油口接头之间必须加上密封圈并紧固好，以防漏油。按要求装配好后，应在低压情况下进行几次往复运动，以排除缸内气体。

b. 液压缸的安装必须符合设计图样和（或）制造厂的规定。

c. 安装前应仔细检查其活塞杆是否弯曲，安装液压缸时，若结构允许，缸的进出油口位置应在最上面，应装有放气方便的放气阀。

d. 液压缸有多种安装方式，对于底座式或法兰式液压缸，可通过在底座或法兰前设置挡块的方法，力求安装螺钉不直接承受负载，以减小倾覆力矩；对于轴销式或耳环式液压缸，则应使活塞杆顶端的连接头方向与耳轴方向一致，以保证活塞杆的稳定性。

e. 液压缸的安装应牢固可靠，为了防止热膨胀的影响，在行程大和工作时温差大的场合下，缸的一端必须保持浮动，以补偿热膨胀的影响。

f. 液压缸的安装面和活塞杆的滑动面，应保持足够的平行度和垂直度。

g. 配管连接不得松弛。

h. 密封圈不要装得太紧，特别是 U 形密封圈不可装得过紧。

③ 液压马达的安装。

液压马达的安装与液压泵基本相同。

a. 液压马达与所驱动装置之间的联轴器形式及安装要求应符合制造厂的规定；液压马达

与所驱动装置间的同轴度偏差应在0.1mm以内，轴线间的倾角不得大于1°。

　　b. 外露的旋转轴和联轴器必须有防护罩。

(4) 液压阀的安装

　　① 安装要求。

　　a. 阀的安装方式应符合制造厂规定。

　　b. 板式阀或插装阀必须有正确定向措施。

　　c. 为了保证安全，阀的安装必须考虑重力、冲击、振动对阀内主要零件的影响。

　　d. 阀用连接螺钉的性能等级必须符合制造厂的要求，不得随意替换。

　　e. 应注意进口与回口的方位，某些阀如将进口与回口装反，会造成事故。有些阀为了安装方便，往往开有同作用的两个孔，安装后不用的一个要堵死。

　　f. 为了避免空气进入阀内，连接处应保证密封良好。用法兰安装的阀件，螺钉不能拧得过紧，因为有时螺钉拧得过紧反而会造成密封不良。

　　g. 方向控制阀一般应安装在水平位置上。

　　h. 一般需调整的阀件，顺时针方向旋转时，增加流量、压力；逆时针方向旋转时，则减少流量、压力。

　　② 插装阀的安装。

　　根据安装方式的不同，插装阀可以分为二通插装阀和螺纹插装阀。二通插装阀的安装方式是采用螺钉压入（或敲击滑入）阀块的插孔里，只有开和关两种状态，也叫做逻辑阀，它的最小通径为16mm，最大通径为160mm，常用通径为16mm、25mm、32mm、40mm、50mm、63mm、80mm、100mm、125mm、160mm，最高工作压力为42MPa，最大流量为25000L/min，适合于高压大流量的液压系统。螺纹插装阀的安装方式是采用螺纹直接旋入阀块的插孔里，所以又叫旋入式插装阀，它的最小通径为3mm，最大通径为32mm，常用通径为4mm、8mm、10mm、12mm、16mm、20mm，最高压力可达63MPa，最大流量达76L/min，适合于中高压中小流量的液压系统。目前，插装阀已广泛应用于液压机械中，在制造和维修液压系统时离不开插装阀的安装，掌握其正确的安装方法才能确保液压系统的正常运行。

　　a. 二通插装阀的安装。

　　二通插装阀一般来说由插装组件、先导控制阀、控制盖板和集成阀块等组成，其典型结构如图1-10所示。插装组件1由阀芯、阀套、弹簧和固定密封组件等组成，可以是锥阀式结构，也可以是滑阀式结构，它的主要功能是控制主油路的通断、压力的高低和流量的大小。先导控制阀2是安装在控制盖板上（或集成阀块上），对插装组件1动作进行控制的电磁滑阀、电磁球阀、比例阀、可调阻尼器、缓冲器以及液控先导阀等。当主插件通径较大时，为了改善其动态特性，也可以用较小通径的插件进行两级控制。控制盖板3由盖板体、节流螺塞、先导控制元件及其他附件组成，主要功能是固定插装组件1，安装先导控制阀2和连通阀块内的控制油路。控制盖板可以分为方向控制盖板、压力控制盖板和流量控制盖板三大类，当具有两种以上功能时，称为复合控制盖板。集成阀块4用来安装插装组件、控制盖板和其他控制阀，连通主要油路。二通插装阀安装孔的连接尺寸标准为ISO 7368，这个标准基本上是按德国DIN 24342：1979标准制定的，我国国家标准GB 2877—81等效采用了DIN 24342：1979。

　　在安装二通插装阀之前应该进行以下工作。

　　• 仔细查看液压原理图，并对照阀块装配图，确认每一个阀孔应该安装哪种型号的阀。

　　• 检查插孔的尺寸，如内径、各台阶的深度、倒角等。

　　• 检查插孔的粗糙度，必须清除倒角处和交口处的棱角和毛刺，以免损伤插装组件的密封圈。

- 用专用的检具检查插孔的同心度。
- 检查各元件的型号及各密封圈，必要时进行拆洗、更换并进行性能测试。
- 清洁阀块各元件。
- 将阀、控制盖板、密封件、螺塞和工具等分类摆放，放在便于随手拿到的地方。

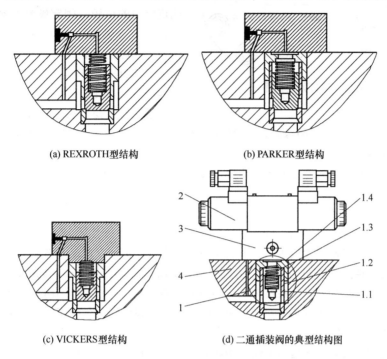

(a) REXROTH型结构　　　　　　(b) PARKER型结构

(c) VICKERS型结构　　　　　(d) 二通插装阀的典型结构图

图 1-10　插装阀的结构形式

1—插装组件；2—先导控制阀；3—控制盖板；4—集成阀块；
1.1—阀芯；1.2—阀套；1.3—弹簧；1.4—固定密封组件

安装二通插装阀时，应先在插孔内和插装组件的外圈（特别是密封圈处）涂上润滑脂或机油，再把插装组件放入插孔内，用橡胶锤敲入或用盖板螺钉压入插孔内，用内六角螺钉把控制盖板固定，最后安装先导控制阀。控制盖板用内六角螺钉的拧紧力矩见表1-5。控制盖板要对准定位销的位置，螺钉要对角拧紧，如图1-11所示，从定位销附近开始。

表 1-5　控制盖板用内六角螺钉的拧紧力矩

序号	控制盖板的通径/mm	内六角螺钉的规格	拧紧力矩/N·m
1	16	M8	32
2	25	M12	110
3	32	M16	270
4	40	M20	520
5	50	M20	520
6	63	M30	1800
7	80	M24	900
8	100	M30	1800
9	125	M36	3100
10	160	M42	5000

安装二通插装阀时应该注意以下几点。

- 装配顺序。阀套→阀芯→弹簧→垫片→控制盖板→先导阀。应先把阀芯装入阀套中，然

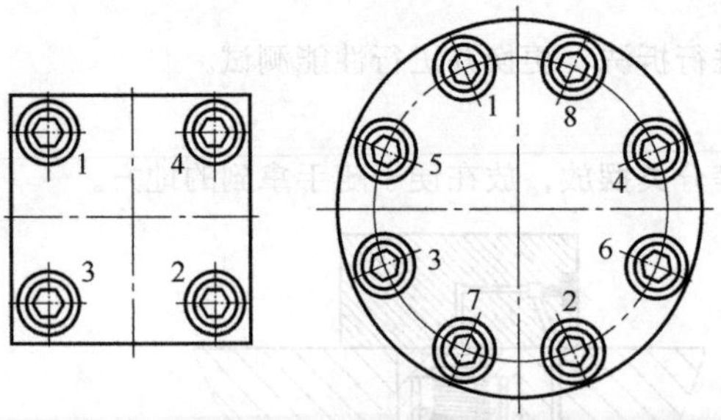

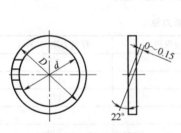

图 1-11　螺钉紧固次序

后一起装入阀孔中，因为阀孔有时较深，阀芯和阀套间隙小，很不容易装进去。

• 安装插装组件时注意不要漏装弹簧。

• 安装控制盖板时一定要注意对齐油口或定位销的位置，固定螺钉必须采用高强度螺钉（10.9 级或 12.9 级）。

• 如遇到插装组件的弹簧特别硬时，应先用长螺钉安装盖板，等压到合适的位置时再换用短螺钉安装。

插装阀主要是采用 O 形密封圈和密封挡圈，O 形密封圈一般为丁腈橡胶。O 形密封圈的安装质量对密封的效果起着至关重要的作用，因此在安装时必须注意以下几点。

• 确保密封圈安装时经过的各棱边或过渡孔处已倒角或倒钝并去除毛刺，密封圈不要在装配的过程中被切坏。

• 清除各表面残留杂物。

• 为了保证 O 形圈不损坏，必须在安装前对安装表面涂润滑脂。

• 安装时，不可使用尖锐工具，但要尽量借助有效工具，以保证 O 形圈不损坏。

• 一定要避免过分拉伸 O 形圈。密封挡圈通常由聚四氟乙烯或尼龙制成，用以防止 O 形圈从间隙挤出。密封挡圈安装在槽内低压的一侧，若双侧均有压力，则两侧各用一个挡圈。密封挡圈分为螺旋式、整体式和切口式，液压阀中一般多采用切口式挡圈，如图 1-12 所示。

b. 螺纹插装阀的安装。

螺纹插装阀的安装方式是将螺纹直接放入阀块的插孔里，安装和拆卸简单快捷。螺纹插装阀典型结构如图 1-13 所示，由阀套、阀芯、阀体、密封件、控制部件（弹簧座、弹簧、调节螺杆、磁性体、电磁线圈、弹垫等）等组成。螺纹插装阀有二通、三通、四通等形式，方向阀有单向阀、液控单向阀、梭阀、液动换向阀、手动换向阀、电磁滑阀、电磁流阀等，压力阀有溢流阀、减压阀、顺序阀、平衡阀、压差溢流阀、负载敏感阀等，流量阀有节流阀、调速阀、分流集流阀、优先阀等。

安装螺纹插装阀之前应进行的工作与安装二通插装阀相同。

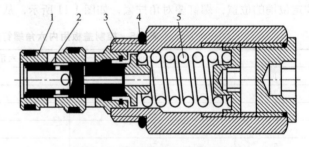

图 1-12　切口式挡圈

图 1-13　螺纹插装阀的典型结构
1—阀套；2—阀芯；3—阀体；4—密封件；5—控制部件

安装螺纹插装阀时，应先在插孔内和螺纹插装阀的阀套外圈（特别是密封圈处），涂上润滑脂或机油，再把螺纹插装阀放入插孔内，用力矩扳手（或开口扳手）旋入插孔内。常用通径螺纹插装阀所需的拧紧力矩见表 1-6。

安装螺纹插装阀时应该注意以下几点。

• 安装螺纹插装阀时应注意密封圈和挡圈不要在装配的过程中被切坏。

表 1-6　常用通径螺纹插装阀所需的拧紧力矩

序号	螺纹插装阀的通径/mm	拧紧力矩/N·m	序号	螺纹插装阀的通径/mm	拧紧力矩/N·m
1	4	10～15	4	12	81～122
2	8	34～45	5	16	108～190
3	10	47～55	6	20	150～271

• 由于螺纹插装阀组所装的螺纹插装阀较为密集，应该按一个方向依次进行安装。

• 在安装电磁阀时，如安装空间不够，应该先将电磁铁卸下，待阀体安装完再把电磁铁装上。

③ 阀类元件的连接。

对于机床等固定的液压设备，液压装置的配置形式常采用集中式。采用集中式时，阀类元件在液压泵站上的配置形式目前主要采用集成化配置，具体有下列三种。

a. 板式连接。

如图 1-14 所示，板式连接是将各种板式液压阀统一安装在油路连接板上，元件之间的油路由板内加工的孔道形成。这种连接方式结构紧凑，调节方便，但加工较困难，且油路压力损失较大。

b. 叠加阀式连接。

叠加阀连接是以叠加阀自身阀体作为连接体直接叠加而组成的一种液压系统。这种连接方式可以实现液压元件间无管化连接，结构紧凑，体积和质量小，且油路压力损失小，设计安装周期短，如图 1-15 所示。

c. 集成块式连接。

集成块式连接是将各种基本的液压回路做成通用化的集成块，然后将各种集成块按需要连接起来，如

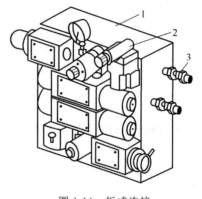

图 1-14　板式连接

1—油路连接板；2—阀体；3—管接头

图 1-16 所示。各集成块周围三面用于安装液压元件，一面安装管接头，通过油管连接到执行元件。块内则钻孔形成各种回路，一般为基本回路。上下面作为接合面。通过长螺栓将各种集成块和顶盖、底板叠装起来就构成了一个液压系统。这种连接方式结构紧凑，占地面积小，维修方便，压力损失小，发热小，抗外界干扰能力强，并具有系列化、标准化产品，在机床液压系统中得到了广泛应用。

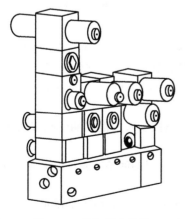

图 1-15　叠加阀式连接

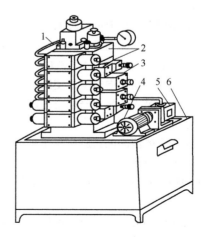

图 1-16　集成块式连接

1—油管；2—集成块；3—阀；4—电动机；5—液压泵；6—油箱

(5) 液压辅件的安装

液压辅助元件包括油箱、蓄能器、滤油器、油管及油管接头、冷却器和加热器等。

辅助元件的安装（管道的安装前面已介绍）主要注意下述几点：首先，应严格按照设计要求的位置进行安装并注意整齐、美观；其次，安装前应用煤油进行清洗、检查；最后，在符合设计要求情况下，尽可能考虑使用、维修方便。

① 油箱组件的安装及注意事项。

a. 安装要求。

- 油箱的大小和所选板材需满足液压系统的使用要求。
- 油箱应仔细清洗，用压缩空气干燥后，再用煤油检查焊缝质量。
- 油箱底部应高于安装面 150mm 以上，以便搬移、放油和散热。
- 必须有足够的支承面积，以便在装配和安装时用垫片和楔块等进行调整。
- 油箱的内表面需进行防锈处理。
- 油箱盖与箱体之间的密封应可靠。
- 液位计和温度计等的安装高度应符合设计图样中的规定。

以图 1-17 所示油箱为例，安装油箱除了需要满足以上基本要求外，还需根据实际情况考虑如下要求。

- 油箱盖与箱体之间、清洗孔与箱体之间、放油塞与箱体之间应可靠密封。
- 开式油箱箱盖的空气过滤器与箱盖连接的密封要可靠。

b. 注意事项。

制造与安装油箱时应注意以下问题。

- 吸油管和回油管应尽量相距远些，油箱内设隔板将吸油区和回油区隔开，以增加油液循环距离，易于散热、沉淀污物和分离气泡。下隔离板高度一般应为液面高度的 2/3～3/4。
- 油箱底面应略带斜度，并在最低处设放油阀。
- 油箱侧面装设液位计及温度计。
- 吸油管口及回油管口与箱底之间距离不小

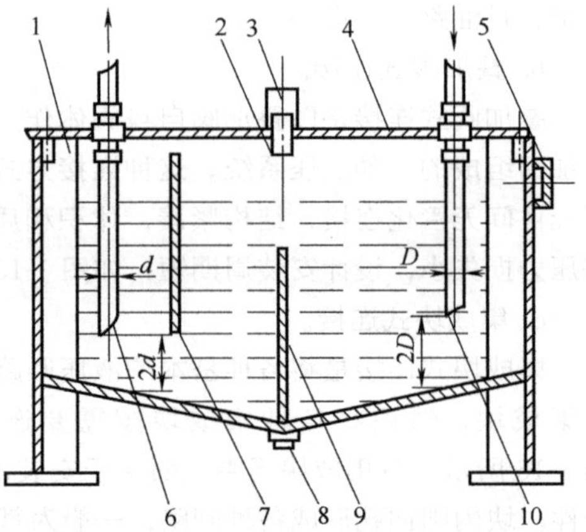

图 1-17　油箱结构简图
1—箱体；2—滤油网；3—防尘盖；4—油箱盖；5—油面指示；6—吸油管；7,9—隔板；8—放油阀；10—回油管

于管径的 2 倍，管端切成 45° 斜口，吸油管口斜口背向箱壁，以防止箱壁和箱底的脏物被吸入管道内；回油管口面向箱壁，使回油迅速流向易于散热的箱壁。吸油管口必须安装滤油器，该滤油器具有泵吸入流量 2 倍以上的过滤能力的，它们距箱底和侧壁应有一定的距离，以保证泵的吸入性能。

- 系统中的泄漏油管应尽量单独接回油箱。其中各类控制阀的泄漏油管端部应在油面以上，以免产生背压。
- 油箱一般可通过可拆卸上盖进行清洗和维护。对大容量的油箱，多在箱体侧面设清洗用的窗口，平时用侧板密封。
- 容量较小的油箱，可用钢板直接焊接而成；对于大容量油箱，特别是在油箱盖板上安装电动机、泵和其他液压元件时，不仅应使盖板加厚，局部加强，而且还应在油箱各面加焊角板、加强肋，以增加刚度和强度。
- 吸油管的连接处必须保证严格密封，否则泵在工作时就要吸进空气，使系统产生振动和噪声，甚至无法吸油。在液压油管的接合处涂以密封胶，可提高液压油管的密封性。

· 为了减小吸油阻力，避免吸油困难，液压油管路要尽量短，拐弯要少。否则会产生气蚀现象。

② 滤油器的安装及注意事项。

滤油器一般安装在液压泵的吸油口、压油口及重要元件的前面，通常，液压泵吸油口安装粗滤油器，压油口与重要元件前装精滤油器，并根据所设计的液压系统的技术要求，按过滤精度、通流能力、工作压力、油的黏度和工作温度等来选用不同类型的滤油器及其型号。

滤油器在液压系统中的安装位置，通常有以下几种。

a. 安装在泵的吸油口。

如图1-18（a）所示，泵的吸油路上一般都安装粗滤油器，并浸没在油箱液面以下，目的是滤去较大的杂质微粒以保护液压泵，并防止空气进入液压系统。为了不影响泵的吸油性能，防止气穴现象，滤油器的过滤能力应为泵流量的两倍以上，压力损失不得超过0.02MPa。因此，一般过滤精度较低的网式滤油器，应经常进行清洗。

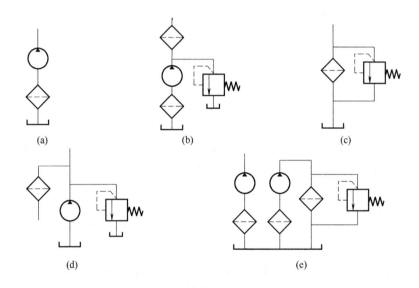

图1-18 滤油器的安装

b. 安装在泵的出口油路上。

如图1-18（b）所示，在中、低压系统的压力油路上，常安装各种形式的精滤油器，用以保护系统中的精密液压元件或防止小孔、缝隙堵塞。这样安装的滤油器应能承受油路上的工作压力和冲击压力，其压力降应小于0.35MPa，并应有安全阀和堵塞状态发信装置，以防泵过载和滤芯损坏。

c. 安装在系统的回油路上。

如图1-18（c）所示，由于回油路压力低，可采用强度较低、刚度较小、体积和重量也较小的滤油器，用以对液压元件起间接保护作用。为防止滤油器堵塞，一般都与滤油器并联一安全阀，起旁通作用，该阀的开启压力应略高于滤油器的最大允许压差。

d. 安装在系统的分支油路上。

如图1-18（d）所示，当液压泵的流量较大时，若采用上述各种方式过滤，滤油器结构可能很大，为此可在只有泵流量20%～30%的支路上安装一小规格滤油器，进行局部过滤。这种安装方式不会在主油路中造成压力损失，滤油器也不必承受系统工作压力，但是不能完全保证液压元件的安全，仅间接保护系统。

　　e. 单独过滤系统。

如图 1-18（e）所示，大型液压系统可专设一液压泵，和滤油器组成独立的过滤回路，专门用来清除系统中的杂质，还可与加热器、冷却器、排气器等配合使用。

此外，安装滤油器还应注意，一般滤油器只能单向使用，即进出油口不可反用，以利于滤芯清洗和安全。因此，滤油器不要安装在液流方向可能变换的油路上。作为滤油器的新进展，目前双向滤油器也已问世。

为了指示各类滤油器何时需要清洗和更换滤芯，必须装有污染指示器或设有测试装置；更换的滤芯必须符合设计图样中的要求，并且必须预留出足够的更换滤芯的空间。

③ 蓄能器组件的安装及注意事项。

a. 安装要求。

- 蓄能器（包括气体加载式蓄能器）充气的气体种类和安装必须符合制造厂的规定。
- 蓄能器的安装位置必须远离热源。
- 蓄能器在卸压前不得拆卸，禁止在蓄能器上进行焊接、铆接或机加工。

b. 在使用蓄能器时的要求。

- 充气式蓄能器中应使用惰性气体（一般为氮气），允许工作压力视蓄能器结构形式而不同。
- 不同蓄能器适用范围不同，如气囊式蓄能器的气囊强度不高，不能承受很大的压力波动。
- 气囊式蓄能器一般应垂直安装（油口向下），但在空间受限时允许倾斜或水平安装。
- 装在管路上的蓄能器需用支板或支架固定。
- 蓄能器与管路系统之间应安装截止阀，在充气、维修时使用。蓄能器与液压泵之间应安装单向阀，防止液压泵停车时蓄能器内储存的压力油液倒流。
- 蓄能器在液压系统中安装的位置，由蓄能器的功能来确定。

（6）液压系统的总装

液压系统总装前，所有液压元件和辅件必须进行清洗，通过试验来检验性能。系统中所用测量仪表、电气元件需经检验校对，保证准确性和可靠性。

系统总装时，留有足够空间，供装拆、调试及观察时用。系统应安装在不易碰伤、无污染或污染少的环境中。若环境条件不允许，必须采取适当的防污染措施。

安装液压阀时，防止进油口和出油口装反。有些液压阀，如换向阀、溢流阀等，为了安装方便，往往设有两个进油口或回油口，安装时应把不用的油口堵死或作出其他处理，以免运转时喷油或产生故障。

液压阀的连接方式有螺纹连接、板式连接和法兰连接三种，不管采用哪一种方式，都应保证密封，防止渗油和漏气。

系统中有电磁换向阀、液动换向阀、电液换向阀时，所有这些换向阀必须处于水平位置。

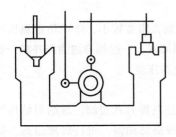
图 1-19　液压缸与机床导轨的平行度和直线度检查

液压缸的安装应扎实可靠。配管连接不得有松弛现象，缸的安装面与活塞的滑动面应保持足够平行度和垂直度。脚座固定式的移动缸的中心轴线应与负载作用力的中线同心，以免引起侧向力，侧向力容易使密封件磨损及活塞损坏。安装移动物体的液压缸时，使缸与移动物体在导轨面上的运动方向保持平行，其平行度不大于 0.05mm/m。安装液压缸体的密封压盖螺钉，其拧紧程度以保证活塞在全行程上移动灵活，无阻滞和轻重不均匀的现象为宜。螺钉拧得过紧，会增加阻力，加速磨损，过松会引起漏油。在行程大和工作油温高的场合，液压缸的一端必须保持浮动，以防止热膨胀的影响。液压缸安装在机床上时，必须注意缸与机床导轨的平行度和直线度，其允差均在 0.1mm（全长）。如图 1-19 所示为液压缸与机床导轨的平行度和直线度检查。如果液压缸上母线全长超差，应修刮液压缸的支架底面（高的一面）或修刮机床的接触面；如果侧母线超差，可松开液压缸和机床固定螺钉，拔掉定位销，校正其侧母线的精度。

1.2　液压系统的调试工作

液压系统试压的目的主要是检查系统、回路的漏油和耐压强度。系统的试压一般都采取分级试验，每升一级，检查一次，逐步升到规定的试验压力。这样可避免发生事故。

液压设备调试的主要内容就是液压系统的调试。液压系统的调试不仅要检查系统是否完成设计要求的工作运动循环，而且应该将组成工作循环的各个动作的力（力矩）、速度、加速度、行程的起点和终点、各动作的时间和整个工作循环的总时间等调整到设计所规定的数值，通过调试应测定系统的功率损失和油温升高是否有碍于设备的正常运转，否则应采取措施加以解决。通过调试还应检验力（力矩）、速度和行程的可调性以及操纵方面的可靠性，否则应予以校正。

1.2.1　液压系统调试前的准备工作

液压系统调试前应当做好以下准备工作。

(1) 熟悉情况，确定调试项目

调试前，应根据设备使用说明书及有关技术资料，考查现场设备，了解被调试设备的结构、性能、使用工艺要求和操作方法。了解机械、电力、气压等方面与液压系统的联系。认真研究液压系统各元件的作用，搞清楚各元件在设备上的实际安装位置及其结构、性能和调整部位。仔细分析液压系统的循环压力变化、循环速度变化以及系统的功率利用情况。

在掌握上述情况的基础上，确定调试的内容和方法，准备好调试工具、仪表和补接测试管路，制订安全技术措施，以避免人身安全和设备事故的发生。

(2) 外观检查

① 各个液压元件的安装及其管道连接是否正确可靠。例如各种阀的进油口及回油口是否搞错，液压泵的入口、出口和旋转方向与泵上标明的是否相符合等。

② 防止切屑、冷却液、磨粒、灰尘及其他杂质落入油箱，各个液压部件的防护装置是否具备和完好可靠。

③ 油箱中的油液及油面高度是否符合要求。

④ 系统中各液压部件、管道和管接头位置是否便于安装、调节、检查和修理，检查压力计等仪表是否安装在便于观察的地方。外观检查时发现的问题，应改正后才能进行调整试车。

(3) 清洁度检查

液压油液取样后，采用颗粒计数法测定大于等于 $5\mu m$ 和大于等于 $15\mu m$ 的颗粒浓度，然后对照颗粒污染度等级数码表即可确定油液的污染度等级。如果污染物等级在典型液压系统的清洁度等级范围内，即认为合格。

(4) 加油、润滑

按设计要求，用规定牌号的润滑油或润滑脂，对设备滑动部分加油润滑。用液压油向液压泵注油，并用手转动液压泵按指定转向旋转，使泵内充满液压油，避免液压泵启动时因缺少润滑油而烧伤或咬死。

1.2.2 液压系统调试的主要内容

液压系统的调试，主要是对液压系统各个工作循环和组成循环的各个动作的运动参数进行调试，如力（转矩）、速度、加速度、行程的起点和终点、各动作的时间和整个循环的总时间等，将这些参数调整到正确的数值，使系统有正确可靠的工作循环。

在此基础上，需要检测力（转矩）、速度和行程的可调性和操作方面的可靠性，如发现问题应予以校正。同时需要测定系统的功率损失和温升，如果损失过大，温升较高，将会影响系统的正常工作，所以应分析原因，采取措施加以解决。

运转调试应作文字记录，经过核准后，纳入设备技术档案，作为设备维修原始技术依据，对液压设备故障原因诊断有很重要的作用。

虽然通常液压系统的调整要在系统安装、试车过程中进行，但在使用过程中也随时进行一些项目的调整。

下面介绍液压系统调整的一些项目及方法。

① 调节泵的安全阀或溢流阀，使液压泵的工作压力比液动机最大负载时的工作压力大 $10\% \sim 20\%$。

② 调节泵的卸荷阀，使其比快速行程所需的实际压力大 $15\% \sim 20\%$。

③ 调节压力继电器的弹簧，使其低于液压泵工作压力 $(3 \sim 5) \times 10^5$ Pa（在工作部件停止时或顶在孔挡铁上进行）。

④ 调节行程开关、先导阀、挡铁、碰块及自测仪，使换接顺序及其精确程度满足工作部件的要求。

⑤ 调节节流阀、调速阀、变量液压泵或变量液压马达、导轨楔条和压板、润滑系统及密封装置，使工作部件运动平稳，没有冲击和振动，不允许有外泄漏。在有负载时，速度降落不应超过 $10\% \sim 20\%$。

1.2.3 液压系统分步调试

(1) 液压系统的调试内容

无论是新制造的液压设备还是经过大修后的液压设备，都要对液压系统进行各项技术指标和工作性能的调试，或按实际使用的各项技术参数进行调试。液压系统的调试主要有以下几方面内容。

① 液压系统各个动作的各项参数，如力、速度、行程的起点与终点以及各动作的时间和整个工作循环的总时间等，均应调整到原设计所要求的技术指标。

② 调整整个液压系统，使工作性能稳定可靠。

③ 在调试过程中要判别整个液压系统的功率损失和工作油液温升变化状况。

④ 要检查各可调元件的可靠程度。

⑤ 要检查各操作机构的灵敏性和可靠性。

⑥ 不符合设计要求和有缺陷的元件，都要进行修复或更换。

液压系统的调试一般应按泵站调试、系统调试（包括压力和流量，即执行机构的速度调试以及动作顺序的调试）的顺序进行。各种调试项目，均由部分到系统整体逐项进行，即部件、单机、区域联动、机组联动等。

(2) 技术准备

液压系统的调试应在系统安装完毕、清洗合格后进行。调试前应全面了解设备的用途、性能结构、使用要求和操作方法，掌握系统的工作原理和主要液压元件的结构、性能和调整部位，明确机械、液压和电气三者的关系及其联系环节，仔细分析系统压力、速度及功率变化及利用情况，在此基础上确定调试内容、步骤和测试方法及测试用的仪表。同时还应考虑调试中可能出现的问题及应采取的措施。

（3）试前检查

① 对裸露在外的液压元件和管道等，再进行一次擦洗，确保元件表面干净清洁。

② 对导轨及其他滑动副，按要求加足润滑油。

③ 检查液压泵转向以及相关元件进、出口油管是否安装正确。

④ 检查液压元件和管道等连接是否正确可靠。

⑤ 检查各控制元件的手柄、手轮是否在要求位置。

（4）液压系统的调试步骤

① 泵站调试。

泵站一般按以下步骤进行调试。

a. 将溢流阀旋松或处在卸荷位置，启动液压泵，使液压泵在空载状态下运转 10～20min，观察卸荷压力的大小、运转是否正常、有无刺耳的噪声、油箱中液面是否有过多的泡沫、油面高度是否在规定范围内等。

b. 调节溢流阀，逐渐分挡升压，每 3～5MPa 为一挡，每挡运转 10min，直至调整到溢流阀的调定压力值。

c. 密切注意滤油器前后的压差变化，若压差增大则表明滤油器部分或全部被堵，应及时更换或冲洗滤芯。

d. 观察油温变换，连续运转一段时间（一般为 30min）后，油液的温升应在允许规定值范围内（一般工作油温为 35～60℃）。

② 系统压力调试。

系统的压力调试应从压力调定值最高的主溢流阀开始，逐次调整每个分支回路的压力阀。压力调定后，须将调整螺杆锁紧。

a. 溢流阀的调整压力，一般比执行元件工作时最大负载的工作压力大 10％～20％。

b. 调节双联泵的卸荷阀，使其比执行元件快速运动所需的实际压力大 15％～20％。

c. 调整每个支油路上的减压阀，使减压阀的出口压力达到所需的规定值，并观察压力是否平稳。

d. 调整压力继电器的发信压力和返回区间值，使发信压力比所控制的执行机构工作压力高 0.3～0.5MPa；返回区间值一般为 0.35～0.8MPa。

e. 调整顺序阀，使顺序阀的调整压力比此前先动作的执行元件工作压力大 0.5～0.8MPa。

f. 若系统装有蓄能器，则蓄能器工作压力的调定值应与其所控制的执行元件的工作压力一致。当蓄能器安置在液压泵站时，其压力调定值应比溢流阀调定压力值低 0.4～0.7MPa。

g. 液压泵的卸荷压力，一般控制在 0.3MPa 以内。

h. 为了运动平稳而增设背压阀时，背压一般在 0.3～0.5MPa 范围内；回油管道背压一般在 0.2～0.3MPa 范围内。

③ 系统流量调试（执行机构调速）。

a. 液压马达的转速调试。将液压马达与工作机构脱开，在空载状态下先点动，再从低速到高速逐步调试，并注意空载排气，然后反向运转。同时检查马达壳体温升和噪声是否正常。待空载运转正常后停机，将马达与工作机构连接；再次启动液压马达，并从低速到高速负载运转。如出现低速爬行现象，可检查工作机构的润滑是否充分，系统排气是否彻底，或有无其他机械干扰。

b. 液压缸的速度调试。逐个回路对液压缸的速度进行调试，在调试一个回路时，其余回路应关闭。

调节速度时必须同时调整好导轨的间隙和液压缸与运动部件的位置精度，不致使传动部件发生过紧和卡住现象。调试过程中应打开液压缸的排气阀，排出滞留在缸内的空气，以使运行速度稳定；如果液压缸没有排气阀，则必须使液压缸以最大行程空载往复运动数次，以排出空气，同时适当旋松回油腔的管接头，当有油液从螺纹连接处溢出后再旋紧管接头。

在调速过程中应同时调整液压缸的缓冲装置，直至满足液压缸所带工作机构的平稳性要求为止。如果液压缸的缓冲装置为不可调型，则须将该液压缸拆下，在试验台上调试处理合格后再装机调试。

双缸同步回路在调速时，应先将两缸调整到相同起步位置，再进行速度调试。

速度调试应在正常油压与正常油温下进行。对速度平稳性要求高的液压系统，应在受载状态下，观察其速度变化情况。

速度调试完毕，然后调节各液压缸的行程位置、程序动作和安全联锁装置。各项指标均达到设计要求后，方能进行试运转。

(5) 系统调试后的检查验收

在整个系统调试结束后，应根据液压系统的技术要求或系统修理要求，对系统进行全面检查，并对整个系统作出全面评价。确认符合要求后，再将油箱中的全部油液放出滤净、清洗油箱，重新注入规定的液压油，即可交付使用。

整个系统调试过程中的有关资料要注意进行整理，并妥善保存好，以便平时系统维护和故障修理时参考。

1.2.4　液压系统空载调试

液压系统的调整和试车一般不能截然分开，往往是穿插交替进行的。调试的主要内容有单项调整、空负载试车和负载试车等。在安装现场对有些液压设备只进行空负载试车（如机床等）。

(1) 空负载试车

空负载试车是在不带负载运转的条件下，全面检查液压系统的各液压元件、各种辅助装置和系统的各回路的工作是否正常，工作循环或各种动作的自动换接是否符合要求。

① 空负载试车时需要注意以下内容。

a. 启动前先检查各控制手柄是否在关闭位置、空挡位置或卸荷位置。用手转动液压泵，使液压泵吸进一些液压油，避免启动时因干摩擦烧伤或咬死。

b. 多次点动液压泵。使整个系统有相对滑动的部位都得到润滑，再启动液压泵运转，让整个液压系统处于卸荷状态。检查液压泵卸荷后系统压力的大小，检查系统状态是否正常，有无刺耳噪声。检查油箱中液面泡沫是否过多。运转时间一般为 20 ~ 30min，液压油温升幅度不超过 6℃。

c. 无负载程序运转。操纵液压换向阀，使液压缸往复运动或使液压马达做回转运动。在此过程中，一方面检查液压阀、液压缸、电气元件、机械控制机构是否灵敏可靠，另一方面进行系统排气。排气时，最好是全管道依次进行。

d. 压力调整运转。对系统压力阀依次调整，同时检查稳定性、调压范围和准确程度。压力调整可借助压力计、压力传感器等进行测定，压力振摆与偏移值必须在规定范围内。若出现较大的压力波动，应立即查明原因，并予以排除。若系统压力计抖动，则是由系统内混入空气、压力阀内部泄漏、孔口不通（堵塞）、液体流动阻力过大及机械振动等引起的。

e. 流量调整运转。系统执行元件的运动速度由于工况需要，有时要作快慢调整，主要依靠流量控制阀开度大小变化来实现。调整时注意观察速度变化范围和最小稳定速度。

f. 在空载试验中，还要检查压力继电器和互换装置的工作可靠性，检查内、外泄漏，检查各动作的协调性和准确性。

② 空负载试车及调整的方法与步骤。

a. 间歇启动液压泵，使整个系统滑动部分得到充分的润滑。使液压泵在卸荷状况下运转（如将开停阀放在"停止"位置，或溢流阀旋松，或 M 型换向阀处于中位，等等），检查液压泵卸荷压力是否在允许数值内；看运转是否正常，有无刺耳的噪声；油箱中液面是否有过多的泡沫，油面高度是否在规定范围内。

b. 使系统在无负载状况下运转，先令液压缸活塞顶在缸盖上或使运动部件顶死在挡铁上（若为液压马达则固定输出轴），或用其他方法使运动部件停止，将溢流阀徐徐调节到规定压力值，检查溢流阀在调节过程中有无异常现象；其次让液压缸以最大行程多次往复运动或使液压马达转动，打开系统的排气阀排出积存的空气；检查安全防护装置（如安全阀、压力继电器等）工作的正确性和可靠性；从压力计上观察各油路的压力，并调整安全防护装置的压力值在规定范围内；检查各液压元件及管道的外泄漏、内泄漏是否在允许范围内；空载运转一定时间后，检查油箱的油面下降是否在规定高度范围内。由于油液进入了管道和液压缸中，使油箱的油面下降，甚至会使吸油管上的过滤网露出液面，或液压系统和机械传动润滑不充分发出噪声，所以必须及时给油箱补充油液。对于液压机构和管道容量较大而油箱偏小的机械设备，这个问题特别要引起重视。

c. 与电气配合，调整自动工作循环或动作顺序，检查各动作的协调和顺序是否正确。检查启动、换向和速度换接时运动的平稳性，不应有爬行、跳动和冲击现象。

d. 液压系统连续运转一段时间（一般是 30min）后，检查油液的温升，其温升应在允许规定值之内（一般工作油温为 35～60℃）。

空负载试车后，便可进行负载试车。

(2) 压力试验

空载运转合格后，即可对系统进行压力试验。压力试验除应遵守上述空载运转中的注意事项外，还应注意如下事项。

① 对于工作压力低于 16MPa 的液压系统，其试验压力为工作压力的 1.5 倍；对于工作压力高于 16MPa 但不高于 25MPa 的液压系统，其试验压力为工作压力的 1.25 倍；对于工作压力超过 25MPa 但不高于 31.5MPa 的液压系统，其试验压力为工作压力的 1.15 倍。

② 压力试验中，应逐级升高压力，每升高一级压力宜稳压 2～3min，达到试验压力后，保压 10min，然后降至工作压力，进行全面检查，以系统所有焊缝和接口处无漏油、管道无永久变形为合格。

③ 为了保障安全，压力试验期间，不得锤击管道，在试验区域 5m 范围内不得同时进行明火作业；如有故障需要处理，必须先卸压。

1.2.5　液压系统负载调试

负载试车是使液压系统按设计要求在预定的负载下工作。通过负载试车检查液压系统能否建立正常的工作压力；检查运动部件运动、换向和换速的平稳性；检查在正常的工作压力下，能否产生要求的流量，使执行机构达到要求的工作速度；检查有无爬行和冲击现象；检查有无外漏现象、有无噪声和振动、连续工作后油液温升等。在试车的过程中排除一切故障。负载试车时，开始应先在较轻负荷下运转，然后再用满负荷试运转。确信一切工作正常后，再更换液压油即可投入生产使用。

调试的负载条件应该与机械部件的实际工作条件相符合，根据压力计的读数检验负载压力，按照空载调试的步骤和主要内容，检查在负载条件下机械部件的动作和自动循环的正确性和可靠性。

在负载条件下检测运行速度及其稳定性，对于金属切削机床等设备，尤其要检测其低处时的稳定性。根据测定的负载阻力、运动速度、负载转矩和转速等参数，可计算出实际消耗的功率；若测出电动机的电流大小，可计算出电动机的消耗功率。

(1) 调试内容

在液压系统负载调试中，应特别注意各液压部件和油箱中的油液温度不应超过规定的数值。在负载调试中，应按下列步骤逐一检查各个部件的工作情况是否达到设计要求。

① 液压泵的工作压力。

当机械部件处于慢速运动状态下，液压系统的压力计指示出系统的工作压力。对于定量泵系统而言，可用溢流阀进行调整，使液压泵的出口压力为执行元件工作压力的 1.1~1.2 倍。而对于变量泵系统，则应调整其低流量时的限定压力，使其达到系统的工作压力要求。若液压执行元件所输出的力或转矩不足，可在允许范围内适当调高液压泵的工作压力。在空行程快速运动状态下，液压系统的压力为空载压力。

② 次级工作压力的调整。

次级工作压力一般由减压阀或第二级溢流阀调定。次级压力一定要低于液压泵的供油压力，根据液压执行元件所需要的压力来调整，实现次级压力维持恒定，且不受系统压力以及通过流量大小的影响。

③ 卸荷压力的调整。

卸荷阀的卸荷压力一般调整为 0.1~0.2MPa。系统在卸荷状态下，如果液压泵输出的油液仍需给系统提供润滑油或实现控制时，则系统的卸荷压力值应调整为 0.3~0.6MPa。系统运行中，应观察系统的卸荷压力是否正常，以便进行调整。

④ 压力继电器工作压力的调整。

压力继电器是一种液压电气转换元件，它利用液体压力来启闭电气触点。当油液压力大于压力继电器的设定压力时，发出电信号，控制电气元件动作，实现执行元件的顺序动作、系统的安全保护以及液压泵的卸荷和加载等功能。为了防止压力继电器因系统的压力波动而产生错误信号，需要一个足够的可调节的通断调节区间（开启压力和闭合压力之差）。

⑤ 自动循环动作的协调性。

调整动作循环的协调性是指使液压系统严格执行动作顺序，保证速度的换接精度和换向位置的准确性。和空载调整一样，主要调整行程开关、行程控制阀以及行程撞块等的位置，以保证其协调性。

(2) 动态测试

动态测试一般使用各种传感器，如压力传感器、流量传感器、力传感器、转矩传感器、速度传感器及位移传感器等。它们可以测定液压系统和执行机构的瞬态参数，使用记录仪记录，通过人工或计算机进行数据处理，从而对液压系统的工作性能进行动态分析，进一步对液压系统的设计进行分析研究，以探求更好的设计方案，找出改进方向。

动态测试的主要项目有：

① 液压执行元件的换向过渡过程试验研究。

② 液压系统的自励振动的试验研究。

③ 液压系统的动态刚度的试验研究。

(3) 液压系统负载调试的注意事项

① 系统能否达到规定的负载和速度工作要求。

② 夹紧部件在夹紧和松开动作过程中，振动和噪声是否在允许的范围内。

③ 检查各管路连接处，液压元件的内、外泄漏情况。

④ 工作部分（拉杆或拉管）运动和换向时的平稳性。

⑤ 系统油液温升是否在规定范围内。

1.2.6　液压系统温度的检测

液压系统温度检测对象主要是液压油的温度，油温过高或过低对液压元件的动作和液压回路性能都会造成影响，所以液压设备都会采取各种措施监测温度，重要设备还要控制油温。温度检测一般在油箱中用测温仪检测即可。

测温仪表按其测量范围不同，将测量 550℃以下温度的仪表称为低温温度计，一般就叫温度计；测量 550℃以上温度的仪表称为高温温度计，一般简称高温计。按其作用原理可分为接触式（仪表的测量元件与被测物接触）和非接触式（测量元件不与被测物相接触）两类，见表 1-7。

表 1-7　测温仪表分类

测温仪表的种类		工作原理	测量范围
接触式	膨胀式温度计：液体膨胀式、固体膨胀式	利用固体或液体膨胀的特性	−200～500℃
	接压式温度计	利用封闭在一定容器中的气体、液体或某种液体的饱和蒸气受热膨胀或压力变化的特性	−40～400℃
	电阻式温度计	利用导体或半导体受热其电阻变化的特性	−200～500℃
	热电式温度计	利用热电阻的热电效应	0～1600℃
非接触式	全辐射温度计 光学温度计 红外测温仪	利用物体的热辐射	600～6000℃ 0℃开始直至 1000℃以上的高温

如图 1-20 所示为一种高压（压力管路）测温装置，敏感元件 1 被包容在保护套 2 内（图上未剖出），敏感元件由热电偶或热电阻构成。热电阻通常采用铂系或铜系制成，并依附在绝缘支架上。热电偶一般用镍铬-铜镍、镍铬-镍硅等材料制成。保护套 2 的作用是使敏感元件有较好的承压能力和抗振性能，常用不锈钢（1Cr18Ni9Ti）制成，一般能满足额定压力为 31.5MPa 的工况要求。保护套和敏感元件之间充填绝缘材料，以保护其绝缘性能。连接管 3 是高压油液的通道，其两端可以按不同的连接方式和不同管接头标准系列进行设计。连接管内的实际通流截面积与公称管道通流截面积大小相仿，以减少液流压力损失和避免液流加速引起的冲击和振动。热电阻或热电偶的引出导线通过插头 4 和显示仪表 5 连接，还可配用打印机做打印记录。

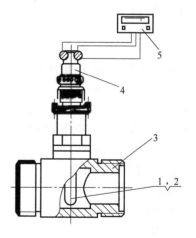

图 1-20　液压温度传感装置结构简图
1—敏感元件；2—保护套；3—连接管；
4—引出导线插头；5—显示仪表

1.2.7　液压系统压力的检测

液压系统中各工作点的压力通常用压力计测量。液压中最常用的压力计是弹簧弯管式压力计。压力计应通过压力计开关接入压力管道，以防止系统压力突变或压力脉动损坏压力计。压力计开关用于切断或接通压力计和油路的通道。压力计开关的通道很小，有阻尼作用。下面介绍如何用弹簧弯管式压力计测量压力。

(1) 测压点的选择

所选的测压点应能真实反映被测对象压力的变化。取压口位置在选择时应尽可能地方便引压管和压力计的安装与维护。另外，测量液体介质的压力时，取压口应在管道下部，以免气体进入引压管。现在已有不少设备的液压系统在其一些表征系统状态的关键点上就事先接入压力计，既可监控系统的运行状态，又可在设备发生故障时直接显示所测数值。也有的设备则事先在一些系统状态的关键点上接入测试头，需要时即可方便地接入测试仪表，以便快速诊断故障。

（2）弹簧弯管式压力计量程和精度选择

① 量程的选择。

目前，国产的压力检测仪表有统一的量程系统，它们是 1.0kPa、1.6kPa、2.5kPa、4.0kPa、6.0kPa，以及它们的 $10n$ 倍（n 为整数，其值可为正，也可为负）。对于弹簧弯管式压力计，为了保证弹性元件在弹性变形的安全范围内可靠地工作，防止过压造成弹性元件的损坏，影响仪表的使用寿命，压力计的量程选择必须留有足够的余地。一般在被测压力比较平稳的情况下，最大被测压力应不超过仪表满量程的 3/4；在被测压力波动较大的情况下，最大被测压力值不超过仪表满量程的 2/3；为了保证测量的准确性，被测压力最小值应不低于全量程的 1/3。当被测压力变化范围较大，最大、最小被测压力可能不能同时满足上述要求时，选择仪表时应首先满足最大被测压力的条件。

② 精度的选择。

压力计精度用精度等级来衡量，压力计的精度等级是以允许误差占压力计量程的比例来表示的。通常，压力计精度可分为 5.0 级、3.0 级、1.5 级、1.0 级、0.5 级、0.1 级等。最大误差是 0.1% ~ 5%。如 10MPa 的 1.5 级压力计允许误差是 ±0.15MPa。数值越小，其精度越高。

压力计的精度主要由生产允许的最大误差确定。如若选用 0 ~ 1.6MPa 量程的压力计，生产允许的最大误差为 ±0.03MPa，则所选用压力计的精度应不大于

$$\pm \frac{0.03 \times 10^6}{(1.6-0) \times 10^6} \times 100\% = \pm 1.875\%$$

即应选用 1.5 级精度的压力计。 1.5 级精度、 0 ~ 1.6MPa 测量范围的压力计，其测量误差不会大于 ±0.024MPa，因此可满足生产对测量精度的要求。选择压力计精度时，与选用其他测量仪表一样，应坚持节约的原则，只要测量精度能满足生产要求，就不必选用高、精、尖的压力计。工业应用多选用精度为 1.5 级的压力计，而且足够准确。普通计量校表一般用精度为 0.5 级的压力计。如果是上一级计量校表，如量值传递，则要精度为 0.1 级的压力计。

（3）引压管的选择

引压管指连接取压口和压力计液压油入口的油管，其作用是将被测压力传递到压力计。引压管的内径一般为 6 ~ 10mm，长度不得超过 50 ~ 60m，若不得不远距离敷设时，则要使用远传式压力计。

引压管的敷设应保证压力传递的精确性和快速响应。当引压管水平敷设时，要保持一定的倾斜度，以避免引压管中积存液体（或气体），并有利于这些积液（或气）的排出。当被测介质为液体时，引压管向仪表方向倾斜，倾斜度一般大于 3% ~ 5%。

1.2.8 液压系统流量的检测

液压流量测试仪表的选用原则是根据被测流体介质的性质、测量条件、安装环境条件及对被测参数的准确度、可靠性、经济性要求选择流量测试仪表的品种类型，根据被测流体的流量、压力、温度、流程、管径及配管情况等选择流量计的规格。

（1）液压流量测试仪表品种类型选择

① 根据被测流体性质和流态。液压系统的工作介质（液压油）是液压能的载体，其功用

是进行能量的转换、传递以及冷却与润滑液压元件和系统。如果不特别说明，液压油均被认为是牛顿流体。由于流量仪表对其所适用流体介质的性质有一定要求，因此在选择流量计品种类型时，应了解所用液压油的性质，如黏度、密度、比热比、热膨胀系数、压缩性系数、温度、污染度、腐蚀性、导电导热性等。

流体的流动状态直接影响流速分布，而流量测量往往与流速分布有关。一般情况下，大多数流量仪表都基于流体阻力理论或漩涡理论，因此需要工作在紊流区；而利用层流热传导性质的流量仪表如热膜（丝）流量计须工作在层流区。

对于接触式流量计，检测元件置入流体中，对流体形成阻挡，使流体形成紊流的最小雷诺数下降，即相当于检测元件对流体的阻挡使其提前进入紊流状态，此时不能再以光滑圆管稳定紊流的雷诺数（$Re \leqslant 2000$）为紊流的界限，而应根据流量检测元件自身的规定来确定能否选用这种流量计类型。

② 考虑流量测量仪表的安装环境条件。几乎所有的流量测量仪表都要求其安装的位置前、后有一段长度不一的直管段，这是因为仪表上游的流动状态须是无漩、轴对称的不随时间变化的稳定层流或紊流。这样就需要确保流量仪表的前、后有一段等内径的没有流出或汇入流体的直管。也就是说，远离阀门、弯头、三通管、异径接头等的具体长度视流量计的不同而异。这就要求我们根据管路配置情况和预选用的流量计综合考虑，密切注意流量仪表说明书中所规定的该仪表距各种阻力件的距离。

③ 根据要达到的技术要求。对液压系统的流量，人们感兴趣的一方面是流量仪表显示的平均流量值，它反映了液压系统的效率与泄漏情况，这时要求测量仪表准确度较高，此时可选用容积式流量计、涡轮流量计、涡街流量计、热膜（丝）流量计等；另一方面，对用于液压系统状态监测与故障诊断及用于液压控制系统的流量仪表，往往要求仪表本身可靠性高、灵敏度高、准确度高，而且要求一旦发生故障能迅速排除，这时可考虑选用高质量的差压变送器配节流装置、涡街流量计、超声波流量计等。

（2）液压流量测试仪表规格选择

被测流体的流量、压力、温度、流程管径及配管情况是选择流量计规格的依据。预选出仪表品种类型后，就要考虑仪表规格是否合乎使用要求，否则必须重新选择。选择流量计时应做到既熟悉使用条件又了解流量仪表性能参数。流量仪表规格一般包括公称通径（口径）、流量范围、公称压力、允许温度范围等。被测流体的最大、最小流量及常用流量决定了所选仪表的流量范围和公称通径（口径）。国内大多数流量仪表的公称通径指仪表的内径，若管道外径、壁厚与仪表口径、流量范围不一致时，应优先按流量选仪表口径，对管路系统采用局部放大或缩小的办法作为过渡。若对现场所测流量的最大值估计不准时，应选量程可现场调整的二次仪表或变送器以便随时调整。当实际流量太大时，可用两台或多台流量计并联使用；若实际流量太小，为保证测量准确度须改选小流量范围仪表。

不可忽视的是，仪表允许的压力值是在常温条件下的最高许用压力，如液压系统的散热条件较差、温度较高，应选用高一挡的压力规格；仪表说明书中提供的流量范围是确保仪表准确度在规定范围内的范围值，使用时实际流量范围应处于其间且最大流量不大于仪表量程上限的80%，以利于仪表工作可靠，避免计量失误。

厂家仪表说明书中准确度数据是在出厂校准条件下测得的，现场使用时，因流体介质温度、压力、安装条件、管段情况等难以完全等同于校准条件，因而流量仪表的准确度会受到影响而发生变化，所以选择流量仪表时应把这些条件造成的附加误差考虑在内，尽可能选择附加误差小的流量仪表，同时尽量保证流量仪表规定的使用条件。

此外，选择流量仪表时，除考虑本身价格外，还要综合考虑配套仪表、装置等辅助件的价格以及维修周期及费用、校准时间间隔及费用等。

1.2.9 液压系统噪声的检测

液压装置噪声产生的根源是一个和泵、阀、装置等整个系统有关的复杂问题。经验表明，即便单个液压元件本身的噪声很低，但是把它安装到不同的液压系统中去，液压系统也会出现严重的噪声。如图 1-21 所示为液压装置噪声发生的过程。

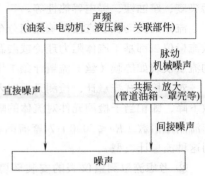

图 1-21 液压装置噪声的发生过程

(1) 噪声的测量仪器

① 声级计。

声级计可以测量声压级，通过滤波器可作频率分析，用加速度计代替传声器可用于测量振动。声级计按用途可以分为普通型、精密型及脉冲型 3 种。

如图 1-22 所示为 ND2 型精密声级计外观，它由电容传声器、放大器、衰减器、计权网络、检波电路和电源等部分组成。其工作原理见图 1-23。传声器也称话筒，将噪声信号变成电信号。放大器用于将微弱信号进行放大，衰减器用于将强信号进行衰减。为了提高信噪比，将其分成两组：输入衰减器、输入放大器和输出衰减器、输出放大器。

声级计中的计权网络是参考等响曲线而设置的，有 A、B、C、D 四种，如图 1-24 所示，它使接收的声音按不同的程度滤波。A 网络是模拟人耳对 40Phon 纯音的响应，对 500Hz 以下的低频段有较大的衰减，所测得的噪声值较为接近人耳对声音的感觉，人们常用 A 网络测得的声级来代表噪声级的大小，称 A 声级，记作 dB（A）。B 网络是模拟人耳对 70Phon 纯音的响应，对低频声段有一定的衰减。C 网络是模拟人耳对 85Phon 纯音的响应，在整个可听频率范围内有近乎平直的特性，让所有频率的声音近乎一样程度通过，因此，它代表总声压级。D 网络是为了测量飞机噪声而设置的，用 D 网络测得的噪声级再加上 9dB，就可直接得出飞机噪声的感觉噪声级。

② 频率分析仪。

频率分析仪由放大器和滤波器组成，用来分析噪声频谱。普通声级计（如 SJ-1 型）和 1/3 倍频程滤波器（TLB-1）连用，或用精密型声级计（2203 型）和倍频程滤波器（1613 型）、1/3 倍频程滤波器（1616 型）均可进行倍频程或 1/3 倍频程频谱分析。

传声放大器或声级计与滤波器组成一体可构成频谱仪，如丹麦的 2112 型、2114 型频谱仪，它既可进行声级测量，又可进行频谱分析。ND2 型倍频程声级计是一种便携式频谱仪。

瞬时频谱分析可采用 3347 型和 SA-10 型实时分析仪，可在几分之一秒内在电视显像管上显示噪声的 1/3 倍频程频谱。

③ 自动记录仪。

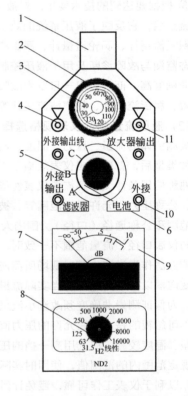

图 1-22 ND2 型精密声级计外观

1—电容传声器；2—黑色旋钮（输入衰减器）；
3—透明旋钮（输出衰减器）；4—校正电位器；
5—计权网络开关；6—开关；7—电池盖板
（背面）；8—滤波器开关；9—电表；
10—外接电源插孔；11—指示灯

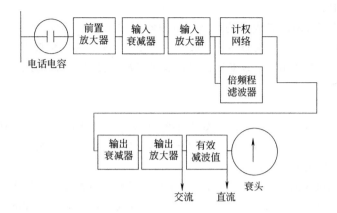

图 1-23　ND2 型精密声级计工作原理框图

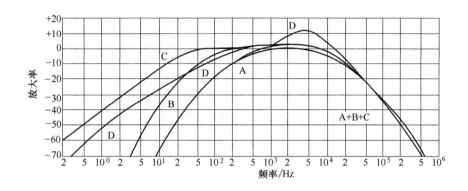

图 1-24　计权网络

　　自动记录仪有电子记录仪和 X-Y 记录仪两种。前者可作频谱记录或电平记录；后者可在直角坐标上自动绘出函数关系 $y = f(x)$，或记录电参数对时间的函数关系 $y = f(x)$，故又称函数记录仪。函数记录仪记录的幅面大，应用很广，但由于这类仪器的记录机构惯性大，只适用于低频过程。

　　国产 NJ3 型电子记录仪与 ND2 型精密声级计和倍频程滤波器配合组成一套便携式噪声和振动现场测量和分析仪器。 ND2 型精密声级计与 BP-28 型低频频谱分析仪和 X-Y 记录仪配合使用，也可描绘频谱图。

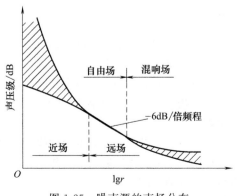

图 1-25　噪声源的声场分布

④ 磁带记录仪。

磁带记录仪按记录时调制电路的类型可分为调幅式（AM）和调频式（FM）两种。前者称为直接记录式磁带记录仪，其频带宽一般为 30～20000Hz，是一种典型的轻便仪，在噪声测量中应用很普遍；后者适用于记录低频信号，其频带宽一般为 0～1000Hz。

(2) 测量方法

① 测点位置的选择。

传感器应放在自由声场的远声场，如图 1-25 所示。图中阴影区表示声压波动区域，不宜进行测量。在远声场区测量的特点是数据稳定可靠，距离每增加一倍，噪声降低 6dB（A）。测点位置选择的具体做法如下。

a. 宜选在距机械表面 1.5m，离地面 1.5m 处。若噪声源本身尺寸很小（如＜0.5m），则测点应与机械表面较近，如 0.5m。且应注意测点与室内反射面相距 2～3m 以上。

b. 测点应在所测规定表面四周均布，不应少于 4 点。若相邻测点测出的声级相差 5dB（A）以上，应在其间增加测点。噪声级取各测点的算术平均值。

c. 两噪声源相距很近时，如小型液压系统中的泵与电机，则测点应移近，如 0.2m 或 0.1m。

② 本底噪声的修正。

本底噪声应低于所测对象噪声 10dB（A）以上，否则应在所测噪声中扣除本底噪声修正值 ΔL，见表 1-8。

表 1-8　存在本底噪声的修正值

合成噪声级和本底噪声级差 /dB(A)	1	2	3	4	5	6	7	8	9	10
修正值 ΔL/dB(A)	6.9	4.4	3.0	2.3	1.7	1.25	0.95	0.75	0.6	0.45

③ 注意电源、磁场、气流等的影响。

如果电源电压不稳定，应接稳压器，否则不能进行测量。使用电池时，若电压不足应更换。室外测量最好选择无风天气。风速超过 4 级时，可在传声器上带上防风罩或包上一层绸布。在排气管口测量时，传声器应避开风口和气流（通常在与轴线成 45° 角处测量）。在管道测量时，一定要带上防风鼻锥。

应尽量排除噪声源附近的反射障碍物，不能排除时，传声器应放在反射物与噪声源间的适当位置，并尽量远离反射物。离墙壁和地面的距离不宜太近，最好在 1m 之外。测量噪声时，传声器在所有的测点上都要保持同样的入射方向。

1.2.10　液压系统的验收

验收是产品质量保证体系中的关键环节。上述各项试验记录和报告是验收依据的主要文件。验收也是在系统制造、装配、调试、管理、使用各环节交接过程中，明确责任，尽早发现问题并予以排除的重要手段。往往需要分层次多次进行交接验收，如总装车间质量控制部门自身装调质量的验收，设计部门或委托生产部门的产品质量验收，使用部门在接收管理部门分配的设备时对设备系统状态的验收，等等。

不论属于哪个层次验收，一旦发现问题，必须采取有效措施，直至合格为止，并应有记录备案。完整的试验记录和验收档案可以减少再次验收的工作量，不需要重复各项试验，只须对有疑虑项目进行检查或抽查少数重要指标即可。

交验方和验收方责任人和技术人员在验收中应到齐，使用部门验收时还应有设备操作人员参加。

　　提供液压系统产品的制造厂可以用管道将液压系统与闲置的或供试验用的执行器连接起来进行调试（离线调试）。如果是主机制造厂，则液压系统应由供货方在主机上进行合同中指定的试验，试验时直接用管道将液压系统与安装在主机设备上的执行器连接起来进行调试（在线调试），试验结束后应将试验结果提供给需方。在主机上进行试验的项目及注意事项见表 1-9。液压系统现场调试步骤及内容要求，见表 1-10。

表 1-9　在主机上进行试验

试验项目	注意事项
噪声	在额定工况下运行时,设备的最高声压级在离设备外壳 1m 和离地面 1.5m 高度上的任何点处不得超过 84dB(A)。可针对背景噪声来修正实测值
泄漏	进行试验期间,除未成滴的轻微沾湿外,不得有可测出的外泄漏
温度	进行试验期间,在油箱中最靠近泵吸油口处测量并记录油液温度,测量并记录环境温度
功率消耗	至少在一个完整的机器循环中测量平均功率消耗和功率因数。需方要求时,还应测量并记录尖峰功率需求和最低功率因数
温度控制	采用主动温度控制时,应在油箱中最靠近泵吸油口处测量并记录超出冷却介质温度的液压油液的温升。还应在规定的水压和冷却器压降下测量并记录冷却介质平均耗用量
污染分析	进行试验期间,应定期提取液压油液样品进行颗粒污染分析,并符合规定的清洁度等级

　　注：本表摘自美国标准 NFPA/JIC 2.24—1990。

表 1-10　现场调试步骤及内容要求

步骤	试验内容与要求	步骤	试验内容与要求
1	开箱验收,清点到货内容是否与装箱单相符,部件、附件、随机工具和文件是否齐全,目测检查有无运输中的损坏或污染	8	在管路内充满油液而所有执行器都外伸的情况下,补油至油箱最低液面标志
2	把机组和各部件安装就位并找正和固定	9	根据需要给泵壳体注油。打开吸油管截止阀
3	连接机器中的液压执行器,冲洗较长的管子和软管	10	先把压力控制阀、流量控制阀和变量泵的压力调节器调整到低设定值,方向控制阀置于中位
4	检查电源电压,然后连接动力线路和控制线路。根据需要连接冷却水源。检查泵的旋转方向的正确性	11	蓄能器应充气到充气压力。按绝对压力计算时,用于蓄能的蓄能器,其充气压力应为系统最低工作压力的 80%～90%,但不要低于系统最高工作压力的 25%;用于吸收液压冲击和脉动的蓄能器的充气压力应为蓄能器回路额定压力的 50%～80%
5	向油箱灌注规定的油液,加油不要超过最高液面标志,加油过程中要特别注意清洁。例如打开油筒前,要彻底清理筒顶和筒口,以防泥土与其他污染物进入油箱;向油箱输送油液时,只能使用清洁的容器和软管。最好采用带有过滤器的输油泵。在油箱注油管提供 200 目的滤网,并确保过滤器是专为系统所需油液品种使用	12	进行机器跑合。逐渐提高设定值,直到按制造厂的说明书最终调整压力控制阀(含压力继电器)、流量控制阀、液压泵变量调节器、时间继电器等。使机器满载运行几小时,监测稳态工作温度
6	油压机点动驱动电机或使内燃机怠速,检查旋转方向	13	重新拧紧螺栓和接头,以防泄漏
7	在可能的最高点给液压系统放气。旋松放气塞或管接头。操作换向阀并使执行器伸出缩回若干次。逐步加大负载,提高压力阀的设定值。当油箱中不再有泡沫、执行器不再爬行、系统不再有异常噪声时,表明已放气良好,旋紧放气阀(塞)等	14	清理或更换滤芯

　　液压系统种类繁杂，各有其特定用途及使用要求。为了及时了解和掌握液压站和整个系统的运行状况，消除故障隐患，缩短维修周期，通常应采用点检和定检的方法对系统进行检查。表 1-11 和表 1-12 分别列出了汽车工业流水线中液压设备的点检和定检的项目和内容，供参考。

表 1-11　点检项目和内容

点检时间	项　目	内　容
在启动前检查	液位	是否正常
	行程开关和限位块	是否紧固
	手动、自动循环	是否正常
	电磁阀	是否处于原始状态
在设备运行中监视工况	压力	是否稳定在规定范围内
	振动、噪声	有无异常
	油温	是否在 35～55℃ 范围内，不得大于 60℃
	漏油	全系统有无漏油
	电压	是否保持在暂定电压的 −15％～5％ 范围内

表 1-12　定检项目和内容

定检项目	内　容
螺钉及管接头	定期紧固：10MPa 以上系统，每月一次；10MPa 以下系统，每三个月一次
过滤器及通气过滤器	定期检查：一般系统每月一次，铸造系统每半月一次（另有规定者除外）
油箱、管道、阀板	定期检查：大修时检查
密封件	按环境温度、工作压力、密封件材质等具体规定
弹簧	按工作情况、元件质量等具体规定
油污染度检查	对已确定换油周期的设备，提前一周取样化验；对新换油，经 1000h 使用后，应取样化验；对精密的大型设备用油，经 600h 取样；取油样需用专用容器，并保证不受污染；取油样需正在使用的"热油"，不取静止油；取油样数量为 300～500mL/次，按油料化验单化验；油料化验单应纳入设备档案
压力计	按设备使用情况，规定检验周期
高压软管	根据使用情况，规定更换时间
电气控制部分	按电气使用维修规定，定期检查维修
液压元件	根据使用工况，规定对泵、阀、马达、缸等元件进行性能测定。尽可能采取在线测试办法测定其主要参数

第**2**章

液压系统的安装与调试实例

2.1 液压系统的分析与调试实例

2.1.1 专用机床双缸顺序动作液压系统的分析与调试

（1）双缸顺序动作液压系统设计意图及要求

在如图 2-1 所示机床液压系统中，单向顺序阀 5 控制液压缸 6、7 前进时的先后顺序，单
向顺序阀 4 控制液压缸 6、7 后退时的先后

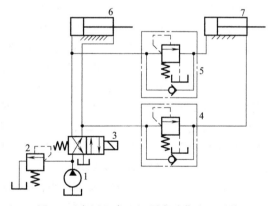

顺序。当电磁换向阀 3 通电时，压力油进
入液压缸 6 的无杆腔，有杆腔回油通过阀 3
回油箱。此时，由于压力较低，单向顺序阀
5 关闭，液压缸 6 的活塞向右前进，当液压
缸 6 的活塞运动至终点时，压力升高，达到
单向顺序阀 5 的调定压力时，单向顺序阀 5
开启，压力油进入液压缸 7 的无杆腔，有杆
腔油液经阀 4 和阀 3 回油箱，单向液压缸 7
的活塞向右前进。当液压缸 7 的活塞右移到
终点时，电磁换向阀断电复位，此时压力油
进入液压缸 6 的有杆腔，无杆腔回油通过阀
3 回油箱，使液压缸 6 的活塞向左返回，到
达终点时，压力升高，打开顺序阀 4 使液压
缸 7 的活塞返回。

图 2-1　专用机床双缸顺序动作液压系统

1—液压泵；2—溢流阀；3—电磁换向阀；
4,5—单向顺序阀；6,7—液压缸

（2）双缸顺序动作液压系统的调试及分析

机床运转中，液压缸 6 的运动速度能够达到设计值，而液压缸 7 的运动速度总是比预定的
速度低，达不到该机床应有的性能要求。

液压系统中液压缸的运动速度达不到预定值，就一般情况而论，通常有以下几方面原因。

① 液压泵流量不足。液压系统的压力油是由液压泵供给的，一般选用合适的泵不会出现
供油不足现象。由于油液污染、过滤器堵塞等原因会造成液压泵吸油不足，从而导致泵流量不

足。液压泵由于使用时间较长，或因油液污染造成泵内零件严重磨损，内泄漏严重，容积效率急剧下降，也是造成液压泵排油不足的原因。

② 换向阀内部泄漏严重。滑阀式换向阀是靠阀芯与阀孔间隙来密封的。由于各种原因造成阀芯与阀孔间隙增大，于是由液压泵来的压力油进入换向阀后，将会从其内部环形缝隙由高压腔流入低压腔，从而使经过换向阀的负载流量（即流入液压缸的流量）减少。

③ 液压缸内部泄漏严重。当液压缸活塞与缸筒间隙磨损过大，或活塞密封圈破损，造成液压缸油液串腔，致使推动活塞运动的实际流量减少，也会导致液压缸的运动速度降低。

④ 压力阀分流系统中与液压缸并联的压力阀（如图 2-1 中的阀 2）在不该开启时开启，将泵的流量分流了。

本系统出现的问题究竟是哪一个原因引起的呢？还要具体问题具体分析。本系统的液压阀、缸都是新购置和制造的新件，唯有液压泵是原有曾用过的叶片泵。一般来说新件不会发生上述的因磨损引起液压阀、缸各自串腔的现象，即不会是上述列出的原因②和③。通过对剩下的原因进一步的判断，发现当液压缸 6 运动时，溢流阀 2 回油管有大量油液流出，这表明溢流阀 2 不该溢流时溢流了。系统中的压力阀 2 应作为安全阀使用，而不应作溢流阀使用，这就是本系统出现上述问题的原因所在。

如何正确调定压力阀 2 的压力，使其作为安全阀使用，并和顺序阀的调定压力相匹配，这可用如图 2-2 所示的系统 p-Q 特性曲线加以说明。假定曲线 ab、bc、dA 分别为液压泵流量特性（未考虑泵的泄漏）、阀 2 的启闭特性和阀 5 的开启特性。其上的 b、d 点对应的压力分别为阀 2 和 5 的开启压力 p_r 和 p_s，交点 A 为阀 5 的工作点，也是液压泵的工作点（Q_p，p_A）。这说明液压泵输出的流量 Q_p 在压力 p_A 下全部通过顺序阀进入液压缸，液压缸全速运行。假设溢流阀调定的开启压力值 p_A 高于顺序阀调定的开启压力值 p_s，但低于顺序阀通过全流量时的压力 p'_A（即溢流阀的启闭特性曲线 bc 变成 $b'c'$），则从图中不难看出，顺序阀的工作点就变为曲线 dA 与 $b'c'$ 的交点 A'。这时溢流阀已

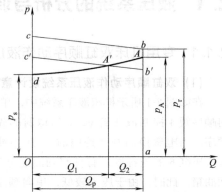

图 2-2　系统的 p-Q 特性曲线

开始溢流，通过溢流阀的流量为 Q_2，通过顺序阀的流量为 $Q_1 = Q_p - Q_2$，液压缸的运动速度降低。如果溢流阀调定的开启压力值 p_r 与顺序阀通过全流量 Q_p 时的压力值 p'_A 相等，则一旦负载增加时，液压泵的工作压力将增大，当超过溢流阀的开启压力时，溢流阀便开始溢流。通过顺序阀的流量则随溢流量的增加而减小，液压缸的运动速度变慢。负载减小后，又回到初始状态。显然，在这种情况下，顺序阀的工作点是不稳定的。

综上所述可以看出：

a. 如果溢流阀调定的开启压力值，低于顺序阀开启后通过液压泵全部流量时的最高压力值，系统就会出现液压缸不能全速运行现象。

b. 如果溢流阀调定的开启压力值，等于或略高于顺序阀开启后通过液压泵全部流量时的最高压力值，系统会因压力波动的影响，使液压缸速度时大时小不稳定。

正确调节方法：把溢流阀的压力调到比顺序阀开启后的最高压力高 0.5～0.8MPa。系统出现的问题便可消除。

此例说明，压力控制系统中，各压力阀调定值的匹配是非常重要的。应根据实际情况，对不同系统的各种压力阀进行正确调节，合理地确定调压值。否则，尽管系统设计上没有什么问题，也会因参数调节不当造成系统达到不到设计性能。

2.1.2　钢厂方坯连铸机液压系统动力源回路的分析与调试

（1）设计意图及要求

该系统采用内控式恒压泵为动力源，如图 2-3 所示。目的是节约能源，减少系统发热。

在图示结构的液动三位三通控制阀 2 的阀芯上，泵出口压力直接与调压弹簧比较，在未达到调定压力 p_t 时，控制阀 2 处于左位，变量泵大小控制活塞上作用着泵出口压力。由于大小控制活塞面积比为 2∶1，在两控制活塞液压力之差作用下，泵的定子与转子之间的偏心距最大，即排量最大。当系统压力达到阀 2 调压弹簧调定压力时，控制阀 2 处于中间位置，从而使泵的大控制活塞腔既不与泵出口压力油相通，也不与回油相通。这时泵运行于与调定压

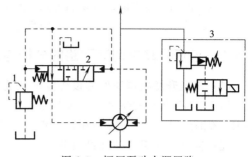

图 2-3　恒压泵动力源回路

力相对应的最大排量即最大流量工况点。当系统需要的负载流量减小时，泵如不相应减小其排量，则泵流量供大于求，泵出口压力升高。此升高的压力使控制阀 2 处于右位，使大控制活塞腔通油箱，使泵的定子与转子的偏心距减小，直至泵排出的流量与系统所需负载流量相一致为止。这时泵出口压力恢复到调压弹簧调定值，控制阀 2 处于中位，使系统在该工作点稳定运行。

（2）回路液压系统的调试及分析

该恒压泵动力源回路出现的问题是：系统实际运行时，油温过高，影响系统正常工作。为此，工厂又设置了电磁溢流阀 3，使泵在无负载下启动，并使系统在工作循环的间歇（即不需负载流量时）时间内卸载，以减少系统发热。但增设电磁溢流阀，未能从根本上解决系统油温过高的问题。

解剖系统后查明：造成系统油温过高的根本原因是恒压泵未能真正进入设计者所希望的正常运行工况，即未能实现泵在恒压下输出的流量 Q_p 与负载流量 Q_L 相匹配的自动控制。问题出在哪里？是回路设计不当吗？不是。问题出在压力阀 1 调定的系统压力 p_r 低于阀 2 调压弹簧调定的压力 p_t，致使该恒压泵始终在最大排量即最大流量下作为定量泵运行。多余流量 $Q_r = Q_p - Q_L$ 以压力 p_r 溢流回油箱，并全部转变为热量，使系统油温升高。

p_r 调低了，不但带来上述弊端，而且还使系统的实际输出压力和执行元件的输出速度达不到最大值。这可用下面所示的该回路的 p-Q 图（图 2-4）说明。

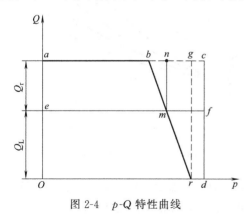

图 2-4　p-Q 特性曲线

假定曲线 ab、br、cd、ef 分别为泵的最大流量-压力特性（未考虑泵的泄漏）、溢流阀 1 的启闭特性、阀 2 弹簧调定压力和负载流量的特性曲线。由溢流阀的启闭特性知：b、r 点所对应的压力 p_b、p_r 分别为阀 1 的开启压力和全流压力，p_r 即为泵输出的最大压力。作 rg 平行于 aO，则曲线 ag、br 分别为泵、阀 1 的工作点轨迹。负载流量 Q_L 特性曲线 ef 与线 br 的交点 m 及 mn（平行于 Oa）与 ac 的交点 n，分别为对应负载流量 Q_L 下，阀 1 的工作点和泵的工作点。此时泵的实际输出压力 $p_n = p_m$（阀 1 的溢流压力）$< p_r$；泵的输出流量为 Q_{max}，溢流阀的溢流量 $Q_r = Q_p - Q_L$。从上述图解分析可知：在 $p_r < p_t$ 条件下，泵输出压力 $p_p \le p_r$，永远

达不到阀 2 由左位变为右位的始动压力，致使阀 2 总处于左位，泵总处于最大流量下运行。本应作安全阀使用的阀 1，此时作为溢流阀使用了。图中四边形 *aemn* 面积为溢流功率损失。

正确调节方法：若将阀 1 作为安全阀使用，将其压力调高，通常使其调定值比系统所需最高压力大 0.5~1MPa。这样该回路所出现的问题得到了彻底解决。

在调节回路参数之前，必须熟悉回路的工作原理，了解各元件在回路中的作用以及它们之间的关系，然后根据设计者的意图去调节有关参数。

2.1.3 液压升降机调速回路的分析与调试

(1) 液压升降机调速回路设计意图及要求

图 2-5 为升降机的简化液压调速回路。起升时采用进油节流调速，下降靠自重回落。回路要求升降时运动平稳，速度应在较大范围内调节，活塞能在任意位置停止。

(2) 回路液压系统的调试及分析

回路采用节流阀调速，运动基本平稳。采用中位机能 O 型的换向阀，使活塞可在任意位置停止。问题在于速度调节达不到本机应有的性能要求。当调节升降机的上升速度时，在很大范围内速度不变化，只有在节流阀开口调至很小时，上升速度才有所改变，调速范围很窄。

图 2-6 为本回路的 *p-Q* 特性曲线。若曲线 *abc* 是液压源回路（由液压泵 1 和溢流阀 2 组成）的特性曲线，曲线 dA_1、dA_2、dA_3、dA_4 分别为节流阀 3 在不同通流面积 a_1、a_2、a_3、a_4（$a_1 = a_{max} > a_2 > a_3 > a_4$）下的特性曲线，则曲线交点 A_1、A_2、A_3、A_4 是液压源的工作点。然而，使液压源在这些工作点工作是不够合理的。因为，把节流阀从最大开度 a_1 逐渐调到 a_2、a_3，虽然节流阀的开度不断变小，液压泵工作压力不断提高，但通过节流阀的流量却没变，即活塞速度没变，这是溢流阀压力调高了的缘故。只有节流阀开度由 a_3 调到 a_4 时，通过节流阀的流量才开始变小，活塞的速度才开始降低。

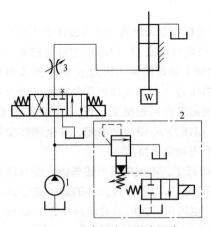

图 2-5　升降机液压调速回路

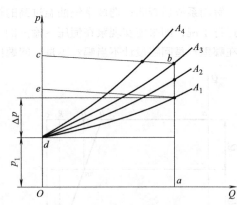

图 2-6　回路 *p-Q* 特性曲线

溢流阀的压力应当这样调节：先把节流阀调到最大开度，然后调节溢流阀压力，使液压泵工作压力 p_p 恰好等于液压缸负载压力 $p_1 = W/A$（W、A 分别为液压缸负载和有效作用面积）和全部流量通过节流阀时所需压力降 Δp 之和，即 $p_p = W/A + \Delta p$。此时，节流阀和溢流阀分别处于全开和要开未开状态，即 A_1 点所示状态。过 A_1 点作 A_1e 平行于 *bc*，则曲线 aA_1e 才是合理的液压源特性曲线。这样既扩大了调速范围，又在保证系统工作压力要求的前提下，使液压泵的工作压力降低了。所以不但节省了功率，而且也减少了系统发热。

在压力控制系统中，压力阀的调定值必须根据不同的系统进行合理的调节。本例的溢流阀的调定值过高，缩小了调速范围。

2.1.4 砖坯液压推进机调速回路的分析与调试

(1) 砖坯液压推进机调速回路构成及要求

在如图 2-7 所示回路中，液压泵为定量泵，节流阀在液压缸的进油路上，所以回路是进口节流调速回路。液压缸为单出杆液压缸，换向阀采用三位四通 O 型电磁换向阀。回油路上的单向阀作背压阀用。由于是进口节流调速回路，所以调速过程中溢流阀是常开的，起定压与溢流作用。

(2) 回路液压系统的调试及分析

液压缸推动负载运动时，运动速度达不到设定值。经检查，回路中各液压元件工作正常，油液温度为 40℃，属正常温度范围。溢流阀的调节压力比液压缸工作压力高 0.4MPa，这个压力差值偏小，即溢流阀的调节压力较低是产生上述问题的主要原因。

这可通过如图 2-8 所示的回路特性曲线加以说明。曲线 abc 为液压源（由液压泵和溢流阀组成）特性曲线，曲线 ed 为节流阀正常工作曲线，它与 bc 的交点 d 即为节流阀的正常工作点。此时，通过节流阀进入液压缸的流量为 Q_1，通过溢流阀回油箱的流量为 Q_3。若溢流阀的调定压力过低，假设降为 $b'c'$ 位置，则与 ed 曲线的交点 d' 就是节流阀的新工作点。此时，通过节流阀进入液压缸的流量由 Q_1 降为 Q'_1，通过溢流阀回油箱的流量由 Q_3 增加到 Q'_3。所以，溢流阀调定值过低，进入液压缸流量大为减少，使其运动速度达不到设定值。图中 p_1 为负载压力。

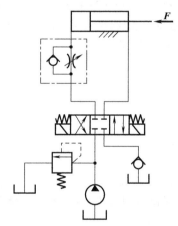

图 2-7　进口节流调速回路

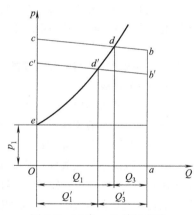

图 2-8　回路 p-Q 特性曲线

那么，溢流阀的调定值如何确定呢？溢流阀的调定压力要保证与负载压力、回路压力损失相平衡，这可用下式表达：

$$(p_r - \Delta p_h - \Delta p_g - \Delta p_{L_1}) A_1 = F + (\Delta p_h + \Delta p_{L_2} + \Delta p_b) A_2$$

$$p_r = \frac{F (\Delta p_h + \Delta p_{L_2} + \Delta p_b) A_2}{A_1} + \Delta p_h + \Delta p_g + \Delta p_{L_1}$$

式中　p_r——溢流阀调定压力；

Δp_h——换向阀压力损失；

A_1——液压缸无杆腔活塞面积；

A_2——液压缸有杆腔活塞面积；

Δp_{L_1}——液压缸至液压泵管道压力损失；

Δp_{L_2}——液压缸至油箱管道压力损失；

F——外负载；

Δp_b——背压阀前后压差；

Δp_g——节流阀前后压差，其数值一般为 0.2~0.3MPa。

上述回路中，油液通过换向阀的压力损失为 0.2MPa，液压泵至液压缸的管道压力损失为 0.1MPa，溢流阀的调定压力只比液压缸的工作压力高 0.4MPa，这样就造成节流阀前后压差 Δp_g 低于允许值（只有 0~0.1MPa），通过节流阀的流量 Q_1 就达不到设计要求的数值，于是液压缸的运动速度就不可能达到设定值。

应提高溢流阀的调定压力，使节流阀前后压差达到合理的压力值，再调节节流阀的通流面积，液压缸的运动速度就能达到设定值。

从以上分析不难看出，节流阀调速回路一定要保证节流阀前后压差达到一定数值，低于合理的数值，执行机构的运动速度就不稳定，甚至造成液压缸爬行。

2.1.5 专用机床调速回路的分析与调试

(1) 专用机床调速回路构成及要求

图 2-9 为某机床液压系统横向进给出口节流调速回路。

液压泵 1 为定量泵，换向阀 3 为三位四通 M 型电磁换向阀，进给缸 5 为双出杆液压缸，系统工作压力由溢流阀 2 调定。

(2) 回路液压系统的调试及分析

液压缸运动在低负载时，速度基本稳定，负载增大时，速度明显下降且不稳定。

液压泵的工作压力 p_p 由溢流阀调定，液压泵的流量 Q_p 是常数（不考虑其容积效率随压力的变化），其中一部分流量 Q_1 进入液压缸，多余的流量 Q_3 从溢流阀流回油箱。从液压缸流出的流量 Q_2 通过调速阀流回油箱。不难得出，通过调速阀的流量为：

$$Q_2 = ka\Delta p_2^m$$

式中　Δp_2——调速阀中节流阀两端的压差，$\Delta p_2 = p_0 - p_3$；

　　　p_0——节流阀入口压力；

　　　p_3——节流阀出口压力，不计管路压力损失时，$p_3 = 0$；

　　　k——取决于节流阀阀口和油液特性的液阻系数；

　　　a——节流阀通流面积；

　　　m——取决于节流阀阀口形状的指数，其值在 0.5~1 之间。

由调速阀的工作原理可知，若不考虑作用于其中的定差减压阀阀芯上的摩擦力、液动力及其自重，则定差减压阀阀芯上的静态力的平衡方程式为

$$(p_0 - p_3)A_0 = F_1$$

即　　　　　　　　　　$$\Delta p_2 = p_0 - p_3 = \frac{F_s}{A_0}$$

式中　F_s——调速阀中定差减压阀的弹簧力；

　　　A_0——定差减压阀阀芯的有效作用面积。

若不计液压缸的泄漏，则液压缸的速度

$$v_0 = \frac{Q_2}{A_2} = \frac{ka}{A_2}\left(\frac{F_s}{A_0}\right)^m$$

设计调速阀时，一般取节流阀压差

$$\Delta p_2 = 0.2~0.3MPa$$

由于定差减压阀中的弹簧刚度较小，而且调速阀在工作中，定差减压阀因补偿负载变化而引起阀芯的位移量很小，因而可以认为调速阀在工作中其弹簧力 F_s 为常数。因而压差

$$\Delta p_2 = \frac{F_s}{A_0} = 常数$$

由上式看出，只要调速阀的开度即其中的节流阀通流面积 a 不变，无论负载怎样变化，v_0 都不变。这说明出口调速阀调速回路的速度刚性是很大的（理论上为无穷大）。可是，系统出现的现象却为什么与上述分析的结论明显地不一致呢？

调速阀用于系统调速时，其主要原理是利用一个能自动调整的可变液阻（串联于节流阀前的定差减压阀）来保证另一个液阻（串联于减压阀后的节流阀）前后压差基本不变，从而使经过调速阀的流量在调速阀前后压差变化的情况下保持恒定。要保持调速阀稳定工作，其前后压差要大于节流阀调速时的前后压差。调速阀因有减压阀和节流阀两个液阻串联，所以它在正常工作时，至少要有 0.5MPa 的压差。压差若小于 0.5MPa，定差减压阀便不能正常工作，也就不能起压力补偿作用，使节流阀前后压差不能恒定。于是，当负载变化时，通过调速阀的流量便随外负载的变化而变化。

图 2-10 为该调速回路的特性曲线，曲线 abc 为油源（由液压泵和溢流阀等组成）的特性曲线，曲线 Oge 为调速阀特性曲线。曲线 Oge 上的 g 点为调速阀中的定差减压阀起补偿作用的临界点。图中 $p_g = 0.5 \sim 0.8\text{MPa}$，　$p_p = p_2 + F/A$。从图中不难看出，当负载 F 较小时，调速阀的工作点在曲线 Oge 的 ge 段上，通过调速阀的流量 Q_2 基本恒定不变，液压缸的速度

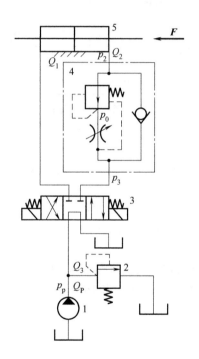

图 2-9　出口节流调速回路

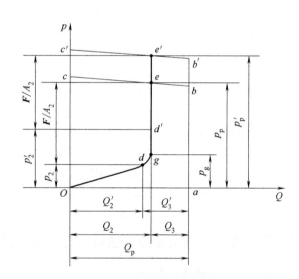

图 2-10　回路 $p\text{-}Q$ 特性曲线

也就基本保持恒定。如果负载 F 增大，则 p_2 减小，当 F 增大到使 $p_2 < p_g$ 时，调速阀的工作点便落在曲线 Oge 的 Og 段上，通过调速阀的流量 Q_2 便随负载 F 的增加而减小，液压缸的运动速度就不稳定。

综上所述可以看出：

① 只要使调速阀的工作点落在调速阀特性曲线的 ge 段上，无论 F 怎样变化，都不会出现液压缸运动速度不稳定现象。

② 若回路中溢流阀的调定压力 p_p 调得不当，则当 F 增加时，就有可能使调速阀的工作点落在调速阀特性曲线的 Og 段上。这时调速阀就变为纯节流阀工作特性，不再具有稳速性能。

适当提高溢流阀的调定压力（如 b' 点为溢流阀开启点），确保调速阀前后压差在外负载增大时，仍保持 $p_2 > p_g$，即保证调速阀的工作点始终落在曲线 Oge' 的 ge 段上（如图中 d' 点）。

此例说明，在采用调速阀的调速回路中，如果不能保持调速阀的进出口压差为一定值，执行元件的运动速度就不能稳定。此例也告诫我们，如果液压系统的工作参数调节不当，尽管回路设计是合理的，也同样会导致系统执行元件的速度随负载而变化。这一点必须充分注意。

2.1.6 大型浮吊起升机构液压回路的分析与调试

(1) 大型浮吊起升机构液压回路构成及要求

图 2-11 为全液压浮吊起升机构液压驱动回路。该机构由两个并联的径向变量柱塞式低速大转矩液压马达驱动，通过改变变量马达的偏心轴的偏心距来调节排量，从而调节该机构的起升速度。

要求变量液压马达及其驱动的起升机构运行平稳，无明显振动和噪声，并能无级调节起升机构的起升速度。

(2) 回路液压系统的调试及分析

在油源供油流量不增加的情况下，通过增大液压马达排量，来降低该机构的起升速度的过程中，液压马达出现强烈振动和噪声。

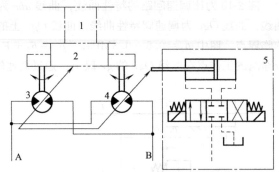

图 2-11 起升机构液压驱动回路
1—卷筒；2—减速机构；3,4—变量马达；5—变速机构

在供油流量没有增加的情况下，增大液压马达排量，使其运行速度降低过程中，因液压马达排量增大，其内部压力降低，从而导致气穴现象发生，致使液压马达出现振动和噪声。

为了避免在液压马达内产生气穴现象和伴随出现的振动与噪声，不要在变量液压马达运行过程中增加其排量。只在液压马达处于停止运转状态时，再增加其排量。实践表明，这是防止本回路液压马达振动和出现气穴现象的有效方法。

此例说明，在大惯量定量泵-变量马达液压系统中，当采用增大变量液压马达排量来降低执行机构的运行速度时，一定要注意调节方法，以免产生气穴现象引起振动和噪声。

2.1.7 旋挖钻机主卷扬液压系统分析与调试

(1) 主副卷扬液压系统

SWDM20 型旋挖钻机液压系统的主回路为双泵双回路系统，主泵与副泵的控制原理如图 2-12 所示。 SWDM20 型旋挖钻机的主泵 P_1 采用力士乐柱塞变量泵 A11VLO190，泵内部集成了两个液压缸——伺服液压缸 3、复位液压缸 6，分别对称地分布在两侧；另外还有两个控制阀——恒功率（恒转矩）控制阀 7、负载敏感阀 8。具有电气越权、恒功率控制、负载敏感控制等特点。其主、副卷扬分别由两片阀控制，主、副卷扬的液压原理如图 2-13（a）、图 2-13（b）所示。

主卷扬主要动作有：主卷扬正常转动，完成提钻与放钻；主卷扬上下限位，以防止钻具越界；主卷扬解除制动（开锁），以保证主卷扬马达正常运转；主卷扬变量，实现主卷扬马达的两挡变量，即大排量低速、小排量高速运转，适应不同的工况要求；主卷扬自锁与制动，以防止主卷扬马达随意转动；主卷扬浮动，保证钻具顺利钻进；过载保护，在突然制动时，吸收冲击，保护系统元件；补油，防止卷扬马达失速吸空。

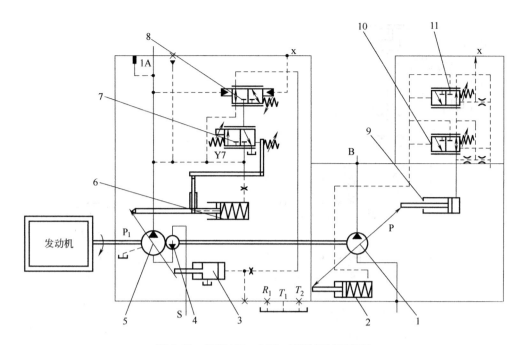

图 2-12　SWDM20 主泵、副泵控制原理图

1—辅泵（A10VO）；2—辅泵复位液压缸；3—主泵（A11VO）伺服液压缸；4—吸油泵（多为离心泵）；
5—主泵（A11VO）；6—主泵复位液压缸；7—恒功率控制阀（带电磁阀）；8—主泵负载敏感阀；
9—辅泵伺服液压缸；10—压力阀；11—辅泵负载敏感阀

　　与主卷扬的工况相比，副卷扬的工况要简单得多，因此在液压回路的构成上也没有主卷扬回路那么复杂，即副卷扬马达为定量马达，如图 2-13（b），只有一个过载溢流阀吸收制动冲击，一个平衡阀安装在下放时的回油路上，起到保压、防止重物自由下落的作用。图 2-13（b）的副卷扬没有浮动功能，所以只需要内部压力油进行制动器解除。

　　为了防止主卷扬下放或提升钻杆时越界，发生事故，在液压系统中设置了主卷扬上下限位控制，即在桅杆上下行程极限位置安装了行程开关，当钻杆运动到一定的行程时，行程开关启动，改变主卷扬控制阀的先导油作用方向，主卷扬马达反向运转，防止下放或提升钻杆时越界，减少不必要的工程事故的发生，提高主机工作的可靠性。

　　(2) 主卷扬液压系统的调试

　　① 主卷扬正常运转。先导手柄动作，先导油液作用在主卷扬主控制阀的液控口上，主阀阀芯打开，主油路的压力油分两路：一路经过单向阀 6 进入马达的进油腔，另一路通过梭阀 9、开关阀 10、减压阀 11，进入制动液压缸，解除制动，主卷扬马达旋转，下放或提升钻杆。

　　② 主卷扬开锁。

　　当主机不工作时，主卷扬马达是由机械制动器锁死的，当卷扬需要工作时，就必须开锁。图 2-13（a）的主卷扬液压回路有两种开锁方式：一种是系统内部开锁，即压力油路进入马达进油口的同时，还经过梭阀、开关阀、减压阀进入制动液压缸进行开锁；另一种是手动开锁，当主卷扬浮动的时候，由于压力油被切断，制动液压缸将对马达进行制动操作，这样将无法进行钻进工作，所以，在执行主卷扬浮动操作的同时，给卷扬开锁控制的三位四通电磁阀（先导回路中）电信号，让电磁阀换向到左位，先导油液经过电磁阀、梭阀 14 进入制动液压缸，实现手动开锁功能，从而保证旋挖钻机正常钻进的功能。

　　③ 主卷扬马达的变量控制。

　　主卷扬在工作的时候，为了提高工作效率，在下放钻杆时，应快速下放，在钻具接近地面

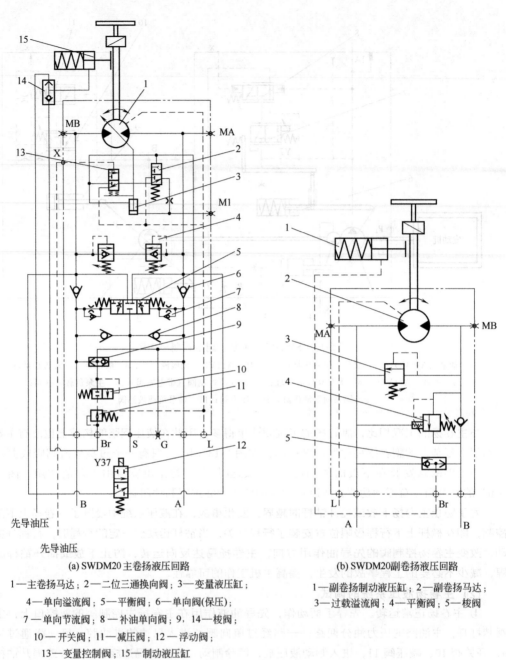

(a) SWDM20 主卷扬液压回路

(b) SWDM20 副卷扬液压回路

1—主卷扬马达;2—二位三通换向阀;3—变量液压缸;
4—单向溢流阀;5—平衡阀;6—单向阀(保压);
7—单向节流阀;8—补油单向阀;9,14—梭阀;
10—开关阀;11—减压阀;12—浮动阀;
13—变量控制阀;15—制动液压缸

1—副卷扬制动液压缸;2—副卷扬马达;
3—过载溢流阀;4—平衡阀;5—梭阀

图 2-13 SWDM20 主副卷扬液压回路

或孔底的时候应适当降低下放速度,以防止由于钻杆和钻具重力产生的惯性力对钻具造成冲击或对已有孔造成破坏。在提钻时,应该快速提钻,以提高主机的工作效率,图 2-13(a)采用两挡变量马达驱动卷扬转动,马达变量控制由先导回路中主卷扬变量电磁阀、液控阀 2 和 13以及变量液压缸 3 实现。当变量手柄动作时,先导回路中主卷扬变量电磁阀接通先导控制油路,使变量控制换向阀 13 阀芯下移,控制油进入变量液压缸的大腔,液压缸活塞向上移动,使马达排量增大,转速降低,此时钻杆慢速下放;当先导油截断时,马达排量处于小排量高速运转的工作状态,此时钻杆快速下放或快速提升;如果系统压力增大到能克服右侧二位三通换向阀 2 弹簧的压力时,马达排量也将自动减小,实现自动调节马达排量。当系统压力大于右侧的二位三通换向阀 2 的设定压力的时候,马达只能低排量工作,以防止其过载操作。

④ 主卷扬自锁与制动。

在旋挖钻机主卷扬液压控制回路的进油路和回油路上都安放了保压单向阀 6，起到安全阀和保压的作用；另外在进油路和回油路上并联了一个平衡阀 5，当系统压力达不到平衡阀开启压力的时候，马达是处于封闭状态的，不能够随意转动，这样从某种程度上也增加了主卷扬工作的可靠性和稳定性（平衡阀液控回路安装有单向节流阀 7，这样可以保证平衡阀稳定地开启，提高系统的稳定性，也可以实现延时功能）。卷扬马达的制动解除依靠内部压力油实现（除了主卷扬处于浮动状态的情况），因此当系统压力降低时，将关闭制动解除压力，使卷扬马达处于制动状态，以防止钻杆和钻具由于重力的作用自动下放，造成事故，提高主机的工作可靠性。

⑤ 主卷扬浮动。

在钻杆钻进时，手动给主卷扬浮动电磁换向阀 12 电信号，电磁换向阀换向，使主卷扬马达进、回油通道互相导通，卷扬马达处于浮动状态，这样才能操作加压液压缸对钻杆进行加压，以便钻杆顺利进行钻进。另外，在主卷扬浮动时，需要先进行手动开锁。

⑥ 过载保护及系统补油。

由于钻杆和钻具的重量很大，当突然制动时，钻杆和钻具的惯性力会对整个系统造成很大的冲击。为了吸收这种冲击，保护系统元件，在主卷扬控制回路中安装了两个单向溢流阀 4，吸收惯性冲击。

需要注意当钻杆下放过快，主回路供油不足时，会造成马达吸空，损害卷扬马达。因此在回路中增加了两个补油单向阀 8，对马达进行补油，防止马达吸空。

2.1.8　Z-14 型多工位铣床液压系统分析与调试

(1) Z-14 型多工位铣床液压系统简介

Z-14 型多工位铣床主要用于加工手表的夹板零件。最大铣削直径为 20mm，铣削深度不大于 3.5mm。机床共有十四个工序，可装置十四个动力头，一个工作循环能够完成铣削圆槽、直槽、成型槽和钻削柄轴孔等十四道工序。加上自动上下料装置，机床可以连续自动加工。

机床的主运动是铣刀或钻头轴的旋转，它是由单独的变频电机通过皮带轮传动的。进给运动包括工作台的垂直进给和动力头沿水平方向做直线或曲线的进给，是液压传动。其他辅助运动有的是机械控制，也有的是电液联合控制。

每工位机床所完成的连续动作有：

① 凸轮轴驱动定位轮脱开。

② 马氏机构拨动分度盘分度。

③ 凸轮轴制动；

④ 定位轮定位；

以上动作为机械控制，以下为电-液控制：

⑤ 工作台上升（快进与工进）铣圆槽；

⑥ 工作台上升到顶点后，铣圆槽动力头抬刀；

⑦ 铣直槽，仿形槽动力头沿水平方向进给；

⑧ 水平装置快进、工进、快退。

图 2-14 是 Z-14 型多工位铣床的液压系统原理图。 整个机床有两个液压系统：低压系统和中压系统。低压系统由定量齿轮泵 2 供油，调节溢流阀 29 使系统保持在 25kgf/cm²❷，供驱

---

❶　$1kgf/cm^2 = 0.0980665MPa$，下同。

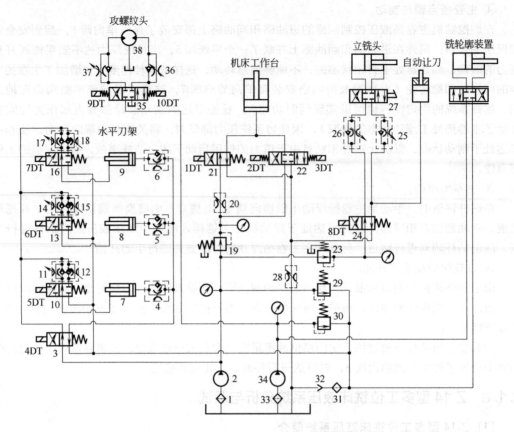

图 2-14　Z-14 型多工位铣床的液压系统原理图

1,31,33—滤油器；2,34—定量齿轮泵；3,10,13,16,24,21—二位四通阀；4,5,6,25,26—节流阀；7,8,9—油缸；
11,14,17,32—单向阀；12,15,18,20,28—调速阀；19,23—调节减压阀；22,27,35—三位四通电液阀；
29,30—调节溢流阀；36,37—可调节流阀；38—液压马达

动水平装置，通过调节减压阀 19 使工作台的驱动回路保持在 15kgf/cm²，而立铣头的平移和铣圆槽刀的让刀回路，则应调整调节减压阀 23 使其为 20kgf/cm²。中压系统由定量齿轮泵 34 供油，调整调节溢流阀 30 使系统压力保持在 68kgf/cm²，用以驱动仿形头的伺服阀和切削螺纹的双向马达。

整个机床的工作程序是由装置在马氏分度盘和拨动马氏机构的凸轮拨盘附近的四个无触点开关通过逻辑电路进行控制的，如图 2-15。

（2）液压系统的调试

① 工作台升降。

工作台的升降是由工作台下面均匀分布的 12 个液压油缸带动的。它的典型自动循环是快进→工进→快退。当自动或手工上料后，电磁铁 1DT、3DT 通电，工作台首先快速上升接近工件，这时的油路是：滤油器 1→泵 2→减压阀 19→电液阀 22→工作台油缸下腔。因为这时阀 22 的右位通路，液压油不经过调速阀，直接进入工作台油缸下腔，所以工作台快速上升。

工作台总行程为 6mm，快进距离是通过无触点开关 D_3 来调整的。当快速行程到限定距离，无触点开关 D_4 使电磁阀 3DT 断电，三位四通电液阀 22 复位到中间位置，这时压力油只能通过调速阀 20 进入油缸，工作台则由快速转为工作进给，进给速度则由调速阀决定。

当工作台上升到顶端，铣削圆槽的工序完成后，无触点开关 D_3 发出信号，拉直槽、仿型槽装置和钻削侧孔的水平装置开始工作。待加工完毕，且已达到延时电路所选定的时间，逻辑

电路发出指令，使 1DT 释放，2DT 吸合，两路回油管同时接通油箱，工作台在弹力和重力作用下快速下降，其下降速度可用回油路中的调速阀 28 调节。

工作台下降到原位后，无触点开关 D_2 发出信号，工作台驱动机构开始工作，带动偏心拨盘拨动分度盘分度，偏心拨盘转一周后，无触点开关 D_1 控制拨盘停止转动，工作台上升再开始下一循环。

② 水平装置。

当工作台工进到顶端后，无触点开关 D_3 发信号，4DT 吸合，压力油经阀 3 和节流阀 4、5、6 进入油缸右腔，推动活塞左行。油缸左腔油经二位四通阀 10、13、16 和单向调速阀 11、14、17 回油箱，调节阀 11、14、17 控制水平推进，回油则经按工作进给调节的调速阀 12、15、18，水平装置工进。工进时间由延时电路决定，钻孔深度用限位块调整。工进完成后 4DT、5DT、6DT、7DT

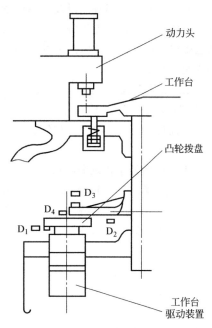

图 2-15　触点开关分布图

电磁阀同时释放，压力油经 4DT 右端，单向阀 11、14、17 进入油缸 7、8、9 左腔，回油经节流阀 4、5、6 流回油箱。回程速度由 4、5、6 节流阀调节。

③ 主铣头的水平移动装置。

当工作台移动到顶端后，8DT 通电，压力油经减压阀 23、阀 24 左端、节流阀 25 进入油缸左腔（当阀 27 拉向右方时），右腔油经节流阀 26 回油箱，调节 26 节流阀即可调整进给速度。当铣削完成后，8DT 释放，压力油经减压阀 23、阀 24 的左端、节流阀 26，进入油缸右腔，移动装置退回。回油经节流阀 25 回油箱。

在各移动装置开始沿水平方向移动的同时，压力油进入自动让刀油缸下端，压缩碟形弹簧使铣圆槽动力头在工作终了位置做向上抬起的让刀动作，以减少刀具的磨损。移动装置退回时，让刀油缸活塞在碟形弹簧作用下复位，油缸下腔油经阀与回油管接通而泄压。

④ 铣轮廓装置。

由定量齿轮泵 34 供油，经分油器分别接各铣轮廓装置的伺服阀，进入铣轮廓装置工作滑板下面的工作油缸进行仿形铣削。

2.2　液压系统的安装与调试实例

2.2.1　冶金机械液压系统的安装与调试

(1) 高炉液压系统的安装调试

① LF 炉液压系统概述。　LF 是 20 世纪 70 年代初期发展起来的钢水精炼设备，其功能模式为：采用三根石墨电极埋弧加热，补偿后续工艺处理所需的钢水温度；利用良好的氩气搅拌和控制炉内还原气氛，通过加入碱性还原渣造白渣精炼，降低钢中氧、硫及夹杂物含量，调整钢水成分和温度，提高合金吸收率。由于效能高、稳定性好，且设备简单、操作灵活，因而得以广泛应用。

某 LF 液压系统主要控制炉盖升降、电极升降、埋弧加热时三根电极的上下浮动、电极的夹持和放松动作、炉门开闭以及测温枪摆动。液压系统除活塞式蓄能站为国内总成外，其他诸如泵站、执行元件、电控系统、控制皆为国外设计配套。系统制造成本并不太高，个别元件的造型也相当简单，但设计思路巧妙，电控联锁严谨，加之控制理念非常先进，从而突显了整个系统的配置水平。

② LF 液压系统工作原理。该系统配置两台（一备一用） E-A10V100DR 恒压变量泵，电机功率 45kW，流量 140L/min，采用两组活塞式蓄能器（$V_E = 2 \times 120L$），为三条 $\phi 180 \times 1300$ 炉盖顶升缸及炉门缸、电极夹持缸、测温枪倾斜缸提供动力源。系统工作介质：水-乙二醇抗燃液。

a. 力求配置最小化以节约成本。以油箱为例，按冶金液压系统的经验公式，油箱容积为10 倍泵流量计算，则油箱容积应为 $1.4m^3$，如考虑油缸复位和蓄能器放空等因素，油箱容积应在 2000L 左右。而此系统油箱容积为 1500L，几乎没有余量，当油缸和蓄能站充满油后，油箱内的正常液面距设置的低油位报警线只有 60mm，较以前习惯的中、高运行油位有很大差距。然而，油箱虽小，但进、出油液达到了平衡，加之较强的油冷却系统和灵敏可靠的液位控制装置，使得系统的油位、油温一直比较稳定。

b. 最大流量的解决。系统所需的最大流量为三条电极升降缸，该缸要求速度 $v = 0.15m/s$。按三条缸同时动作，以缸径 $\phi 0.125m$ 计算，系统所需最大流量为 $3\pi D^2/4V$，即331.17L/min。很明显，光靠一台排量 100mL 的油泵无法满足工况要求，而两个活塞蓄能器的主要任务是在事故状态下为电极和炉盖的提升提供紧急动力，如果用其为系统补充流量则势必会影响其主要功能的发挥。因而解决系统流量不足的方法只有增加泵的排量、数量或单独设置一组事故蓄能站，但这样一来不但配置费用会大幅上升，而且液压系统的规模也会大大增加。

然而该系统在此部设计上非常取巧，只用了一个二位电磁阀便解决了蓄能站既要为系统补充较大流量，又能确保事故状态下的油缸紧急提升之间的难题，如图 2-16 所示。二位电磁阀是与泵压联锁的，系统启动机正常运行时该电磁阀得电，插装液控单向阀被打开，系统向蓄能器充压，同时蓄能器补充系统流量不足；当系统突然出现机械、电气故障或大量漏油事故时，下降的泵压会被泵出口设置的电子压力继电器检测并发信，使二位电磁阀断电，此时插装液控单向阀关闭，切断蓄能器组与系统的联系，以确保蓄能器内保留足够的压力油来对电极、炉盖进行必要的紧急提升。

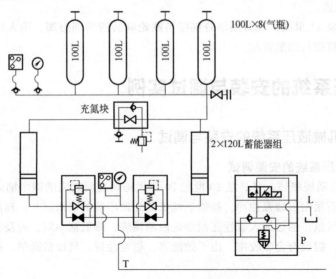

图 2-16　电磁阀换向充氮示意图

电极的固定是通过夹紧装置内的碟簧完成的，夹紧力为 275kN。正常情况下靠碟簧加载抱紧电极柱。需要更换电极或调整电极位置时，使压力油进入油缸有杆腔，克服弹簧力将夹持臂打开。电极夹持缸单作用油缸，缸径 160mm，杆径 80mm。如按油压 = 14MPa 计算，油缸的拉力为 210kN，无法将碟簧顶开，这又牵涉到了主泵功率选择问题，但是电极松放动作在系统工作中并不经常使用，因这一个动作而增加系统主泵功率显然不划算，因而设计者在电极夹持回路上巧妙地设置了一个增压器，从而解决了这个问题。如图 2-17 所示：利用减压阀先将系统主压力由 14MPa 降至 11MPa，松夹时，减压压力经增压器增压到 21MPa 后，再将松夹电磁阀夹持器打开。此时油缸的拉力已增加到 316kN。

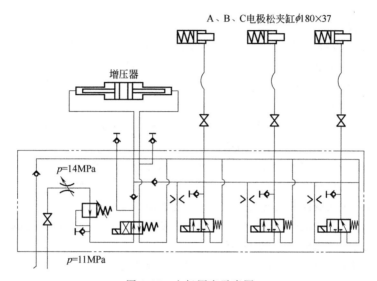

图 2-17 电极固定示意图

这里先将系统主压力降低是为了避免增压后压力过高而损坏夹持器。

c. 电液比例换向阀控制电极上下浮动。与国内大多数 LF 炉配置不同，该系统的电极控制没有采用伺服系统，而是选择了放大级为内置式的 NG10/NS10/100L/min＋/－10V OBE 的电液比例换向阀来控制电极的上下浮动，这样一来系统控制得到简化，维护维修难度也降低了。

d. 小元件的选用。小元件的选用也很有特色，例如循环冷却系统中的水阀-汲取管、液位温度控制器等。国内一般选用电磁水阀与电接点温度表联锁控制冷却器水路的通、断，是一个开关量的控制；而该系统选用的水阀是一个随温度的高低变化而不断改变自身开度的水量调节阀。如图 2-18 所示，其秘密应该在汲取管。汲取管内装入的应该是一种对温度较为敏感的气体，随温的不断变化而收缩、膨胀，而如此产生的变化气压通过毛细铜管作用于水阀底部，使水阀克服弹簧力不断调节自身开口度。而系统的油温也就一直稳定在 30～40℃。

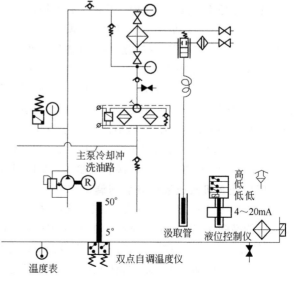

图 2-18 双点自动调温示意图

e. 温度与液位控制。双点自动调节温度仪只直接控制最高（50℃）和最低（5℃）两个停泵温度点。

液位、温度控制器设计也很出色。很简单的一个浮筒式液位计，不但可以进行高、低、低低三个位置的开关量控制，而且嫁接了一个可输出 4～20mA 电流的温度传感器，可将随机温度模拟输出到计算机，由程序根据画面显示对加热器等元件进行控制。其性能与其他电子数显式多点模拟量的温度继电器相比毫不逊色，但造价却实惠得多。

所以，一个好的液压系统并不是说它的配置有多高级、元件有多精密、制造费用有多高，而是看系统设计在满足工况、工艺需要的前提下是否最合理、最简单、最能满足供需双方的最大利益。

③ 系统的安装调试。

a. 系统的配置及冲洗。为了确保设备安装顺利完成，着重关注以下几点。

• 管路配置。到货钢管的规格、材质和精度级别必须与质量说明书以及设计相符。钢管表面不得有裂纹、折叠、离层和结疤缺陷存在。检查钢管壁厚时，除壁厚本身的位置偏差值外，还包括表面部位的锈蚀、划道、刮伤深度，其总和不应超过标准规定的壁厚负差。管道焊接全部采用气体保护氩弧焊接或用氩弧焊打底、电弧焊填充，并对焊接进行抽检。

• 管道酸洗。采用循环酸洗法进行酸洗，并按以下工序进行：

水试漏→脱脂→水冲洗→酸洗→中和→钝化→水冲洗→干燥→涂防锈油（剂）。

• 管道冲洗。用自备的冲洗泵、油箱、滤油器和专门订购的水-乙二醇冲洗液对管路进行冲洗。冲洗过程中采用变换冲洗方向及振动管路等办法加强冲洗效果。

在冲洗过程中，在冲洗回路的最后一根管道上要连续进行 2～3 次油样抽取，以平均值为冲洗结果，直至达到规定要求的 NAS6 级。

冲洗合格后用工作介质对管路进行压力试验，试验压力为系统工作压力的 1.5 倍，其工作介质的过滤精度为桶装 NAS6 级。

b. 调试与改进。 LF 炉液压站由于整体引进，因此泵站、阀组部分的调试工作已在国外完成。但是外方技术人员在系统调试运行时的一些做法还是值得借鉴的。如蓄能器站的压力监控，按国内习惯，活塞式蓄能站一般对油压进行人机监测，因为它直接反映了所需要的压力，气压只是一个观察值。然而该系统却检测气瓶的充氮压力，蓄能器的油压为观察值。其原因有二：一是正常运行时系统油压与蓄能器油压相同，而系统油压已在泵出口人机检测；二是气体的膨胀压力是随油压的变化而变化的，且气压存在一个不易发现的泄漏问题。由此看来，对气压进行检测不但可以提早发现气体的泄漏，同时也可间接反映真实的油压。此外，根据实际情况也有针对性地提出了一些改进意见并进行了实施。

蓄能站原设定的充氮压力较高，控制点为 14MPa，低点报警为 11MPa，而系统泵压才 14MPa，充氮压力过高造成的后果是蓄能器的有效蓄能容积降低，无法有效地为系统补充所需流量，甚至无法为电极、炉盖提供升到安全位置所需的动力。经计算后将充氮压力降了下来，气压控制点为 10.5MPa，气压报警点降至 9MPa。原电极、炉盖油缸的自锁控制阀块安装在站内，并通过一段软管与油缸连接。高位时，一旦软管破裂，油缸将失去控制而造成重大事故。鉴于此问题的严重性，外方很快修改建议，将自锁阀块直接安装在了油缸上。

(2) 连铸机液压系统安装与调试

① 连铸机结晶器液压系统的安装。连铸机结晶器振动台的动力源是液压油缸，通过电液伺服阀的换向实现油缸的高频率动作（换向频率为 140 次/min）。位移量通过油缸下部的 U/S 装置和 PLC 进行实时控制，伺服阀上本身带有位置控制装置 U/S，用以控制结晶器的振动幅度。为了增加振动台在极限位置的稳定性，除了使用伺服阀外，在回油管 T 上又增加了缓冲蓄能器。在 VAI 的图纸上要求此蓄能器必须连接在与主网油管直通的位置上，以增加回油缓

冲，且尽可能靠近振动台（保持和振动台同样的高度），以加快响应速度。图 2-19 为连铸机结晶器液压系统。由图可知，电液伺服阀装在油缸上。电液比例阀连接出来的油管 T 是直通到缓冲蓄能器上的，然后从直通管上再分三通到油箱的回油管，并且要求缓冲蓄能器的高度和结晶器的油缸高度保持一致。这样设计的目的就是更好地实现油缸的平稳振动。这部分管道的施工任务并不是很重，但在整个连铸机系统中是最为关键的一步，不仅要求管道的清洁度高（NAS6），就连每一个阀件的安装位置都有非常严格的要求。

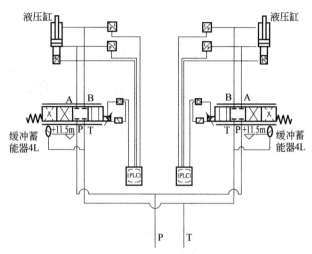

图 2-19　连铸机结晶器液压系统

　　但在开始安装后，国外的安装专家出于日后的维修和补充氮气的目的，提出将此缓冲蓄能器的位置由振动台的高度降到平台上，方便人们操作，并重新给了一张草图（见图 2-20）。从图中不难发现和原始设计意图的出入，为此提出以下观点。

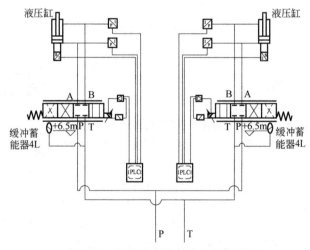

图 2-20　国外专家重新给的安装草图

　　a. 蓄能器由原来的标高下降到现在的标高，将影响到振动油缸的缓冲效果，因为振动频率是很快的，如果中间连接管道过长，缓冲蓄能器的响应时间会大于其振动周期，失去缓冲蓄能器的作用。

　　b. 把缓冲蓄能器作为支管和回油管连接是不可行的，这样将导致回油直接回到油箱而不经过蓄能器，同样也失去蓄能器的缓冲作用。因此做了改动。但是在测试时，结晶器振动台的振动声音大，缓冲效果不好，调试专家提出缓冲蓄能器的安装不符合 VAI 的原始设计，要求再次改到原来的位置。经过再次改动，效果非常好。

② 连铸机结晶器液压系统的调试。

从液压系统的调试来说，如果管道的清洁度达到了要求，管道的安装符合设计原理的要求，调试应该是没有问题的。但作为液压系统的难点，就是要在调试不成功的情况下，找出原因。举例如下。

在钢包倾翻台的液压调试中，发现在钢包空载的情况下，液压缸的升降都没有问题，但是在钢包重载（300t）的情况下，液压缸在下降时有踏步抖动现象，而且非常明显，其工作原理如图 2-21 所示。

从图 2-21 看没有什么复杂的问题，但是为什么出现下降不稳的现象呢？

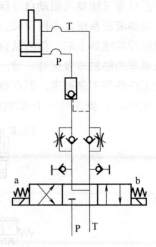

图 2-21 液压缸工作原理

现象上看是液控单向阀在油缸下降（a 电磁铁得电时）的时候处于开状态，如果液控单向阀本身没有问题，就是给油管引出的内控油管在瞬间处于失压状态（低于 4MPa）。但是在 a 电磁铁得电时，这个内控油管应该是系统的正常压力 20MPa，是可以打开单向阀的，唯一原因是在钢包处于重载时（300t），自重的压力很大，使得油缸下腔回油过快，油缸上腔的给油不及时，造成了给油管的瞬间失压。这种情况是可以通过单向节流阀来调节的，使其回油速度下降。但是仍然不起作用。甚至把单向节流阀关闭，油缸仍能踏步式下降，这时候用压力表检测到的 a 管的出口压力为零。从这种情况来看，只能是液控单向阀的安装出问题了。

在大部分的叠加式阀组中，一般是不会有错的，因为各个阀组在叠加时油孔的位置是不会对称安装的。但是这种情况只能是单向节流阀没有安装在 a、b 腔上，而是装在 P、T 腔上。也就是 P 油先经过单向节流阀节流口进入电磁换向阀后的 a 管。此时 b 管在通过单向节流阀时是直通的，也就造成调节单向节流阀不影响回油速度。此时其工作原理见图 2-22。

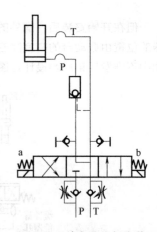

图 2-22 单向节流阀安装
（不正确时的工作状态）

经以上分析，最后将叠加阀拆开，把单向节流阀换个方向重新安装，才达到了调试效果。

上述情况，虽然不是施工单位造成的，但是作为施工单位，需要配合、参与调试，也要对系统的工作原理进行深入的分析与研究，从现象开始逐步寻找问题之所在，为以后在施工过程中解决问题积累经验。

③ 管道施工过程中的设备保护。连铸机液压系统设备安装是在整个现场还不具备液压施工的条件下进行的。当时结构安装刚刚完成，土建的地面未做完，但液压室还没有进行封闭，尤其是 0m 液压泵站和 5.5m 液压阀台、蓄能器等设备比较大，液压室设计的门不能满足液压设备的进出，所以液压设备的安装必须在液压室封闭以前进行。这样就造成液压设备在安装就位后还要进行土建作业。所以设备的保护就成为一个难点和重点。在碳钢连铸机的液压安装后，就曾因为设备保护得不好，被土建作业人员损坏了不少液压阀件，造成了很大的损失。针对这种情况，在 1 号和 2 号连铸机的液压施工过程中，就采取了先对液压设备进行安装，等设备就位后进行管道定位，把液压阀的出口位置映射到管道敷设的墙上，然后再将液压设备用原来的包装箱再次封闭。这样就能对设备起到很好的保护作用，减小了设备的损坏概率，而且不影响液压管道的正常施工，取得了较好的效果。

(3) 精炼炉液压系统安装与油冲洗

① 精炼炉液压系统的工作原理。在精炼炉液压系统中，电极提升、门型架旋转、炉体倾翻等部位要求液压油缸或液压马达的动作稳定性和准确性比较高。在行程的极限位置，为避免发生颤动现象，换向阀的打开与关闭瞬间必须是小流量通过，所以选用的全部是电液比例阀。另外油缸或马达所承载的重量很大，油缸的作用面积就比较大，缸体较粗，再加上行程较长，所以给回油管道大部分采用 $\phi60\text{mm}\times10\text{mm}$ 的不锈钢管。换向阀控制油路的通径是 $\phi25\text{mm}$。在冲洗回路连接上难度比较大，冲洗精度要求高。

② 精炼炉液压系统的油冲洗控制。针对精炼炉系统的特殊性，采用特殊的冲洗方式。一般的系统中，只要在流量满足的前提下，可以进行并联冲洗，但伺服系统中，并联方式不可能保证每一根管内都是均匀的流量与流速，所以采用单管冲洗的方式。

在系统中，管道最大的是 $\phi60\text{mm}\times10\text{mm}$，最小的是 $\phi12\text{mm}\times3\text{mm}$，如果采用单管冲洗，那么大流量的螺杆泵是不适合的。必须使用体积小、移动灵活且排量能满足的泵。做如下计算。要求使油冲洗的压力值达到，按雷诺数是 3000（$Re=vd/\mu$）。冲洗介质采用 46 号液压油，在单管 $\phi60\text{mm}\times10\text{mm}$ 的管内冲洗流速 $v=3.450\text{m/s}$，$\phi12\text{mm}\times3\text{mm}$ 的管内冲洗流速 $v=23\text{m/s}$ 才能达到紊流状态。从压力沿程损失的计算公式 $\Delta p=\lambda L\rho v^2/（2d）$（其中：$\lambda$ 为阻力系数，L 为沿程长度，ρ 为流体密度，v 为流速，d 为管径）来看，流体的沿程压力损失与流体流速的平方成正比关系，而与其管径成反比关系。为了防止在最小的 $\phi12\text{mm}\times3\text{mm}$ 压力损失过大，保证管内有足够的流速，最后决定使用额定压力为 6MPa、排量为 270L/min 的双台齿轮泵进行油冲洗。

在冲洗过程中，每根管的冲洗时间大约为 1.5～2h。每根管进行 1 次检测，效果非常好，达到了 FUCHS 公司的技术要求。对于这样的系统，如果不进行有针对性的分析，而采用传统的低压力、大流量、大体积的冲洗，首先在时间上不可能满足要求，另外，冲洗泵比较笨重，经常移动冲洗泵需要花费大量人力，是不经济的。

对于冲洗油液的检测，工程中采用了 HYDAC 公司的在线油检测仪，较以往的送检油样在时间上和准确度上都有了很大的提高，而且检测随时随地都可以进行。结果具有权威性，大大缩短了工期。

(4) 热轧液压伺服系统的调试

① 1750 热轧项目液压伺服系统的配置。

粗轧伺服液压系统：粗轧入口/出口侧导板控制回路，立辊轧机 AWC-SSC 控制回路，粗轧机 APC/HGC 控制回路。

精轧机伺服液压系统：精轧机 HGC 控制回路，精轧机弯辊 WRB 控制回路，精轧机窜辊 WRS 控制回路，活套控制回路卷取机伺服液压系统，卷取机侧导板控制回路，夹送辊控制回路，助卷辊 AJC 控制回路，卷筒胀缩回路。

② 伺服液压系统调试前的准备。

热轧液压伺服控制系统现场调试的准备工作应该从系统设计及制造供货阶段开始，可分为三种类型：资料准备、调试工具准备及现场条件准备。

a. 资料准备。调试前应准备的资料如图 2-23 所示，应于工程开始前提交参与调试的人员和单位，以供他们熟悉掌握。

b. 调试工具准备。必要的调试工具如图 2-24 所示。

需要特别注明的是现在常用的油品清洁度检测仪大多采用激光颗粒计数测量方式，这种测量颗粒的方法尽管精度较高，但无法区分气泡和金属颗粒。由于设备运行初期系统内部的排气未完全放散，极易产生气泡，从而造成实际的清洁度测量误差（现场曾出现 NAS99 级的检测数据误差），因此，现场应该准备显微镜等检测工具，并与油品清洁度检测仪配合使用。

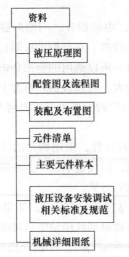

图 2-23 液压安装技术资料

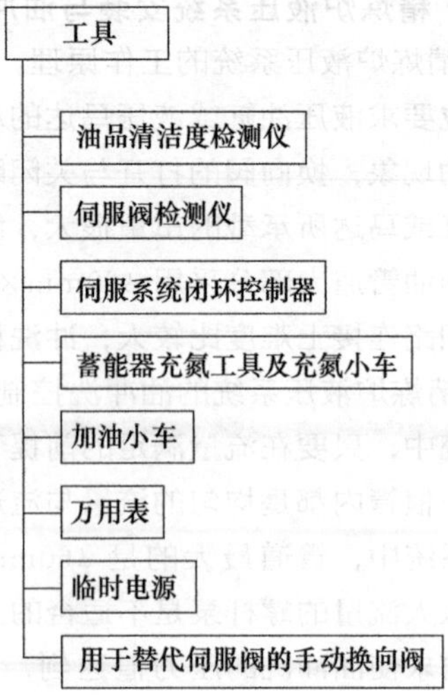

工具
油品清洁度检测仪
伺服阀检测仪
伺服系统闭环控制器
蓄能器充氮工具及充氮小车
加油小车
万用表
临时电源
用于替代伺服阀的手动换向阀

图 2-24 主要调试工具

此外，由于伺服系统对油液清洁度的要求很高，现场还需要准备一定数量的过滤器滤芯，以便在调试过程中及时更换。

c. 现场条件准备。液压伺服控制系统进入调试阶段，现场应具备一定的条件，如图 2-25 所示。

在热轧工程的整体调试过程中，参与的建设单位及涉及专业众多，而液压伺服系统的调试往往同机械设备的调试、辅助液压系统的调试、电气的调试以及介质的调试同时进行。为了现场的设备与人身安全，与设备设计、供货、施工单位等各方积极协商讨论，共同制订调试进度和方案，这也对工程的顺利进行起到了重要的作用。

③ 伺服液压站的调试。

a. 伺服液压站的调试目标。由于液压系统管路的二次冲洗通常利用实际装机的液压站进行，因此

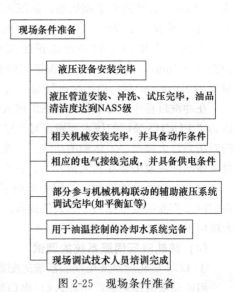

图 2-25 现场条件准备

伺服液压站的调试须在二次冲洗前完成。在此之前，管路的一次冲洗必须使用专用的冲洗装置，并且清洁度必须达到系统要求，对伺服系统而言为 NAS5 级。

伺服液压站的正常工作是保证各调试步骤顺利进行的先决条件，因此，伺服液压站的调试应尽早实现电气联锁控制。为减少液压站的调节时间，出厂调试工作至关重要。

由于伺服阀主要采用节流调节，伺服系统的效率比比例系统和常规系统要低。因此在正常生产工作情况下，系统的发热量较高，系统的温度波动较大，还容易造成伺服阀的"温漂"现象。由温度控制器-冷却器-加热器共同组成的油液温度联锁控制应使系统在正常工作情况下将温度控制在（40+5）℃。伺服系统的精确调节要求系统的压力稳定，必须按系统原理图调节泵的恒压点、各种压力控制阀和压力开关的设定值。调试期间系统管路尚处于不稳定状态，漏油情况时有发生，由液位计-泵组成的联锁调节可有效减少漏油量。

伺服液压系统中设置有多个过滤器：高压过滤器、回油过滤器、循环过滤器、阀台上伺服阀 X 口的过滤器等。其中循环过滤器精度最高，是系统的主要过滤器， 液压站调试时应确保其堵塞报警功能的正常运行。调试过程如图 2-26 所示。

b. 伺服控制阀台的手动试车。在伺服液压站调试完成后，进入伺服阀台的手动试车，即在安装伺服阀的位置用常规换向阀替代，用手动换向阀或电磁换向阀带动机械负载试车。伺服控制阀台的手动试车目的是：

• 确认伺服控制阀台回路正确（现场调试时，发现精轧 F1 ~ F6 的 AGC-DS 和 AGC-OS 阀台部分装反）；

• 确认管线连接正确（现场调试时，发现部分车间 A、B 管路接反）；

• 确认该伺服阀台所控制的机械设备安装正确，并且运行过程中无干涉碰撞现象（手动阀单机试车时，发现多处机械设备运行干涉现象）；

• 伺服液压缸的清洗；

• 充分磨合，减小油缸及机械机构的"滞环"。

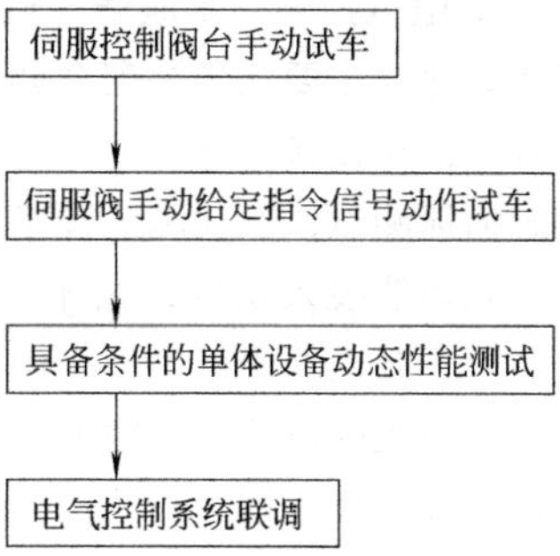

```
┌──────────────────────┐
│  伺服控制阀台手动试车  │
└──────────┬───────────┘
           ↓
┌──────────────────────────┐
│ 伺服阀手动给定指令信号动作试车 │
└──────────┬───────────────┘
           ↓
┌──────────────────────────┐
│ 具备条件的单体设备动态性能测试 │
└──────────┬───────────────┘
           ↓
┌──────────────────┐
│  电气控制系统联调   │
└──────────────────┘
```

图 2-26　调试过程图

需要说明的是，伺服系统的管路可用在线循环冲洗来达到清洁度要求，而伺服油缸则只有通过反复多次的全行程运行才能将其中的杂质带出。从现场的实际情况来看，国内大多数油缸制造厂家出厂的液压缸清洁度均不达标，清洁度达到 NAS5 级的系统在油缸运行数次之后，清洁度甚至下降到 NAS11 级。为保证调试进度和质量，从工程角度来看，加强对油缸生产厂清洁度的质量监控很有必要。

油缸及机械结构的滞环是由油缸或机械机构正反向运动时的摩擦阻尼特性一致而造成的，过大的滞环将给以后电气调节带来极大的困难，并造成调节的精度下降。通常伺服油缸在出厂时有严格的滞环指标控制，而机械设备的滞环只有通过现场多次的跑合才能有效地降低。在实际工程 HGC 油缸的出厂调试中，未跑合的油缸滞环为 150.95kN，跑合后的滞环为 39.41kN，实际的滞环保证值为 50kN。

因此，为保证系统的各部分清洁度及滞环均在要求范围内，伺服系统的每个油缸均要求做不少于 50 次的手动试车。

在手动试车的阶段，由于此时电气所有的安全联锁保护尚未投入，因此，做好试车前的机械设备确认和试车范围内的清理工作是保证设备和人身安全的必要措施，必须给予足够的重视。同时，此阶段的调试应将系统压力降至 6 ~ 10MPa，尤其是针对 HGC 的调试。

c. 伺服阀手动给定指令信号动作试车调试。伺服控制阀台的手动试车完成后，应再一次确认系统清洁度是否符合要求。确认完成后即可安装伺服阀，开始伺服阀手动给定指令信号动作试车。伺服阀手动给定指令信号动作试车主要利用伺服阀检测仪给伺服阀输入电源及指令信号，使伺服阀在开环状态下带动负载运行。通过改变输入指令的变化，观察油缸运行速度的变化，同时监测伺服阀的阀芯反馈。

应当注意的是，此阶段的试车中，伺服阀仍然处在"开环"状态，应遵循低速→高速、低负载→高负载原则进行全行程试车，并同时使工作压力仍处于低压状态。

为缩短调试工期，在这阶段的调试过程中，电气专业可开始对伺服系统中的检测反馈元件进行信号确认，如压力传感器、位置传感器、角度编码器等。

d. 具备条件的单体设备动态性能调试。在伺服阀手动给定指令信号动作试车完成后，可进行单体设备的动态性能测试。利用专用的伺服闭环控制器，对单体设备进行阶跃响应、频带宽、滞环、启动摩擦特性等动态指标测试，可以对机械-液压环节的动态品质做全面的了解，为电气调试提供技术和参考。

由于构成闭环的条件太多，需要大量的临时接线和安全程序设定，在工期较紧、现场条件不允许的情况下，这一步测试可以省略，直接进入机械-液压-电气闭环测试环节。

e. 电气控制系统联调。进入电气控制系统联调阶段,伺服系统基本移交电气专业调试,液压专业的主要任务是配合调试以及液压部分的理论支持。电气控制系统的联调同样从开环控制开始,在设备开环运行正常后,通过对设备进行阶跃响应、频带宽、滞环、启动摩擦特性等动态指标测试,以实测的设备特性参数修正设定值,再逐步投入闭环控制。

闭环的投入初期,由于相关 PID 参数设定不准确,容易产生系统振荡和压力冲击,因此,除了应遵循由低到高、由慢到快的原则外,还应注意液压管路及附件的固定和检查。

在电气联调阶段获取的大量动态性能测试曲线,是最能反映伺服系统品质的技术依据。因此,做好收集整理分析工作,对全线液压伺服系统的稳定运行和保证值判定,对以后类似工程的优化设计和预测都有十分重要的意义。

(5) 全液压卷取机的安装调试

① 全液压卷取机工作原理及其特点。某热轧带钢厂采用了先进的定宽压力机、RE 组合式粗轧机以及更先进的全液压卷取机设备,该机卷取带厚 1.2~19mm,带宽 800~1630mm,钢卷成型最大直径 ϕ2150mm。带钢卷取前,卷筒前端单活动支承向中心转动一定角度、伸缩,使其上轴承活套套在卷筒前端轴承上;卷筒由两侧三台主电机(2×AC500kW)串联同一根主传动轴,通过卷取传动装置直接驱动卷筒顺时针旋转;卷筒外周三个不同位置的液压助卷装置,受液压 AJC 传动动作,使其上助卷辊与卷筒贴紧,三个助卷辊分别由各自的传动电机通过万向花键连接轴驱动其逆时针转动。卷取带钢时,带钢由上部液压夹送辊装置输送,经液压上导板进入转动的卷筒与助卷辊之间,卷筒膨胀胀紧带钢并卷取成卷;卸卷时,卷筒收缩至最小,带钢与卷筒脱离分开时,下方液压卸卷小车托卷助卷装置回原位,卷筒前活动支承张开、反转退回原位,液压卸卷小车托卷沿直轨道液压动作退出卷取机。

② 安装技术难点和要领。从全液压卷取机工作特点分析,其卷筒、助卷辊和平面送辊的转动由电机传动;而卷筒的膨胀、收缩,助卷装置贴紧,活动支承套轴,送辊夹紧,导板摆动等动作都是由液压 AJC 传动,自动化控制。显然,完成这些动作的设备组装、安装调试工作难度很大。而这些工作是保证卷取机正常运行的关键。

卷取机框架安装技术要领见表 2-1,卷筒驱动装置安装技术要领见表 2-2,入口侧导板安装技术要领见表 2-3。

表 2-1 卷取机框架安装技术要领

工序操作质检项目	技术标准	测量工具
中心线、基准点复查确认		钢琴线
基础座浆垫板质检确认	0.05mm/m	方水平
入口、出口两框架吊装就位		
轧制中心线到框架两侧距离	±0.50mm	钢卷尺
框架上工作面标高	±0.30mm	精密水准仪
框架上工作面水平	0.03mm/m	长平尺、方水平
卷取机中心到框架基准面		内径
各点的距离	0.10mm	千分棍

表 2-2 卷筒驱动装置安装技术要领

工序操作质检项目	技术标准	测量工具
测量框架底面的标高 H	±0.30mm	"Y"形水平仪
测量驱动箱底上基准面标高 H	±0.30mm	精密水准仪
轧制中心线到驱动箱的距离	±0.50mm	钢琴线
测传动箱及马达座上基准面水平	0.05mm/m	方水平
轧制中心线到马达座中心距离	0~1.0mm	钢卷尺

表 2-3　入口侧导板安装技术要领

工序操作质检项目	技术标准	测量工具
测量齿轮座和导向辊的标高	0.30mm	"Y"形水平仪
测量卷取机中心到齿轮座中心的距离	±0.50mm	平尺、钢琴线
测量两齿轮座中心距偏差	±0.50mm	铅锤
轧制中心线到齿轮座和导辊座中心的距离	0.30mm	精密水准仪、平行块
测量传动轴到齿轮座轴端的距离	±0.50mm	百分表、塞尺
传动轴和齿轮座轴线中心偏差及其水平度	0.50mm/m	盘尺

③ 卷取设备组合安装。夹送辊装置的组合安装包括：夹送辊装置整体吊安装，找平找正；随机配管、液压缸安装；各分配阀、集管系统组配、安装；各夹送辊传动装置、电机安装找正。

助卷装置的组合安装包括：卷取框架上 3 个助卷装置清洗、装配；框架上助卷辊臂轴孔尺寸偏差检查；助卷装置安装找正；以卷取中心为基准，其传动液压缸安装找正；随机配管；AJC 液压系统安装； ACC 控制系统安装； 3 个助卷辊传动装置及其电机安装找正。

卷筒液压传动系统的安装：随机配管，卷筒前端中心框架卷取中心线偏差控制在 0.2mm 以内。

④ 各系统装置调试。卷取机系统的调试主要是液压动作调试，主要包括助卷辊装置、卷筒活动支撑和夹送辊装置调试三大项。

a. 助卷装置调试主要项目技术要领。

助卷装置由其液压缸传动给助卷臂动作实现张、闭，其调试的主要项目技术要领如下。

• 确定各集管的 P 口-液压缸控制管， P 线压力试验。

• 蓄势 ACC 填充氮气，压力试漏。

• 确认各阀、仪表类是否漏油。

• 伺服阀单位调试，电气方面配合实施。先关闭集管出口截止阀（其他为正常状态），高压卷取动作；伺服阀低压动作数次之后，把 P 线阀站出口截止阀关闭。

• 助卷辊臂开关动作手动调整，先进行伺服放大单元的测试，开关各助卷辊臂，在 12MPa 压力下进行，确认机械之间有无卡阻、相碰情况。要求完成伺服阀的极度性检测、PT 极性检测、磁尺极度性检测和信号调整。打开工作辊臂，在关的方向打开臂，用安全销锁定压力；在开的方向以液压缸行程极限产生压力。

• 通过手柄操作确认臂的开关动作。

• 助卷辊平行度确认。

• 助卷辊辊缝 APC 机能确认。

b. 卷筒活动支撑调试。

• 支撑动作高速传感器极限度确认。

• 支撑侧移液压缸压力、减压阀的侧移、支撑摆动确认、手动操作。

• 侧移、摆动速度和缓冲调整。

• 卷筒胀缩动作确认。

c. 夹送辊装置调试。夹送辊装置调试由上夹送辊升降、夹紧动作和下夹送辊夹紧动作及夹送辊押辊动作的调试组成。其主要技术要领如下：

• 上夹送辊升降调试是在上下夹送辊轴端挡板夹紧状态下进行的。同样要进行压力试验、伺服阀单体调整、夹送辊的锁定试验及 APC 调整和极限确认。

• 上、下夹送辊夹紧动作、方向确认，机械碰撞检查，压力、速度调整，压力开关确认，动作联锁确认。

• 夹送辊押辊动作、方向确认；压力调整为 6.9 ~ 7.8MPa，速度调整为 200mm/s，行程定为 360mm。

- 夹送辊对中导板调试及冷却水系统压力、流量试验。

⑤ 卷取机单体无负荷联动试车。卷取机在各系统装置调试确认符合设计之后，要进行无负荷联动试车。首先是各系统装置在确认润滑点给脂后，各传动电机单转考核，合格后各传动接手连接，再对各辊和卷筒进行一一单向转动，同时要保证水冷系统正常。试车技术要领如下：

- 公辅管道及油站运转正常。
- 卷筒及助卷辊和夹送辊的电机运转。
- 卷筒膨胀，卷筒活支撑到达并套于卷筒前端轴上，助卷装置张开，驱动给油系统运转，卷筒内部冷却水出水。
- 干油系统运转给脂。
- 夹送辊系统电信号确认。
- 导板液压缸动作使导板转动，导板宽度设定。
- 助卷装置受液压缸动作贴靠卷筒。
- 夹送辊动作，夹紧并押送带钢经导板进入运转的卷筒和助卷辊之间。
- 卷筒膨胀卷板，卷筒收缩退卷。
- 卸卷小车上升取卷，平移运送卷。

全液压卷取机结构及机构动作联锁复杂。基于设备原理和工作特点，对主机框架进行安装、找平、找正，并以卷筒中心为基准，找平、找正，关键设备是助卷装置。机械设备单转合格后，对各装置的液压 AJC、ACC 系统的动作进行调试，最终实现全液压卷取机系统的自动控制。

2.2.2 水泥机械液压系统的安装与调试

(1) 水泥生产线液压系统的安装与调试

① 安装前的准备工作。安装前，相关技术人员首先应熟悉系统说明书、原理图、电气图、系统装配图、液压元件、辅件及管件清单等有关技术资料。其次，再按图纸要求做好材料准备，备齐管道、管接头及各种液压元件。在水泥机械中，一般中、高压系统主要配管通常采用无缝钢管，以易于实现无泄漏连接，过渡连接采用耐油、耐压的中高压钢丝编制胶管，便于安装和更换。普通液压系统常采用冷拔低碳钢 10、15、20 无缝管，以便能可靠地与各种标准管件焊接。低压系统也可采用紫铜管、铝管、尼龙管等管材，因其易弯曲给配管带来了方便。一些液压元件由于运输或库存期间侵入了砂土、灰尘或锈蚀等，会对系统的工作产生不良影响。所以，在安装前要进行简单的测试，检验其性能，若发现有问题要拆开清洗，然后重新装配、测试，确保元件安装后工作可靠。并且注意对它的拆、洗、装一定要在清洁干净的环境中进行。另外，对于配套的油箱，其内部也要清理和清洗。已清洗干净的液压元件要用布、塑料塞子将它们的进、出口都堵住，或用胶带封住以防脏物进入。同时注意根据系统的性能、特点，结合系统说明书做好合理油料的准备。

② 液压系统的安装。

a. 液压设备的吊装。液压设备应根据平面布置图对号吊装就位，大型成套液压设备应由里向外依次进行吊装。按照设备安装中心线及标高点，通过调整安装螺栓旁的垫板，将设备调平找正，直至达到图纸设计、安装要求，并进行混凝土二次灌浆。通过微调，保证泵吸油管处于水平、正直对接状态，油箱放油口及各装置集油盘放污口应是设备水平状态时的最低点。另外应对安装好的设备做好防护，防止现场脏物污染设施。对于一些整体式无地脚结构的成套液压设备，应注意地面的水平及平整，通过少量薄垫铁的调整，保证设备各主要落脚点不悬空及设备的水平。

　　b. 液压管路的敷设。管路敷设应按照配管图，确定阀门、接头、法兰及管夹的位置并划线、定位。管夹一般固定在预埋件上，管夹之间距离应适当，过小会造成浪费，过大将发生振动。管路敷设的一般原则如图 2-27 所示。

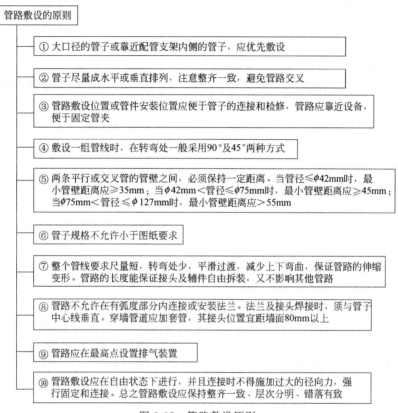

图 2-27　管路敷设原则

　　c. 液压管路焊接。

　　• 管道在焊接前，必须对管子端部开坡口，坡口应根据国标要求开设。坡口的加工最好采用坡口机或机械切削方法以保证加工质量。

　　• 焊接方法常使用氧气-乙炔焰焊接、手工电弧焊接、氩气保护电弧焊接三种，其中最适合液压管路焊接的方法是氩弧焊接，它具有焊口质量好，焊缝表面光滑、美观，没有焊渣，焊口不氧化，焊接效率高等优点。另两种焊接方法易造成焊渣进入管内，或在焊口内壁产生大量氧化铁皮，难以清除。如遇工期短、氩弧焊工少时，可考虑采用氩弧焊焊第一层（打底），第二层开始用电焊的方法，这样既保证了质量，又可提高施工效率。

　　• 管路焊接后要进行焊缝质量检查。检查项目包括：焊缝周围有无裂纹、夹杂物、气孔及过大咬肉、飞溅等现象，焊道是否整齐、有无错位、内外表面是否突起、外表面有无损伤或削弱管壁强度的部位等。对高压或超高压管路，可对焊缝采用射线检查或超声波检查，以提高可靠性。

　　d. 酸洗。为去除金属管内表面的氧化物及油污，一般采用循环酸洗法：在安装好的液压管路中将液压元器件断开或拆除，用软管等连接，构成冲洗回路，用泵将酸液打入回路中进行循环酸洗。该酸洗方法是较为先进的施工技术，具有酸洗速度快、效果好、工序简单、操作方便，减少了对人体及环境的污染，降低了劳动强度等优点。

　　e. 循环冲洗。管路循环冲洗必须在管路酸洗和二次安装完毕的较短时间内进行。其目的是清除管内在酸洗及安装过程中以及液压元件在制造过程中遗落的机械杂质或其他微粒、灰尘，达到液压系统正常运行时所需要的清洁度，保证主机设备的可靠运行，延长液压元件的使用寿命。冲洗方式一般采用泵循环冲洗法，一般选黏度较低的10号机械油即可。如管道处理较好，一般普通液压系统，也可使用工作油进行循环冲洗。

③ 液压系统的调试。液压设备安装、酸洗、循环冲洗合格后，对液压系统进行必要的调试。

首先应检查并确认每一液压支路及电控装配的正确性。然后向油箱内按要求加入清洁的用油，一般用滤油车将油过滤加注。再将泵吸油管、回油管路上的各路阀门和压力表开关正确开启，并检查电控柜内元件和接线是否有松动，泵出口溢流阀及系统中安全阀手柄一般全部松开。将减压阀置于最低压力位置。流量控制阀置于小开口位置。立磨系统的蓄能器还必须充足氮气。用手盘动电动机和液压泵之间的联轴器，确认无干涉并转动灵活。点动电动机，检查判定电动机转向是否符合泵体上箭头所指方向，过滤器手柄扳到一个过滤芯的工作位置上，确认后连续点动几次，无异常情况后按下电动机启动按钮，液压泵开始工作。在调试过程中应及时注意系统各路压力的变化，如出口压力不稳定，首先判断是否因载荷变化引起，其次检查油路系统中有无空气，油中是否有较多的气泡，如发现油腔压力下降很多，应及时停车检查原因。停车要先停主机再停油泵。总之调试要到系统各压力、温度等工艺参数达到要求为止。

液压系统调试过程与要求有：

• 确认液压系统净化符合标准后，向油箱加入规定的介质。加入介质时一定要过滤，滤芯的精度要符合要求，并要经过检测确认。

• 检查液压系统各部，确认安装合理无误。

• 向油箱灌油，当油液充满液压泵后，用手转动联轴器，直至泵的出油口出油并不见气泡时为止。有泄油口的泵，要向泵壳体中灌满油。

• 放松并调整液压阀调节螺钉，使调节压力值能维持空转即可。调整好执行机构的极限位置，并维持在无负载状态。如必要，伺服阀、比例阀、蓄能器、压力传感器等重要元件应临时与循环回路脱离。节流阀、调速阀、减压阀等应调到最大开度。

• 接通电源、点动液压泵电机，检查电源连线是否正确。延长启动时间，检查空运转有无异常。按说明书规定的空运转时间进行试运转。此时要随时了解滤油器的滤芯堵塞情况，并注意随时更换堵塞的滤芯。

• 在空运转正常的前提下，进行加载试验，即压力调试。加载可以利用执行机构移到终点位置，也可用节流阀加载，使系统建立起压力。压力升高要逐级进行，每一级为1MPa，并稳压5min左右。最高试验调整压力应按设计要求的系统额定压力或按实际工作对象所需的压力进行调节。

• 压力试验过程中出现的故障应及时排除。排除故障必须在泄压后进行。若焊缝需要重焊，必须将该件拆下，除净油污后方可焊接。

• 调试过程应详细记录，整理后纳入设备档案。

• 注意不要在执行元件运动状态下调节系统压力；调压前应先检查压力表，无压力表的系统不准调压；压力调节后应将调节螺钉锁住，防止松动。

(2) 生料立磨液压系统安装与调试

① 生料立磨液压系统安装前的清洁。

a. 生料立磨液压系统管路的清洁。

某生料立磨管道如减速器润滑管道、磨辊轴承循环润滑管道、甘油润滑管道为了清除锈迹，需要进行酸洗。首先，按管路尺寸专门制作酸洗槽，严格配比酸液。酸洗中每日对锈蚀比较严重的管道进行检查，直到其内壁完全显现金属光泽。酸洗之后用清水反复冲洗，然后用氢氧化钠溶液中和，再用清水冲洗后灌油。

　　b. 管路清洁施工的注意事项。

　　在行业标准《水泥机械设备安装工程施工及验收规范》（JCJ 03—90）中仅规定了对液压管路进行酸洗，对于润滑管路仅规定了油洗。该规定存在不完备之处。因为若管道在户外放置时间比较长时，管道里可明显看到严重的锈蚀，这些锈蚀若不酸洗，光靠压缩空气清吹以及油洗，是不能完全除去的，很容易在润滑站供油时管道阻力的作用下，从管道内壁上脱落下来。而管路只进行酸洗后，管壁上仍会残留一小部分杂质。例如，在酸洗后进行油洗时，在过滤器上可发现很多片状的铁锈。因此，无论润滑管路还是液压管路，酸洗、油洗两个步骤均应进行才算完整。行业标准尽管作出了一些规定，但只是一个通用的标准，过程中许多值得注意的细节还需要认真把握。

　　管路清洁时的注意事项如下：

　　• 管路清洗完若未很快调试，须在管路中灌入油，在整个内壁形成一层油膜，以免二次生锈。

　　• 与供货商签订合同，要求其在厂内酸洗、灌油并密封，否则会生锈并进入异物，前功尽弃。

　　• 酸洗时勤观察，避免酸洗不足或过度酸洗，注意管道上螺纹接头，过度酸洗会使螺纹受损。

　　• 用同一种油对各润滑、液压系统进行油洗时，要注意清洗顺序，一般按各系统管路干净程度来确定，最干净的先清洗。

　　• 安装液压缸、减速器等设备时，要在这些设备与管路连接部位加堵板，防止杂质进入，而在进行酸洗或油洗时，在连接管路时不得将这些设备接入清洗管路。

　　• 油洗时，清洗油黏度选择主要考虑其压力及流速，一般流速应超过 1.5m/s，至少1m/s，输出压力应达到 0.5MPa，这是管内杂质运动的必要条件（求 v 可用经验公式 $v = 0.2\mu/D$，$Q \geqslant 6vA$。式中，v 为管内最低流速，m/s；μ 为清洗油动力黏度，Pa·s；D 为管子内径，cm；Q 为冲洗泵能力，L/min；A 为管道截面积，cm²）。

　　• 冬季或气温较低的情况下实施油洗时要考虑温度对油黏度的影响，选用的清洗油黏度要低一些，必要时使用加热器对油液持续加热。

　　• 过滤应达到的标准：滤网要求 200 目（74μm），最终结果要达到 0.5～1h 之内无肉眼看得到的杂质。

　　• 油洗后，调试前再次检查管路，特别是管路弯处以及大的集流腔等容易积存油液的地方，要打开管路进行检查，放出残存的油液，并用干净油液再冲洗，直到看不到杂质为止。

　　• 管路恢复中应特别小心，避免二次污染。

　　② 生料立磨液压系统的安装。

　　a. 生料立磨液压系统安装的准备工作。

　　• 清理场地：液压系统安装环境要干净、整洁，以保证在安装过程中，尽可能避免粉尘和其他杂质进入液压管路中。

　　• 将蓄能器、液压缸、液压管路以及管接头等零部件准备好，搬运到指定的安装位置。

　　• 准备好安装过程中需要使用的工具，如开口扳手、弯管器、钢锯、锉以及手动葫芦等常用工具。

　　• 研究、熟悉安装资料，确定安装顺序。

　　b. 生料立磨液压系统的安装过程及注意事项。

　　• 安装时间。液压系统安装一般是在其他机械零部件安装完成后才开始的，这样可以避免在安装其他机械零部件时，由于物件掉落等原因损坏液压系统零部件。液压系统安装一般在地面进行，这样也可避免交叉作业造成人员伤害。并且，液压系统安装时间较长，在这一段时间内，电气可在其他位置同时进行安装，安装工序比较合理。

• 液压缸安装。首先安装液压站和液压缸及蓄能器，这样等于两头固定，中间配液压管道即可。液压站的安装相对简单，只要将液压站摆放到位，保证其水平垂直，使用地脚螺栓固定即可。液压缸安装则要非常注意，有转矩要求的螺栓尤其是转轴的固定螺栓一定要使用转矩扳手，达到要求的转矩。液压缸安装在立柱内部，活动空间较小，使用转矩扳手有些困难。水泥立磨在安装时，由于没有找到合适的转矩扳手，为了抢进度，在紧固转轴螺栓时使用大锤的方式。磨机在运行了近半年后，出现连接螺母快要脱落的现象，只好立刻停磨，使用转矩扳手重新紧固。

• 蓄能器安装。蓄能器安装时一定要注意保证其垂直度，可用水平仪进行检测。因此安装时先将蓄能器的固定座点焊好，要等调整好位置后，再满焊，如果在找正前就先满焊了固定座，后面的调整就比较困难了。在煤磨安装时，就发生过此问题，不得已又把焊好的固定架割开重新调整。对于胆式蓄能器同时要保证其固定的橡胶圈与蓄能器贴合紧密、受力均匀。

胶囊式蓄能器在工作时要承受较高的工作压力，其材质性能和耐压能力也都经过检测，安装过程中要注意避免任何可能改变其材质性能的操作。在现场安装期间，很多的焊机电线裸露，若不小心碰到蓄能器，极容易和蓄能器碰撞而产生火花，这也可能导致蓄能器材质性能变化而报废。在煤磨安装时，就发生过此类事情，焊工在变换焊接位置时，不小心焊条碰到了蓄能器，造成不小的经济损失。

• 液压缸和蓄能器连接。连接蓄能器和液压缸的过程中，要注意不要一下子打开所有连接口的保护盖，应连接一个打开一个，以防止粉尘进入，因为液压缸和蓄能器在冲洗作业中是不需要冲洗的。

• 液压管路安装。液压管路使用的钢管一般由莱歇公司提供，钢管已经过酸洗，两头用堵头密封，要做到只在使用时才打开堵头。根据液压管路连接图，从蓄能器开始，向液压站连接。具体的管道布置及走向要根据现场的实际情况确定，现场测量每一段管的长度，现场裁截。裁截只能使用冷加工的方法，推荐使用手锯裁截。绝不可以使用能产生大量热量的加工方法，这会造成管子材质性能发生变化，产生潜在危险。锯截管子时要使用莱歇公司提供的专用夹具，以保证所锯截面与管子夹角垂直。需要弯管时，一定要使用弯管器，一方面能保证弯曲到准确的角度，另一方面可以减小管子直径方向变形。弯管器需要自己按图加工。管箍安装时，要注意使用专用的管件进行预紧，可将专用管件水平焊接在开阔的位置，方便管箍的预紧工作。预紧后能看到管箍在管子上移动留下大约 1.5mm 的痕迹。这样管箍才能承受住系统的压力，保证有良好的密封效果。

管路固定采用管卡的方式，先将槽钢固定在基础上，然后将管卡固定在槽钢上，固定槽钢的间距定为 1.5 ~ 2m，太近会浪费管卡，太远会导致管路在运行时振动。在布置方式上，管路之间可以上下布置（如布置在基础侧墙上的管路），也可以水平布置（如布置在基础上的管路），但一定要注意合理布置管路接头。安装的时候，可以一根一根地排着安装，先装中间的，后装外面的。但在维护的时候可能只拆中间的而不拆外面的，所以，安装时就要考虑到以后的检修方便，使得接头能容易地打开。

在管道安装过程中，如果管内进入尘土或其他杂物，尽可能使用压缩空气或干净的棉布清理。禁止使用各种化学清洗剂对管道清洗，这很容易导致后面清洗过程中，清洗油与化学清洗剂发生反应，造成串油不彻底，引起工作用油失效或其他的问题。

• 液压管路安装的收尾工作。液压管路第一次连接成回路，则表示预装工作完成，接下来是进行管路清洗，这项工作也是很重要的。清洗工作完成后，要把管路重新接回工作回路，进行加压试验，检查管路是否泄漏。一般先将压力回到 1MPa，检查全部管路，然后回到

5MPa，再次检查全部管路，最后将压力增加到最大工作压力，并保持一段时间，检查是否有泄漏。如果有泄漏，要卸压进行紧固。紧固后如果仍有轻微渗油，可使用锤子敲打管件两侧，再加以紧固。直至检查全部管路都没有渗漏后，液压管路安装工作才算完成。

液压管路安装工作不是很复杂，但要求细致，如果安装过程中的一些细节没有注意或处理好，很有可能会给后面的工作造成很大的麻烦，导致工期的延误和直接的经济损失。主要注意以下几点：

- 安装前要做好详尽的准备工作。
- 管路加工要使用正确的工具。
- 采用合理的布置方式。
- 采用合理的安装顺序，避免返工。

③ 生料立磨液压系统的调试。

a. 生料立式辊磨液压系统的工作原理。某生料立式辊磨设备配有一套先进的液压系统，可以执行一系列复杂的动作，主要功能有：对磨辊施加恒定的液压拉紧力，进行物料的碾磨操作；在磨内进入大块物料或坚硬的金属块时，蓄能器可提供缓冲空间，不至于使系统压力升高，起到保护设备的作用；在正常操作时，可吸收由于磨内料层厚度波动产生的振动，并在操作压力降低时，能迅速释放储存的能量进行补压，从而维持磨机稳定操作；磨机停止时，可使磨辊升起，为下一次操作做好准备；磨辊检修时，磨辊进行进、出操作，大大提高了检修效率。根据磨机实际操作过程，液压系统基本操作模式，见表 2-4。

表 2-4 液压系统基本操作模式

操作模式	泵电机	手动阀					电磁阀				液控阀	
		11	12	2	13	14	5-4S	7-5S	9-6S	8-8S	21	20
磨辊位置保持	停	C	C	Ⅲ位	O	O	O	E	E	O	C	C
降辊	停	C	C	Ⅲ位	O	O	O	E	O	O	C	C
磨操作中	停	C	C	Ⅲ位	O	O	O	E	O	E	O	O
升高操作压力	运行	C	C	Ⅲ位	O	O	O	E	O	O	C	C
减小操作压力	停	C	C	Ⅲ位	O	O	O	O	O	O	C	C
升辊	运行	C	C	Ⅲ位	O	O	E	E	E	O	C	C
磨辊摇出	运行	O	O	Ⅰ位	C	C	O	E	O	O	C	C

注：C—关闭；O—打开或断电；E—得电。

如图 2-28 所示，以正常操作状态为例对其液压原理简述如下。正常操作时，手动三位四通换向阀手柄打到位置Ⅲ，此时的磨辊处于高限位置。当磨机启动后，6s 得电，液控单向阀 21 打开，液压缸无杆腔油液在压力作用下经阀 14、10、21 回到油箱，此时磨辊缓缓落下。升辊压力降到一定程度时，3PS 动作，然后 8S 断电，自由流通阀 22 打开，液压系统即进入正常操作状态。操作过程中，如果由于泄漏等原因致使操作压力下降，当下降到低于设定值 25psi❶ 时，泵启动进行补压；当压力上升到高于设定值 50psi 时，泵停止，同时 5S 断电，将高出的压力泄掉，直到压力达到设定值时，5S 又得电关闭。当磨机停止时，4S 得电，泵启动，同时 6S 断电使阀 21 关闭，8S 得电使阀 22 关闭，升辊开始。当四个辊子全部达到上限位时，泵停止工作，4S 断电，升辊完成，等待下一次操作开始。

b. 生料立式辊磨液压系统的调试。

（a）调试前的检查确认。

- 管路清洁度的再次确认。尽管在配管安装完成后，安装单位对管路进行了酸洗及油洗，但有的时候管路安装完成后，距离调试还有很长时间，内部如果没有进行有效处理（如没有形

---

❶ 1psi＝6.895kPa，下同。

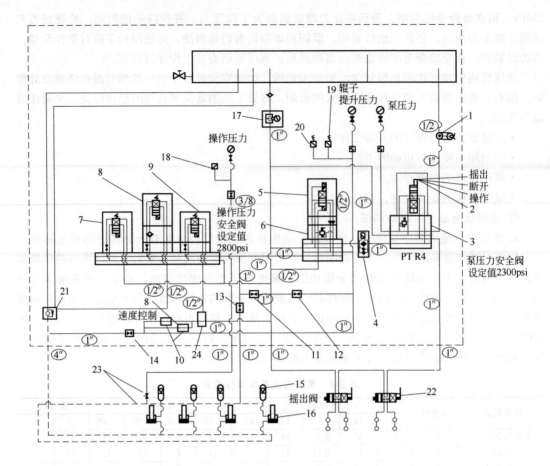

图 2-28 液压系统原理图

1—液压泵；2—手动三位四通换向阀；3—泵出口溢流阀；4—压力（供油）过滤器；5—电液二位四通
换向阀；6—操作压力溢流阀；7~9—二位三通电磁换向阀；10—调速阀；11—蓄能器到油箱手动阀；
12—液压缸无杆腔到油箱手动阀；13—蓄能器截止阀；14—液压缸无杆腔截止阀；15—蓄能器组；
16—液压缸；17—回油过滤器；18—压力变送器；19—3PS压力开关；20—4PS压力开关；21—液控
单向阀；22—自由流通阀；23—磨辊摇进摇出手动方向控制阀；24—蓄能器回路与升辊回路截止阀

成有效的油膜保护而锈蚀，或者部分酸由于未进行酸碱中和仍残留在管壁上形成了酸性环
境），容易再次锈蚀。另外，管路最终安装时如果不认真会带入杂物形成干净污染。而液压系
统电磁换向阀非常精密，有微小颗粒性杂质进入就会造成阀芯的堵塞而不能动作。基于上述原
因有必要对液压站到液压缸之间的部分管路拆开进行再次检验，采用抽检的方式，结果发现在
地沟里的部分水平管道内仍残存了一些清洗油，油里面沉积了一些细微的杂质。所幸没有发现
锈迹，如果生锈，则须重新进行酸洗。考虑到液压系统对清洁度要求较高，决定对系统进行再
次冲洗。本系统特点之一就是为系统的油洗提供了方便，在操作与升辊回路之间加了一个阀
门，该阀门打开则全部管路处于连通状态，使所有管路形成一个回路。另外，分别设计了供
油、回油两个过滤器，使外围管路、油箱中的杂质不能进入液压站各阀件。这样利用本液压站
即可方便地进行油洗，而不用另外配置清洗泵及管路。

　• 管路上法兰螺栓的紧固确认。管路完成之后，需再次将螺栓紧固，这次紧固应将其作为
最后一次紧固来对待，因为一旦在耐压试验时发生泄漏须重新更换O形圈，且管道内大量的
油液将漏掉，造成污染及浪费。O形圈的质量及安装位置检查确认后，使用加力杆将螺栓彻
底紧固。

• 各液压阀的初始设置的确认。将手动三位四通换向阀的操纵杆打到操作位置，将阀11、阀12、阀13关闭，其余阀全部打开。在现场电气控制面板上将操作模式选择开关打到手动位置。

• 加油的确认。在油箱内部仔细清理后加入规定牌号的液压油，一般用ISOVG46液压油。首次加油到油位后，在后续的调试操作中还要密切注意油位的变化，因为地沟的管道及液压缸内会容纳大量的油液而使油位迅速下降，防止泵产生空吸。

• 检查泵的转向。对转向进行点动确认。

（b）耐压试验。试验的目的是检测管路及阀上有无泄漏或裂纹，提前进行处理。

• 蓄能器充氮。首先对蓄能器进行充氮，由于该试验须逐步进行加压来完成，考虑到液态流体的不可压缩性，须在有弹性的条件下才能完成，不能一次即达到溢流阀设定压力，这样一旦发生爆管会有危险，而且会浪费大量的油。本系统蓄能器气囊正是起到缓冲弹簧的作用，氮气压力充到系统操作压力的80%（本系统用的是高流量的蓄能器）。为防止带入空气，在充氮时首先打开气瓶，将充氮工具气管内的空气排掉后再与蓄能器接通。其次在打开氮气瓶的旋塞时动作要缓慢，以免突然加快的流速损坏气囊。

• 对蓄能器回路及升辊回路的初步压力试验。

系统排气。打开蓄能器到油箱和液压缸无杆腔（下腔）到油箱的阀门（序号为11、12）。然后启动泵选择加压，然后一边观察读数一边将蓄能器到油箱阀门逐渐旋入，使计数显示为300psi，保持这个压力约5min，此时液压油将填充管道并排出大部分的空气。启动泵将阀门11旋出到操作压力为100psi时保持，缓慢旋开液压缸有杆腔排气丝堵及蓄能器下部排气丝堵排气。完成后关闭阀门11，在保持操作压力的情况下，按下升辊按钮，阀门12旋出使升辊压力达到100psi时保持，对液压缸无杆腔进行排气操作。

压力试验。将阀11关闭进行加压操作，当加压到500psi时停泵保持压力。遵循上述加压步骤逐步加压到780psi、1000psi，整个加压过程中密切观察管路有无泄漏，确认没有问题后关闭液压缸无杆腔到油箱间手动阀12。选择升辊操作模式，当升辊压力达到500psi时停泵保持压力，检查管路，然后升到750psi，再次保压检查，然后打开手动阀11、12，将操作压力释放到零，此后将进入高压试验阶段。为了防止加压时磨辊与磨盘之间产生高应力接触造成损伤，在磨辊与磨盘之间垫约25mm厚的钢板（木块更好），同时为了防止减速器推力瓦与减速器输出法兰面之间的直接接触操作，开启减速器润滑系统的高压油泵。打开阀11，关闭阀12升辊，辊子升起后保持。在下面垫入钢板，然后打开手动阀12降辊，完成后关闭2个手动阀，选择加压模式启动泵加压，升高操作压力至1500psi观察，再升至2000psi、2500psi，最后升至2800psi，观察管路有无泄漏及爆管。重新调整泵，出口溢流阀设定到较低数值，对升辊回路进行试验。通过调整溢流阀使压力升到2300psi时锁定，这里之所以如此设定是为了防止磨辊被升起。保压5min检查没有问题后，再对辊子翻出液压回路进行耐压测试，升至2300psi。完成后检查液压缸活塞杆与辊子加压连接杆之间的连接套固定螺栓是否松动。

磨辊限位、落辊速度的调整。将辊子升起后进行辊子上限位的调整，然后在辊子下面垫25mm厚的钢板，将辊子落下进行下限位的调整。调整的同时按电气图检查每一个辊接触限位后继电器的得电情况。然后调整落辊速度，反复升降辊数次并调节调速阀（流量阀）10，将落辊速度调整至约25s。一般落辊速度的调整既要尽可能快以利于磨的启动，又不能太快而使磨辊砸到磨盘上。

• 自动控制回路和调试。首先打开阀11将系统压力降为0，将压力变送器调零以使控制柜上读数为0，然后关闭阀11，失误危及设备安全运转，在程序中将操作压力给定值范围设定在5~8，这样操作员在给定操作压力时将只能在该范围内进行。另外将磨机最低操作压力设定在操作压力与蓄能器充氮压力的中间值，达到这个压力后表示系统补压困难，液压加压到操作压力，然后进行升辊，升到上限位后，系统发生问题，磨机喂料终止并将联锁跳停。然后设定升辊压力的下限，磨辊落到下限后升高操作压力到1500psi，然后调整压力变送器使仪表显示读数为1500psi，再重复一次。确认其无误后在电气控制柜的压力控制器上设定操作压力的上下限，上限设定在高于操作压力50psi，下限设定在低于操作压力25psi，这是操作过程中补压及卸压的条件。同时为防止中控操作员在给定操作压力时所显示压力为升辊压力，本立磨升辊压力为1000psi，将升辊压力低限设定在低于升辊压力25psi，高限设定在高于升辊压力50psi。这个设定值与磨辊上限位开关共同构成辊子升起的条件，二者在逻辑上为"与"的关系，否则将显示升辊故障。

设定完之后落辊并将操作压力降到400psi。将现场按钮打到自动位置，按启动按钮，这时下列自动程序将发生：泵启动升辊，所有辊子升起到达上限位后，抬辊压力显示为1000psi，4S将失电进行加压，操作压力将升到高限，然后泵停止，5S断电将多余压力卸掉，使操作压力降到上限之内，然后得电关闭。这样自动程序完成。

最终可以观察到，由于内泄，辊子将下降，当任意一个辊子降到上限位接近开关探测不到时，泵联锁启动使辊子再次充分升高。当操作压力降到低限位时，泵也将联锁启动补压使操作压力到达上限后停泵。注意：泵不应频繁启动，启动频率不应超过每2h一次。否则应进行泄漏检查。

• 压力开关的检查。压力开关在升辊时对设备起安全保护的作用，升辊压力降到150psi时3PS接触器闭合，压力上升到1000psi时4PS闭合。这两个压力开关与自由流通阀22联锁对设备起安全保护作用，当辊子升起后，3PS闭合而4PS打开，这时如果按下自由流通阀打开按钮，辊子不应下降（或8S不应得电）。辊子下降时当压力降到150psi时4PS打开，3PS闭合，这时当按下自由流通阀打开按钮时自由流通阀应打开，再按下升辊按钮时辊子将不能升起。关闭自由流通阀后再按升辊按钮将辊子升起。

这两个压力开关在出厂时已进行了设定，但考虑到其重要性，在调试时须重新进行确认。具体方法如下：在液压站端子箱找到两个开关的接线解开，在升降辊子时观察压力并用万用表对其接触器的开合情况进行测量，确认无误后将线再恢复。然后再确认其与自由流通阀的联锁，具体方法如下：将磨辊充分升起，在磨辊下面垫木方子使辊子下表面与木方子之间保持约40mm间隙，这里按下自由流通阀打开按钮，辊子将保持原位不应落下。然后在辊子充分升高的情况下在辊子下面重新垫木方子，使辊子下表面与木方子之间保持约50mm间隙，这里再按下自由流通阀打开按钮，并按下降辊按钮，这时辊子应按正常速度缓缓落下，完全落下之后自由流通阀应打开，这时按下升辊按钮，辊子不应升起，按下自由流通阀关闭按钮后再按升辊按钮辊子将升起。以上过程如有不符，需进行检查并重复上述步骤直到正常。

(3) 脱硫装置液压系统分析与调试

① 脱硫装置液压系统的工作原理。脱硫是炼钢的一个工序，主要使脱硫剂和铁水充分混合反应，降低铁水中的硫含量，它主要由喷枪传动、扒渣机、铁水倾翻车等设备组成，其中扒渣机与铁水倾翻车采用了液压传动。

液压系统中主要元件的功能分析：

• 平衡阀。如图2-29所示，在扒渣杆下降的管路上应用到了平衡阀（12.1），它给扒渣杆的下降起到了一个保护作用。在扒渣杆上升的过程中，即液压缸的液压杆伸出的过程中，平衡阀是不起作用的。高压油从A1管路进入，直接通过平衡阀（12.1）的单向阀阀芯，再经过液控单向阀（DN6）进入油缸下腔，使油缸上升，油缸上腔的油通过A2管路流回油箱。而在下降的过程中，高压油从A2管路进入液压缸上腔；同时，有一路分支高压油流到液压缸的下腔的液控单向阀（DN6），打开液控单向阀（DN6）的阀芯，另一路分支高压油进入平衡阀（12.1）

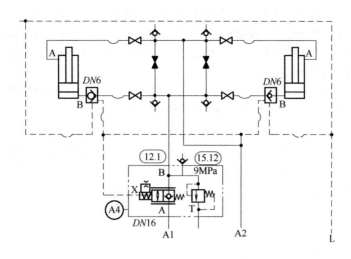

图 2-29 扒渣机油路

的阀芯，使阀芯换向到节流口的位置（因为单向阀反向是打不开的）。平衡阀（12.1）的节流口可以使回流的液压油产生一定的背压，使回流的速度得到控制，从而在下降的过程中液压缸的速度不至于过快，减少液压冲击。其工作原理为：下降过程中，液压缸下腔的油可以通过打开的液控单向阀（DN6）和换向到节流口的平衡阀（12.1）流回到油箱。因为液压缸下降的时候，上腔由于高压油的压力作用以及液压缸及其所带的设备自身的重力作用，如果没有节流，液压杆下降的速度会很快，产生很大冲击力，会造成重大安全隐患，平衡阀可以降低下降速度，起到了非常重要的安全保护作用。

• 同步马达。如图 2-30 所示，铁水罐小车在倾动的工作状态下（即 2 个液压缸同时升降的过程中），要承受很重的支撑力，其最大负荷达到 2600kN，而且铁水温度达到 1000℃以上，如果出现不同步现象，后果将不堪设想。因此小车倾动同步精度要求很高，为此在铁水罐倾动的前面安装了同步马达（D），倾动时压力油先进入同步泵，通过同步泵及溢流阀保证输出压力油的压力与流量相同，从而确保两套倾动液压缸同步动作。脱硫车间工作环境恶劣，高温、多粉尘、污染严重，同步马达的抗污能力较同步液压缸要好，维护维修都较同步液压缸简单。在倾动设计中，用到了同步马达（D）及平衡阀（E），起到非常重要的安全作用。

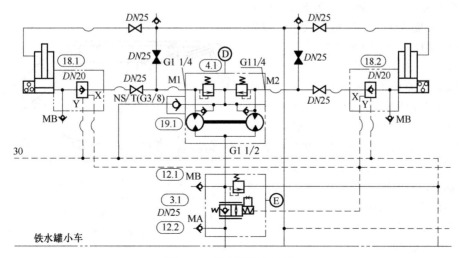

图 2-30 铁水倾翻车油路

• 事故手动泵。如图 2-31 所示，事故手动泵是在事故的状态下，即突然停电或控制系统突然出故障不能动作的情况下，设置的紧急补救设施。它实现的动作是在事故状态下，通过手动将倾动缸回油导通，使倾动的铁水罐放置到水平位置，防止进一步事故的发生。

② 脱硫装置液压系统安装调试。

a. 系统压力调试。在将活塞式蓄能器充好气后，就可以开始系统的压力调试了。系统的压力调试应从压力调定值最高的主溢流阀开始，脱硫液压系统的最高压力为 20MPa，逐次调整每个分支回路的各种压力阀。脱硫液压系统中分支回路里有很多的减压阀，调定压力有 12MPa、8MPa、7MPa、3MPa、2MPa 等，每完成一个压力调定后，需将调整螺杆锁紧。压力调定值及以压力联锁的动作和信号应与设计相符。速度调试应在正常工作压力和正常工作油温下进行，遵循先低速后高速的原则。

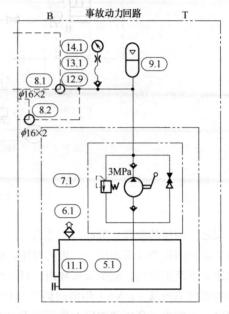

图 2-31 事故手动泵油路

b. 液压马达的转速调试　脱硫液压系统中液压马达比较多，液压马达在投入运转前，和工作机构脱开。在空载状态先点动，再从低速到高速逐步调试并注意空载排气，然后反向运转。同时应检查壳体温升和噪声是否正常。待空载运转正常后，再停机将马达与工作机构连接，再次启动液压马达从低速至高速负载运转。如出现低速爬行现象，可检查工作机构的润滑是否充分，系统排气是否彻底，或有无其他机械干扰。

2.2.3　煤矿机械液压系统的安装与调试

(1) 液压支架液压系统的安装

① 液压支架的结构及工作原理。液压支架是综采工作面的支护设备，它支护和控制采煤机落煤以后所暴露的顶板，隔离采空区，防止矸石进入回采工作面和推进输送机，形成一个安全可靠的采煤空间。液压支架具有支撑顶板、推移输送机、自身推进、防止煤壁垮落（片帮）、实现超前支护、防止相邻支架之间漏落矸石，以及当煤层倾斜角较大（一般为 $\alpha \geqslant 15°$）时防止支架下滑等作用。

图 2-32 为液压支架的结构示意图。液压支架的支护功能是通过前柱液压缸 6 和后柱液压缸 5 将其前后立柱升起，使顶梁 10 顶住顶板，防止工作面的顶板垮落。顶梁 10 和顶板接触之后液压系统压力增加，达到额定工作压力时液压缸产生的总推力称为支架的初撑力。随着时间的推移，煤层顶板下沉，液压系统达到安全阀的调定压力时，前后柱液压缸产生的总推力称为支架的工作阻力。

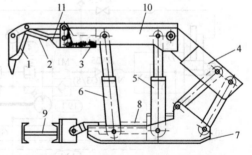

图 2-32　液压支架的结构示意图

1—护帮机构；2—护帮液压缸；3—前梁液压缸；4—掩护梁；5—后柱液压缸；6—前柱液压缸；7—支架底座；8—推移液压缸；9—刮板输送机；10—顶梁；11—前梁

② 液压支架的安装。

a. 安装步骤。液压支架体积大、部件重，一个综采工作面使用的架数又较多。因此液压支架下井前经过下井前准备工作、支架的装车、支架井上和井下运输，到达工作面后由运输平巷逐架向回风平巷排列安装，直至全采面支架安装完毕；综采设备的安装顺序，一般应先安装工作面输送机、顺槽转载机、可伸缩带式输送机、移动变电站和乳化液泵站等，再安装采煤机，最后安装工作面液压支架。支架安装中心线要基本垂直于工作面输送机。

b. 安装时的注意事项。

• 做好安装前的准备工作，包括架设台棚进行顶板支护和清理浮煤杂物等。

• 架棚或进行顶板支护时的柱子不准支在浮煤活矸上，一定要支在坚硬实底上。

• 利用机械将支架卸下车盘时，附近人员必须撤出至安全地点以防倒架伤人。

• 严禁强拉硬拖，导向滑板要平整；替补柱必须及时，防止顶板冒落。

• 拖拉时，绳头与支架必须连接可靠，拖拉钢丝绳两侧不得有人；变向拖拉时，必须有变向轮，同时变向三角区内严禁有人。

• 支架在陡坡拖拉调向或安装时，应采用 2 台绞车配合， 1 台绞车防止支架倾倒，另 1 台绞车拖拉。防侧倒绞车绳在支架接顶前应处于预紧状态。

• 安装好后，支架应立即支护顶板。

③ 液压支架的调试。

当综采工作面液压支架安装后，要进行安装调试，其步骤如下：

a. 理顺液压支架管路，并进行固定与吊挂。若邻架操作时，将操纵阀安设在邻架上，然后接通高、低液压主管路。

b. 检查液压支架零部件、连接销、连接螺栓等是否齐全完整，结构件有无损坏并进行相应的处理。

c. 进行液压支架试操作，检查活柱、千斤顶活塞动作是否正确，管路连接正确与否，操作阀有无漏液、串液现象。如有问题立即处理。

d. 检查液压支架的立柱是否漏液，是否有自降现象。

e. 当刮板输送机调整平直靠近煤壁后，将液压支架前移，有效地支护端面，需铺设顶网的工作面应挂好网片后再移支架。若滞后安装刮板输送机，因个别支架移头暂不能与其相接时，可先用锚链将二者软连接，待试采推移逐步调整相连。

f. 在移架过程中调整液压支架中心距，对于安装间距较大，没达到其设计数量的工作面，可采用绞车、千斤顶或单体液压支柱等机具，逐架调整、补齐支架，然后再进行试采。

（2）铲运机制动液压系统的调试

① 铲运机制动液压系统原理。 $1.5m^3$ 系列和 $2m^3$ 系列铲运机均采用了典型双管路工作液压制动系统，如图 2-33 所示，这是工程机械与矿山机械普遍运用的工作制动液压系统。本系统主要由泵、充液阀、蓄能器、制动阀、桥及其他液压元件组成。

② 铲运机制动液压系统的调试。

a. 外观检查。所有液压元件及管路安装好后，可以从如下几个方面检查：管路是否顺畅，并且尽可能短；液压元件及管路是否碰到如轮胎、传动轴等运动物体；液压元件及管路是否远离热源，如发动机、消声器、排气管等；检查系统泄漏，液压系统中最小的渗漏都将影响制动效果。系统泄漏可以从如下几个方面检查：

• 在车辆静止状态时，检查各液压件是否有外漏，连接是否紧固；

• 启动发动机数分钟后检查各液压件是否有泄漏，即使有非常微小的泄漏都应该更换可能泄漏的元件，以免发生意外。

b. 制动阀的调试。

• 检查制动阀踏板是否与制动阀连接好，否则压力油如果误接入"油箱口"，活塞可能高速飞出，造成严重事故。

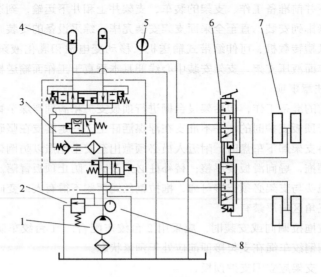

图 2-33　铲运机制动液压系统原理

1—泵；2—溢流阀；3—充液阀；4—蓄能器；5—压力表 1；6—制动阀；7—轮边制动器；8—压力表 2

- 反复踩放制动踏板，仔细观察踏板在运动过程中是否有障碍物。
- 将车辆放至平地，启动电源，蓄能器充液至额定压力，速度手柄扳至最低挡，松开停车制动，启动车辆，然后慢慢踩下制动阀踏板，检查工作制动效果。

c. 充液阀的调试。

- 安装好压力表 1 和压力表 2。
- 启动泵，慢慢调节溢流阀，观察压力表 1 和压力表 2 的读数，可以发现压力表 1 和压力表 2 的读数慢慢增大，一直达到充液阀设定最高额定压力以后，压力表 2 读数迅速回落至 0，压力表 1 读数不变，系统充液完毕，时间为 1min 左右。

- 如果充液阀不能充液，把充液阀调压螺塞（在图 2-34 中 T 口内）慢慢向里旋，直到压力表 1 读数开始增长到最高额定压力后，停止旋动调压螺塞，观察压力表 1 和压力表 2 的读数，约 1min，压力表 1 读数稳定在充液阀设定最高额定压力，而压力表 2 读数回落至 0，则充液阀调整完毕。一般情况下新充液阀压力出厂前已调好，非专业技术人员不能随意调动。

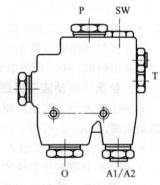

图 2-34　制动液压系统外形

- 反复踩放制动阀，蓄能器压力（压力表 1）慢慢降低至充液阀压力下限时，系统又重新给蓄能器充液，蓄能器压力开始升到充液阀最高额定压力，表 2 读数回落至 0。

d. 制动系统空气排放。

- 启动电机，蓄能器充液至额定压力；关闭电机后慢慢反复踩放制动阀踏板，直到制动失效，如此重复三次以上。

- 启动电机，充液阀压力达到额定压力。
- 松开离制动阀最近的制动器放气螺栓，踩放制动阀踏板，直至管路中空气排出，然后旋紧放气螺栓；由近至远，每个轮边都必须重复上述步骤。

完成上述步骤后，工作制动液压系统调试完毕，系统制动可靠，才可以松开停车制动，车辆开始工作。

(3) 钢管水压试验机液压系统的安装调试

① 钢管水压试验机液压系统的组成。某钢管水压试验机的试压介质是乳化液。在试验钢管中充满乳化液，施加外力压缩乳化液使其压力升高到试验所需压力。该机采用油增水的方法，通过高压增压器来实现试验压力为 70MPa 的高压，其液压系统包括油系统和水系统，具体情况如图 2-35 所示。

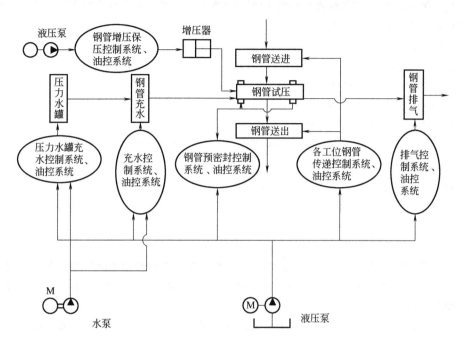

图 2-35　钢管水压试验机液压系统的组成

a. 液压系统的组成。液压系统由油箱、先导供油装置、液压泵电机组、蓄能器组、阀站、管道及其附件组成。先导供油装置由一台抗污染能力强且自吸能力强的螺杆泵、冷却器和过滤器组成。此装置为主泵供油，以防主泵吸油不足产生噪声，同时也防止压力发生波动。液压泵电机组包括两台恒压变量泵和两台比例变量泵。

水压试验机组辅助动作比较多，既要试压，又要把钢管运出整个机组，所以整体动作要求快速平稳。为此，由两台恒压变量泵和 4 个蓄能器组成恒压系统控制整个系统的辅助动作。另外两台比例变量泵用来控制增压器的动作。这样既能保证增压器增压和回退时的快速动作，又能保证钢管保压时的小流量供油，减少系统发热，节省能源。该系统主阀站根据液压缸的大小及动作要求，不仅配置有插装阀集成块，还有普通阀集成块和比例阀集成块，以最大限度地合理利用各种资源。

b. 充水系统的组成。为了提高钢管试压的速度，水压试验机采用容积 32m³、压力 0.5MPa 的柱式充液罐向柱式钢管内充填乳化液。罐上装有液位显示及控制系统、最高最低液位报警系统，用来实现充水系统自动工作。另外有两台立式离心泵从试压水池向充液罐供水。冲洗水池和试压水池是分开的，另外 1 台离心泵用来对钢管进行旋转冲洗。

② 钢管水压试验机液压系统的安装。

a. 液压系统基础的检查验收。液压系统基础的检查验收是系统安装的第一步。如果主要的装置基础不对，必然会使主管路油口尺寸有偏差，这样装配出来的管路必然别劲，为以后的使用埋下隐患。在基础检查验收时主要确认：基础标高、中心线的位置，基础螺栓坑的中心位置、深度及大小，基础的形状及尺寸大小，基础内壁、角部及坑盖完成的情况。

b. 液压系统的安装。

（a）大件的安装。油箱、先导供油装置、液压泵电机组、蓄能器组、阀站、充液罐等大的装置均是自成一体，出厂前已经做过试验，现场只需按照图纸所示方向正确放置，通过预埋螺栓或预埋板与基础牢固连接即可。这部分安装的关键是各装置的方向、各油口的走向。

（b）配管。液压系统管道的安装质量影响以下三个方面：

• 系统的清洁度。管道安装时如果不注意除锈、除焊渣，则后面的管道清洗将非常困难，系统运行初期会不断出现故障。

• 系统是否漏油。

• 整个系统的美观度。

因此，系统配管必须做到以下几点：

• 装配前，确认管子的管径、材质及壁厚。所有钢管（包括预制成形管路）都进行了脱脂、酸洗、中和、水洗及防锈处理。

• 管子应使用锯切割。不允许使用火焰切割。装配前所有管子应去除管道飞边、毛刺并倒角，用压缩空气清除管子内壁附着的杂物及浮锈。

• 管子弯曲半径 R 与外径 D 符合以下规定：当 $D \leqslant 42mm$ 时， $R \geqslant 2.5D$ ；当 $D > 42mm$ 时， $R \geqslant 3D$ 。管子弯曲角度偏差不大于 $\pm 10°$ ，管子排列应横平竖直、整齐美观。任意每米内直线度误差和相互平行度公差不大于 $2mm$ ，全长不大于 $5mm$ ；在机体上排列的各种管路应相互不干涉，又便于拆装。同平面交叉的管路不得接触。

• 软管装配时应使软管自然弯曲，避免由于机器零件的相对运动而发生扭曲，避免以小于规定的最小弯曲半径安装软管，避免软管运动时与机器零件发生摩擦。这样会提高软管的寿命，减少系统漏油。

• 焊接钢管时，必须采用钨极氩弧焊或钨极氩弧焊打底。焊缝单面焊双面成形，焊缝不得有未熔合、未焊透、夹渣。

• 管道接口及其他部位必须满足相应的图纸及技术文件的要求。

c. 液压系统的清洗及试压。清洁度是液压系统能否顺利运行的关键因素。所以在配管结束后，对整个系统进行了彻底的清洗。各液压阀站在出厂时已经做过处理。管道安装之前，所有管子已经经过酸洗处理，所以整个系统的清理实际上就是系统内部的循环清洗，其目的是把残存的污物，如密封碎块、不同品质的清洗液、防锈油、金属磨合下来的粉末等清洗干净。钢管水压试验机驱动液压缸比较多，管道数量多、行程长，而且大多布置在设备的间隙处，为了减少系统的泄漏，管道中间设置接头和法兰较少，这给清洗工作增加了一定的困难。此时可以采用氮气爆破法对管路进行预处理。

试压的目的主要是检查系统回路的漏油和耐压强度。该系统辅控工作压力 16MPa，试验压力 24MPa；主控工作压力 30MPa，试验压力 36MPa。系统的试压采取分级试压， 5MPa 为一级，每升一级，检查一次，逐步升到规定的试验压力。试压结束后，准备进入调试。

③ 钢管水压试验机液压系统的调试。

a. 调试前准备。熟悉现场情况，明确调试内容，制订调试大纲，该机组液压系统的调试分以下几个部分。

（a）油箱及先导循环装置的调试。该装置的调试主要是调节大流量滤油器的进出口压差和压差发信装置，使滤油器堵塞时能自动报警。还要调节油箱的液位计和发信装置，以防工作时泵发生吸空。

（b）主泵组及蓄能器组的调试。该部分的调试主要包括下列几点：

• 先手动盘车，使泵充满油液，点动各泵，检查旋向；

• 检查两台恒压泵和蓄能器组成的辅控系统能否顺利升降压；

• 检查两台比例变量泵的变量环节是否正常，能否顺利升降压。

（c）辅助送料系统的调试。该机组辅助送料系统包括：步进装置、旋转冲洗装置、对齐测长装置、夹紧对中装置、空水装置。步进装置完成钢管各工位之间的传递。钢管的移动必须快速准确，该装置采用比例阀来控制。现场主要调节比例阀的给定值、上升斜坡、下降斜坡，以获得理想的平移和停止速度。旋转冲洗装置将该工位的钢管升起至冲洗高度，边冲洗边旋转并且轴向送进对齐。升起由 6 个气缸驱动，旋转和对齐各由 6 个马达驱动。因此，气缸升起落下、马达旋转的同步性是调试的重点。对齐测长装置将该工位的钢管向尾部轴向推动至钢管前端面线并测出长度，为试压工位排气小车的移动提供依据。如果推管速度过快，产生惯性过大，超出钢管前端面线就会过多，造成测出的数据误差加大，排气小车就不能很好定位，从而无法试压。因此，推管速度的调节是该装置调节的关键。夹紧对中装置将该工位的钢管夹紧升起送至试压中心，试压完成后再把钢管落下送给步进机构。该装置行程 700mm，上升靠试压架机械限位，调试要保证其快速上升、慢速靠近、无撞击地接触试压架。另外，几组夹具的同步运动也很重要，否则管子会偏离中心线，难以进入试压头和排气头。空水装置将该工位的钢管一端抬起进行空水。管子抬起端有吹水装置，能将滞留在管子内表面的水迅速吹出。调整气量、尽可能降低噪声又能快速吹干余水是该装置调试的重点。

（d）主试压系统的调试。试压装置包括充水头、排气头、排气小车、机架、机罩、充液罐等几部分，完成钢管的充水、增压、保压、卸压、排水等主要功能。其中，排气小车、充水头、排气头主要是调节速度，保证试压时插销顺利插拔出插销孔，钢管顺利进入充水头和排气头。充液罐为钢管试压提供介质，充液罐的压力、液位指示、安全装置等是调试重点。只有合理设置，才能向被试钢管中足量快速充水。不同钢级、不同规格的管子有不同的试验压力。该机组钢管试压靠的是油增水，也就是说，试验压力的设置就是增压器压力的设置。该机组采用比例溢流阀设置增压器压力。比例溢流阀出厂前已测试过性能曲线，但阀的安装、管路系统的回油背压等诸多实际因素会影响其性能。因此，试压之前先对溢流阀进行认真细致的标定。试验压力设置好之后，还必须设置合适的钢管预密封压力，保证密封圈抱紧钢管，试压时不漏水。另外，根据被试钢管的大小，还需合理设置充水时间和排气时间，既要保证顺利试压又要提高试压频次。

b. 空载试车。空载试车是在不带负载运转的条件下，全面检查液压系统的各液压元件、各种辅助装置和系统各回路的工作是否正常，工作循环或各种动作的自动换接是否正常。

首先，启动先导循环泵，再间歇启动 4 台主泵，使整个系统滑动部分得到充分的润滑。给两台泵卸荷阀带电，使泵卸荷运转，检查液压泵卸荷压力是否在允许值内。调节两台泵泵头压力，检查泵发热是否在允许值内。检查 4 台泵运转是否正常，有无刺耳的噪声，检查油箱中液面是否有过多的泡沫，液面高度是否在规定范围内。

其次，使系统在无负载情况下运转。将辅助系统压力逐渐升高到 16MPa，按照调试大纲，让辅助系统液压缸以最大行程多次往复运动，让各液压马达运转，打开系统的排气阀排出积存的空气；检查安全阀、压力继电器等设备工作的正确性和可靠性，从压力表上观察各油路的压力，调整安全阀的压力值在规定范围内；检查液压元件及管道的外泄漏、内泄漏是否在允许范围内；空运转一定时间后，检查油箱的液面下降是否在规定范围内；调节泵的压力和流量，使增压器以最大行程多次往复运动，检查增压器上的位移传感器显示值是否正确。增压器的压力由比例溢流阀控制，让增压器活塞停在最前端，按控制电流等值增加的原则输入电流，用带压力显示的压力继电器读出相应的压力值，对该溢流阀进行认真细致的标定，以便负荷试车时可以按钢管的钢级要求设置准确的试验压力值。

最后，与电气配合调整自动工作循环，检查各动作的协调和顺序是否正确，检查启动、换向和速度换接时的平稳性，不应有爬行、跳动和冲击现象。

c.负载试车。负载试车是使液压系统按设计要求，在预定的负载下工作。空载试车完成后，按照合同附件的要求，分别对三种规格的管子进行打压试车，不论压力值还是保压时间都应达到设计要求。

d.调试过程中出现的主要故障及排除方法。

钢管水压试验机调试过程中主要出现以下故障：当试验压力为8MPa时，操作台上增压器前进指示灯已亮，增压器位移传感器后位指示灯有时会随之立即变暗，而有时却在几十秒或一分钟后才变暗。也就是说，控制增压器前进的阀门已经打开后，增压器有时立刻前进，而有时则会等待些许时间才动。仔细分析原理图，没有发现问题。让增压器反复运动，用压力表测量前后腔压力，发现当增压器回退至后端时，小腔有10MPa左右的压力。当下一个行程开始时，这个压力有时会立刻释放，而有时则不能，导致增压器发生等待现象。控制增压器动作的是6个插装单元。把程序做如下调整：当增压器退至后端时，小腔排液阀打开，延时1s关闭。这样可以先把小腔压力卸掉，故障消失。

2.2.4　机床液压系统的安装与调试

(1) 牛头刨床液压系统的安装调试

① 牛头刨床液压系统的工作原理。某型号牛头刨床液压系统主要由液压泵、溢流阀、换向阀、液压缸以及连接这些元件的油管、接头组成。其工作原理是液压泵由电动机驱动后，从油箱中吸油。油液经滤油器进入液压泵，油液在泵腔中从入口低压到泵出口高压，在图2-36（b）所示状态下，通过节流阀、换向阀进入液压缸左腔，推动活塞使工作台向右移动。这时，液压缸右腔的油经换向阀和回油管6排回油箱。

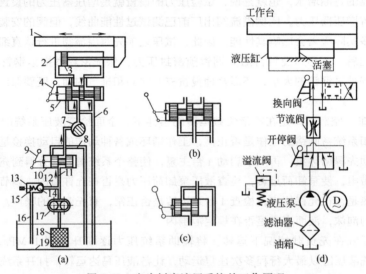

图 2-36　牛头刨床液压系统的工作原理

1—工作台；2—液压缸；3—活塞；4—换向手柄；5—换向阀；6,8,16—回油管；7—节流阀；9—开停手柄；
10—开停阀；11—压力管；12—压力支管；13—溢流阀；14—钢球；15—弹簧；17—液压泵；18—滤油器；19—油箱

如果将换向阀手柄转换成如图2-36（c）所示状态，则压力管中的油将经过开停阀、节流阀和换向阀进入液压缸右腔，推动活塞使工作台向左移动，并使液压缸左腔的油经换向阀和回油管6排回油箱。

工作台的移动速度是通过节流阀来调节的。当节流阀开大时，进入液压缸的油量增多，工作台的移动速度增大；当节流阀关小时，进入液压缸的油量减小，工作台的移动速度减小。为了克服移动工作台时所受到的各种阻力，液压缸必须产生一个足够大的推力，这个推力是由液压缸中的油液压力所产生的。要克服的阻力越大，缸中的油液压力越高；反之，压力就越低。图 2-36（d）为该机床的液压系统图。

② 液压系统的安装。液压系统的安装是液压系统能否正常运行的一个重要环节。液压传动系统虽然与机械传动系统有相似之处，但是液压传动系统有其本身的特性，液压安装人员需要经过专业培训才能从事液压系统的安装。

液压元件清洗干净，进行压力和密封试验后，进行安装，安装注意事项为：

a. 液压元件安装时，应对元件进行清洗，如果使用煤油清洗，安装前吹干。

b. 方向控制阀一般应保持轴线水平安装，要注意密封元件是否符合要求，安装时应保证安装后有一定的压缩量，以防泄漏。

c. 安装板式元件时，几个紧固螺钉要均匀拧紧，保证安装平面与元件底板平面全面接触。

d. 液压泵及其传动件必须保证较高的同轴度，使其运转平稳，避免壳体单面接触；液压泵的旋转方向和进、出油口不得接反。

e. 液压缸安装应考虑热膨胀的影响，在行程大和温度高时，必须保证缸的一端浮动。

f. 液压缸的密封圈不要压得太紧，以免引起工作阻力太大。

g. 用法兰装的阀，固定螺钉不能拧得太紧，否则反而会造成接口密封不良或单面压紧现象。

h. 管接头要紧固、密封，不得漏气；泵的吸油高度要尽量小；吸油管下要安装滤油器，以保证油液清洁；回油管应插入油面之下，防止产生气泡；溢流阀的回油口不应与泵的吸油口接近，避免油液温升过高。

液压系统安装完毕，在试车前必须对管道、流道等进行循环清洗，使系统清洁度达到设计要求，清洗注意事项为：

a. 清洗液要选用低黏度的专用清洗油，或与本系统同牌号的液压油。

b. 清洗工作以主管道系统为主。清洗前将溢流阀压力调到 0.3 ~ 0.5MPa，对其他液压阀的排油回路要在阀的入口处临时切断，将主管路与临时管路连接，并使换向阀换向到某一位置，使油路循环。

c. 在主回路的回油管处临时接一个回油过滤器。滤油器的过滤精度，一般液压系统的不同清洗循环阶段，分别使用 30μm、20μm、10μm 的滤芯；伺服系统用 20μm、10μm、5μm 滤芯，分阶段分次清洗。清洗后液压系统必须达到净化标准，不达净化标准的系统不准运行。

d. 复杂的液压系统可以按工作区域分别进行清洗。

e. 清洗后，将清洗油排尽，确认清洗油排尽后，才算清洗完毕。

f. 确认液压系统净化达到标准后，将临时管路拆掉，恢复系统，按要求加油。

（2）全自动曲轴淬火机床液压系统

① 全自动曲轴淬火机床液压系统的工作原理。经清洗机清洗后的曲轴中间工序件，由车间吊车吊上机床送料小车 V 形架。小车启动送进至举升工位，升降缸将曲轴举升到位。床尾进退缸前进，定位弹性套筒套住曲轴小轴，床头进退缸前进，三爪自定心卡盘对准曲轴大端，卡盘松紧缸后退，三爪自定心卡盘夹紧大端外圆。升降缸下降，送料小车退回，伺服电机驱动滚珠丝杠带动滑台右移到位。曲轴主轴颈、连杆颈半圈鞍式淬火感应器依次下降，缓慢触靠相对应的轴颈。床头伺服电动机经减速装置带动曲轴旋转，感应器随加热淬火介质喷淋冷却，感应器升起。滑台按设定的间距左移，对各主轴颈、连杆颈分别感应加热淬火。最终床头伺服电动机旋转将曲轴二、五连杆颈相位朝上，升降缸升起，接住曲轴。卡盘松紧缸前进，松开曲轴大端、床头、床尾进退缸分别退回，升降缸下降，将曲轴放入送料小车的内 V 形架，一个

工作循环结束。

机床的滑台移动间距、连杆颈处于最上、最下相位找准，曲轴旋转后，相应轴颈感应加热时间、淬火时间、加热功率等均由 CNC、PLC 和工控机联合控制。

② 液压系统的组成及特点。

a. 根据设备运行中执行元件的负载及感应加热工艺本身的特殊要求，该液压系统采用体积式变量泵与叠加阀拔火罐组合的开式系统。由于机床体积较为庞大，液压泵站与执行元件相距稍远，按照执行元件数量与分布，叠加阀控制阀块采取分立式布置，即位于油箱顶面的 φ10 通径叠加阀块分别控制位于床身下部的曲轴升降缸、床尾进退缸、床头进退缸和三爪自定心卡盘松紧缸，位于立式床身顶面的 φ6 通径叠加阀块分别控制位于床身上部的 4 个感应器升降缸。这种布置方式减少油箱顶面元件的拥挤，简化 4 个感应器升降缸的配管，降低管路沿程压力损失，油管布设尽量保持与机床外围匹配协调。

液压系统由液压站（包括油箱、液压泵电动机组、吸油过滤器、管式连接单向阀、φ10 通径叠加控制阀块、空气呼吸器、液位液温计、压力管路过滤器）、φ6 通径叠加阀控制阀块、液压缸、液压管路等部分组成。曲轴淬火机床液压系统原理如图 2-37 所示，电磁铁动作时序见表 2-5。

b. 液压泵的选择。康明斯 6C 曲轴需感应加热淬火的部位有 7 处主轴颈、6 处连杆颈，加工节拍为 9min，感应加热与喷淋冷却时对液压系统所需流量很少，而且这部分时间占工作节拍的一半以上，为此选用了某液压件厂生产的 VV5 变量叶片泵。该泵运转噪声低、功率损耗小、输出流量大、调节灵敏度高，由泵本身设定输出压力为 4.0MPa，由溢流阀设定系统安全压力为 4.5MPa。

c. 工艺动作的实现。曲轴感应器是一种贵重工装，国外公司把感应器与铣刀视为同样精密的工具。本机配套是典型的半圈鞍式淬火感应器。感应器与轴颈的接触是自上而下的垂直触靠，悬挂于感应器升降缸活塞杆端头的导向滑动框架、薄型变压器、感应器三组合件质量较大，向下运动速度过快，易使感应器与曲轴形成撞击，轻则使定位块紧固螺钉松动，重则使感应器变形，引起有效圈与轴颈间隙的变化，甚至损坏感应器。组合件动作过程为：下降—缓慢触靠—升起。这是机床必需的工艺动作。液压控制回路由减压阀、单向顺序阀、中位机能 O 型三位四通电磁阀组成，以准确设定接近开关位置，液压缸动作达到预定要求，使感应器在接近轴颈的短区间内缓慢触靠，避免了撞击，延长感应器使用寿命。

d. 液压控制回路。曲轴升降缸液压控制回路由双单向节流阀、双液控单向阀、中位机能 Y 型三位四通电磁阀组成，升降速度可调。曲轴升降过程中，若遇电磁铁突然断电，液压缸活塞杆保持在原来位置，避免曲轴下降过快而砸向送料小车。

e. 调整性问题。床头、床尾进退缸必须满足进油压力可调、双向速度可调。床头进给到位即为曲轴夹持定位基准。双液控单向阀锁紧，不同的感应器与对应轴颈的相对位置不变。在加热过程中，曲轴轴向微量伸长变形可由床尾缸与床尾弹性套筒调节弹簧退让而自由伸缩。

三爪卡盘松紧缸行程短，一旦夹紧曲轴大端，在旋转加热和淬火过程中不得松动。这些均由相应的液压控制回路得以保证。

③ 调试中遇到的问题及解决办法。

a. 感应器升降缸是前法兰连接垂直安装，活塞杆前端用带台阶长螺母与导向滑动框架上端穿孔滑动连接。φ6 通径叠加阀底板块，厂家产品标示为：B 口在上，A 口在下。当底板 A 口油管接缸无杆腔，B 口油管接缸有杆腔，无论手动调试或通电调试，感应器均以一种速度下降，无缓慢触靠行程，这不符合工艺动作要求。对照厂家产品样本标示为：A 口在上，B 口在下。将原油管在液压缸两腔换接，调试得到两种不同的感应器下降速度。

b. 逐一调试感应器升降动作，有 3 件正常，另一件只有快降而无后续动作，反复调节调

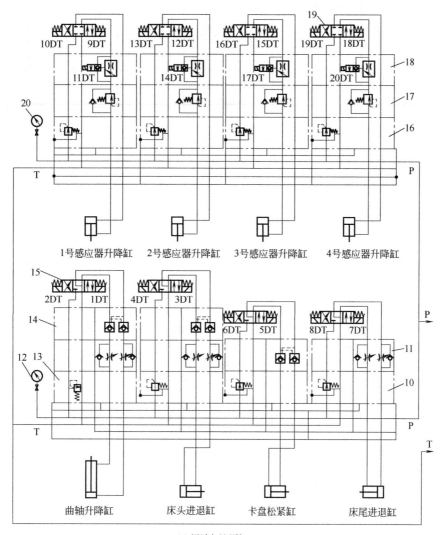

(a) 阀站与液压缸

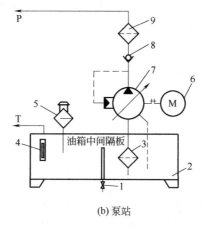

(b) 泵站

图 2-37　曲轴淬火机床液压系统原理图

1—截止阀；2—油箱；3,9—过滤器；4—液位液温计；5—空气呼吸器；6—电动机；7—叶片泵；
8—单向阀；10,16—减压阀；11—双单向节流阀；12,20—压力表；13—溢流阀；14—双液控单向阀；
15,19—电磁换向阀；17—单向顺序阀；18—电动单向调速阀

表 2-5　电磁铁动作表

序号	动作名称	1DT	2DT	3DT	4DT	5DT	6DT	7DT	8DT	9DT	10DT	11DT	12DT	13DT	14DT	15DT	16DT	17DT	18DT	19DT	20DT
1	曲轴托架上升	+																			
2	右边床尾进给							+													
3	左边床头进给			+																	
4	三爪自定心卡盘夹紧					+															
5	曲轴托架下降		+																		
6	1号感应器缓慢触靠									+		+									
7	1号感应器上升									+											
8	1号感应器下降										+										
9	2号感应器缓慢触靠												+		+						
10	2号感应器上升												+								
11	2号感应器下降													+							
12	3号感应器缓慢触靠															+		+			
13	3号感应器上升															+					
14	3号感应器下降																+				
15	4号感应器缓慢触靠																		+		+
16	4号感应器上升																		+		
17	4号感应器下降																			+	
18	曲轴托架上升	+																			
19	三爪自定心卡盘松开						+														
20	左边床头退回				+																
21	右边床尾退回								+												
22	曲轴托架下降		+																		

速阀旋钮，没有效果。拆开调速阀部分，发现左端部活动芯子卡在阀芯右端极限位置，将阀芯周向通油圆孔堵住，使该阀断电后油流不通，故产生制动，如图 2-38 右图所示状态。这属于元件制造装配质量问题，为此要求元件生产厂家更换全套调速阀阀芯来解决这一问题。

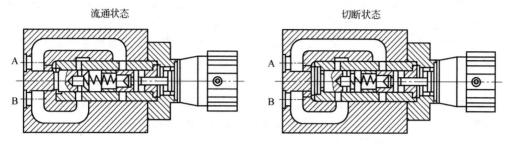

图 2-38　调速阀部分流通与切断示意图

作为机床的液压控制系统，只有充分理解主机工艺动作过程，才能使设计满足实际工况要求。安装调试及生产实践证明，该系统采用国产常规元件组合，回路布置简洁、制造成本较低、工作稳定可靠，是一套较合理的国产曲轴淬火机床液压控制方案。

（3）组合机床液压系统的安装与调试

现以组合机床动力滑台为例，简要说明其安装与调试的主要工作。

① 组合机床动力滑台系统的搭建。

a. 根据所给的回路图和电路图找出各元件，并按照图上设计的位置进行良好的固定。

b. 根据回路图进行管路的连接，根据电路图进行电路的连接。

c. 检查油路和电路是否正确。

d. 打开电源，启动液压泵，观察运行情况，看是否与分析的情况相一致。

② 组合机床动力滑台液压系统的安装。

a. 安装前的注意事项。在安装前，首先应熟悉有关的技术资料，如液压系统图、系统管道连接图、电气原理图及液压元件使用说明书等。按图样准备好所需要的液压元件、辅件，并认真检查其质量和规格是否符合图样要求，有缺陷的应及时更换。

同时，还要准备好适用的工具，在安装前须对主机的液压元件和辅件严格清洗，去除有害于工作液的防锈剂和一切污物。

液压元件和管道各油口所有堵头不应先行卸掉，防止污物进入油口元件内部。

b. 液压元件及管道安装

（a）液压元件的安装。

• 液压泵和液压马达的安装：液压泵、液压马达与电动机、工作机构间的同轴度偏差应在 0.1mm 以内，轴线间倾斜角不大于 1°。避免用力敲击泵轴和液压马达轴，以免损伤转子。同时，泵与马达的旋转方向及进出油口方向不得接反。

• 液压缸的安装：安装时，先要检查活塞杆是否弯曲，要保证活塞杆的轴线与运动部件导轨面平行度的要求。

• 各种阀类元件的安装：方向阀一般应保持轴线水平安装；各油口的位置不能接反，各油口处密封圈在安装后应有一定压缩量以防止泄漏；固定螺钉应对角逐次拧紧，最后使元件的安装平面与底板或集成板安装平面全部接地。

• 辅件的安装：辅助元件安装的好坏也会严重影响液压系统的正常工作，不允许有丝毫的疏忽。应严格按设计要求的位置来安装，并注意整齐、美观，在符合设计要求的情况下，尽量考虑使用、维护和调整方便。如蓄能器应安装在易于用气瓶充气的地方，过滤器应安装在易于拆卸、检查的位置等。

（b）管路的安装。管路的安装质量影响到漏油、漏气、振动和噪声以及压力损失的大小，并由此产生多种故障。全部管路安装应包括预安装和正式安装，其过程为：预安装→耐压试验→拆散→正式安装→循环冲洗→组成系统。先准确下料和弯制进行配管试装，合适后将油管拆下，用温度为 50℃左右的 10% ~ 20%的稀盐酸溶液进行酸洗 30 ~ 40min，取出后再用40℃左右的苏打水中和，最后用温水清洗、干燥、涂油，转入正式安装。

需要注意的是，油管长度要适宜，管道尽可能短，避免急转弯，拐弯处越少越好。平行或交叉的管道至少应相距 10mm 以上。吸油管宜粗一些。回油管尽量远离吸油管并应插入油箱液面以下，以防止回油飞溅而产生气泡并很快被吸进泵内。回油管管口应向内切成 45°斜面并朝箱壁以扩大通流面积，改善回油状态以及防止空气反灌进入系统内。溢流阀的回油为热油，应远离吸油管，这样可避免热油未经冷却又被吸入系统造成油温升高。

(4) 数控车床卡盘液压系统的安装

① 数控车床液压系统的组成原理。某数控车床上，工件的夹紧与松开是通过主轴上的卡盘来实现的。工件的夹紧与松开动作是由数控车床液压系统中的卡盘与松开回路控制的。该回路由换向阀、液压缸、减压阀等元件组成。减压阀是液压系统的压力控制阀，用于某一支路的减压，从而满足工件的不同夹紧力的需求。其液压系统如图 2-39 所示。

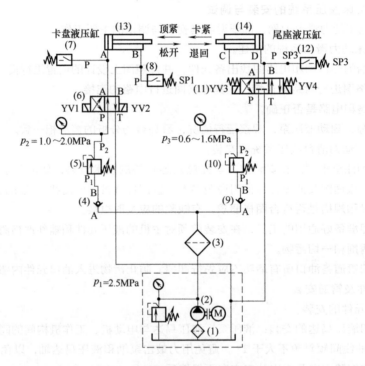

图 2-39　数控车床卡盘液压系统图

1—滤油器；2—油泵电机组；3—精密过滤器；4,9—单向阀；5,10—减压阀；6—二位四通电磁换向阀；
7,8,12—压力继电器；11—三位四通电磁换向阀；13,14—单杆活塞式液压缸

该数控车床液压系统的电磁铁的动作表，见表 2-6。

压力继电器 SP1 和 SP2 的发令压力调定为 p_2。压力继电器 SP3 的发令压力调定为 p_3。

a. 数控车床机床液压系统的组成。

• 油泵油箱装置。机床液压油箱放置在机床的左侧。箱内约盛 75L 液压油，放置了油泵电动机组，泵的出口压力为 $p_1＝2.5$MPa。

• 动力卡盘液压系统的装置。动力卡盘的夹紧、松开由一个二位四通电磁换向阀、一个单

表 2-6　电磁铁动作表

动作	YV1	YV2	YV3	YV4	SP1	SP2	SP3
卡盘外卡卡紧	+	−			+		
卡盘外卡松开	−	+				+	
卡盘内卡卡紧	−	+				+	
卡盘内卡松开	+	−			+		+
尾架顶尖顶紧			+	−			
尾架顶尖退回				+			
尾架顶尖停止			−	−			

注："+"表示电磁铁通电，压下行程开关或压力继电器；"−"表示电磁铁断电。

向阀和一个减压阀来控制；夹紧力的大小由减压阀来调节，压力 $p_2 = 0.7 \sim 2.5\mathrm{MPa}$，随着加工的需要进行调整。

为了保证工件被夹紧后，机床再开始切削加工，在进出油路上各加了压力继电器 SP1、SP2，压力继电器发出信号后，机床才能开始切削加工。

• 尾架的液压顶紧装置。尾架的顶紧和退回，是由一个三位四通电磁换向阀、一个单向阀和一个减压阀来控制的；顶紧力的大小由减压阀来调节，压力 $p_3 = 0.6 \sim 1.6\mathrm{MPa}$，随着加工的需要进行调整。

为了保证工件被顶紧后，机床再开始切削加工，在进油路上加上一个压力继电器 SP3，压力继电器发出信号后，机床才能开始切削加工。

• 液压总管路。液压管系是将油箱、液压叠加阀组及各执行机构用无缝钢管和耐油橡胶软管连接起来的总体，以实现液压能的传递，完成机床液压传动系统的功能。

b. 系统的压力调整。开动机床后，按系统压力的规定，检查各部分压力，调好后机床才能进行其他工作，压力数值由压力计读出。不用压力计时，压力计开关转到零位，以保护压力计。

② 搭建数控车床卡盘液压系统。

a. 油路各元件的安装。按照图 2-39 液压元件的位置安装各组件。注意各组件一定要安装牢固，位置安装合理，组件在安装过程中不要造成损坏。为了液压系统搭建方便，增加一个分油器。安装时要检查活塞杆是否弯曲，运动是否受到干涉。方向控制阀一般保持轴线水平安装。

b. 进、回油路的管线连接。

• 从动力系统连接 P 管线至分油器。左边三个接头为 P 管线接头，右边三个为 T 管线接头。它们各自在内部连通。

• 从分油器接油管到单向阀 4 的进油口 A，从单向阀的出油口 B 接油管至减压阀 5 的入口 P_1。从减压阀的出口 P_2 接压力表，再连接至换向阀 6 的入口 P，从换向阀 6 的 A 口接管线至三通接头入口，出口一路接压力继电器 SP2 的入口 P，另一路接液压缸的入口 A。

• 从左液压缸的出口 B 接三通接头入口，出口一路接压力继电器 SP1 的入口 P，另一路接换向阀 6 的出口 B，从换向阀 6 的 T 口接回分油器 T 口。

• 从分油器接油管至单向阀 9 的入口 A，从单向阀的出口 B 接管线至减压阀 10 的入口 P_1。从减压阀的出口 P_2 接压力表，再用管线连接至换向阀 11 的入口 P，从换向阀 11 的 A 口接管线至液压缸的入口 C。

• 从右液压缸的出口 D 接三通接头入口 D，出口一路接压力继电器 SP3 的入口 P，另一路接换向阀 11 的 B 口，从换向阀 11 的 T 口接回分油器 T 口。从分油器的 T 口接回油箱 T 口。

③ 搭建数控车床卡盘电气系统。为了便于实验模拟连接，将数控车床上的脚踏开关改为

按钮互锁开关；压力继电器控制主轴电动机旋转，改为指示灯指示。该车床液压夹紧系统电路见图2-40。

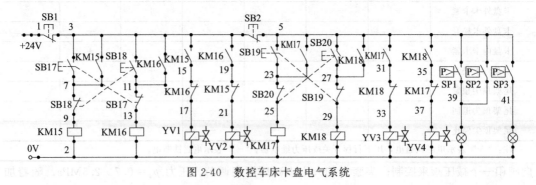

图 2-40　数控车床卡盘电气系统

数控车床卡盘电气系统搭建的具体步骤如下。

从电源24V引线到按钮开关SB1的一端，再从SB1的另一端出线分别引至下列支路：

a. 至机械按钮互锁开关SB17动合触点的一端，从另一端出线至机械按钮互锁开关SB18的动断触点的一端，从按钮开关SB18的另一端出线至KM15继电器的线圈一端，另一端引线至零线。

b. 至KM15的动合触点的一端，从另一端引线至按钮开关SB17和按钮开关SB18的公共端。

c. 至按钮互锁开关SB18的动合触点的一端，从另一端出线至按钮开关SB17的动断触点的一端，从SB17的动断另一端点出线引至KM16继电器线圈的一端，另一端引线至零线。

d. 至KM16的动合触点的一端，从另一端引线至按钮开关SB18和按钮开关SB17的公共端。

e. 至KM15的动合触点的一端，从另一端引至KM16的动断触点的一端，从KM16的动断触点的另一端引至电磁换向阀的电磁线圈YV1的一端，另一端引线至零线。

f. 至KM16的动合触点的一端，从另一端引至KM15的动断触点的一端，从KM15的动断触点的另一端引至电磁换向阀的电磁线圈YV2的一端，另一端引线至零线。

g. 从SB2的出线端，引线至压力继电器开关SP1的一端，另一端引至指示灯的一端，从指示灯另一端出线至零线。

h. 从SB2的小线端，引线至压力继电器开关SP2的一端，另一端引至指示灯和压力继电器SP1的公共端。

④ 数控车床卡盘液压系统的调试与分析。

启动电路：打开泵站主电源，按下启动按钮SB7，继电器KM15得电，KM15的动合触点闭合并自锁。使电磁换向阀的线圈YV1得电，电磁换向阀换向。

液压油油路：油箱→滤油器1→油泵电机组2→精密过滤器3→单向阀4→减压阀5→二位四通电磁换向阀6左位（P→A）→卡盘液压缸右腔。活塞杆自右向左运动，带动外卡夹紧工件。

卡盘左腔中油液→二位四通电磁换向阀6左位（B→T）→油箱。

卡盘右腔中的液压油推动液压缸自右向左运动到终点→压力达到压力继电器SP1的设定值→指示灯亮。

实现外卡夹紧，指示灯亮，在数控机床上，相当于利用外卡夹具夹紧了工件，并用压力继电器开关实现机床主轴的联锁。工件夹紧，机床主轴可以旋转进行工件加工。

停止电路：按下SB18，SB18的动断触点断开，使KM15线圈失电，电磁换向阀YV1线圈失电。同时，SB18 动合触点闭合，使 KM16 线圈得电，KM16 的动合触点闭合并自锁。电磁换向阀线圈 YV2 得电，电磁换向阀处于右位。

油路：油箱→滤油器 1→油泵电机组 2→精密过滤器 3→单向阀 4→减压阀 5→二位四通电磁换向阀 6 右位（P→B）→卡盘液压缸左腔。推动活塞杆向右运动，带动外卡松开工件。

卡盘右腔中油液→二位四通电磁换向阀 6 右位（A→T）→油箱。

有些工件只需要外卡卡盘夹紧或内卡卡盘夹紧就可以进行工件的加工，但有些工件较长、较细，除需要外卡或内卡夹紧之外，还需要尾座顶紧，才能保证工件的加工精度。这时就要再利用尾座进行顶紧。

尾座的顶紧过程与外卡夹紧的过程基本相似。

2.2.5　船闸液压系统的安装与调试

（1）水利枢纽永久船闸上下闸首液压启闭机的安装

① 启闭机液压系统的工作原理。某水利枢组船闸工程为双线平行 3000t 级船闸，其中 1 号船闸为 2000t 级，2 号船闸为 1000t 级，两船闸中间为冲砂闸。1、2 号船闸上下闸分别布置有人字门、输水廊道工作阀门，其中人字门采用卧缸液压直推式启闭机开启、关闭，输水廊道工作阀门采用竖缸液压直推式启闭机开启、关闭。人字门液压启闭机由摆动机架、预埋基础梁、油缸总成、液压泵站、液压管道系统、行程指示及检测装置、开关门限位装置等组成；输水廊道工作阀门液压启闭机由机架总成、油缸总成、拉杆系统、液压管道系统、行程指示及检测装置、开关门限位装置等组成。输水廊道工作阀门液压启闭机共享人字门液压启闭机液压泵站及电气现地控制系统。

启闭机液压系统由油箱、2 台比例变量油泵电机组、1 台手动泵、系统控制阀块、人字门控制阀块、输水廊道阀门控制阀块、人字门安全锁定阀块等组成。同时，液压系统设有监视、测量、控制和保护装置，而所有控制、检测、监视和保护信号送到 PLC，可通过远程接口送到集中控制单元。既可在现地进行手动和自动控制，也可在中控室进行集中控制。1、2 号船闸上下闸首人字门控制系统采用比例变量泵技术，该技术可使闸门在开启、关闭运行中按照慢—快—慢的变速方式运行，确保闸门在运行过程中动作平稳、冲击小；而两侧人字门运行协调同步，达到系统动作的各项要求，提高了系统的有效性和控制的灵活性。人字门在有杆腔和无杆腔处设有安全锁定阀块，其由球阀、溢流阀、单向阀和平衡阀组成，以实现安全锁定和超压保护作用，还能防止液压缸在异常负载情况下失控。输水廊道阀门开启通过 PLC 控制比例变量泵，实现阀门变速运行，避免对系统和阀门造成冲击。阀门自重关闭是通过油缸有杆腔液压油在阀门重力作用下，经单向调速阀和二通插装阀使阀门关闭到位。阀门强压关闭是靠自重关闭功能和采用比例变量泵实行加压，实现闸门运行平衡、安全可靠和操作灵活。

② 液压启闭机安装工艺流程。液压启闭机安装工艺流程，如图 2-41 所示。

③ 液压启闭机系统二期埋件及机架安装。液压启闭机的基础埋件、机架的基准点与闸门安装使用的基准点相统一，根据基准点测放出安装控制点、线。启闭机十字中心线与旋转中心线距离控制在 2mm 以内。

液压启闭机二期埋件主要是油缸、液压泵站设备、油箱、电力拖动及控制设备基础埋件。首先检查基础埋件的外形尺寸及地脚螺栓，并进行组装。在安装位置现场，火焰修割预留槽内一期钢筋，使预留位置达到测量放样高程。制作基础托架，将门机基础埋件吊入预留槽内后用楔子板、千斤顶调整其高程、水平及中心，符合规范要求后浇二期混凝土。基础埋件与机架通过螺栓连接，机架吊入前应反复测高程、水平、中心。检查机架外形尺寸及安装面清理，清理基础件与机架组合面，根据闸门拉门耳板中心高程复测机架高程及中心位置。组装组合螺栓，将机架吊入，用调整楔子板调整机架高程、水平及中心位置，高程偏差不大于 5mm，安装平

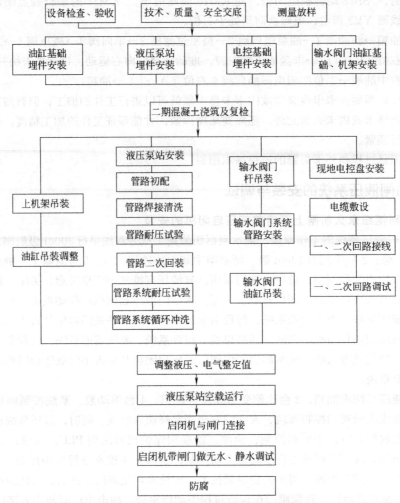

图 2-41　液压启闭机系统安装工艺流程图

面各测量点高程相互偏差不大于 0.3mm，左右两侧安装高程偏差不大于 1mm，基础埋件与机架配合平面间隙小于 0.2mm。

④ 油缸的安装。设备到货后检查启闭机油缸组件，如缸旁安全锁定阀块、管路附件及电气元件；检查吊头上自润湿关节轴承、透盖、调整环和油封，并对关节轴承涂专用润滑脂；检查活塞杆有无变形，油缸内壁有无碰伤和拉毛等现象，活塞杆在竖直状态下其垂直度不应大于 0.05%，全长不超过杆长的 1/4000；用内径千分尺检查机架轴承安装孔尺寸及摆动机架上轴的外径，测量两轴子间距并在轴承表面涂锂基润滑油脂。复核机架轴承座中心高程，控制人字门液压启闭机油缸安装后中心线与人字门拉门耳板中心安装高程偏差不大于 5min，油缸总成纵横中心线偏差不大于 3mm，方可吊装油缸。吊装油缸前，应将活塞杆与缸体加以固定，防止活塞杆外伸；吊装捆托油缸时加护垫层以防损伤油缸外表；之后找准油缸重心，用门机将油缸缓慢吊入机架上，再进行部件装配；待启闭机空载试运行合格后方可进行油缸活塞杆与工作闸门的连接。输水阀门油缸吊装前先安装吊杆系统，逐级吊装吊杆。油缸吊装前，应水平放置，充满液压油，液压油清洁度应符合 NAS 1638 中 8 级（ISO 4406 17/14 级）标准。

⑤ 液压系统管路安装。液压系统管路由不锈钢管、高压软管、三通、法兰及管路附件组成。管路按初次配管、耐压试验、管道酸洗、二次回装的顺序进行。吊装液压站设备座先调整阀台、油箱及泵组中心水平高程，检查阀台、油箱、泵组基础与基座埋件焊接是否牢固，管路

配制前要对液压站设备进行全面检查，符合设备出厂清洁度要求后方可进行管路系统配制。管路安装程序如下。

a. 油管支座安装。按一期埋件基础位置安装焊接管基座，按管路水平度、垂直度要求检查调整油管支座，保证装入管夹后不影响设备运行及管沟外形尺寸。

b. 油管初次安装。检查到货油管的平面及三维弯制角度、管直线度、油管内壁光洁度，应无锈蚀、无氧化皮，外壁不得有影响强度的缺陷。油管初装前按实际长度采用砂轮锯切割，加工焊接坡口，清除毛刺。对焊接的坡口，应成对开 V 形 30° 的坡口。管端切口平面与管子轴线垂直度误差应不大于管子外径的 0.1%，弯管的椭圆度应小于 8%，对不锈钢管只能采取冷弯。将初次配管成型的油管装入管夹，安装法兰、三通，检查一次配管后油管的水平、高程及竖管垂直度，用不锈钢焊条点焊牢固，然后拆装进行管道焊接。

c. 管路焊接。管路焊接要求合格焊工持证上岗。所有对接弯管及法兰焊缝均为 I 类焊缝，采用氩弧焊并进行射线探伤。施焊前应对坡口及 20mm 范围的内外管壁进行处理，清除毛刺、油、水等；焊后管件对接内壁错边不大于 0.8mm；点焊工艺与正式焊接一样；焊接完成后进行焊渣清除处理，并打上合格焊工代号和清除管路的氧化皮和焊渣，继而进行探伤检查。管路耐压试验是检查管件焊接质量、管件强度及其密封性的，试验压力为工作压力的 1.5倍，试验时间为 15min。

d. 管路酸洗。装配完成的油管应拆下，用浓度为 10% 的硫酸或盐酸溶液进行酸洗，清洗时用专用的酸洗泵进行清洗；之后用 10% 的苏打水充分中和清水冲洗并晾干，再用铁丝捆绑干净的白绸布拖拉，直至水迹干净、绸布无污渍，再用气体吹干后方可安装。

e. 管路系统二次回装。回装时防止管路二次污染，管路连接时不得用强力对正或加热。管子与管接头、法兰之间对接焊缝接点处的同轴度误差应小于管子壁厚的 1/10，管路安装的高程偏差不大于 ±10mm，同一平面上排管间距和高程差不大于 ±3mm。

f. 液压系统的循环冲洗及油液清洁度检查。液压系统的安装重点为管路系统循环冲洗及液压油清洁度检查。循环冲洗前，应将管路与阀组、液压缸分隔开，用高压软管连接，并接入管道冲洗装置形成回路。管道系统的循环冲洗设备采用供货厂家提供的清洗过滤装置，该装置设有全封闭式二级过滤器和 2 台流量循环泵。冲洗油应与工作介质相容，冲洗前应对冲洗油进行过滤，过滤精度不低于 10μm；循环冲洗过程中冲洗油应呈紊流状态，并将油液加热到合适的温度，冲洗时间不低于 48h；冲洗后在冲洗设备的回油过滤器前取样，检测油液清洁度，其等级不低于 NAS 1638 中 8 级（ISO 4406 17/14 级）标准为合格。

g. 系统连接及联门。液压启闭机手动调试后，应空载动作数次，排出缸内气体，方可与门体连接。联门前，检查确认门体在全关位置，将拉门耳板轴孔和油缸吊头轴孔清洗干净，然后启动电机-泵组，将吊头缓慢推出，进行精确对位，使吊头与拉门耳轴对准，并注意调整自润滑关节轴承水平度，然后利用龙门架以及千斤顶将吊头加压与拉门耳轴连接，再将端板与拉门耳轴用螺栓连接，最后安装轴承盖。

⑥ 液压系统耐压试验与调试。液压系统设备安装完成后，须通过机、电、液调试试验，对工作阀门工作原理和保护功能进行检验，对实际工况进行检测。步骤如下。

a. 首先进行泵组运行。全开油泵进口阀门，调整油泵溢流阀使其处于全开位置，点动油泵电机，确认其转向正确；启动油泵空载运行 30min，检查泵源系统的压力、噪声是否符合要求，检查有无渗漏现象。

b. 调整溢流阀，使油泵的工作压力在 25%、50%、75% 和 100% 工况下分别连续运行15min，油泵运行应正常。

c. 液压系统耐压试验。液压系统耐压试验前排空系统内空气，切除油缸、压力继电器、压力传感器。试验压力按闸门启闭机有杆腔、无杆腔系统额定压力值的 1.5 倍进行耐压试验。

首先关闭手动高压球阀（将油管与油缸分离开）和油管上的旁通阀，启动电机-泵组对液压系统耐压，耐压时采取 25%、50%、75%、100%、125%逐级加压且保压 2~3min，对管路、系统进行检查，达到最大耐压值后保压 10min，之后降至工作压力，对系统进行全面检查，应无异常。

d. 活塞吊头与闸门连接后，闸门不承受水压力时，进行闸门启门和闭门工况全行程往复动作 3 次，整定和调整好高度显示仪、限位开关和电子元件的数据和动作位置，检测电动机的电流、电压、油压数据及闸门开启、关闭时间。

e. 在动水情况下进行闸门和液压启闭机的功能性试验和检查。上下闸首左右闸门同时启闭，闸门开度显示应准确；2 台人字门启闭机经电气位置同步控制后，同步运行误差不大于设定值 25mm；在人字门关闭至终点位置前设同步等待位，等待位误差不大于 10mm，若同步等待位误差值大于 10mm，则启闭机应作同步等待调整至满足要求为止；待 2 扇人字门均到位后继续运行，2 台启闭机保证 2 扇人字门接近在关闭至终点位置时顺利进入人字门导卡，并准确地在关闭至终点位置时停止并显示，此时 2 扇人字门斜接柱间留有 20mm 间隙。然后，在泄水过程中形成的水头差作用下合龙。

⑦ 液压启闭机安装质量控制点。液压启闭机安装质量控制点见表 2-7。

表 2-7　液压启闭机安装质量控制点

项目	主要控制点	控制内容
泵站设备安装	油液清洁度、油泵空载运转	油泵、各液压控制元件安装符合质量要求
管道配制	管道安装尺寸，管道焊接	焊缝不得有气孔、夹渣、裂纹或未焊透
油管打压试验	试验用油、试验压力	管道焊缝和接口无泄漏，且无永久变形
管道循环冲洗	冲洗后系统清洁度	管道出口处油液清洁度符合要求
调试及试运行	油泵空载运转、油泵负载运转、各种控制阀调定、传感器及高度指示器调定、系统漏油检测试验	系统各部分无异常现象且无泄漏；整定值符合要求；油缸启动和停位准确、平衡，系统无泄漏；各检测元件信号灵敏、准确
液压油	过滤合格	液压油化验后达到设计清洁度

(2) 快速闸门液压启闭机的安装

① 快速闸门液压启闭机液压系统的组成。某水利枢纽工程中的工作闸门全部采用液压启闭机进行启闭操作，共有各类闸门 282 扇，启闭机 135 台套，其中 114 台为大容量液压启闭机。

进水口快速闸门在水轮发电机组运行时，全开过水，启闭机油缸处于上极限工作位。当水轮发电机组发生飞逸事故或引水管发生故障时，闸门快速关闭。

快速闸门液压启闭机由油缸总成、机架、带锥面的底座、开度检测和指示装置、行程限位装置、液压泵站和缸旁阀组、液压管道系统、二期埋件及电气控制系统等组成。水利枢纽工程左岸进水口快速闸门液压启闭机为单吊点形式，共 14 台，各操作 1 扇快速门，分别由 14 套液压泵站以"一泵一机"方式进行传动控制。启闭机油缸采用竖式安装，通过吊杆操作快速门。油缸尾部球面支承在带锥面的底座和机架上，使油缸可自由摆动，适应启闭机的运行要求。缸旁阀组用于油缸启闭功能的控制及闸门全开位安全锁定。闸门开度检测装置综合检测精度不低于 10mm。

每套液压泵站设有 2 台手动变量油泵-电动机组，同时工作，互为备用；1 套电气控制系统，以 PLC 为主机，与发电厂中央控制室计算机监控系统联网，实现快速门液压启闭机的集中自动控制。在现地控制柜上也可进行手动按钮控制。

液压启闭机的主要技术性能见表 2-8。

表 2-8　液压启闭机的主要技术性能表

参数	数值	参数	数值
额定启门力/kN	4000	油罐内径/mm	710
额定持住力/kN	8000	启闭机自身质量/t	70.3
工作行程/mm	14500	安装高程/m	178
最大行程/mm	15000		

② 液压启闭机安装施工流程。

a. 安装前的准备工作。

• 安装前应熟悉液态启闭机有关图纸、资料和各项技术要求。

• 设备安装的小部件较多，必须清点清楚，并检查液压元器件，不得出现变形、擦伤、摔伤、划痕、锈蚀等现象。

• 校验压力继电器和压力表等检测元件。

• 清理安装部位。

b. 泵站总成安装。液压泵站由 2 台手动变量柱塞泵、电机、油箱、阀架以及泵站内油箱管路等组成。安装过程大致分为 5 步：

• 安装前检查油口是否清洁、各电磁阀动作是否正确可靠；

• 油箱加入清洗油前，仔细检查油箱内部是否清洁，不清洁时应清洗；

• 加入清洁油时进行过滤，过滤精度不低于 $10\mu m$；

• 泵站循环冲洗，时间不少于 2h；

• 循环冲洗后，排空油箱中清洗油并将油箱洗刷干净。

液压泵、电机、油箱、阀架及泵站内油箱管路等设备均在泵房封顶前进行吊装，设备就位后，按设计图纸进行调节、定位，再按要求连接站内管路。在安装泵站机座时，要注意其高程与水平，并调整电机与油泵间的联轴器。泵站总成安装后应进行耐压试验，试验压力为 31.5MPa。

c. 油缸总成安装。安装前应对油缸仔细检查，主要包括：检查油缸总成的出厂合格证及装箱清单；检查油缸内部是否清洁，否则应对油缸内部进行清洗；将活塞杆与承重螺母预装配，检查是否发卡；检查缸体、活塞杆、吊头等重要部件上的螺纹有无断扣、毛刺、裂纹及凹陷等缺陷；检查各相对运动部件间有无相互干涉；机架不允许有撞痕、变形、板面凹凸不平及裂纹；检查机械锁紧装置是否旋紧。经检查确认合格后才可进行油缸总成的吊装。

油缸运输采用 40t 平板拖车，用高程 120m 栈桥上的高架门机与坝顶门机配合吊装就位。为防止吊装过程中油缸活塞杆外伸，油缸吊装前用钢丝绳将活塞杆吊头通过专用工具与油缸体连接，锁定活塞杆；捆扎时油缸外要加防护垫层。安装后需与土建密切配合，做好油缸等永久设备的现场保护工作。

d. 液压管路安装。液压管路的安装步骤：管路的加工→初装→焊接→酸洗→防锈→冲洗和试压。

• 管路加工。所有管路的切割与弯制均应采用机械方法加工，按总布置图中的序号编制管号；为保证管端面切割表面的平整度，应采用自动切割机进行切割。

• 管路的初装。应先将管路全部拼装完毕，再点焊整段管路，以保证管路的安装质量，避免出错。全部管道应在工地进行排管安装，对符合要求的管道进行严格的管口封堵，防止污染。

• 管路的焊接。焊接采用钨极氩弧焊，所有对接及法兰焊缝均为Ⅰ级焊缝。施焊前应对坡口及其附近 20mm 范围内的内外管壁进行处理，清除油、水、漆及毛刺等，焊后应把焊缝表面及油管内壁清理干净。

• 酸洗及防锈。用浓度为 20％ 的硫酸溶液进行酸洗，酸洗后用 3％~5％ 的碳酸钠水溶液进行中和，并进行防锈处理（即将管道内壁均匀地涂满汽轮机油）。

• 管路的循环冲洗。按规范规定和制造厂的安装说明对管路循环冲洗。冲洗前应对冲洗油液的清洁度和水分质量进行检测，冲洗时要不断地变换冲洗方向。整个冲洗过程应持续 72h，冲洗后油液清洁度应达到 NAS 8 级。冲洗完毕要立即封堵管口，防止二次污染。

• 管路耐压试验。管路初安装点焊后拆散、焊接、清洗后重新安装。安装后采用打压泵用高压软管与管道连接进行试压，试验压力为 31.5MPa，保压 15min，直至所有连接处无渗油现象方可卸压。

e. 系统连接。泵站总成、油缸总成以及管路的安装、清洗和试验完成后，按施工设计图纸要求将其连接成系统。

f. 试运转。油泵第一次启动时，将油泵溢流阀全部打开，连续空转 30~40min，油泵不应出现异常现象。油泵空转正常后，使管路系统充油，充油时应排掉空气。管路充满油时，调整油泵溢流阀，使油泵在其工作压力的 25％、50％、75％ 和 100％ 的情况下分别连续试运转 15min，应无振动、杂音和升温过高等现象。

g. 启闭机试验。启闭机安装后，需做试验。试验顺序如下：系统耐压试验→系统调试→启闭机空负荷全行程运行试验→无水条件下慢速闭门及闸门提升试验→无水条件下快速闭门及闸门提升试验→有水条件下快速闭门及闸门提升试验。

(3) 排漂孔弧形闸门液压启闭机的安装与调试

① 排漂孔弧形闸门液压启闭机液压系统工作原理及组成。某水利枢纽三期工程排漂孔主要承担右厂和地下厂房的排漂任务，上游设计水位 135~150m。排漂孔孔口处设有 1 扇排漂孔弧形工作闸门，按 175m 水位设计，为启闭弧形工作闸门。在高程 161.9m 机房内布置一台 3000kN 液压启闭机。

a. 排漂孔弧形闸门。排漂孔弧形闸门孔口尺寸为 7.0m×12.676m，闸门尺寸为：宽 7.0m×长 13.960m×厚 1.7473m，弧面半径 R20m。底坎高程 129.83m，弧形支铰中心高程 139.40m。排漂孔弧形闸门为主横梁式直支臂弧形闸门，单吊点动水启闭。支铰为圆柱铰。闸门门体为焊接结构，门叶分为 5 个制造运输单元，在现场拼装成整体，节间采用焊接连接；支臂分为上、下支臂及纵横支杆等制造运输单元。在门叶和节间采用螺栓、焊接形式连接。闸门顶止水为圆头 P 型橡塑水封，侧止水为方头 P 型橡塑水封，底止水为刀型水封。排漂孔弧形闸门由门叶、支臂、支铰、止水装置及侧轮等组成。

b. 排漂孔弧形闸门液压启闭机。排漂孔弧形闸门液压启闭机布置在高程 161.90m 的机房内。启闭机总体布置形式为单吊点，中部摆动机架支承。

弧形闸门液压启闭机采用"一机一泵"的控制传动方式。油缸总成和油压泵站可由现地电气控制操作，也可由集控操作。启闭机通过油缸活塞杆直接与闸门吊耳连接。液压启闭机的操作控制分检修、自动、集控三种方式。液压启闭机由油缸、机架、液压系统和电控设备组成。

弧形闸门液压启闭机重 38.74t，启门力 3000kN，油缸工作行程为 12400mm，最大行程 13100mm，系统最高额定压力 31.5MPa，系统额定工作压力为 18MPa；启门最大速度为 0.8m/min，闭门最大速度为 0.5m/min，操作条件为动水启闭。

② 排漂孔弧形闸门液压启闭机的安装。液压启闭机安装包括二期埋件安装、液压总成安装、泵站总成安装、液压管路安装、电气系统安装以及机、电、液联合调试等。

a. 二期埋件的安装。液压启闭机二期埋件包括油缸机架、主油箱和油泵-电机组的埋件。其安装工序如下：测量放点→埋件吊装→埋件调整、检测→螺栓与一期插筋连接或焊接→加固、测量→二期混凝土回填→复测。

下轴承座总成及摆动机架组装成整体后，吊装到固定机架上进行调整。满足后用螺栓将下轴承座总成的底座与固定机架连接起来。

b. 油缸总成的安装。油缸总成安装包括油缸、缸旁阀组、行程限位装置、阀体仪表和其他附件安装。油缸自重 23.9t，油缸采用 MQ2000 门机吊装。在油缸穿过摆动机架时，使其在机架内缓缓下落，油缸就位前，将油缸上的中间铰轴对准摆动机架上的轴承底座。油缸吊装就位调整满足要求后，先进行摆动机架上的轴承座盖的安装。再进行缸旁阀组、行程限位装置、充液阀等其他附件的安装。缸旁阀组与缸旁阀组支架间利用螺栓连接，缸旁阀组支架与油缸缸体间采用焊接连接；行程限位装置、钢丝绳固定架等利用门机将其吊装到摆动机架上的安装部位，再把行程限位装置和钢丝绳固定架安装到油缸吊头上。

c. 泵站总成的安装。液压启闭机泵站总成包括主油箱和高位油箱及其附件、两台互为备用的手动变量柱塞泵-电机组、一台向高位油箱补油的叶片泵-电机组、泵站阀组和泵站内管路等。泵站总成安装完成后进行泵站冲液和耐压试验。

柱塞泵-电机组和主油箱的连接：先把两球阀及补偿接管连接起来，再进行直管与补偿的法兰、带弯头的管与球阀的连接。连接后，将其用法兰分别连接到柱塞泵-电机组和主油箱上。安装时保持法兰面和管口的清洁，装好 O 形密封圈。

油箱及电泵-电机组系统连接完成后，进行泵站总成的耐压试验，试验压力为 31.5MPa。耐压试验前，确认各电磁阀动作正确、可靠；油箱的各油口封堵完成且密实；控制柜内的控制电源接通；开启电机，将压力阀的压力调到 31.5MPa。检查电-泵和油箱系统的连接部位有无泄漏、渗漏等异常现象。准备工作完成后，往油箱注入符合清洁度要求的液压油。加油时用过滤精度为 10μm 的精细过滤小车通过油箱滤油器加清洁油。泵站总成做耐压试验时，油箱里加入的油液在系统正常工作油液最低位和最高位之间。

d. 液压管路的安装。管路安装顺序如下：

管路外观检查→管路的加工、组装→管路拆除→管路焊接→焊缝检查及耐压试验酸洗、中和、清洗、吹干、封堵及涂装→管路厂内拼装→油冲洗→油压压力试验→管路拆除→安装现场管路与系统的连接。

液压启闭机主机和液压启闭机泵站安装合格后，进行管夹垫、管路、法兰、高压球阀的组装。管路组装时按照现场实际装配尺寸进行机械切割。管端切口平面与管轴线垂直度误差不大于外径的 1%，液压管路切割完成后及时清理管口的毛刺、切屑等，管路弯制后的外径椭圆度相对误差不大于 8%。管端中心的偏差量与弯曲长度之比不大于 1.5mm/m。

液压管路连接时不强行对正。回路中所有管件安装的高差极限偏差不大于 ±10mm；同一平面上排管间距及高程偏差不大于 ±5mm；管件对接内壁错边量不大于 0.8mm；管路安装间歇期，对各管口进行封堵保护。

液压管路与法兰连接焊缝为 I 类缝。焊缝采用氩弧焊焊接，焊后及时进行打压试验。

液压管路焊接完成后，进行酸洗、中和、清洗和涂油。将已过滤且清洁度和水分满足要求的冲洗油加入到冲洗装置的油箱后，开始循环冲洗。冲洗过程中可通过改变液流方向或对焊接处轻轻敲打的方法加强冲洗效果。

管路冲洗时间以现场循环油液清洁度为准，直到抽取的油样清洁度不低于 NAS 8 级，并做好记录。冲洗合格后，拆除连接管路并立即封堵管口，防止管路重新被污染。将冲洗合格且通过压力试验的液压管路运至安装现场，按照预装配时的编号进行管路与管路、管路与已安装的系统的连接，安装时保持法兰面及 O 形槽的清洁度，并安装 O 形密封圈及节流孔板。液压系统管路连接安装完成后，对管路系统进行压力试验，试验压力为 27MPa，试验过程中，管路系统无泄漏、渗漏及变形等异常现象。

e. 电气系统的安装。每台启闭机泵房现地站的电气系统由 3 个柜体组成，包括 2 个动力柜、1 个控制柜，并柜安装。一次动力电缆从柜底垂直进入，并在柜体外进行固定，每相

$185mm^2$ 线接入大电流端子底部进线孔；柜底进出电缆从相应的橡胶套管中穿入，并在柜内固定。

f. 机、电、液空载联合调试。按照厂家编制的液压启闭机系统调试大纲进行机、电、液联合调试，以验证系统的保护功能、启闭机动作、操作方式等是否正确可靠。

系统调试前检查电气部件、液压系统及泵站、机电液接口等是否符合质量要求，并做好记录。用过滤精度为 $10\mu m$ 的精细过滤小车通过油箱空滤油器加入清洁度为 NAS 8 级的美孚 N46 号无灰抗磨液压油到油箱。将泵壳充满油液后启动电机，泵站在空转时无异响、升压平稳、达到系统压力后，在系统压力下运行平稳，无振动、杂音和升温过高等现象。

③ 排漂孔弧形闸门与液压启闭机的无水联合调试。液压启闭机空载调试试验合格后，清除门叶上和门槽内所有杂物并检查吊杆连接情况是否可靠，保证闸门和拉杆不受卡阻，升降自如，确保机架固定牢靠，地脚螺栓螺母无松动，启闭机室内调试所用试验仪器、仪表、备品备件及工具齐全到位；启闭机室各调试部位的通信联系正常，各个工作部位照明充足、通风良好，具备工作条件并全面检查无误后，进行启闭试验。

按照调试大纲要求进行启闭机与闸门连接运行试验，试验过程中启闭机各受力部件一切正常。油缸、活塞杆、摆动机架的各受力螺杆无异常变形、振动和噪声；油缸启动、停位准确、平稳；油管、泵站均无泄漏，各检测元件信号灵敏、准确。缓冲装置减速情况良好，闸门无卡阻，止水橡胶无损伤。同时记录闸门全开时间和油压值。

上述调试过程中，弧门开度仪和位置检测装置限位点的设置是液压启闭机安装调试的主要任务。设置弧门开度和弧门运行的各个限位点是现场安装中保证液压启闭机实现自动控制的重点，闭门运行能否准确到达关门终点是弧门安全运行的弱点，也是调试的关键点，超过限定位置可能造成液压杆失稳，弧门不到位置停机又可能导致密封不到位而漏水。

2.2.6 物料搬运机械液压系统的安装与调试

(1) 轮胎式提梁机液压系统现场调试

① 轮胎式提梁机液压系统简介。轮胎式提梁机是一种专门用于高铁线路预制梁厂梁体的调运、移位、存放的设备，采用轮胎走行方式，机动灵活。轮胎式提梁机是由液压卷扬系统、液压驱动系统、液压悬挂系统、液压转向系统、冷却系统、液压支腿系统等子系统组成的。提梁机的液压系统的驱动系统是闭式回路系统，其他的为开式回路系统，采用恒功率负荷传感+电液比例控制。在开式回路中，提梁机的转向系统用比例多路阀控制，可以实现高精度的同步转向；液压系统也是采用比例多路阀控制，并且安装了防爆阀，从而保证液压系统能够安全可靠地工作。

② 轮胎式提梁机液压系统的调试。对轮胎式提梁机进行调试的过程中，发现液压系统出现的一些故障，对此进行分析，并提出故障排除方案。

a. 液压卷扬系统纵移油缸不同步故障的调试。液压卷扬系统的纵移油缸的同步是通过分流集流阀来实现的，如图 2-42 (a) 所示。理论上，分流阀可以把 2 条并联支路的流量调节得完全相等。但实际上，分流集流阀存在分流精度。分流精度表示为

$$\varepsilon = \frac{2\times(Q_1-Q_2)}{Q_0}$$

式中，Q_1 和 Q_2 分别为分流前后的流量，Q_0 为分流集流阀的进口流量。

分流集流阀的分流精度和分流集流阀的进口流量和油液压差有关系；同时分流集流阀的阀芯与阀套间的摩擦力不完全相等而产生的分流误差，也会影响分流精度。分流集流阀的 Q_0 越小，分流精度就越低。

提梁机的纵移油缸运动时，分流集流阀的 Q_0 比较小，造成分流精度比较低，也就是左、

右 2 个油缸的流量差 $\Delta Q = Q_1 - Q_2$ 很大；同时分流集流阀直接和油缸的小腔相连。油缸的工作面积 A 很小，根据油缸的运动速度 $v = Q/A$，所以造成 2 个纵移油缸的速度差很大，产生不同步现象。

解决方法是将分流集流阀直接和油缸大腔相连，因为油缸的大腔工作面积比小腔的工作面积大 1 倍，这样当左、右 2 个油缸的流量差 ΔQ 不变时，因为油缸的工作面积变大，所以 2 个纵移油缸的速度差就会很小。通过现场调试，将分流集流阀直接和油缸大腔相连会得到很好的同步效果，故障排除之后的液压原理图，如图 2-42（b）所示。

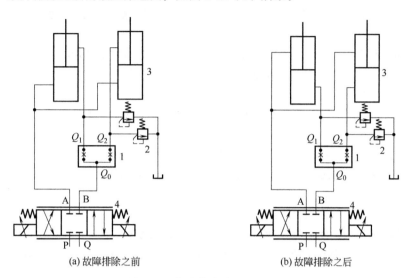

图 2-42 故障排除前后的原理图
1—分流集流阀；2—溢流阀；3—纵移油缸；4—比例换向阀

b. 液压卷扬制动系统的调试。为了保证液压卷扬系统安全可靠地工作，提梁机设计了一套可靠的卷扬制动系统。卷扬制动系统是由减速器制动器和钳盘制动器组成；同时，为了防止吊具快速下降，提梁机在液压下降的液压油路里装有平衡阀。只有减速器制动器、钳盘制动器和平衡阀都打开之后，卷扬吊具才能正常工作。根据现场调试，可能出现下面的问题：

• 系统提供给减速器制动的液压油压力不够，钳盘制动不能打开；
• 系统提供给钳盘制动的液压油压力不够，钳盘制动不能打开；
• 由于液压系统存在杂质，将平衡阀堵死，平衡阀不能正常工作。

这些问题的解决方法是：

• 提高减速器制动和钳盘制动的油压，使减速器制动和钳盘制动能够完全打开。系统可以通过调节溢流阀的压力，使得钳盘制动的油压达到 12MPa；同时，系统可以从冷却系统提供油压，使减速器制动的压力达到 3MPa，这样钳盘制动和减速器制动就可以正常工作。

• 清洗平衡阀，去除杂质。

c. 液压驱动系统出现个别轮胎反转故障的调试。提梁机是通过双向变量液压马达提供转矩，使轮胎转动。当提梁机前行的时候，所有轮胎应该朝一个方向旋转，但在调试现场个别轮胎出现反转。轮胎出现反转，说明马达旋转的方向发生错误，经过分析可能是出现以下问题：

• 液压管路连接错误。双向变量马达有 A、B 两个油口，当马达旋转的时候，这 2 个油口其中一个进油，另外一个出油。如果有一个液压马达 A 口和 B 口互换，那么这个液压马达与其他液压马达旋转方向不一致，从而使轮胎的旋转方向发生错误。

• 系统提供的驱动制动压力不足，使驱动的减速器制动没有打开。如果液压马达减速器制动没有完全打开，那么这个马达所提供的驱动力就会和制动油缸的摩擦力平衡，因为驱动系统中每 4 个液压马达是并联进油和回油的，所以很可能其中的一个液压马达回油背压偏大，这个回油背压就会反方向推动减速器制动没有打开的马达转动。

该问题的解决方法：

· 按照液压设计图纸，重新连接液压马达的管路；

· 提高驱动减速器制动的油压，使减速器制动能够完全打开；

· 重新选择减速器制动的压力源，使减速器制动的压力达到 3MPa，保证减速器制动能够正常地工作。

d. 液压悬挂自动缓慢下降故障的调试。该故障现象说明悬挂油缸自动伸出，很可能出现以下问题：

· 悬挂油缸发生内部泄漏，悬挂油缸的 2 个油腔之间的密封圈被杂质磨损；

· 液控单向阀被杂质卡住，使得液控单向阀保持打开的状态。

该问题的解决方法：

· 将悬挂油缸拆卸下来，更换油缸的密封圈，同时清洗油缸，去除杂质，保证油路清洁，防止密封圈再次损坏；

· 拆卸液控单向阀并清洗，保证液控单向阀正常工作。

e. 液压悬挂油缸调试过程中出现不动作故障的调试。液压悬挂系统的悬挂油缸不动作，可能是下面的问题引起的：

· 主阀不工作或者二通限速阀出现问题；

· 系统的流量过大，使得悬挂油缸在下降的时候，防爆阀关闭；

· 因为防爆阀有一个流量值，如果系统流量超过这个流量值，防爆阀会认为管路发生破裂，从而将防爆阀关闭。

该问题的解决方法：

· 检查主阀和二通限速阀是否被杂质卡住，并且清洗管路主阀和二通限速阀；

· 调节防爆阀关闭的流量值，使其能够保证防爆阀不关闭，但是，防爆阀不起作用；

· 同时，也可以调节二通限速阀，使系统的流量不会将防爆阀关闭。

（2）高空作业车液压系统的调试

① 高空作业车的结构特点。高空作业车主要由下车系统、转台回转系统、臂架系统、工作平台调平系统、电气与液压系统、操作装置以及安全装置等构成。自行式曲臂型高空作业车结构，如图 2-43 所示。

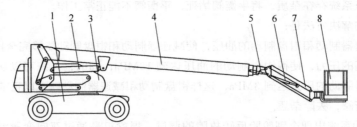

图 2-43 高空作业车结构示意图

1—下车；2—变幅缸；3—转台；4—臂架；5—平衡缸；6—小臂升降缸；7—小臂；8—工作平台

② 高空作业车调试的故障分析。在调试过程中，出现的故障基本上都为无动作。其产生原因比较复杂，除了可能是工作介质被污染，还可能是压力阀组的内泄、相关电控的失误或者机械故障。其表现出来就是系统无压力、执行元件无动作或动作迟缓等。

③ 高空作业车驱动液压系统故障调试。

a. 高空作业车驱动液压系统简介。驱动液压系统原理，如图 2-44 所示。由于正、反方向行走及制动等要求，液压传动装置的泵、马达采用闭式回路方式。该闭式液压系统是由液压泵和液压马达组成的容积调速系统，通过调节液压泵控制正反方向行走，通过调节液压马达的排量来调节马达的转速，进而控制高空作业车的行走速度。

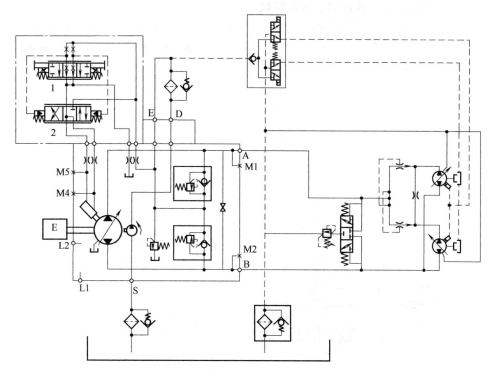

图 2-44　高空作业车驱动液压系统原理

b. 行走方向故障。

故障表现：当分别给出正反行走的信号时，出现只能往一个方向行走的现象。

故障原因：高空车的正反行走是由改变泵的正负排量来实现的。如图 2-44 所示，图中阀 1 是手动换向阀，阀 2 是电磁换向阀。当换向阀工作时，泵的排量处于两个状态，分别是最大正排量和最大负排量，即相当于泵的两口互换。根据原理分析，问题就出在闭式泵身上，所以进行了如下的试验：手动控制泵的排量时，该车可以实现正反行走，但是用电信号控制时就只能前行，由此可知电控信号有故障。

故障排除：拆下控制泵排量的控制线，依照电信号原理图对控制线的线号一一检查，发现其中一个电磁铁的正负极反接，导致两个电磁铁的推力方向一样，不论哪个电磁铁得电，电磁换向阀只能往一个方向换位，所以泵只能在一种排量状态下工作。将接错的控制线正负极调换，重新装好进行试验，正反行走故障排除。

c. 行走距离过短故障。

故障现象：行走距离过短。在行走之前补油泵压力为 2.5MPa，但是开始行走后补油压力就降为 1MPa 左右。高空车缓慢停止行走。

故障原因：主要为泄漏。油的泄漏共有三处：泵、冲洗阀、马达。其中泵开机就会一直动作，而冲洗阀和马达是行走时才工作。在行走之前补油泵压力可以达到 2.5MPa，说明泵没有问题。把冲洗阀的冲洗压力调大，结果一样没变化，由此可排除冲洗阀故障。接下来检查液压马达，推测可能是某个马达内泄过大导致补油压力上不去。于是将驻车制动油路到其中一个马达的接头堵塞，结果行驶正常，补油压力可以保持在 2.1MPa 左右，由此可判断是由马达内泄过大导致的。

故障排除：将旧的马达拆下，严格按照马达使用手册安装新马达，并重新测试。补油泵处压力表显示正常，马达高低速都可以行走。该故障的原因是在安装马达时，没有往马达内注油，从而导致马达在使用期内磨损严重，导致泄漏过大。

(3) 汽车起重机液压系统的安装与调试

① 汽车起重机及其液压系统简介。汽车起重机是一种便捷的起重设备，具有机动灵活的特点，生产建设中经常用到。如图 2-45（a）所示是汽车起重机的外形结构，它主要由汽车、转台、支腿、吊臂变幅液压缸、基本臂、吊臂伸缩液压缸、起升机构等部件组成。

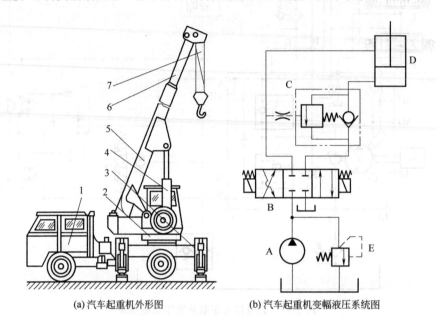

(a)汽车起重机外形图　　　　(b)汽车起重机变幅液压系统图

图 2-45　汽车起重机

1—汽车；2—转台；3—支腿；4—吊臂变幅液压缸；5—基本臂；6—吊臂伸缩液压缸；7—起升机构
A—齿轮泵；B—换向阀；C—平衡阀；D—液压缸；E—溢流阀

如图 2-45（b）所示是汽车起重机吊臂变幅的液压系统图，它结构相对简单，主要由齿轮泵、换向阀、平衡阀、液压缸和溢流阀等构成。换向阀 B 控制吊臂的变幅方向，平衡阀 C 用来防止吊臂因自重而下摆。其变幅运动速度受平衡阀 C 左侧的节流阀开口控制。当吊臂增幅时，三位四通换向阀 B 在左位工作，其油流路线为：

进油路：液压泵→阀 B→阀 C 中的单向阀→变幅液压缸无杆腔；

回油路：变幅液压缸有杆腔→阀 B→油箱。

吊臂减幅时，三位四通换向阀 B 在右位工作，其油流路线为：

进油路：液压泵→阀 B→变幅液压缸有杆腔；

回油路：变幅液压缸无杆腔→阀 C 中的顺序阀→阀 B→油箱。

② 汽车起重机液压系统的调试。

a. 调试前的检查。调试前要对整个液压系统进行检查。油箱中应将规定的液压油加至规定高度；各个液压元件应正确可靠地安装，连接牢固可靠；各控制手柄应处于关闭或卸荷状态。

b. 空载调试。

• 检查泵的安装有无问题，若正常，可向液压泵中灌油，然后启动电动机使液压泵运转。液压泵必须按照规定的方向旋转，否则就不能形成压力油。检查液压泵电动机的旋转方向，可以观察电动机后端的风扇的旋向是否为正转。也可以观察油箱，如果泵反转，油液不但不会进入液压系统，反而会将系统中的空气抽出，进油管处会有气泡冒出。

• 液压泵正常时，溢流阀的出油口应有油液排出。注意观察压力表的指针。压力表的指针应顺时针方向旋转。如果压力表指针急速旋转，应立即关机，否则会造成压力表指针打弯而损坏，或引起油管爆裂。这是由于溢流阀阀芯被卡死，无法起溢流作用，从而导致液压系统压力无限上升而引起的。

• 如果液压泵工作正常，溢流阀有溢流，可逐渐拧紧溢流阀的调压弹簧，调节系统压力，使压力表所显示的压力值逐步达到所设计的规定值，然后必须锁紧溢流阀上的螺母，使液压系统内压力保持稳定。

• 排出系统中的空气，调节节流阀的阀口开度，调节工作速度，观察液压缸的运行速度和速度变化情况。调好速度后，将调节螺母紧固；运行系统，观察系统运行时泄漏、温升及工作部件的精度是否符合要求。

c. 负载调试。

• 观察液压系统在负载情况下能否达到规定的工作要求，振动和噪声是否在允许的范围内，再次检查泄漏、温升及工作部件的精度等工作状况。

• 加载可以利用执行机构移到终点位置，也可用节流阀加载，使系统建立起压力。压力升高要逐级进行，每一级为 1MPa，并稳压 5min 左右。最高试验调整压力应按设计要求的系统额定压力或按实际工作对象所需的压力进行调节。

• 压力试验过程中出现的故障应及时排除。排除故障必须在泄压后进行。若焊缝需要重焊，必须将该件拆下，除净油污后方可焊接。

• 调试过程应详细记录，整理后纳入设备档案。

(4) 挖掘机液压系统的故障调试

① 挖掘机不能回转的故障。

a. 故障现象。一台液压挖掘机在开始工作时动作正常，但工作一段时间后，出现左右两个方向皆不能回转的现象，随后发动机自动怠速功能也消失了。

b. 故障部位判断。从故障现象看，左、右行走和工作装置动作均正常，可基本确定造成故障的原因应该是在回转油路系统，可能是回转马达出了故障、主控制阀控制回转的部分出了问题、回转制动不能解除或工作回转装置压力开关不能正常工作。

c. 故障的检测和排除。为了判断故障所在部位，首先将回转马达上盖打开，把停车制动器活塞上的制动弹簧去掉，重新将其装复，试运转。此时，回转马达左右回转正常，说明回转马达、主控阀等都是正常的。故可以判定该机是因回转系统的停车制动解除失效而使回转系统不能正常工作。该机操纵回转时，停车制动解除油路的液流流向是：先导释放压力油经左先导控制阀→回转换向阀（换向）→先导信号压力回油路被切断，先导信号压力上升→经斗杆、动臂、铲斗、工作回转装置的压力开关→回转停车制动器→打开停车制动释放阀→先导释放压力油推动停车制动器活塞右移，压迫制动弹簧解除制动。其工作原理如图 2-46 所示。

从图 2-46 可以看出，要解除停车制动就必须保证 A、B 点的油压达到 4MPa 的额定值。为此，决定检测停车制动解除的控制油路压力，利用三通将 10MPa 的压力表分别接在 A、B处，发动机器，操纵回转机构，结果发现 A 点压力为 4MPa、B 点压力为 0.8MPa。从测得数据可以判定 B 点压力不足是该机产生故障的直接原因，即因 B 点的先导信号压力过低，导致停车制动释放阀不能打开（换向），使得先导释放压力油不能进入停车制动器的活塞腔内，停车制动当然无法解除，使得回转机构不能左右动作。同时由于先导信号压力过低，也使工作回转装置的压力开关不能工作，造成发动机自动怠速随之消失。

造成先导信号压力过低的原因可能有以下两点。

• 停车制动释放阀泄漏严重。可用该机的先导油压来检查，即将停车制动释放阀的阀芯中

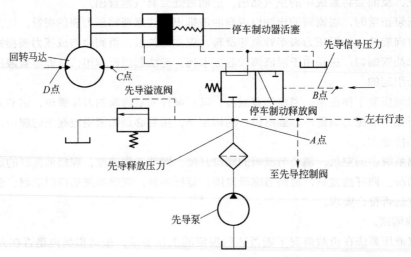

图 2-46　回转停车制动器液压原理

的弹簧取下，使阀芯固定在换向位置，然后操纵回转机构，发现左右回转自如，说明回转制动已解除，这证明了停车释放先导压力是达标的，该释放阀并无泄漏。再者，假如该阀有泄漏，故障现象一般也不会突然出现，首先应有制动缓慢、不灵活等现象。这也说明停车制动释放阀是正常的。

• 主控阀内先导信号压力回路有堵塞或泄漏。在解体清洗主控阀时发现先导释放压力油在进入主控阀的 A 点入口处的分流阀内的滤网、节流孔有污物堵塞，造成停车制动释放阀的先导信号压力回路的流量不足、压力过低。这是导致该机回转机构停车制动不能解除、发动机失去自动怠速功能的根本原因。对回转主控阀分流阀的滤网和节流孔进行仔细清理后重新装复，试机时故障现象消失，一切恢复正常。

② 挖掘机支腿液压缸胀缸故障。

胀缸是液压机械中时有出现的故障现象，它会导致机器工作失常，必须及时加以修复。因胀缸后的液压缸中间大、两头小，修复很困难，修理成本高，故危害性较大。

a. 胀缸原因分析。某轮式挖掘机，第一次发现支腿撑不起来时，换了活塞油封后工作正常。该机正常使用三个月后又出现了支腿撑不起来也收不起来的现象，但操作人员没有立即停车，而是利用挖掘机的辅助装置将其撑起来使用了一天后进行检修。拆检时发现活塞油封已损坏，再次更换活塞油封，支腿仍无法工作。拆开液压缸，测量活塞及活塞油封，尺寸均正常，用量缸表测量液压缸缸筒时发现缸筒两端尺寸正常，而缸筒中部尺寸已由原来的 125mm 增大到了 128mm，出现了胀缸现象。支腿工作的液压系统，如图 2-47 所示。

为了防止工作中软腿现象，在支腿液压缸大小腔油口处均设有液压锁，如图 2-47 中的件4。机器正常时如果不进行收放支腿的操作，则无论承受多大的外载荷，液压缸内的液压油都被封闭在油腔内部。

b. 防止支腿液压缸胀缸的措施。

结构方面可作如下改进：将支腿液压缸有杆腔的液压锁 4 的阀 B 去掉。这样，如果活塞油封损坏，过高的工作压力会将支腿液压缸支路的安全阀 7 打开后回油，使液压缸筒得到保护，不受损伤。在使用此类结构机器时，一旦出现软腿现象，应当立即停车检查，并排除支腿系统一切故障后方可继续使用，切不可带病作业，更不可用其他辅助方式将支腿强行撑起使用。

(5) 推土机推土铲液压系统的故障调试

① T140 型推土机推土铲液压系统。 T140 型推土机是一种用途广泛的工程机械，它采用

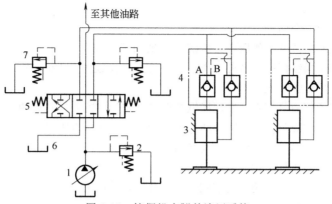

图 2-47　挖掘机支腿的液压系统

1—液压泵；2—安全阀；3—支腿液压缸；4—液压锁；5—换向阀；6—油箱；7—安全阀

了半刚性悬架、液压操纵、可调式推土铲、履带式行走机构等结构，因而具有工作可靠、操纵简便的优点，可用于道路修建、工业建筑、矿山工程、水利建设、农田改造等土石方工程中。

如图 2-48 所示是该型号推土机控制推土铲的升降及强制切土动作的液压系统。当换向阀处于"浮动"位置时，液压缸上、下腔与油箱接通，活塞杆随外力变化自由动作。

② 液压系统故障及其原因分析。

a. 推土铲提升无力，上升速度缓慢。

分析产生这一故障的原因有：

• 液压油量不足，造成液压泵吸入空气，使工作液压缸工作无力；

• 液压系统工作压力低，导致工作液压缸工作无力。

而造成液压系统压力低的原因有：

• 液压泵磨损，供油量减少，液压油压力降低；

• 安全阀失调或弹簧损坏，使压力建立不起来；

• 换向阀磨损内泄；

• 各接头部分密封圈损坏，造成泄漏；

• 液压缸内部密封件损坏。

b. 操纵杆位于中位时，液压缸活塞杆缓慢下

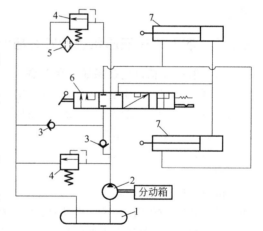

图 2-48　推土铲液压系统图

1—油箱；2—液压泵；3—单向阀；4—安全阀；
5—滤油器；6—换向阀；7—工作液压缸

降。在日常工作中这一故障会经常碰到，其主要原因为液压缸内密封环破损、活塞衬环磨损、换向阀磨损泄漏。

c. 工作中泵阀、管路中噪声大。产生这一故障的主要原因有：

• 油量不足；

• 液压泵吸入空气；

• 滤网堵塞；

• 液压泵磨损。

③ 推土机液压系统分析故障实例。

a. 故障现象。推土铲带负荷起升无力，空负荷时断续起升，每动一下操纵杆，铲刀起升一点，在停顿期间，铲刀不下降。铲刀在下降过程中正常，可支起铲刀抬高推土机前端时，工作中有噪声。

b. 诊断步骤与方法。

• 检查油面。应符合标准。

• 用测压表测液压系统工作压力。将液压泵到油箱的高压管 M10 螺塞拆下，拧下测压表接头，发动机车，用操纵杆操作各种动作，观察压力表读数为 3MPa，在液压缸不动作时，仅为 1MPa，说明系统压力太低。

• 拧下滤油器顶部放气螺塞，发现操纵杆在"封闭"位置时螺孔溢油，但有大量气泡，而操纵杆在"起升"或"降落"位置时，油孔不溢油。从原理分析中可知，液压油不经滤油器直接泄入了油箱。打开油箱，发现滤油器与换向阀连接胶管损坏。更换胶管后，试车发现滤油器放气孔处溢油了，但液压缸仍动作无力。

• 检查液压油滤芯、旁通阀。滤芯应干净，旁通阀应正常。

• 检查安全阀、换向阀工作状况。打开油箱侧盖，找有机玻璃制作的盖板，用 4 个螺栓固定在侧盖孔中。发动机在不动作时，观察到油面平静。扳动操纵杆至液压缸"上升"位置时，发现从安全阀阀块接口处大量喷油，由此判断是安全阀泄漏，造成液压系统压力下降。

• 拆解安全阀，发现 4 个连接螺栓中右侧 2 个松动，阀体间的一个 O 形圈断裂。更换新 O 形圈后试车，液压缸工作正常，但油箱处仍有噪声，打开排气塞排气后，响声消除。

c. 总结。该故障原因主要是安全阀两个连接螺栓松动，造成阀块压紧力不均，在高压作用下 O 形圈一侧首先被冲坏，系统泄压，导致了以上故障的发生。装配时应涂胶，防止螺栓再次松动。

2.2.7　农业机械液压系统的安装与调试

(1) 液压棉花打包机系统安装与调试

① 棉花打包机液压系统工作原理。液压棉花打包机可广泛用于棉花、化纤、麻草类等松散物资的压缩成包。其液压控制系统由油箱、齿轮泵组、柱塞泵组、控制阀站、各执行油缸、管路等组成。齿轮泵组和柱塞泵组均为组装部件，由底板、电动机、油泵、联轴器组成。控制阀站分为低压和高压两组，低压阀站控制提箱油缸、定位油缸、锁箱及开箱油缸，高压阀站控制主油缸动作。

棉花打包机的液压系统，能够实现打包、提箱（提机架）、锁箱、开箱、定位的自动操作，以提高工作效率。油箱、电动机、柱塞泵组、液压阀组单独放置，便于系统的维修保养。系统的压力通过远传压力表 YNTZ-150 在主控制台及时进行数字显示。系统的主工作泵选用自动变量的柱塞泵，能有效减小电动机功率。

某型号棉花打包机的液压系统工作原理如图 2-49（a）所示。该系统的主液压缸由 20mm 通径电液阀控制其上升与下降，换向阀处于中位时，主缸停止在任意位置，此时主液压泵经电液阀的中位卸荷，电液阀采用了外控内泄式，其控制压力来自辅助油泵。提箱油缸、锁箱、开箱、定位缸分别由 10mm 通径换向阀控制，其动力来自辅助油泵，辅助油泵通过电磁溢流阀（组合阀）卸荷。

通过对原理图的分析可见，该液压系统的主液压缸回路设计不合理。由于主液压缸行程较长，所以其动作循环应为：快进—工进—保压—快退。为此，在原回路基础上通过增加一个二位三通电液换向阀 D5-06-2B3-A25（二位四通电液换向阀用三个口）组成差动回路。另外，原设计换向阀采用 M 型中位机能也欠妥，由于液压缸（垂直安装）靠换向阀的中位停止，而换向阀的中位泄漏会造成主液压缸向下移动，存在安全隐患。合理的选择是采用 H 型电液阀加双液控单向阀组成的回路。改进后的液压原理，如图 2-49（b）所示。

② 棉花打包机液压系统的安装。

a. 油箱的安装：必须彻底清洗干净后安装在油泵规定的位置上，油箱盖必须密封。

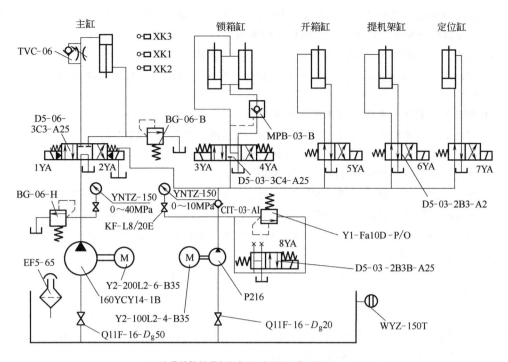

(a) 改进前的棉花打包机液压系统工作原理图

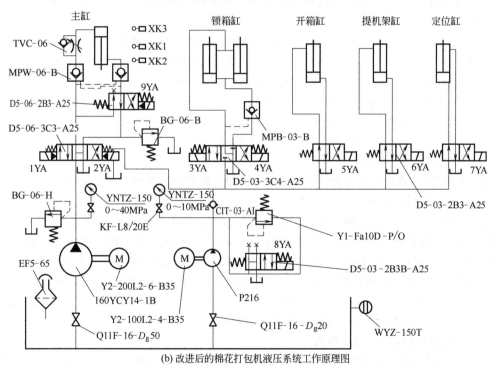

(b) 改进后的棉花打包机液压系统工作原理图

图 2-49　棉花打包机液压系统工作原理图

b. 轴向柱塞泵-电动机部件安装于规定位置，注意油泵和电动机同轴度要求应为 0.1mm。

c. 控制阀组件安装在规定位置。

d. 齿轮泵部件安装于规定位置，保证齿轮泵和电动机同轴度要求 0.1mm。

e. 安装好各液压元件进、出油口法兰管接头，并拧紧连接螺钉。

f. 由油箱开始，直至各种油缸配置各种油管。先采用点焊，然后做好标记，再拆下进行焊接，各焊缝必须保证焊接质量，不得有任何渗漏。

g. 酸洗、碱洗并用清水冲洗各油管，不得有任何异物。

h. 二次装配各液压油管，并装好各处密封件，连接好各油管，根据需要在各种不同功能的管路上喷涂不同的颜色。

③ 棉花打包机液压系统调试前的准备工作。

a. 向清洁后的油箱中加入过滤后的液压油，液压油的标号为 L-HM46。

b. 电动机和电磁铁的接线连好，检查各行程开关接线，检查用于安全联锁的行程开关是否符合控制要求、控制电压是否正确，必须确认无误。

c. 将泵的进油法兰球阀打开，连接各压力表的压力表开关打开，单向节流阀的开关开到最大，各溢流阀的调节手柄全部松开。

④ 棉花打包机液压系统的调试。棉花打包机液压系统的调试工作，按照以下的步骤进行，如图 2-49（b）所示。

a. 电动机通电。先点动齿轮泵的电动机，然后观察泵的旋向：从电动机尾部看应为顺时针方向旋转。

b. 辅助泵调节。启动齿轮泵，先空转 5min；首先给电磁溢流阀 8YA 通电，然后调节溢流阀 Y1-Fa10D-P/O，将压力逐渐升到系统设定的工作压力 5MPa。辅助系统压力通过压力表显示，升压后仔细观察系统的连接管路是否有渗漏。

c. 定位油缸调节。定位缸在齿轮泵运转后，油缸活塞杆自动伸出，定位电磁阀 7YA 通电，定位油缸活塞杆缩回。

d. 机架提升油缸试验。机架提升，电磁换向阀的电磁铁 6YA 通电，机架提升油缸活塞杆伸出；电磁换向阀的电磁铁 6YA 断电，机架提升油缸活塞杆缩回。

e. 开箱油缸调试。使用时为油缸的无杆腔通油，活塞杆伸出。有杆腔通油，活塞杆缩回时换向阀的电磁铁 5YA 通电，油缸活塞杆伸出到位，撞开锁箱连杆，观察压力表，到 5MPa 时锁紧调节螺母。观察管路是否有渗漏。

f. 锁箱油缸调试。由齿轮泵控制，无杆腔通油，活塞杆伸出锁紧箱门，主油缸下行到位，开箱油缸动作后，锁箱油缸再退回。

g. 主泵调节。点动柱塞泵的电动机，电动机的正确旋向为顺时针方向（判断方式同齿轮泵的调节）。启动主泵，同时启动辅助泵。

h. 主液压缸的调试。主换向阀的电磁铁 1YA 通电，主缸活塞伸出；行程到位，调节主溢流阀 BG-06-H 的手柄，系统升压。观察压力表，调整溢流阀使主缸无杆腔的压力为 16MPa。锁紧调节螺母，同时观察管路是否有渗漏；当 9YA 通电时，主缸实现差动快进；主缸快进与工进的转换由行程开关 XK1 的位置决定。主换向阀的电磁铁 2YA 通电，主缸活塞缩回；调节单向节流阀的手柄可控制回程的速度。行程到位，调节背压阀 BG-06-B 的手柄，系统升压；观察压力表，到 4MPa 后锁紧调节螺母，同时观察管路是否有渗漏。

（2）拖拉机液压系统的故障调试

液压系统是拖拉机的重要组成部分，主要用于悬挂农具。拖拉机运行环境差，液压故障率往往比较高。拖拉机液压系统常见调试故障如下。

① 农具不能提升。发动机工作时，扳动操纵手柄至提升位置，悬挂杆没有提升动作。

a. 故障的外部原因检查和分析。

• 液压泵传动机构是否接合。

• 液压油箱的油面高度是否正确。

• 是否因油管破裂和接头松动而造成液压油大量泄漏。

- 液压缸定位阀与定位挡板之间 $10 \sim 15\,\text{mm}$ 的间隙是否保证。
- 悬挂农具的重量是否超过额定承载量。
- 自封接头的压紧螺母是否松动，若松动会使封闭阀关闭，液压油不从分配器进入液压缸工作。

b. 故障的内部原因检查和分析。

发动机运转后，将分配器操纵手柄置于不同的位置，会出现以下几种现象。

- 分配器手柄放在"提升"工作位置后，手柄立即跳回"中立"位置。此故障表明液压泵和分配器工作均正常，而通往液压缸的油路被堵塞，多数情况下是定位阀在关闭位置卡死或缓冲阀被脏物堵塞而引起。
- 分配器手柄置于"提升"位置后，农具不提升，手柄又不跳位，发动机负荷无变化。这表明液压系统内部有泄漏现象，使油液不能建立起高压，原因可能发生在液压泵、分配器、液压缸，需进一步检查。

先按下液压缸上的定位阀，堵死压降的回油路。再将分配器手柄置于"压降"位置，用于固定。这时会出现两种情况。第一种情况是分配器发出尖锐的响声，发动机声音沉重，负荷增加，这表明液压泵、分配器工作均正常，而故障原因发生在液压缸。第二种情况是分配器无响声，发动机负荷没有变化，这表明故障发生在分配器和液压泵，应先检查分配器后检查液压泵。

分配器的故障大多数情况下发生在回油阀处。回油阀在开启位置时在导向套内卡住或回油阀锥面与阀座密封不严，使液压泵泵出的油不能通往液压缸而从回油阀处泄漏，直接流回油箱。出现这种故障时，可用小木锤在分配器安装回油阀处轻轻敲击，使回油阀因振动而落回阀座；或者拆下回油阀，使阀在导向套孔内移动灵活，用柴油清洗装回。在特殊情况下，必须将导向套连同回油阀取下，在干净的柴油中清洗，并检查阀体尾部在导向套中是否移动灵活，如有卡住现象，应用机油配研，直到阀能在导向套孔内灵活移动为止，再清洗装回原位。

在回油阀工作正常的情况下，若仍不能提升，需检查液压泵。液压泵的故障一般发生在三角形的分压胶圈和主动轴自紧油封处。当分压胶圈损坏时，高低压油腔相通，造成液压泵工作能力突然下降，如用手摸泵壳会感到温度很高，需更换新胶圈。当自紧油封损坏时，液压泵工作能力也会突然下降，同时会出现发动机有底壳机油增多的现象。在更换自紧油封的同时，应检查轴套上的密封圈，以防密封圈老化、失效而造成自紧油封的早期损坏。

除了上述分析、判断以外，自动弹簧减弱或折断、安全阀弹簧折断引起回油阀提前开启等故障均会使农具不能提升。

② 农具提升无力。农具提升无力，其主要原因如下。

a. 齿轮泵严重磨损主要是由于长期超负荷工作或液压油太脏引起的。

b. 安全阀压力过低或漏油的原因是：

- 压力调整不当；
- 锁紧螺母松动，引起安全阀套松动；
- 压紧弹簧塑性变形，使弹力下降；
- 阀和阀座磨损、拉伤或被脏物卡住。

仔细拆检安全阀各零件，如果零件损坏或变形，一定要进行修复，不能修复时一律更换，不能马虎凑合。然后清洗干净，认真装配调整，使其开启压力保持在 $15.7\,\text{MPa}$ 左右。

c. 主控制阀套严重磨损后要更换主控制阀套，并与主控制阀配套研磨，保证配合间隙在 $0.006 \sim 0.012\,\text{mm}$。

d. 液压缸活塞密封圈损坏后要更换活塞密封圈。

e. 轴套两端密封圈损坏后要更换密封圈。

f. 下降速度调节阀或截断阀密封圈冲坏后要更换密封圈。

③ 农具提升缓慢。液压系统配带不同农具时，所需的升降速度也不同。提升缓慢的主要

原因如下。

a. 进油管吸入空气。这是因为进油管与液压泵、油箱连接处的密封不严，油管损坏或主动齿轮的油封损坏等都会使空气进入油道，造成空气和油搅和成泡沫状，产生乳化。

排除方法是操纵分配器手柄，连续升降数次，然后将液压缸上、下腔放气螺塞拧松，待空气排尽后再拧紧。管路中的空气，一般都是由于管路接头螺母、螺钉松动，或 O 形密封圈老化损坏及焊接气孔等引起。

b. 分配器中的回油阀卡死在导向套内落不下，封闭不住回油道，从液压泵来的油从回油阀处流回油箱，使液压缸压力过低。

c. 液压系统的油温过高或过低，也会使农具提升缓慢。油温过高，油的黏度降低，漏损增加，压力损失大。油温过低，油的黏度高，油箱过滤器过滤缓慢，液压油流动性能差，不易流入液压泵吸油管，冬季易出现这种现象。因此在冬季作业前，要以液压系统本身油循环的方式进行预热，使油温保持在正常的工作温度下工作。

d. 液压泵内漏严重，使泵的流量降低，造成农具提升缓慢。这是由于液压泵因长期使用而磨损或因液压泵的密封圈失效、密封不严，引起泄漏。若是密封件老化或损坏，更换新密封件即可；若是轴套与齿轮副磨损，一般不做修理，需要更换新泵。

e. 分配器回油阀与阀座之间接触不良，使密封不严，也会造成农具提升缓慢。可对阀与阀座用柴油清洗，装回原位，如果是液压油太脏，应更换液压油。

f. 分配器安全阀压力偏低，工作时提前打开，液压系统内的液压压力降低，农具提升缓慢。解决方法是调整安全阀开启压力，更换安全阀弹簧。

g. 滤油器堵塞。清洗滤油器、管路和提升器壳，并更换液压油。

h. 液压油面太低。应加注足够的液压油。

④ 操纵手柄不能从"提升"或"压降"位置自动回到"中立"位置，主要原因如下。

a. 液压泵分配器等零件已磨损，回油阀关闭不严，使分配器中的油压达不到自动回位压力。检查液压泵的供油压力，若压力不足，可调整自动回位压力至 11MPa；若零件磨损，必须进行修理或更换新品。

b. 回油阀关闭不严，使液压系统内建立不起正常的工作压力。当回油阀小孔堵塞时，高压油没有出路，迫使回油阀打开，造成手柄不能自动回位，此时只要清洗回油阀小孔即可排除此故障。

c. 滑阀弹簧变软或折断、升压阀弹簧和定位弹簧太紧、定位钢球卡在凹槽中以及回位机构失灵都会使手柄不能自动回位。应拆检分配器，调整滑阀自动回位压力，必要时更换和调整各种弹簧和定位钢球。

d. 安全阀开启压力太低，弹力不足，农具提升时，安全阀过早开启，压力低于滑阀自动回位压力。可调整安全阀的开启压力至 13MPa 或更换安全阀。

e. 油温过高或油箱中油面太低也能造成不能自动回位。油温过高，液压油过稀，泄漏增加，没有足够的压力，手柄自动回位，使自动回位机构失灵；油面太低，液压泵工作压力不足，自动回位压力随之降低，自动回位机构不起作用，降低油温，向油箱加油即可。

⑤ 悬挂不能下降。当液压悬挂机构在最高位置时，把操纵手柄扳到下降位置，而液压悬挂机构不能下降。其原因是：

a. 主控制阀卡死；

b. 液压缸活塞刮伤，卡死在液压缸中。拆检时，不管是阀卡死还是活塞卡死，都要进行研磨或清洗，重新装配后应活动自如。

⑥ 农具提升发抖。提升发抖，就是平时所称的液压点头。引起的原因如下。

a. 单向阀总成部位漏油。原因是：

- 密封圈冲坏。
- 单向阀座磨损或拉伤。
- 压紧弹簧折断。
- 单向阀总成没拧到位或松动。认真检查单向阀总成及安装部位，如有损坏或变形零件，则应修复，不能修复时则更换。

b. 液压缸活塞密封圈损坏。更换密封圈。

c. 下降速度调节阀密封圈损坏。更换密封圈。

d. 主控制阀配合副磨损，使间隙增大，内泄漏增加。

(3) 联合收割机液压系统的故障调试

① 收割台上升高度不够。当收割台升起时，拨禾轮不能升起，变速器也不能变速。主要原因是油箱中的油太少，油路中的油压不足。应及时检查油箱油位，不足时补充；油管漏油或有脏物堵塞了油管，应更换、疏通油管。

② 收割台跳跃上升。造成收割台跳跃上升的主要原因是液压系统的油路有空气。排出空气的方法是：松开油管接头，把油管接头的外套螺母拧出 1.5～2 圈，向外放油，直到流出的油无气泡为止，然后将外套螺母拧紧。

③ 收割台升降迟缓。该故障的主要原因分析如下。

a. 油温过高，使液压油黏度降低，油压下降，收割台升降迟缓。应更换标准的液压油，切不可用一般的机油代替。

b. 连接收割台的液压缸油管被压损变形，使通过油管的油流量减少，收割台升降缓慢。这种情况应修复油管，使之恢复原状或更换新管。

c. 安全阀密封性不好。原因是漏油或调整不当，使高压油路油压不足。检查时，可将安全阀拆开，用手锤垫上冲子轻轻打击阀珠，使阀珠与阀座紧贴、密封良好。压力不够时，可以用专用扳手松开锁紧螺母，拧动调整螺母压缩弹簧，使压力增高，一般应在试验台上进行调整。

d. 分配阀拉孔未对正。应检查分配阀杆轴向和径向的位置，并进行适当的调整。

e. 分配阀磨损，不能回位或回位不够，致使油流动不畅通。发现这种故障时，只要动一下分配阀手柄，使槽子对正，问题即可解决。

f. 齿轮泵壳体内腔磨损，间隙增大，或密封圈损坏，漏油严重，造成油路油压不足。排除方法是：更换密封圈或齿轮泵。液压泵传动带太松也会引起泵油量不足，使收割台上升缓慢，此时，须将带轮张紧度加大。

④ 拨禾轮故障。拨禾轮的常见故障有：

a. 拨禾轮转速不平稳。原因是无级变速器内进入了空气。松开液压缸接头，排出空气，转速即可平稳。

b. 拨禾轮不能升降。

- 液压缸和柱塞严重变形，造成拨禾轮不能升降，或因柱塞杆被油污卡住不能上升或下降。应成套地更换变形件或进行有关保养。
- 拨禾轮支架被涂料层粘住，或滑动支架因压坏、变形而卡滞，不能滑行。应校正支架并对运动关节进行润滑。

⑤ 转向失灵。造成转向失灵的原因有多种。先检查双联泵至转向机的压力油路；如果无压力油，再检查双联泵进油管是否进入空气；如果没有进空气，也没有破损现象，说明双联泵损坏，需要修理或更换。假如双联泵至转向机的压力油正常，就应检查转向液压缸油管有无压力油，如果无压力油，说明转向机损坏；如果有压力油，就证明转向液压缸密封圈损坏。

第**3**章

液压系统的常见故障基础知识

3.1 液压系统的故障分析

液压系统故障是指液压元件或系统丧失了应达到的功能及出现某些问题的情形。如液压元件失效、管件泄漏、泵容积效率下降、电磁铁短路等或由此而产生的整个液压系统的功能降低或功能丧失。

液压系统故障具有较强的隐蔽性，不易发现原因。同一个现象可能由多种故障引起，而一个元件发生故障又可能引起系统产生多种现象。所以液压系统故障难以诊断发生原因，往往要采取多种方法、不断试验才能彻底排除。

3.1.1 液压系统的故障类型

液压设备的故障发生率在其整个使用生命周期符合浴盆曲线的特征，如图 3-1 所示。一般在使用初期因设计、制造、安装、调试等而故障率较高；随着使用时间延长及故障的不断排除，故障率将逐渐降低；到了设备使用后期，长期使用过程中的磨损、腐蚀、老化、疲劳等使故障逐渐增多。

液压系统的故障类型是多种多样的，一般可按下面一些方式进行分类。

① 按故障发生的原因分类。可分为人为故障和自然故障两种。由于设计、制造、运行、安装、使用及维修不当等造成的故障均称为人为故障，又称为原始故障。由于不可抗拒的自然因素，如磨损、腐蚀、老化等产生的故障称为自然故障。

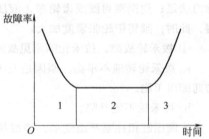

图 3-1　液压设备故障率的浴盆曲线
1—设备使用初期；2—设备使用
中期；3—设备使用后期

② 按故障性质分类。可以分为急性故障和慢性故障两种。急性故障如管路突然破裂、液压件卡死、油温急剧上升等。慢性故障主要在设备使用寿命后期最明显，如因部件磨损、老化或液压油污染等引起的故障。

③ 按故障的可见性分类。可以分为显现故障和潜在故障两种。显现故障是肉眼可见的实际发生的故障，如液压系统不工作或某元件失效等。潜在故障是指尚未在液压系统使用上实际

表现出来的故障,一般需要专门仪器测试才能发现,如液压泵壳体的内部铸造缺陷等。

④ 按故障发生时间分类。可以分为早期故障、中期故障和后期故障。早期故障一般是由液压元件制造不良、液压系统设计失误、安装不合格、使用维护不当等原因引起,如脏物或油污卡死阀芯、密封件质量差及装配不良导致损坏,从而引起泄漏等。中期故障也称偶发性故障,这是由偶然的外界影响所引起的,这种故障具有随机性,与时间无关,如弹簧折断、软管爆裂、电磁线圈烧毁等。后期故障是由液压元件磨损、老化逐渐失效而引起的,如液压元件中的压力弹簧超出疲劳极限,引发各种液压故障等。

3.1.2 液压系统的故障原因

(1) 人为故障的产生原因

① 液压系统的设计原因。该类故障一般是由于设计人员在液压技术、工艺和经验等方面的不足,致使所设计的液压系统存在先天缺陷,或者液压元件的计算选型不合适造成的设计缺陷等。液压系统设计不合理同样会给工作机器带来故障,造成如机械动作不到位、工作力量不足、运动速度不稳定、磨损加剧等。

② 液压系统的制造原因。这一类的故障原因包括液压元件的制造不合格和液压系统安装不合格。比如,液压换向阀的阀体与阀芯配合间隙不当,造成泄漏或卡死,属于液压元件的制造不合格引起的故障;液压系统安装时冲洗不到位,致使系统内留下了装配过程中带进系统中的污染物造成系统故障,属于液压系统安装不合格引起的故障。在查找故障或更换元件时,应当对有关产生故障的制造因素加以分析和认真检查,这样才有利于故障的迅速排除。

③ 液压系统的使用原因。这一类的故障原因一般是液压系统使用维护不当。比如,使用设备时超载、超速,环境过差,违章操作、误操作以及液压系统维护保养不及时造成的液压系统故障,严重的会造成事故。

(2) 自然故障的产生原因

① 工作介质污染引起的故障。据统计,液压系统中75%以上的故障是因为油液污染造成的。因此,控制污染是提高液压设备可靠性的重要保证。液压油液中的污染物,导致液压元件的磨损、运动副的卡紧和阻尼孔的堵塞等,其中尤以污染、磨损失效最为常见。同时油液污染还会腐蚀和磨损控制阀的阀口,从而引起液压元件的内部泄漏。

② 液压油泄漏引起的故障。泄漏是液压系统失效和出现故障的标志,必须在早期阶段正确诊断并采取相应的维修措施。泄漏的主要原因是高压工作环境下各种密封件的损坏或老化、敏感元件受振动引起的松动以及软管加工或安装不良等。液压设备运行到其寿命的中、后期,由于各种液压元件的磨损,造成系统的内、外泄漏,造成系统压力不稳定。

③ 磨损引起的故障。液压系统中因磨损引发的故障大约占20%。正常情况下,在一定的使用期限内,磨损量逐渐积累,但并不影响液压元件的正常功能。但是当磨损量积累到一定值时,就会对液压元件造成磨损而失效,同时还可能引发系统振动和噪声。

④ 疲劳、老化引起的故障。液压元件长时间工作产生的疲劳、老化也是引起液压系统故障的重要因素。如轴向柱塞泵柱塞颈部的疲劳断裂、电磁换向阀复位弹簧的疲劳断裂;在高压、交变载荷工作条件下,液压密封材料易发生疲劳、老化破坏而产生泄漏;由腐蚀产生的剥落物混入液压油液中,污染了油液,引起磨粒磨损等。

⑤ 液压冲击引起的故障。在液压系统的工作过程中,由于运动部件急速换向或关闭液压油路时,液流和运动部件的惯性作用使系统产生很大的瞬时压力峰值,这种现象称为液压冲击。如阀门突然打开或关闭、液压元件反应滞后、运动部件突然启停等都可能造成液压冲击。液压冲击常伴有巨大的振动和噪声,其瞬时压力峰值会比正常的工作压力大几倍,足以造成密封件、导管和其他液压元件的损坏。

3.1.3 液压系统的故障诊断

液压系统的故障诊断一般较为困难，往往需要多种因素统筹考虑、综合分析才能找到真正的故障原因。切忌对液压系统随意拆卸，从而造成故障扩大或产生新的故障，使原有的故障得不到解决。

(1) 液压系统故障诊断的步骤

① 调查液压系统故障现象。应该深入现场仔细观察，通过看、听、触、闻并配合专业仪器设备准确观察和记录故障现象，避免被直观的、浅表的现象所蒙蔽。必要时可以向现场操作和维修人员询问该机器近期的工作性能变化情况、维修保养情况、出现故障征兆后曾采取的具体措施以及已检查和调整过哪些部位等。

② 确定液压系统故障参数。液压系统的故障均属于参数型故障，通过测量参数，提取有用的故障信息。液压系统的诊断参数包括系统压力、系统流量、元件温升、元件泄漏量、系统振动和噪声、发动机转速等。

③ 确定液压系统故障的发生位置。要看懂液压系统原理图，把检测结果对照原理图进行分析，确保故障诊断的准确性。

④ 提出科学、合理的诊断分析报告和维修方法建议。

(2) 常用液压系统故障诊断方法

① 直观检查法。直观检查法是液压系统故障诊断的一种最为简易、最为方便的方法。通常是用眼看、手摸、耳听、嗅闻等手段对零部件的外表进行检查，判断一些较为简单的故障，如破裂、漏油、松脱、变形等。直观检查法可在设备工作或不工作状态下进行。

直观检查法虽然简单，却是较为可行的一种方法，特别是在现场，缺乏完备的仪器、工具的情况下更为有效。该方法的缺点是需要技术人员具备丰富的液压系统故障检测经验。

② 仪器检查法。仪器检查法是检测液压系统故障最为准确的方法，主要是通过对系统各部分液压油的压力、流量、油温的测量来判断故障点。如在泵的出口、执行元件的入口、多回路系统中每个回路的入口、故障可疑元件的出入口等部位测量压力，将所测数据与液压系统原理图上标注的相应点的数据对照，可以判定所测点前后油路上的故障情况。

③ 故障复现法。故障复现法是在无负荷动作和有负荷动作两种条件下进行故障复现操作，通过多次的故障出现一刻液压系统各部位的变化来综合分析故障原因。用故障复现法检查故障时，在无负荷操作和有负荷操作下都要进行，有时则要故意过载操作以使故障复现。

④ 替换检查法。替换检查法是在缺乏测试仪器时检查液压系统故障的一种有效方法。方法是将液压系统故障可疑元件用新件或完好机械的元件进行代换，再开机试验，如性能变好，则故障即可判别；否则，可继续用同样的方法或其他方法检查其余部件。

实施替换法的过程中，一定要注意连接正确，不要损坏周围的其他元件，这样才能有助于正确判断故障，而又能避免出现人为故障。在没有摘除具体故障所在的部位时，应避免盲目拆卸液压元件总成，否则会造成其性能降低，甚至出现新的故障。

⑤ 逻辑分析法。液压系统是一个有机整体，不是相互独立的元件，相互之间的动作是有联系、有其内在规律的。因此，当遇到一时难以找到原因的故障时，应根据前面几种方法的初步检查结果，结合机械的液压系统图进行逻辑分析。列出可能存在的故障点，综合运用各种检测手段，逐一排查，以便最终找到真正的故障原因。

3.2 液压系统的污染控制

液压系统的污染物是指液压系统在加工、组装、运输过程中都有可能遗留加工残屑，及外界固体微粒的侵入，以及液压油在注入系统前，在装罐、运输、贮存过程中都会生成胶体状氧化物，吸入外界粉尘及水汽。这些污染物一旦进入液压系统，就会产生磨蚀、磨料、磨粒磨损，以及多种磨损与疲劳相组合的作用，使液压元件的运动界面进一步磨损、剥落，使油液进一步污染恶化。因此，有必要对液压系统的污染进行分析和控制。

3.2.1　液压系统的污染分析

(1) 污染物种类和特性

液压系统中的污染物是指工作液体中一切对系统工作可靠性和元件使用寿命有害的物质。从广义来说，污染物可分为污染物质和污染能量两大类。

污染物质根据其存在的状态可分为固态、液态和气态三种。固态污染物常以颗粒状存在于液压系统油液中，其主要来源为液压元件加工和装配过程中残留的切屑、焊渣、型砂以及其他机械杂质，元件运转中产生的磨屑和锈蚀剥落物以及油液氧化、凝聚和分解产生的沉淀物，从外界侵入的尘埃和各种杂质，等等。液态污染物主要是从外界侵入系统的水以及错误加入系统的不同牌号的油液。气态污染物主要是空气。

污染能量主要包括静电、磁场、热能以及放射线等。这些能量对液压系统可能造成有害的影响，因而也可视为污染物。例如，静电引起电化学腐蚀，并且可能引起从矿物基液压油中挥发出来的碳氢化合物燃烧而造成火灾。磁场的吸力可使铁磁性的磨屑吸附在元件表面和配合间隙内，引起元件的磨损和卡顿。系统中过多的热能使油温升高、润滑性能降低、黏度下降、油液变质、密封老化失效，导致泄漏增大。

在以上各种形态的污染物中，固体颗粒物是液压系统中最普遍、危害作用最大的污染物。因此降低油液中固体颗粒的含量，是液压系统污染控制的主要内容。

① 固体颗粒污染物。

a. 固体颗粒污染物的形状及尺寸。

固体颗粒污染物的形状是多种多样的，如多面体状、球状、片状和纤维状等，一般都是不规则的形状。为了定量地描述污染颗粒的大小，需要用具有一定代表特征的尺寸表示。对于形状规则的颗粒，表示其颗粒大小的尺寸是确定的，如球形体的直径、正方体的边长等。但对于形状不规则的颗粒，表示其颗粒大小的尺寸很大程度上取决于测量方法。当用显微镜法测量颗粒尺寸时，一般以颗粒的最大长度作为颗粒的尺寸。当用光电仪器测量颗粒尺寸时，则以等效投影面积的直径代表颗粒尺寸，这一尺寸称为"导出直径"。导出直径是利用测定某些与颗粒大小有关的性质推导而来的。例如，让一个形状不规则的颗粒在某液体中沉降时，如果它的最终速度和一个等密度球体在相同条件下的最终沉降速度相同，则该颗粒的大小就相当于球体的直径。表 3-1 为一些常用的导出直径的定义。

表 3-1　常用导出直径的定义

符号	名称	定义
d_v	体积直径	与颗粒具有相同体积的圆球直径
d_s	面积直径	与颗粒具有相同面积的圆球直径
d_a	投影直径	与置于稳定位置的颗粒投影面积相同的圆的直径
d_c	周长直径	与颗粒的投影外形周长相等的圆的直径
d_f	自由降落直径	在相同的密度和黏度的流体中，具有与颗粒相同的密度和相等的自由降落速度的球体直径
d_{stk}	斯托克斯(Stokes)直径	层流区颗粒的自由降落直径
d_d	阻力直径	在黏度相同的流体中，在相同的速度时与颗粒具有相同的运动阻力的圆球直径
d_A	筛分直径	颗粒可以通过的最小正方形筛孔的宽度

　　b. 固体颗粒污染物的分布。

　　常见的固体颗粒物其尺寸大小不可能是单一的，一般是由一群具有不同尺寸的颗粒组成的。颗粒尺寸分布是指颗粒群中各种尺寸范围的颗粒数量。在研究分析颗粒尺寸分布时通常采用频率分布函数。分布函数可由作矩形图的方法求得。通过测量某一定量颗粒物中各种尺寸的颗粒数，选择合适的尺寸区间，得到尺寸分布矩形图并找出分布规律。

　　液压油中固体颗粒污染物的常见的分布规律有正态分布、对数正态分布和罗辛-拉姆勒分布。正态分布又称高斯分布，其分布对称于算术平均值，因而中值和算术平均值是一致的。符合正态分布的颗粒物其尺寸分布可用两个参数来表示，即平均颗粒直径和标准偏差。属于这种分布规律的颗粒物，有68%的颗粒数在平均直径加、减一个标准偏差的尺寸范围内，95%的颗粒数在平均直径加、减两个标准偏差的尺寸范围内。

　　研究表明，实际液压系统油液中的颗粒污染物的尺寸分布基本上接近对数正态分布。

　　② 空气污染物。

　　液压系统的油液中都含有空气。空气在油液中的存在形态有两种，即溶解于油液中和以气泡的形式悬浮于油液中。

　　空气在油液中的溶解度与压力、温度以及油液的性质有关。在不同压力下各种工作液体都可以溶解一定的空气，即溶解空气的饱和量。在1个大气压下，空气在矿物油中的溶解度为10%，即10L油液在大气环境下可溶解1L空气。空气在油液中的溶解度与压力成正比，而与温度成反比。当压力减小或温度升高时，溶解在油液中的空气就会分离出来成为气泡。

　　以气泡形式悬浮在油液中的空气对液压系统的危害作用有以下几方面：

　　a. 降低油液的容积弹性模量，使系统刚性变差而影响系统的控制性能。

　　b. 油液中的气泡使油液的润滑性能劣化。

　　c. 产生气蚀，加剧元件内部表面的磨蚀，并使系统产生振动和噪声。

　　d. 空气中的氧加速油液的氧化变质。

　　e. 由于油液可压缩性增大，在压缩油液的过程中消耗能量并释放热量，使油液温度升高，局部的气蚀作用产生的高温，使油品焦化变质。

　　③ 水分污染物。

　　水分是矿物型液压油中一种极为有害的污染物。液压系统中的水分主要来源于以下几方面：从油箱呼吸孔吸入的潮湿空气凝聚成水珠、野外的雨水通过油缸活塞杆密封进入系统、水冷却系统的泄漏以及注入新油时带入系统等。

　　由于油和水的亲和作用，几乎所有的矿物油都具有不同程度的吸水性。油液的吸水能力取决于基础油的类型、黏度、添加剂和温度等因素。油液吸水量的最大限度称为饱和度。油液暴露在潮湿环境或与水接触，其吸水量大约经过8周可达饱和。当油液中的含水量超过饱和度时，过量的水则以水珠状悬浮在油液中，或以自由状态沉积在油液底部，或浮于油液表面。在一定的大气湿度条件下，油液的吸水量与油液温度有关，温度愈高，吸水量愈大。

　　水对液压系统的危害作用主要有以下几方面：

　　a. 水与油液中的硫和氯作用产生硫酸和盐酸，对元件有强烈的腐蚀作用。

　　b. 使油液乳化，降低油液的润滑性能。

　　c. 在低温工作条件下，油液中的水结成微小冰粒，易于堵塞控制元件的间隙和孔口而引起故障。

　　d. 水与油液中某些添加剂作用产生沉淀物和胶质等有害污染物，加速油液的老化。

(2) 固体颗粒污染物材质的鉴别

　　液压系统内部生成的各种颗粒污染物带有大量反映系统内部状态的信息，因而通过油液中颗粒污染物的材质成分鉴别和含量测定，可以对液压元件的污染磨损进行监测，并为液压系统的故障诊断提供重要线索和依据。用于液压系统污染物分析的方法有光谱法、铁谱法、 X 射线能谱法、 X 射线波谱法等。

① 光谱法。

光谱法主要有发射光谱和原子吸收光谱两种方法。

发射光谱法的原理是根据金属或其他元素的原子在受到火焰、电弧或火花激发后发出的具有特定波长的光束进行成分分析。在分析油液中的污染物时，使油液受电火花的激发，并让发射的光通过分光计发生色散，然后通过光电检测器根据形成的谱线及其强度即可测出污染物所含的元素及其含量。发射光谱法可用来鉴别各种金属以及硅、磷等元素。

原子吸收光谱法的原理是根据物质在高温下所产生的原子蒸气对特定波长的光具有吸收能力来进行成分分析。在分析油液时将少量油液置于火焰中气化，让具有某一特定波长的光通过油液在火焰中形成蒸气，用光电检测器测定透射光的光量，如果这种光被蒸气吸收，则油液污染物中含有发射这种特征光波的元素。通过改变光源的波长范围，并测定光波强度减弱的程度，即可鉴别不同的元素并测出其含量。此方法可测定污染物中的各种金属元素。

② 铁谱法。

铁谱法主要用于鉴别油液中与磨损过程有关的金属磨屑。铁谱仪的工作原理是利用强磁力将油液中的金属磨屑分离出来，以便进行磨屑成分鉴别和含量测定。

铁谱仪有分析式和直读式两种形式。分析式铁谱仪由制谱器和读谱仪两部分组成。

图 3-2 为制谱器的原理图。样液瓶内的油液被微量泵吸出，经细管流至倾斜放置的玻璃基片的上端。油液沿玻璃基片缓慢流动，从下端经导管流入废液瓶内。在玻璃基片的下面安装有一个磁场梯度很大的磁铁。油液中的磨屑在磁力作用下沉积在基片上，并按照其颗粒大小和磁性强弱分布在基片的各个部位，于是制成供分析用的铁谱片。

读谱仪包括光密度计和双光源显微镜。在显微镜下由光密度计读出铁谱片某一部位的光密度来反映颗粒在基片上的面积覆盖率，由此可以评定油液中磨屑的含量。此外，在双光源显微镜下不仅可以直接观察到铁谱片上颗粒的大小和形貌，而且利用红色反射光和绿色透射光，借助于标准铁谱图册，可以鉴别颗粒的材质，如金属、非金属或氧化物等。直读式铁谱仪不需要制作铁谱片，通过光密度计读数直接评定油液中颗粒物的含量。

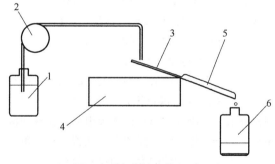

图 3-2　铁谱制谱器原理图
1—样液瓶；2—微量泵；3—玻璃基片；
4—磁铁；5—导管；6—废液瓶

③ X 射线能谱法。

扫描电子显微镜是一种高性能的电子化学仪器，它的放大倍数范围大（从数十倍到数十万倍），景深为普通光学显微镜的 300 倍。它不仅可用于较粗糙表面的微观结构分析，如分析颗粒污染物的尺寸与形貌等，而且与 X 射线能谱仪结合，可对微区或颗粒的化学成分进行分析。 X 射线能谱仪通过检测试样被高能电子束激发的特征 X 射线能量，对试样所含元素进行微区定性和定量分析。这种分析方法的优点是在观察试样显微图像的同时，能够快速地对试样进行成分分析。

由于作扫描电子显微镜分析的试样要求是固体，因而油液中的颗粒污染物需要用微孔滤膜分离出来。滤膜上的油渍必须用超净溶剂冲洗干净。然后将收集有污染颗粒的滤膜制成试样，其表面需覆盖一层导电物质。 X 射线能谱仪可以对原子序数大于 11 的所有元素进行定性和定量分析。根据谱线的位置可确定被检测元素，由相应谱线高度可确定所含元素的相对含量。

④ X射线波谱法。

X射线波谱法是把X射线波谱仪作为扫描电子显微镜的一个附件进行检测。X射线波谱仪的原理是利用晶体对特征X射线的衍射来接收各种元素产生的单一波长X射线信号。X射线波谱仪的测定范围为原子序数为5～92的各种元素。

（3）液压油污染度的评定

液压系统油液污染度指单位容积油液中固体颗粒污染物的含量，即油液中所含固体颗粒污染物的浓度。

① 称重法。

称重法是测定单位容积油液中所含颗粒污染物的重量，一般用mg/L（或mg/100mL）表示重量污染度。

如图3-3所示为称重法采用的微孔滤膜过滤装置。测定时将两片0.2μm孔径的微孔滤膜烘干并分别用精密天平称重，将这两片滤膜上下重叠夹紧在滤膜夹持器内。用真空吸滤装置过滤100mL经石油醚稀释的样液，将样液中的颗粒污染物收集在滤膜上。然后再将这两片滤膜烘干并分别称重。

再用以下公式计算油液的污染度：

$$G = \frac{(M_E - m_E) - (M_T - m_T)}{V} \times 1000$$

式中　　G——重量污染度，mg/L；

M_E——上膜过滤样液后的重量，mg；

m_E——上膜过滤样液前的重量，mg；

M_T——下膜过滤样液后的重量，mg；

m_T——下膜过滤样液前的重量，mg；

V——样液过滤容积，mL。

→接真空泵

图3-3　砂芯滤膜过滤器

采用上下两片滤膜的目的是消除滤膜本身重量变化引起的误差。称重时天平读数应精确到0.05mg。在操作中滤膜烘干是个比较难控制环节，因滤膜烘干的程度不同，最后算出的结果有时差异很大，因此称重法只能较粗略地反映油液的污染状况，用于较快速、经济、精确度要求不高的场合。称重法所需的测试装置比较简单，操作简便，但只能反映油液中颗粒污染物的总量，而不能反映颗粒的大小和尺寸分布。

② 颗粒计数法。

颗粒计数法用以测定油液中各种尺寸颗粒污染物的颗粒数。

油液中的颗粒浓度有两种表示方法：区间颗粒浓度和累积颗粒浓度。区间颗粒浓度指每单位容积油液中含有某给定尺寸区间的颗粒数。例如，1mL样液中尺寸在5～10μm之间的颗粒数。累积颗粒浓度指单位容积油液中含有的大于某给定尺寸的颗粒数。例如，1mL样液中尺寸大于5μm的颗粒数总数。

a. 显微镜法。

用显微镜进行油液污染度分析是目前应用最普遍的一种常规方法。用微孔滤膜过滤装置过滤一定容积的样液，将油液中的颗粒污染物全部收集在滤膜表面，然后在普通光学显微镜下观察颗粒的大小并进行计数。

常用的滤膜直径为47mm，滤膜的微孔孔径一般为0.45μm。为了计数方便，滤膜上印有正方格，边长为3.08mm，滤膜的有效过滤面积约等于100个方格的面积。

显微镜目镜内装有测微标尺，用以测定颗粒的尺寸。此外，通过测微标尺可将方格面积划分为更小的单元面积，通常为方格面积的 1/6 或 1/20。过滤样液容积一般为 100mL。如样液污染度很高，可减小容积并用清净液稀释。

根据油液的污染程度，选定若干个方格面积或单元面积进行颗粒计数，然后折算整个过滤面积内的颗粒数。颗粒计数尺寸范围和显微镜放大倍数的选取，见表 3-2。

表 3-2　污染物颗粒计数尺寸范围与显微镜放大倍数

尺寸范围/μm	放大倍数	尺寸范围/μm	放大倍数
>5~15	200~400	>50~100	100
>15~25	160~200	>100	100
>25~50	100~200		

显微镜法所需的设备简单，可以直接观察到颗粒污染物的大小和形貌，并可大致辨别污染物的类型。但用这种方法计数需要的时间长，操作人员易于疲劳，并且计数的准确性很大程度上取决于操作人员的经验和技能，抽样计算误差比较大。

b. 自动颗粒计数器法。

随着电子技术的发展，自动颗粒计数器在油液污染度分析中已获得日益广泛的应用。它具有分析速度快、准确度高和操作简便等优点。目前用于液压系统污染分析的自动颗粒计数器主要是属于遮光原理这一类型。如图 3-4 所示为遮光型自动颗粒计数器的传感器原理图。传感器由光源、透明的流体通道和光电检测元件组成。从光源发出的平行光束通过传感器的窗口射向一个光电二极管。光电二极管的输出经前置放大器传输到计数器。被测试的油液沿垂直于光束的方向流经窗口。当传感区内的油液中没有任何颗粒时，前置放大器的输出电压为一定值。当有一个颗粒通过传感区时，一部分光线被颗粒遮挡，于是光电二极管接收的光强减弱，因而输出电压产生一个脉冲。由于被遮挡的光量与颗粒的投影面积成正比，因而输出电压脉冲的幅值直接反映颗粒尺寸的大小。

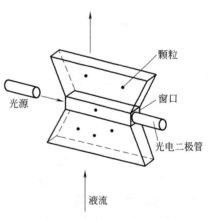

图 3-4　遮光型自动颗粒计数器的传感器原理图

遮光型自动颗粒计数器对油液中悬浮的微小气泡和水珠也一样进行计数。因此，样液应进行脱气，即先将样液瓶放置在超声波槽内，经过振荡使小气泡合并成大气泡从液体中排出，然后在真空下进一步使气泡析出。

③ 简易评定法。

a. 显微镜对比法。

将过滤一定容积样液制备的污染滤膜与标准污染度等级样片在显微镜下进行比较，无需颗粒计数，大致确定样液的污染度等级。实际操作中可以采用专用的显微镜，在同一视场内同时观察样液的污染滤膜和标准污染样片上的颗粒分布，以进行对比分析。

b. 浊度计法。

油液中悬浮的污染颗粒影响光线透过油的特性，使油液的浑浊度发生变化。因此测定油液的浑浊度可以评定油液的污染度。利用浊度计原理可以制成适合于现场使用的简便测试装置。

c. 过滤器堵塞法。

过滤器在使用过程中随着被颗粒污染物堵塞，滤芯两端的压差逐渐增大。油液污染度愈高，滤芯堵塞愈快，达到某一给定压差的时间愈短。当通过滤芯的流量和油液黏度一定时，滤芯两端压差的变化与油液污染度之间的关系是确定的。根据以上原理，通过测定达到 50% 堵塞极限压差所需的时间，与标准污染系统的试验数据比较，即可确定被试油液的污染度。

d. 电导法。

利用在高压静电场作用下，污染油液具有不同的电导电流强度的原理，通过测定电导电流强度可以定性地确定油液污染水平。完全纯净的液压油从理论上说是绝缘的，但是一旦油质受水分或固体颗粒污染后，在强电极电场的作用下，电极之间会产生一定的电导电流。这是一种简单、快速、经济而又较为准确的测试方法，可以在线监测，也可以作为定期检测手段。

(4) 液压油中空气含量的测定

① 油液外观评定法。

当液压油中混有不同含量的空气时，其浑浊程度有所不同。因此，从油液的外观可以大致评定空气的含量，如图 3-5 所示为某种矿物型液压油在不同空气含量下的外观描述。

② 浊度计法。

以气泡状态悬浮在油液中的空气含量可以利用浊度计来测定。浊度计为一光电检测装置。从光源射出的平行光束透过油液，入射光受气泡的影响而发生散射。通过测定散射光或透射光的光强，可以确定油液中气泡的含量。由于光电检测装置对油液中的固体颗粒也同样敏感，因而只有在固体颗粒污染物含量很小的情况下，浊度计测得的结果才能反映油液中空气的含量。

③ 油液压缩法。

当油液中含气量较大时，其容积弹性模量减小，可压缩性增大。油液的可压缩性与空气含量有关。因此，通过测定在一定压力下油液体积的变化率，可以推算出油液中的空气含量。

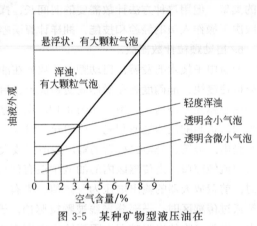

图 3-5　某种矿物型液压油在
不同空气含量下的外观

④ 声速法。

微小气泡悬浮在油液中会显著降低油液的容积弹性模量，因而也显著改变声波在油液中的传播速度。声速法即通过测定油液中的声速可以评定油液中的空气含量。

(5) 液压油中水分的测定

① 蒸馏法。

在被试样液中加入一种能与样液混合而与水不相容的溶剂，并将样液加热进行蒸馏。水从油液中蒸发出来，经冷凝后沉积在带有刻度的收集管内。根据样液的容积和收集管内水的容积，即可确定油液中的含水量。

② 电量法。

电量法的原理是将一定量的样液注入电解液内，通过电解使电解液中的碘离子在阳极氧化为碘。所产生的碘与样液中的水发生反应，电解过程持续进行。当样液中的水被耗尽，电解即自行停止。用库仑仪测定样液电解所消耗的电量，根据法拉第定律可以求出样液中的含水量。电解液为卡氏试剂、甲醇和三氯甲烷的混合液。

③ 半定量评定法。

半定量评定法是在现场采用的一种简便方法。将数滴油液滴在凹状薄铝箔上，用火柴加热铝箔。若油液中含有水，可听到炸裂声或看到瞬间产生的泡沫。

(6) 液压油的取样及污染度等级

① 液压油的取样原则。

a. 所取样液能够代表整个液压系统油液的污染状况。

b. 取样过程中样液不能被污染。

② 取样超净容器的清洗方法。

a. 用溶剂或洗涤液去除容器内的油渍。

b. 在超声波清洗槽内注入清净热水和适量洗涤液，将取样瓶浸泡在水中进行超声波清洗。

c. 用清净热水再次进行超声波清洗。

d. 用蒸馏水冲洗取样瓶，将瓶倒置静置。

e. 用经过 $0.45\mu m$ 滤膜过滤的异丙醇冲洗。

f. 用经过 $0.45\mu m$ 滤膜过滤的石油醚冲洗。

g. 用清净的塑料膜封口并拧紧瓶盖。

③ 容器取样方法。

容器取样可采取管道取样和油箱取样两种方式。从系统中运转的液压管道中取出的样液具有较好的代表性，因而应尽可能采用这种取样方式。管道取样应在紊流状态下进行，在紊流状态下系统油液内的颗粒污染物充分悬浮并混合均匀，因而样液能够反映整个系统油液的污染状况。在一些不便于从管道取样的场合可以采用从油箱取样的方法。取样时用一根取样管伸入油箱液面以下 1/2 深度处，取样管上端插入密封的取样瓶，利用真空将油液吸入取样容器内。取样应在系统运转一定时间，待油箱内油液中的污染物充分悬浮后进行。取样时取样管吸油端不得接触任何元件表面。

④ 在线取样污染分析。

在线取样污染分析不需通过容器取样，而将污染检测装置接在液压系统回路内，直接对系统油液进行污染度测定或监测。与容器取样相比，在线分析主要有以下优点：可以立即得到污染分析结果；不需要取样瓶和净化室设备；分析可信度高，因为消除了容器取样可能产生的附加污染。

如图 3-6 所示为在线颗粒浓度分析用于滤油器性能试验的实例。从被试滤油器上、下游分流一小部分油液，分别流经自动颗粒计数器的上、下游传感器并进行颗粒浓度测定。若样液的污染浓度超过传感器的极限浓度，则由稀释油源提供超净油液进行稀释。

⑤ 油液污染度等级。

为了描述和评定液压系统油液的污染程度，实施对液压系统的污染控制，有必要制定液压系统油液污染度的等级标准。

a. 国际标准化组织制定的液压工作介质的固体颗粒污染度等级标准 ISO 4406。

ISO 4406 标准用两个数码代表油液污染度等级。前面的数码代表 1mL 油液中尺寸大于 $5\mu m$ 的颗粒数等级，后面的数码代表 1mL 油液中尺寸大于 $15\mu m$ 的颗粒数等级，两个数码之间用一斜线分隔。

表 3-3 为 ISO 4406 规定的污染度等级数码和相应的颗粒浓度。根据颗粒浓度的高低共分 26 个等级。颗粒浓度愈高，代表等级的数码愈大。

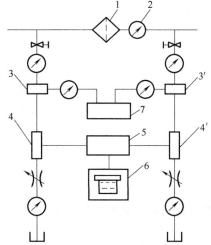

图 3-6　在线取样用于滤油器性能污染分析系统
1—被测滤油器；2—流量计；3,3′—上、下游混合器；
4,4′—上、下游传感器；5—自动颗粒计数器；
6—打印机；7—超净油源

表 3-3　ISO 4406 污染度等级数码和相应的颗粒浓度

每毫升油液中的颗粒数	等级数码	每毫升油液中的颗粒数	等级数码
160000	24	20	11
80000	23	10	10
40000	22	5	9
20000	21	2.5	8
10000	20	1.3	7
5000	19	0.64	6
2500	18	0.32	5
1300	17	0.16	4
640	16	0.08	3
320	15	0.04	2
160	14	0.02	1
80	13	0.01	0
40	12	0.005	0.9

b. 国标 GB/T 14039—1993 污染度等级简介。

我国制定的液压系统油液污染度等级标准等效采用 ISO 4406 国际标准。不同之处是根据我国实际情况将等级数码由 24 扩展到 30，取消了 0.9 的等级。这样，GB/T 14039—1993 就规定了从 0 到 30 总共 31 个污染度的等级数码。

3.2.2　液压油的净化

(1) 液压油的过滤

液压系统中油液混有各种污染物，聚集过久、密集度过高会给系统的平稳运行带来隐患，因此必须借助于过滤或净化装置去除油液中的各类污染物，以保持油液必需的清洁度。

滤油器是液压系统中使用最普遍的一种净油装置，它利用多孔可透性介质滤除油液中非可溶性颗粒污染物。滤油器的过滤介质有许多类型，表 3-4 列出了各种过滤介质及其可滤除的最小颗粒尺寸。

表 3-4　过滤介质类型及其可滤除的最小颗粒尺寸

类型	实例	可滤除的最小颗粒尺寸/μm
间隙式	片式、缝隙式	5
多孔固体	陶瓷	1
	烧结金属滤芯	3
金属网	金属网式	5
微孔材料	泡沫塑料	3
	微孔滤膜	0.005
纤维织品	天然和合成纤维织品	10
非织品纤维	毛毡、棉丝	10
	纤维纸、不锈钢丝纤维	5
	玻璃丝纤维	2
松散固体	石棉、硅藻土、膨胀珍珠岩	<1

(2) 滤油器的主要技术参数

滤油器过滤性能的优劣直接决定了系统中液压油的质量。在选用滤油器时，我们应该考虑以下几个主要技术参数。

① 过滤精度。

过滤精度是指滤油器对不同尺寸颗粒污染物的滤除能力。在选择滤油器时，过滤精度是首先要考虑的一个重要参数，因为它直接决定了液压系统油液的污染水平。滤油器的精度愈高，系统油液的清洁度愈高，即污染度愈低。

常用的滤油器过滤精度评定方法有：

a. 名义精度。

名义精度以 μm 表示。以名义精度为 $10\mu m$ 的滤油器为例，它的定义如下：在滤油器上游油液中加入 AC 细试验粉尘，对于 $10\mu m$ 以上的颗粒，过滤器能够滤除按重量计的 98%。这种评定方法是在污染浓度很高的试验条件下进行的，和滤油器的实际工作条件相差很大，因而试验结果不能确切反映滤油器的过滤性能。

b. 绝对精度。

绝对精度指能够通过滤油器的最大球形颗粒尺寸，以 μm 表示。例如，绝对精度为 $5\mu m$ 的滤油器，能通过的最大球形颗粒直径为 $5\mu m$。

绝对精度的测试方法是将一定容积的含有各种大小球形颗粒的液体通过被试过滤元件，收集过滤后的液体并用微孔滤膜过滤，然后在显微镜下观察微孔滤膜上的颗粒，能够观察到的最大球形颗粒的尺寸即过滤元件的绝对精度。绝对精度只是反映过滤元件能够滤除和控制的最小颗粒尺寸，但不反映对于不同尺寸颗粒的滤除能力。

c. 平均孔径。

对于孔径基本上相等的过滤介质，其平均孔径即为介质孔径的平均值。但对于孔径尺寸分布范围大的过滤介质，则需要用平均流量孔径来表示介质对颗粒污染物的有效过滤能力。平均流量孔径是将通过流量分为相等两部分的孔径，也就是说，流经大于这一孔径所有的流量等于流经小于这一孔径所有的流量。

平均孔径只反映过滤元件能够有效地滤除这个尺寸以上的颗粒，但没有确切的量的规定。

d. 过滤比。

过滤比的定义如下：滤油器上游油液单位容积中大于某一给定尺寸 x 的污染颗粒数与下游油液单位容积中大于同一尺寸的颗粒数之比，用 β 表示。例如，滤油器上游油液中大于 $10\mu m$ 的颗粒浓度为 12000/mL，下游油液中大于 $10\mu m$ 的颗粒浓度为 4000/mL，则过滤比 $\beta = 3$。滤油器对于不同颗粒尺寸的过滤比是不同的，因此，用过滤比表示滤油器过滤精度时必须注明其对应的颗粒尺寸。

过滤比在以下几种情况下具有特定的意义：

当 $\beta = 1$ 时，即滤油器上、下游油液中的颗粒浓度相等。它表明滤油器对于尺寸等于或小于 x 的颗粒没有任何滤除能力。

当 $\beta = 2$ 时，即对于尺寸大于 x 的颗粒，滤油器能够滤除 50%，因而 x 可认为是该滤油器的平均过滤精度。

当 $\beta = 75$ 时，即绝大部分尺寸大于 x 的颗粒被滤除，因而 x 可认为是该滤油器的绝对精度。

② 压差特性。

油液流经滤油器时，由于过滤介质对液体的阻力而产生一定的压力损失，因而在滤油器两端产生一定的压差。油液流经过滤介质时一般呈层流状态，因而过滤介质两端的压差随着流量的增大按线性增加。在流量一定的情况下，过滤材质相同的滤油器的精度愈高，其压差一般也愈高。

滤油器在使用过程中，由于不断滤除油液中的污染颗粒，过滤元件逐渐被污物堵塞，因而其压差逐渐增大。当压差达到一定值后，压差急剧增大，该点称为极限压差。过滤元件的初始压差和最大极限压差是很重要的参数，应尽量减小过滤元件的初始压差。

③ 纳污容量。

一个理想的滤油器应该能够滤除油液中全部的颗粒污染物而不产生任何压力损失，并且能够容纳无限量的污染物。但实际上这是不可能的，由于污染物的堵塞，过滤元件两端的压差增大，当压差达到允许的极限值时，过滤元件失效，必须更换或清洗。在整个使用寿命期间内，被过滤元件截留的污染物总量称为过滤元件的纳污容量，以重量（g）表示。过滤元件的纳污容量愈大，使用寿命愈长。过滤元件的有效过滤面积愈大，过滤介质的孔隙度愈高，则纳污容量愈大。

(3) 滤油器的选择

① 滤油器的安装位置选择。

在液压系统中滤油器可以根据需要安装在不同位置，如吸油路、压力油路和回油路。此外，滤油器也可以安装在主液压系统之外，组成单独的系统外过滤系统。如图 3-7 所示为滤油器在液压系统中可能的安装位置。根据需要，液压系统也可以安装一个或几个滤油器。

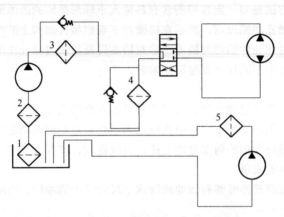

图 3-7　滤油器在液压系统中的安装位置
1—吸油口；2—吸油路；3—压力油路；4—回油路；5—系统外独立过滤油路

为防止油泵从油箱吸油时将颗粒污染物吸入泵内，一般在吸油口或吸油路中装有吸油过滤器。吸油口滤油器浸没在油箱底部，极易被污染物堵塞以致造成吸空，并且维护困难。因此，一般采用粗滤油器，如网式或线隙式，过滤精度 $100 \sim 180\,\mu m$，主要作用是阻挡大颗粒污染物。安装在吸油路中的滤油器其精度可稍高一些，但其压差受油泵吸油特性的限制。滤油器压差过大容易造成油泵吸空而导致气蚀损坏，因而吸油路滤油器的初始压差一般不应超过 0.0035MPa。而使用中最大压差一般不超过 0.035MPa。吸油路滤油器过滤精度不可能很高，其过滤比一般不超过 2。

压力油路滤油器安装在油泵与系统中的各液压元件之间的压力油路上。从减小对滤油器的流量冲击和压力冲击的角度出发，滤油器应尽可能安装在接近油泵出口处。若滤油器远离油泵，则泵与滤油器之间的管路相当于一个蓄能器。当位于滤油器下游的阀突然从高压接通回油路时，管路内原来处于高压下的油液突然卸压，这时产生的瞬间冲击流量将比泵的流量大许多倍。与吸油路滤油器相比，压力油路滤油器在压差方面的限制不是很严格，因而可以选用精度高的滤油器。

压力油路滤油器除了安装在主回路上用以控制元件的污染磨损外，在一些关键元件的上游还安装有保护个别元件的滤油器，如在液压制动器、安全阀和伺服阀等元件上游。这类滤油器的过滤精度并不要求很高，其主要作用是滤除可能侵入元件上游较大尺寸的颗粒，防止元件发生突然性故障。

从在系统中的位置来说，回油路滤油器是比较理想的。在系统油液流回油箱以前，滤油器将侵入系统的和系统内部生成的污染物滤除，为油泵提供清净的油液。然而，由于液压马达和油缸在回油路引起流量波动，因而使滤油器的过滤性能降低。因此，只有在系统流量比较稳定的情况下，回油路滤油器才能得到满意的效果。此外，由于回油路滤油器不能滤除油箱内的污染物，因而应特别注意运转前油箱的清洗和采取防止污染物侵入油箱的措施。

采用外过滤系统则可基本上消除系统回路流量波动的影响。外过滤系统由一个单独的油泵供油，可采用高精度的滤油器，在主液压系统运转前预先滤净油箱中的油液，从而可以有效地保护油泵。

② 滤油器的精度选择。

实际工作中，可以根据经验，参照表 3-5 为各种不同类型的液压系统选择滤油器的精度。

表 3-5　各种液压系统选择滤油器的精度参考值

液压系统类型	过滤精度（绝对精度）/μm
可靠性要求极高，对污染非常敏感的液压系统，如实验室或宇航系统	1～2
高性能伺服系统和重要的高压系统，如飞机、精密机床等	3～5
可靠性要求高的中、高压通用机械和移动设备	10～15
低压重载系统或工作寿命要求不十分严格的系统	15～25
元件间隙较大的低压系统	25～40

（4）液压油净化技术简介

为了使液压系统达到系统要求的清洁度，一般采用过滤或净化技术，两者的区别在于：前者是污染颗粒在油液流动方向上被孔隙捕截清除，而后者是污染颗粒在与油液流动方向垂直或不一致的方向上因化学、物理作用被分离。

油液净化技术的方法与机理很多，见表 3-6。各种机理对污染颗粒、水分、空气的净化效果都不完全相同，各有利弊。为了达到高精度净化液压油的目的，可以采用多机理组合式净化，充分利用各种净化机理的优势达到综合净化效果。

表 3-6　常用的油液净化技术

净化方法	主要特征	净化对象
过滤分离法	（A）表面过滤。用金属网、滤纸、多孔烧结金属组成过滤器。（B）深度过滤。用颗粒或纤维状物料(纤维、合成树脂等)进行过滤	固体杂质、水分
静电吸附法	利用高压静电场。使油液从两电极间通过,可以把 0.1μm 以下的污染物分离出来	固体杂质、水分、胶质氧化物
沉降分离法	加热可加速沉降。利用油液与水分的密度差,静置油液,使水分、杂质沉降而分离净化	固体杂质、水分
凝聚剂分离法	适当添加凝聚剂,使油液中的胶质、小颗粒凝聚成大颗粒,在静置中沉降	固体杂质、水分、胶质
真空分离法	置油液于真空中,油液中溶解度低的和饱和蒸气压低的污染物(空气、水分、低沸点成分等)就会蒸发出来	溶解于油液中的空气、水分、轻质油等
离心分离法	利用离心机高速旋转产生的离心力场,使水、杂质与油液分离	固体杂质、水分
磁力分离法	用磁性吸附铁性金属粉末。也可利用带电效应用磁铁从油液中清除非磁性微粒,但效果要差一些	主要是铁性粒子
吸附分离法	使油液通过由活性炭、矾土(氧化铝)、藻土等吸附剂或合成吸附剂与纤维、多孔陶器组成的吸附层,油液中易被吸附的颗粒和水分就会被吸附。吸附剂吸附量有限,如杂质、水分很多时,则不能用此法	固体杂质、水分、油品氧化物
凝聚分离法	油液通过由亲水性纤维成形而成的凝聚分离器,油中小水珠就会凝聚成较大水珠而被分离出来。最后使油液通过由疏水性物质充填而成的脱水器,油中尚未沉降的小水珠又会凝聚成较大水珠而被分离出来	固体杂质、水分

3.2.3　液压元件清洗

要保证液压控制系统正常工作，除了在设计、制造上的先进合理外，主要应保持液压系统内部液压油的清洁。液压系统的故障原因绝大部分出现在液压油的污染上，液压系统遭到污染是不可避免的，元件清洗和系统冲洗的目的就是消除或最大限度地减少设备的早期故障。冲洗的目标是提高油液的清洁度，使系统油液的清洁度保持在系统内关键液压元件的污染耐受度内，以保证液压系统的工作可靠性和元件的使用寿命。

（1）系统的常用清洗方法

① 溶剂加温浸洗。

将被清洗的零件浸入带有加热设备的清洗槽中（加热温度一般为 35~85℃），并在清洗液中通入压缩空气或蒸汽，使清洗液处于动态之中，浸渍时间 0.5~2h。为提高清洗效果，可在清洗液中加入如表 3-7 所示的常用添加剂，以提高防锈去污和清洗能力。

表 3-7　清洗液常用添加剂

名称	化学分子式	用量/%	适用场合
磷酸钠	Na_3PO_4	2~5	适用于钢铁、铝、镁及其合金的清洗防锈
磷酸氢钠	Na_2HPO_4	2~5	适用于钢铁、铝、镁及其合金的清洗防锈
亚硝酸钠	$NaNO_2$	2~4	适用于钢铁制件工序间、中间库或封存防锈
无水碳酸钠	Na_2CO_3	0.3~1	配合亚硝酸钠使用调整 pH 值
苯甲酸钠	C_6H_5COONa	1~5	适用于钢铁及铜合金工序间和封存包装防锈

② 喷洗。

采用压力喷射机清洗，适用于大中型工厂车间连续作业。通过耐腐蚀泵把调配好的加热水溶液以 0.3MPa 的压力进行喷射清洗，一般说来，被清洗零件经过预洗室、清洗室和热水清漂室三道连续喷射过程。此外，也可采用压缩空气产生的气流将污染物吹掉，其中采用脉动气流效果最佳。

③ 机动擦洗。

可采用柔软毛刷去除污物，以保持元件的精度和低的粗糙度。如网式滤油器，总是用硬的钢丝刷，有时会损坏滤芯或改变过滤精度。又如高精度、低粗糙度的液压阀体，使用带磨料球的尼龙去刺刷，刷磨阀孔端部、孔道交接处及沉割槽等。该尼龙去刺刷的刷头由直径为 0.3~0.6mm 的黑色尼龙丝及规格为 M20 的绿色碳化硅磨料粘接而成。

④ 超声波清洗。

利用适当功率的超声波射入清洗液中，形成点状微小空腔，当空腔扩大到一定程度时，突然溃灭，形成局部真空，周转的流体以很高的速度来填补这个真空，产生具有几千个大气压数量级的强大声压和机械冲击力（即空化作用），使置于清洗液中的零件表面上的污染物剥落。此种方法清洗时间短，清洗品质好，还能清洗形状复杂而人工又无法清洗的零件。与手工相比，工效提高 10 倍以上，且成本降低。但对滤油器这种多孔形物质，由于其有吸收声波的作用，可能会影响清洗效果。

⑤ 加热挥发法。

有些污染物用加热使之挥发的方法可以去除，但此种方法不能将液压元件内部残存的炭、灰及固体附着物清除掉。

⑥ 酸处理法。

采用此法时，对不同的金属材料采用不同的酸洗液。将表面污染物除去后，放入由 CrO_3、H_2SO_4 和 H_2O 配合的溶液中浸渍，使表面产生耐腐蚀膜。

对于冲洗程序来说，只有 5μm 颗粒浓度需要监视，因此当浓度符合要求时，15μm 颗粒浓度也将符合要求。因此，能控制 5μm 颗粒的滤油器是满足有效冲洗所必需的条件。

如图 3-8 所示为液压系统的冲洗程序。在建立冲洗程序时应考虑的另一个因素是，颗粒计数能力乃是有效的污染控制的基础。缺少颗粒计数仪器不应成为建立净化程序的障碍。斑点试验（即"黑白"试验）是一种可接受的污染测定方法。用这种方法时，一个油样在一小片滤膜上滤出斑点，然后用显微镜检查此斑点，观察颗粒的数量和类型。

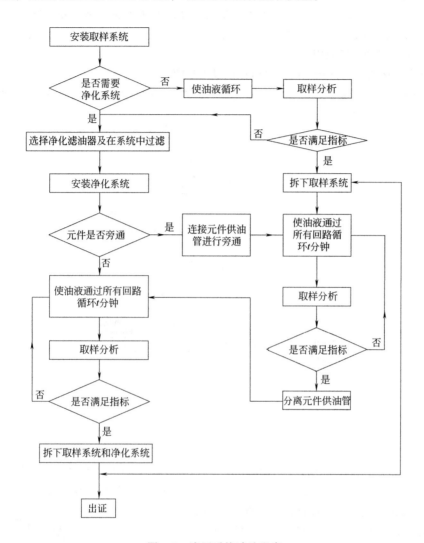

图 3-8　液压系统冲洗程序

（2）管件及油箱的清洗

管件的清洗主要实行酸洗。首先是去除管件上的毛刺、焊渣及油漆等，其次用氢氧化钠及碳酸钠进行脱脂处理，去除附着在管件上的油脂，然后用高速流温水冲洗，去掉管件上的脱脂液及污物，再用 20%～30% 的稀盐酸或 15%～20% 的稀硫酸溶液进行酸洗，以去掉管件内的锈蚀。酸洗前应在管螺纹处涂抹或包上耐酸材料，以防酸蚀作用。酸洗温度应保持在 40～60℃，时间约为 40min，酸洗过程中可对管道轻微敲打或振动。酸洗完成后还要用 10% 的氢氧化钠溶液清洗 15min，使其中和，溶液温度约为 30～40℃。最后用温水冲洗并用热风吹干，以去除管中存留的水分和杂质。此后应对管内进行检查，以确保管内污物已被清除掉并且表面光滑无锈迹。然后将管件头部罩上并捆绑住。如管子不马上用，则管内应涂以防锈油或防锈剂以防锈蚀。管件中软管是最难清洗干净的元件，但若经高速液流反复循环冲洗，总可把较多的污染物清除掉。

① 循环酸洗。

管内循环酸洗法是在安装好的液压管路中，将液压元器件断开或拆除，用软管、接管、冲洗盖板连接，构成冲洗回路。用酸泵将酸液打入回路中进行循环酸洗。该酸洗方法是近年来较为先进的施工技术，具有酸洗速度快、效果好、工序简单、操作方便等优点，减少了对人体及环境的污染，降低了劳动强度，缩短了管路安装工期，解决了长管路及复杂管路酸洗难的问题，对槽式酸洗法易发生装配时的二次污染问题，从根本上得到了解决。该方法已在大型液压系统管路施工中得到广泛应用。

图 3-9 为循环酸洗工艺示意图。具体包括以下步骤：

a. 准备酸洗用的设备。这其中包括酸洗泵站、酸洗用的软管、钢管、连接法兰等。

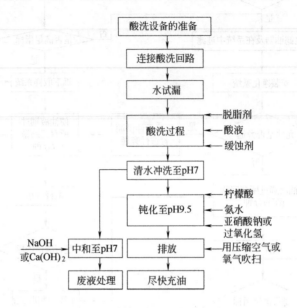

图 3-9　循环酸洗工艺示意图

b. 确定酸洗回路的连接方案，并且按此方案进行现场酸洗回路连接。首先应将装在回路中不耐酸洗溶液的所有阀、连接杆和设备取下，并且用其他的连接件代替，形成临时回路，在回路中由橡胶或塑料（氟橡胶、丁腈橡胶）等耐酸材料制成的密封是耐酸的，不必拆下。

c. 所连接的酸洗回路均以酸洗槽为起始和终止端，酸液由酸洗槽送入回路并且最终返回其中，所有管子构成的回路长度可以从 30m 到 100m，甚至更长。它由酸洗设备的能力所确定。

d. 酸洗过程从对酸洗回路充水开始，一旦整个酸洗回路充满了水，并且形成了循环，就要对酸洗回路以及各连接处进行泄漏检测，当回路无泄漏后，将脱脂剂加入水中，如果介质温度高于 20℃，整个化学过程可以在不加热情况下进行。

e. 接着是加入配置好的带有缓蚀剂的盐酸以及二氧化氮，然后将酸洗溶液循环 4～6h。在循环期间，要对返回的酸液进行检查，以确定何时结束酸洗过程。

② 槽式酸洗。

就是将安装好的管路拆下来，分解后放入酸洗槽内浸泡，处理合格后再将其进行二次安装。此方

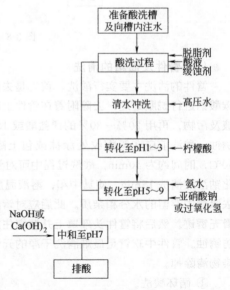

图 3-10　槽式酸洗工艺示意图

法较适合管径较大的短管、直管，以及容易拆卸、管路施工量小的场合，如泵站、阀站等液压装置内的配管及现场配管量小的液压系统，均可采用槽式酸洗法。槽式酸洗的步骤以及使用的化学药品基本上与循环酸洗相同。图 3-10 为槽式酸洗工艺示意图。

a. 脱脂。

脱脂液配方为：

ω（NaOH）=9%～10%，ω（Na$_3$PO$_4$）=3%，ω（NaHCO$_3$）=1.3%，ω（Na$_2$SO$_4$）=2%，其余为水。操作工艺要求为：温度 70～80℃，浸泡 4h。

b. 水冲。

用压力为 0.8MPa 的洁净水冲干净。

c. 酸洗。

酸洗液配方为：

ω（HCl）=13%～14%，ω[（CH$_2$）$_6$N$_4$]=1%，其余为水。操作工艺要求为：常温浸泡 2h。

d. 水冲。

用压力为 0.8MPa 的洁净水冲干净。

e. 二次酸洗。

酸洗液配方同上。操作工艺要求为：常温浸泡 5min。

f. 中和。

中和液配方为：NH$_4$OH 稀释至 pH 值为 10～11 的溶液。

g. 钝化。

钝化液配方为：

ω（NaNO$_2$）=8%～10%，ω（NH$_4$OH）=2%，其余为水。操作工艺要求为：常温浸泡 5min。

h. 水冲。

用压力为 0.8MPa 的净化水冲净为止。

i. 快速干燥。

用蒸汽、过热蒸汽或热风吹干。

j. 封管口。

用塑料管堵或多层塑料布捆扎牢固，如按以上方法处理的管子，管内清洁、管壁光亮，可保持二个月左右不锈蚀，若保存好，还可以延长时间。

在实际应用中，必须根据现场实际情况、管道的安装形式以及可能采用的化学药剂等因素来确定使用哪一种酸洗工艺更为合适。大多数情况下，一般建议采用循环酸洗工艺为主、槽式酸洗工艺为辅的方法。即尽量采用循环酸洗工艺，对于一些小管件、泵站吸油管以及难以实现循环酸洗的管子及管件采用槽式酸洗工艺。

（3）冲洗滤油器和冲洗时间

较大的冲洗滤油器原始费用高，但在长期使用中是省钱的。这种大滤油器不可能作为标准元件装在系统上，所以一个单独的冲洗滤油器往往有更高的成本。这种冲洗滤油器的理想用途是在初次启动时使用，可以清除装配时产生的大量污染物。

冲洗液压系统所需的时间受两个因素的影响：滤油器清除液压油中污染物所用的时间和从系统各个角落收集污染物并汇集到滤油器所用的时间。前者取决于滤油器的过滤比 β，β 值越高，所需要的冲洗时间就越少，污染控制滤油器清洗污染物越快。从系统的各个角落收集污染物，并带到滤油器所需的时间是个不确定的变量，它取决于系统的复杂性、可供移动污染颗粒的能量大小和每个液压元件的颗粒脱落速度。因此，只能根据所讨论系统的实际试验情况来确定。表 3-8 列出了一些典型系统的复杂系数（复杂程度）K_2，K_2 与冲洗时间及滤油器的过滤比 β 有关，如图 3-11 所示。如果系统油箱的循环率（流量与体积之比）小于 2，则应采用大于 500 的复杂系数。如果循环率为 4~5，则提供轻快的过滤并对应 100~500 的复杂系数。

表 3-8　液压系统的复杂系数（K_2）

系统描述	复杂系数 K_2
有一台液压泵、一条或二条回路、简单的油箱（没有齿轮或离合器装置），管路液流速度为 9m/s 以上、管路长度小于 7.6m 的系统	10~50
有一台液压泵、一条以下的回路、简单的油箱，管路液流速度为 6m/s 以上、管路长度在 15m 以上、有一些弯管和接头的系统	50~100
有一台或多台液压泵、一条或几条回路、变速箱或简单的油箱，管路液流速度在 6m/s 以上、管路长度在 15m 以上、有许多弯头和接头、有几个液压缸的系统	100~500
有一台或多台液压泵、一条或几条回路、变速箱、离合器片或简单的油箱，管路液流速度在 6m/s 以下、管路长度在 30m 以上、有许多弯头和接头，管螺纹、大的低速液压缸，以有限的油液循环系统交换的液压缸的系统	500~2000

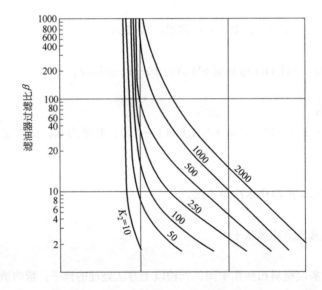

图 3-11　系统复杂性与滤油器 β 值及所需冲洗时间的关系曲线

对于中等程度油污的钢铁制件，在装配前加热清洗所需时间如表 3-9 所示。

表 3-9　中等程度油污钢铁制件的清洗时间

清洗方法	清洗时间/min	清洗方法	清洗时间/min
浸洗	4~10	超声波清洗	3~6
喷洗、机动擦洗	4~8	多步清洗	每步约 2

注：室温下清洗需要增加时间。

清洗循环通常分为定时（一般是 10min）开机清洗和放油两步。系统清洗后再用清洁油冲洗，最后装上滤油器，再开机清洗 30min。在有些情况下，从清洗过程一开始便使用滤油器，这就不用放油了。这样的清洗工序能使大于 10μm 的颗粒污垢量减少到每毫升油液中 500 粒以下。也可把冲洗时间定为十倍系统容量通过滤油器的时间。在最佳情况下所需时间通常是 15~20min。

3.2.4　液压系统在线冲洗与清洗

(1) 液压系统的清洗程序

液压系统的清洗有第一次清洗和第二次清洗两道程序。

① 第一次清洗：分解清洗。

液压系统的第一次清洗是在预安装（试装配管）后，将管路全部拆下解体进行的。第一次清洗应保证把大量的、明显的、可能清洗掉的金属毛刺与粉末、砂粒、灰尘、油漆涂料、氧化皮、油渍、棉纱、胶粒等污物全部认真仔细地清洗干净，否则不允许进行液压系统的第一次安装。

第一次清洗主要是酸洗管路和清洗油箱及各类元件。管路酸洗的方法为：

a. 脱脂初洗。

去掉油管上的毛刺，用氢氧化钠、碳酸钠等脱脂（去油）后，用温水清洗。

b. 酸洗。

在 20％~30％的稀盐酸或 10％~20％的稀硫酸溶液中浸渍和清洗 30~40min（其溶液温度为 40~60℃）后，再用温水清洗。清洗管子须经振动或敲打，以便促使氧化皮脱落。

c. 中和。

在 10％的氢氧化钠（苏打）溶液中浸渍和清洗 15min（其溶液温度为 30~40℃）后，再用蒸汽或温水清洗。

d. 防锈处理。

在清洁干燥的空气中干燥后，涂以防锈油。当确认清洗合格后，即可进行第一次安装。

② 第二次清洗：系统冲洗。

液压系统的第二次清洗是在第一次安装连成清洗回路后进行的系统内部循环清洗。第二次清洗的目的是把第一次安装后残存的污物，如密封碎块、不同品质的清洗油和防锈油以及铸件内部冲洗掉的砂粒、金属磨合下来的粉末等清洗干净，而后再进行第二次安装，组成正式系统，以保证顺利进行正式的调整试车和投入正常运转。对于刚从制造厂购进的液压设备，若确已按要求清洗干净，可只对在现场加工、安装部分进行清洗。

第二次清洗前要做好下列准备：

a. 清洗油的准备。

清洗油最好是选择被清洗的机械设备的液压系统工作用油或试车油。不允许使用煤油、汽油、酒精或蒸汽等作清洗介质，以免腐蚀液压元件、管道和油箱。清洗油的用量通常为油箱内油量的 60％~70％。

b. 滤油器的准备。

清洗管道上应接上临时的回油滤油器。通常选用滤网精度为 80 目、150 目的滤油器供清洗初期和后期使用。

c. 清洗油箱。

液压系统清洗前，首先应对油箱进行清洗。清洗后，用绸布或乙烯树脂海绵等将油箱擦干净，才能盛入清洗油。不允许用棉布或棉纱擦洗油箱。

d. 加热装置的准备。

清洗油一般对非耐油橡胶有溶蚀能力，若加热到 50~80℃，则管道内的橡胶泥渣等物容易清除。因此，在清洗时要对油液分别进行大约 12h 的加热和冷却。故应准备加热装置。

(2) 循环冲洗的方式

管路用油进行循环冲洗，是管路施工中又一重要环节。管路循环冲洗必须在管路酸洗和二次安装完毕的较短时间内进行。其目的是清除管内在酸洗及安装过程中以及液压元件在制造过程中遗落的机械杂质或其他微粒，达到液压系统正常运行时所需要的清洁度，保证主机设备的可靠运行，延长系统中液压元件的使用寿命。

冲洗方式较常见的主要有（泵）站内循环冲洗、（泵）站外循环冲洗和管线外循环冲洗等。

站内循环冲洗：一般指液压泵站在制造厂加工完成后所需进行的循环冲洗。

站外循环冲洗：一般指液压泵站到主机间的管线所需进行的循环冲洗。

管线外循环冲洗：一般指将液压系统的某些管路或集成块，拿到另一处组成回路，进行循环冲洗。冲洗合格后，再装回到系统中。

(3) 冲洗回路的选定

① 线外冲洗回路。

线外冲洗回路可以分为两种类型。一类为串联式冲洗回路，如图 3-12 所示。其优点是回路连接简便、方便检查、效果可靠；缺点是回路长度较长，沿程损失较大，冲洗压力需要较高。另一类为并联式冲洗回路，如图 3-13 所示。其优点是循环冲洗距离较短、管路口径相近、容易掌握、效果较好；缺点是回路连接烦琐，不易检查确定每一条管路的冲洗效果，冲洗泵源较大。

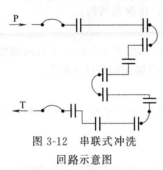

图 3-12　串联式冲洗回路示意图

在连接串联回路中，当各段组成回路的管径不相等时，宜将大管径连接于回路之前，小管径连接于回路之后，且组成串联回路各段管道的管径不宜相差过大。

为克服并联式冲洗回路的缺点，也可对清洁度等级要求高的系统，为了保证冲洗效果，采用串联式冲洗回路。可在图 3-13 回路的基础上，将并联式冲洗回路变为串联式冲洗回路，方法如图 3-14 所示。

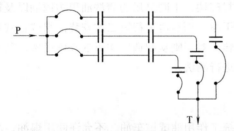

图 3-13　并联式冲洗回路示意图

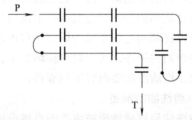

图 3-14　并联转串联式冲洗回路示意图

② 线内循环清洗回路。

线内冲洗回路也可以连接成并联和串联两种方式。在线内循环清洗前，应从系统中拆除油缸、液压马达、蓄能器以及高精度液压阀，如伺服阀、比例阀等。带阀门冲洗且采用并联方式时，可分几次将管径相近的连成回路冲洗，不参加冲洗的管路用堵板隔断，如图 3-15 左上部所示。不带阀门冲洗时，宜采用串联的方式，如图 3-15 右上部所示。

带阀门并联冲洗应是首选的最佳方案，此方法临时连接用管和管件少，省工省料，而且可用回路的换向阀换向，以增加冲洗效果。冲洗合格后，只需要连接油缸和液压马达，其他部位不需再拆装，从而免受二次污染。但是，采用带阀门并联冲洗时，要求酸洗后的管路应达到较高的清洁度，而且在冲洗阀架上管道回路之前，应先将系统的主干管连成单独回路并冲洗至合格。

(4) 循环冲洗主要工艺流程及参数

① 冲洗流量：冲洗流量视管径大小、回路形式进行计算，保证管路中油流成紊流状态，管内油流的流速应在 3m/s 以上。

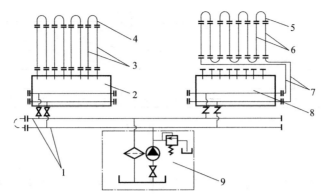

图 3-15　线内循环清洗回路连接法

1—主管路；2,8—阀架；3,6—工作管路；4,5,7—临时连接管；9—冲洗泵站

② 冲洗压力：冲洗压力是由管道的沿程损失、局部损失等因素所决定的。当管道较细、较长，采用串联式回路冲洗时，冲洗压力较高，有时能够达到 10MPa 以上；采用并联式回路冲洗时，冲洗压力要低得多，通常小于 1.0MPa。

③ 冲洗温度：用加热器将油箱内油温加热至 40～60℃，冬季施工油温可提高到 80℃，通过提高冲洗温度能够缩短循环冲洗时间。

④ 振动：为彻底清除黏附在管壁上的氧化铁皮、焊渣和杂质，在冲洗过程中每隔 3～4h 用木锤、铜锤、橡胶锤或使用振动器沿管线从头至尾进行一次敲打振动。重点敲打焊口、法兰、变径、弯头及三通等部位。敲打时要环绕管壁四周均匀敲打，不得伤害管子外表面。振动器的频率为 50～60Hz，振幅为 1.5～3mm 为宜。

(5) 循环冲洗注意事项

① 冲洗工作应在管道酸洗后 2～3 周内尽快进行，防止造成管内新的锈蚀，影响施工质量。冲洗合格后应立即注入合格的工作油液，每 3 天需启动设备进行循环，以防止管道锈蚀。循环冲洗要连续进行，要 3 班连续作业，无特殊原因不得停止。

② 设计并连接冲洗回路时，所用的临时连接钢管和胶管等，在使用前应清洗干净。冲洗回路组成后，冲洗泵源应接在管径较粗一端的回路上，从总回油管向压力油管方向冲洗，使管内杂物能顺利冲出。

③ 拆下或隔断油缸、液压马达、蓄能器。拆下伺服阀、比例阀等高精度阀门。调节冲洗回路中的阀门，如关闭溢流阀、固定换向阀的方向、将节流阀的节流口调至最大。启动冲洗油泵，向冲洗系统供油，并对系统进行试漏。对可能会聚集空气的部位进行排气，确认排净空气后，关闭排气阀。连续进行冲洗，用铜棒或木锤间断地轻轻敲击管路焊口、管件附近，其目的是经振动后振松并排出焊渣等颗粒污染物。在冲洗中还应定时改变冲洗方向，以加强冲洗效果。

④ 冲洗设备的油箱应密闭、清洁，并设有空气过滤装置；最好具有流量调整的功能，并配备流量检测装置，能够根据情况调整冲洗流量，并检测出实际冲洗流量的大小；建议采用 3 级以上的供油过滤，最少 1 级的回油过滤。滤芯的过滤精度根据清洁度等级的要求，可在 50μm、20μm、10μm、5μm、3μm 等滤芯规格中选择。图 3-16 为某液压管道冲洗设备的配置方案。

⑤ 冲洗用油一般选黏度较低的 L-AN15 全耗损系统用油。如管道处理较好，一般普通液压系统，也可使用工作油进行循环冲洗。对于使用磷酸酯、水-乙二醇、乳化液等工作介质的系统，选择冲洗油要慎重，必须证明冲洗油与工作油不发生化学反应后方可使用。实践证明：采用乳化液为介质的系统，可用 L-AN15 全耗损系统用油进行冲洗。禁止使用煤油之类对管路

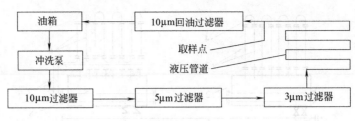

图 3-16　液压管道冲洗示意图

有害的油品作冲洗油。

⑥ 冲洗取样应在回油过滤器的上游取样检查。定时检查滤油装置，清除被滤出的污染物，并及时取样检查油的清洁度。

取样时间：冲洗开始阶段，杂质较多，可 6～8h 一次，当油的清洁度等级接近要求时可每 2～4h 取样一次。

⑦ 冲洗合格后，排净冲洗油液，并及时加入经过滤合格的工作油液。恢复管道系统安装，连接执行机构，按工作状态调整阀门。

(6) 液压管道循环清洗中的气体爆破法

在液压设备安装过程中，液压管道内常残存大量的污染物。这是引起液压设备故障的重要原因之一。为了保证液压设备能正常地运行，当液压管道安装完毕，必须采用管道循环清洗法除去管道内的污染物，使液压管道内的清洁度达到设计的清洁度标准。

液压管道安装完毕，传统的管道循环清洗方法是先对液压管道进行脱脂处理，然后进行管道循环酸洗；酸洗完毕用碱液对管道内残存的酸液进行中和，接着对管道内壁进行钝化处理；钝化处理后，还需用干燥的压缩空气或氮气对管道进行吹扫；最后，用液压介质对管道进行循环冲洗。采用传统管道清洗法对管道进行清洗时，需更换大量的液压过滤器滤芯，且冲洗时间较长。

① 气体爆破法的机理。

气体爆破法以惰性气体氮作为工作介质。其工作原理是：当储存在密闭容器的压缩气体被突然释放时，压缩气体将通过气体排放口向外快速流动，气体发生膨胀。在气体快速流动和体积膨胀过程中，产生的振动和冲击波可以把附着在管道内壁上的污染物振落。气体快速流动还可在管道内通流截面发生变化的位置附近形成负压，如图 3-17 所示。负压可使管道内残存的液体气化。对管道系统进行多次气体爆破，就可使管道内的污染物随压缩气体一起从管道的排放口排出。采用气体爆破法可把酸洗后管道内残存的大部分污染物清除掉，可以减少下一道管道循环冲洗工序的工作量。

② 气体爆破的方法。

如图 3-18 所示，管道的左端口作为爆破口，右端口作为充气的加压口。在管道的左端口处安装一对法兰盘，在两个法兰盘的中间装入由石棉或铝材制成的爆破片，并拧紧法兰盘的连接螺栓。在右端口处安装高压球阀，球阀一端与氮气源相连接，压力表用于显示管道内的气体压力；管道内原来积存的压缩气体迅速通过爆破口法兰内孔排出，气体流动在管道内产生振动、冲击波和负压，使管道内壁上附着的杂质脱落，并随气流排出管道。

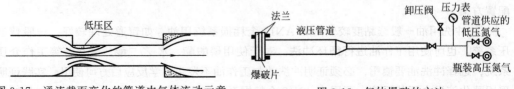

图 3-17　通流截面变化的管道内气体流动示意　　　　图 3-18　气体爆破的方法

③ 爆破口中法兰盘的选择。

爆破口法兰盘的通流面积的大小直接影响到爆破片爆破时所需的氮气压力的高低。爆破片受力面积越小，爆破所需的气压越高，因此爆破口中法兰内径应尽量大一些。爆破口法兰的通径不宜小于 32mm。同时，还应根据管道的压力等级来确定法兰盘的厚度，确保法兰盘受压时不变形。

④ 气源。

有条件的地方，爆破用气可利用由空分车间经管道输送到施工现场的低压氮气和瓶装高压氮气相结合的方法解决。爆破时，先用管道输送的低压氮气对液压管道充氮，当被爆破管道内充满低压氮气后，再用瓶装高压氮气对液压管道加压，使爆破片破裂。没有条件提供低压氮气时，也可直接使用瓶装高压氮气对液压管道充氮。

⑤ 爆破片的选择。

爆破片的强度决定了液压管道内应充入的氮气压力，同时也影响爆破除渣的效果。爆破片的选择原则是：液压管道的管径小，爆破压力可以高一些，但最高压力不超过瓶装氮气的额定压力；液压管道的管径大，爆破压力可以低一些。同时，还应考虑爆破时产生的后坐力对管道的影响。气体爆破时产生的后坐力不能过大，以免损坏已安装好的管道和管夹。最好采用厚度 1～2mm 的石棉板或铝板制作爆破片。把材料剪成圆形，其直径比法兰的内径大一些。

⑥ 爆破法的实施。

a. 准备工作。

尽量把爆破口设置在管道的最低位置处。为防止爆破时气体带出的渣粒飞溅伤人或损坏设备，爆破口的正前方应无人员或设备。爆破口周围应地势空旷以利于排气。把气体加压口设在管道的末端，并安装高压球阀和压力表。紧固管道的管夹，并对爆破口附近的管路采取防振加固措施，以防爆破时管道剧烈振动造成管道变形。根据管道的容量估算爆破所需的用气，在加压口附近储存适量的瓶装氮气。

b. 安全工作。

• 严禁采用可燃性气体作为爆破气体，只能采用惰性气体。

• 在爆破口周围建立隔离带，禁止人员在爆破过程中进入爆破区域。

• 爆破过程中无关人员禁止接近液压管道。

• 由专人负责安装、拆卸爆破片。该责任人还负责指挥加压人员给管道加压。负责加压的人员在未接到加压命令时，严禁擅自打开气阀给管道加压。

• 当管道已加压而爆破片未爆时，若有问题处理，必须先利用管道加压口端的卸压阀把管道内的气体排泄完毕才能进行。

• 每次爆破后，必须待管道内气体排放干净，人员才能进入爆破区更换爆破片。

⑦ 调整爆破压力的方法。

充入管道内的氮气的最高压力与爆破片的强度有关，爆破时先从低压开始，然后逐步提高爆破压力。即通过逐渐增加爆破片的厚度的方式来提高爆破力。但是，爆破压力不宜过高，以防爆破时振动和后坐力过大，损坏安装好的管道。最高爆破压力为 10MPa。

⑧ 检测爆破效果的方法。

每次爆破完毕，把白色绸布伸入管道内部一定深度擦拭管道的内壁，根据取出的绸布上附着的污染物的情况来判断管道内壁清洁情况。也可在进行爆破前，先在爆破口正前方距爆破口 3～4m 位置处挂一块白色绸布作为靶标，通过观察爆破时飞溅到绸布上的污染物的情况来判断爆破效果。当绸布上观察不到污染物时，可停止爆破。

3.3 液压系统的泄漏防治

在液压传动中，液压油的泄漏关系到液压设备的正常使用。引起液压油泄漏的因素很多，如液压元件和管接头的选用、油箱的设计、管道的布置和安装、系统装配质量的好坏等。因此，我们要从各个环节进行严格控制，做好液压系统的密封等工作，解决因漏油带来的液压系统故障和设计寿命减少等问题。

3.3.1 液压系统的泄漏

(1) 泄漏的概念

泄漏是指在正常情况下，在应该停止流动或在不希望流动的地方，有比较少量的液体流过。具体而言，液压系统泄漏是指液压系统的压力油，从压力较高的地方，经过缝隙流向压力较低的地方，或流向系统之外。单位时间内漏出的液体容积，称为泄漏流量，简称泄漏量。

① 产生泄漏的原因。

a. 两个零件的固定接合面之间有间隙。此间隙是在平面之间或圆柱配合面之间形成的，间隙较大或密封不好时则产生泄漏。

b. 相对运动的两个零件之间发生泄漏。如液压缸、液压泵等存在直线运动、回转运动及其合成运动的液压元件中，运动件相对运动部分的间隙过大或密封不好，造成泄漏。

c. 缝隙的两端有压力差而形成泄漏。

② 发生泄漏的几种形式。

泄漏主要有缝隙泄漏、多孔隙泄漏、黏附泄漏、动力泄漏等形式。

a. 缝隙泄漏。

液压元件中可能漏油的表面，包括相对运动表面和固定连接表面。这些表面之间可能出现间隙。缝隙泄漏是液压元件泄漏的主要形式，泄漏量的大小与缝隙两端压力差、液体黏度、缝隙的长度和宽度及高度等因素有关。由于泄漏量和缝隙高度的三次方成正比，因此，在结构和工艺允许的条件下，尽可能减小缝隙高度。

b. 多孔隙泄漏。

液压元件的各种盖板、法兰接头、板式连接等，通常都采用紧固措施，当接合表面没有平面度误差时，在相互理想平行平面的状态下紧固，在接合面之间不会形成缝隙。但是，由于表面粗糙度的影响，两表面之间不会完全接触，形成泄漏孔隙。表面残留下来的加工痕迹与泄漏方向越是一致，泄漏阻力就越小，即泄漏量越大。铸件的组织疏松、焊缝夹杂缺陷、密封材料的毛细管等所产生的泄漏均属于多孔隙泄漏。多孔隙泄漏，液体流经弯弯曲曲的、时而互通时而又不通的众多孔隙时，路程长，阻力大，流经时间长，所以，在做密封性能试验时，需经一定的时间过程，才能显示出来。

c. 黏附泄漏。

黏性液体与固体壁之间有一定黏附作用，两者接触后，在固体表面上黏附着薄薄的一层液体。例如：在液压缸中的活塞杆上黏附一层薄的液体，它可以对密封圈起润滑作用。但是，当黏附的液层较厚时，就会形成泄漏的液滴，或者当活塞杆缩进缸筒时，液体被密封圈刮落而产生黏附泄漏。防止黏附泄漏的基本方法是控制液体黏附层的厚度。

d. 动力泄漏。

在传动轴的密封表面上，若留有螺旋加工痕迹时，此类痕迹具有"泵油"作用。当轴转动时，液体在转轴回转力的作用下沿螺旋痕迹的凹槽流动形成动力泄漏；若密封圈的唇边上有此类痕迹时，同样会产生"泵油"作用产生的动力泄漏。动力泄漏的特点是轴的转速越高，泄漏量越大。

③ 液压系统泄漏的类型。

a. 内泄漏。内泄漏是指液压系统中液压元件内部有少量液体从高压腔流到低压腔的泄漏。如图 3-19 所示的液压缸，油液从高压腔经过活塞和缸壁之间 A 处的间隙漏入低压腔，即为内泄漏。内泄漏要求尽量减少，这就需要液压元件具有应有的加工精度和适当的密封措施。

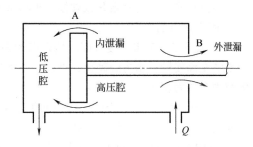

图 3-19　液压缸的内泄漏和外泄漏

b. 外泄漏。外泄漏是指液压系统中工作液体从高、低压腔流到大气的泄漏。如图 3-19 所示的液压缸，油液从高压腔经过活塞杆和导套之间的间隙 B 处漏到外界大气中，即为外泄漏。外泄漏一般是不允许的。

④ 泄漏的危害。

液压系统的泄漏危害较大，主要会带来以下一些问题：

a. 液压系统压力调不高；

b. 液压系统容积效率低；

c. 液压系统工作时发热；

d. 机器能耗增加，造成能源浪费；

e. 由于密封不良，外界污物容易侵入，造成恶性循环，使主机或元件早期磨损；

f. 执行机构运动速度不稳定，系统工作的可靠性降低，可能造成控制失灵；

g. 生产的食品、服装等产品和工作环境受到污染；

h. 遇到高温热源容易引起火灾。

综上所述，液压系统中液体的大量泄漏不仅会降低设备的工作性能，而且还会造成能量和物资的严重浪费，并污染环境。

(2) 泄漏常见部位及产生原因

液压系统的泄漏是不可避免的。比如一个简单的液压泵就可能有 20 处漏油点，而一个较复杂的液压系统漏油点甚至有几百处。表 3-10 列出了液压元件常见的泄漏部位与泄漏量。

表 3-10　液压元件常见的泄漏部位与泄漏量

部位		泄漏量/%				
		10	20	30	40	50
活塞式液压缸	密封压盖					
	法兰盘					
	缓冲阀					
油管接头	旋入部					
	管接头					
	法兰盘					
	弯管接头					
	其他					
液压软管	橡胶软管					
	接头部					
	配件					
液压泵						
电磁阀						
其他阀类						

液压系统主要部位产生泄漏的原因分析如下。

① 管接头。选用管接头的类型与使用条件不符；接头的加工质量差，不起密封作用；接头装配不良；接头密封圈老化或破损；机械振动、压力脉动等原因引起接头松动。

② 固定接合面。

a. 不承受压力负载的接合面。接合面的表面粗糙度过大；各种原因引起零件变形，使两表面不能全面接触；密封圈硬化、破损，使密封失效；装配时接合面上有砂尘等杂质；被密封的容腔内有压力。

b. 承受压力负载的接合面。接合面粗糙不平，紧固螺栓拧紧力矩不够，密封圈失效，接合面翘起变形，密封圈压缩量不够。

③ 轴向滑动表面密封处。密封圈的材料或结构类型与使用条件不符，密封圈老化或破损，轴表面粗糙或划伤，密封圈安装不当。

④ 转轴密封处。转轴表面粗糙或划伤，密封圈材料或形式与使用条件不符，密封圈老化或破损，密封圈与转轴偏心量过大或转轴振摆过大。

(3) 泄漏评价

① 泄漏指标。为了控制液压系统的泄漏，首先对液压元件的泄漏量加以控制，并把泄漏量作为评价液压元件质量的性能指标，列入出厂液压元件的试验标准。标准中规定液压元件的固定接合面不得有任何外泄漏，对其他部位的泄漏量根据性能要求也作出了相应的规定。

② 漏油程度等级。

漏油程度分为严重漏油、漏油、轻微漏油三等，具体评价指标见表 3-11。

表 3-11　漏油程度评价等级

等级	严重漏油	漏油	轻微漏油
根据油料消耗定额考核	每月超过消耗定额 50%	每月超过消耗定额 25%～50%	每月超过消耗定额 10%～25%
根据漏油处数量考核	漏油部位数占可能造成漏油部位的 15% 以上	漏油部位数占可能造成漏油部位的 8%～15%	漏油部位数占可能造成漏油部位的 5%～8%
根据漏油的情况考核	达到流油程度	达到滴油程度	达到渗油程度

注：1. 在漏油程度分等规定里，达到考核指标一项者应列入该等级内。
2. 对于容易造成漏油的部位或设备，表中百分数取较大值。

3.3.2　液压系统的密封

(1) 密封原理

液压系统密封的一般原理是，在零件配合间隙之间设置一道有足够强度的密封件。密封件有足够弹性，能够嵌入和填满被密封面上的任一凹凸不平处，同时还要保持足够的刚度，以防止在介质的高压作用下被挤入表面间隙内。弹性密封体经压缩加载而变形，维持接触应力，紧贴在被密封面上，并挤入密封面的微观凹坑。密封介质的压力小于弹性体对表面的接触压力时，泄漏就不能形成。

液压系统密封使用的橡胶密封圈与被密封面的配合有一个过盈量来获得变形和接触压力。对于静密封而言，只要密封材料本身不因过度受压损坏而失去工作能力，就可以实现绝对密封。对于动密封而言，在保证密封的同时，还应考虑摩擦、磨损与润滑性能，综合平衡这些关系，达到动密封设计的效果。

对液压系统的密封装置有以下一些基本要求：

a. 良好的密封性。在一定的工作温度和压力范围内，具有良好的密封性能，保证工作介质不泄漏或少泄漏，且随工作压力的增减，其密封性能无明显的变化。

b. 使用寿命长。密封元件具有高的耐磨性，磨损少，且磨损后在一定程度上能自动补偿，工作寿命长；对密封介质有良好的相容性，对相配的工作零件不产生腐蚀与划伤。

c. 具有小而稳定的摩擦因数，使得摩擦阻力小而稳定，其目的是避免出现运动件卡紧或运动不均匀现象。

d. 制造简单，装拆和更换容易，成本低廉。

密封装置的这些要求，是彼此关联的。良好的密封性和尽可能长的使用寿命是密封装置的既矛盾又统一的重要指标。在某些场合下，需要确保密封装置具有良好的密封性能。要满足这些要求，必须正确地选择密封圈的材料、形式和尺寸，还必须正确地设计密封装置的结构、尺寸和精度。

（2）密封材料

① 密封材料的基本性能要求。

为保证密封装置的密封性能，密封材料必须具有以下基本性能要求：

a. 弹性好，长时间压缩也不会产生大的永久变形。

b. 适当的硬度，能紧密贴合于密封副工作面，随动性能好。

c. 强度高，由介质引起的强度变化波动小。

d. 材料致密性好，不渗漏。

e. 耐介质性能好，容积、硬度和重量变化小。

f. 不黏附于密封副工作面，不腐蚀金属。

g. 能用于广泛的温度范围，温度变化时，材料的性能无显著变化。高温下不软化、分解，低温下不硬化。

h. 摩擦因数小，耐磨性高，不易老化，寿命长。

i. 加工性好，可获得准确的尺寸，制造方便。

j. 价格低廉，取材容易。

需要注意的是，任何一种密封材料都不能全面地满足上述这些要求，所以使用时必须根据密封的工作条件、使用要求和材料的特性，有所侧重地加以选择。

② 密封材料的分类。

用于液压密封装置密封元件的材料有金属和非金属两类，其中非金属材料应用更广泛。目前，各种性能优异的合成橡胶、合成树脂等密封材料已广泛作为密封件的基础素材，并使密封装置的使用范围得到进一步的扩大。

常用密封材料的分类，如图 3-20 所示。

a. 合成橡胶。

合成橡胶是密封材料中应用最广泛的一种，是制作各种密封元件的主要材料。合成橡胶材料的品种多、性能各异，可以用于各种不同的工作介质和使用条件。橡胶的特点是弹性好，不渗透，可模压成形各种形状，如 V 形、U 形、Y 形、L 形、J 形、E 形、O 形、X 形等。合成橡胶在使用时有两种形式：纯橡胶和夹布橡胶。

b. 合成树脂。

合成树脂具有塑性良好、密度小、化学稳定性好、强度高、耐油、抗腐蚀、耐压、耐冲击、隔热绝缘好等一系列优点。但缺乏合成橡胶那样的弹性、柔性并且硬度随温度的变化大。密封元件所用的合成树脂，通常有聚四氟乙烯、聚酰胺（尼龙）、聚甲醛、聚乙烯等。不同的品种，其物理、力学性能往往具有很大的差别。要想取得满意的密封效果，必须根据密封元件的工作条件、使用要求，正确地选择合成树脂品种。

c. 金属密封材料。

常用金属密封材料主要有铸铁、钢、青铜与硬质合金等。密封用铸铁材料有灰铸铁和球铁，具有良好的耐磨性；特别是球铁，因用镁、硅等作为球化剂，石墨在铁体中呈球状，所以

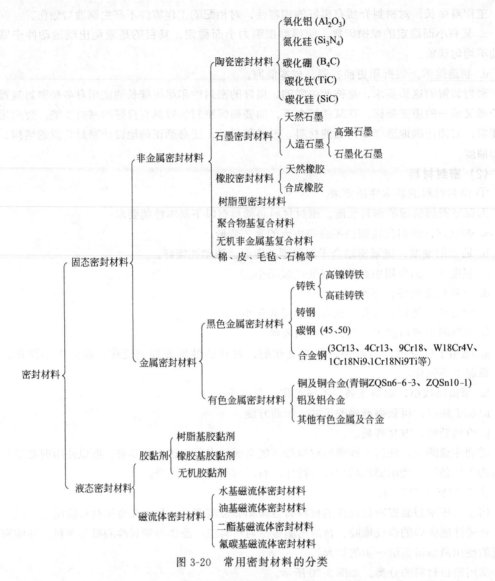

图 3-20 常用密封材料的分类

既具有铸铁良好的耐磨性，又有钢的强度高的优点，且具有好的抗氧化性、减振性及小的缺口敏感性，是较好的摩擦副材料，适用于油和中性介质。密封用铜材料有青铜和纯铜。常用的青铜有磷青铜、锡青铜，弹性模数大、导热性好、耐磨、加工性好、对硬材料的顺从性好，可用于制作油、水、气等介质的密封圈。硬质合金是制作机械密封装置摩擦副的良好材料，获得广泛的应用。

d. 密封剂。

密封剂是防止接合面泄漏的一种密封材料，应用比较普遍的是涂有密封剂的密封布，对于接合面加工精度不高者，能够有效地防止漏油。使用密封布时，密封处需用酒精、汽油等去油污和杂质，保证接合面清洁。密封布分为干性和湿性两种，固定连接处多用干性密封布，螺纹连接处多用湿性密封布。

3.3.3 液压系统泄漏控制方法

(1) 密封装置的分类

密封装置按工作状态与运动特性的不同，通常可分为静密封装置和动密封装置两大类。

① 静密封装置。

被密封部位的两个偶合面之间无相对运动的密封装置称为静密封装置。此种密封装置，通常是将密封元件或密封涂料置于压力容器或管道的法兰面间、机器或阀类的接合面间以及其他固定平面之间，通过螺柱或其他紧固方法连接而成。静密封装置可以实现无泄漏的绝对密封。

② 动密封装置。

被密封部位的两个偶合件之间有相对运动的密封装置，称为动密封装置，按运动形式的不同可分为往复运动式和旋转运动式密封装置。往复运动式密封装置是最常见的一种密封装置，例如液压缸中的活塞与缸筒之间的密封，活塞杆与缸盖以及滑阀的阀芯与阀体之间的密封；旋转运动式密封装置主要用于各类液压泵、液压马达的旋转轴上。

(2) 液压系统的防漏措施

① 元件接合面防漏。

元件的固定接合面有两种基本类型：一种是法兰类接合面，例如法兰接头、板式连接元件的孔口等；另一种是非法兰类的平直接合面，例如箱体盖板等。

法兰类接合面的特点是密封表面为环形端面，常用标准密封圈密封，其中 O 形密封圈用得最普遍。非法兰类平直接合面的特点是孔口为矩形的较多，不宜采用标准密封圈，常用密封垫圈防止泄漏。为防止接合面的泄漏，有时还在密封的表面涂敷密封胶，填平接合面上的凹陷不平处。

② 管接头防漏。

管路的泄漏实际上多半是管接头的泄漏。管接头漏油主要与接缝处的加工精度、坚固程度及毛刺是否除掉有关。

管接头的形式很多，常用的有扩口式管接头、卡套式管接头、焊接式螺纹管接头等。它们都是依靠球面、锥面或平面加 O 形环进行密封的。紧固螺母和接头上的螺纹要配合适当，第一次安装时要去掉毛刺。管接头和油塞一般都采用锥管螺纹连接，由于锥管螺纹之间不可能完全吻合密封，所以也极易产生漏油现象。对于管接头及油塞的螺纹连接处漏油，一般采用液态尼龙密封剂作为防漏填料或采用聚四氟乙烯生料带作为密封填料。

③ 螺纹口防漏。

a. 使用聚四氟乙烯密封带密封。

密封带密封是将密封带缠绕在需要密封的螺纹上，在外力作用下，把密封材料填满螺纹副的间隙，形成泄漏阻力。密封带使用、保管都很方便，密封又较可靠。

b. 利用螺纹本身密封。

靠螺纹本身密封，这种接口包括圆柱管螺纹、锥管螺纹和布氏锥度螺纹。这种接口的密封效果在很大程度上取决于螺纹的加工质量，要求螺纹必须规范，不允许有倒牙等现象，内外螺纹都要用量规检验。

c. 利用螺纹连接压紧密封。

利用螺纹连接压紧其他密封元件来密封，这种接口主要是公制细牙螺纹。这种结构比螺纹本身密封能承受更高的压力，同时接头也能承受较大的外力。

④ 壳体防漏。

壳体的漏油主要发生在铸件和焊接件上。因铸造或焊接时存在缺陷，这些缺陷处受系统压力脉动或冲击振动，就会逐渐扩大，从而产生漏油现象。解决方法是把所有承受压力的铸件或焊接件在精加工之前进行探伤检查；精加工之后，取最高工作压力的 150% ~ 200% 进行耐压试验。

(3) 液压系统的动密封方法

① 密封圈密封。

O 形橡胶密封圈是液压工程中使用最广泛的一种密封件。其材料主要为丁腈橡胶或氟橡胶。O 形橡胶密封圈（简称 O 形密封圈），其截面呈圆形，如图 3-21 所示。 O 形密封圈主要用于静密封和往复运动密封。O形密封圈在旋转运动密封装置中使用较少，仅用于低速回转密封装置中。

唇形密封圈俗称"皮碗"，主要用于往复运动密封。这是依靠唇边部分与被密封面紧密接触而进行密封的元件，如图3-22所示。

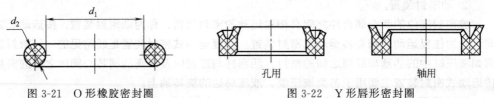

图 3-21　O形橡胶密封圈　　　　　　　图 3-22　Y形唇形密封圈

d_1—O形密封圈内径；d_2—O形密封圈截面直径

② 填料密封。

向可能泄漏的部位直接施加添堵密封材料称为填料密封。填料按物理特性可分为弹塑性接触动密封填料和非弹性接触动密封填料两大类。填料密封的使用要求是：

a. 耐腐蚀。填料要与介质直接接触，填料的接触部位不产生点蚀和腐蚀。

b. 密封性好。在介质压力作用下不得有泄漏；不论在正常运行期还是负荷急剧变化时，填料都能保持密封。

c. 工作可靠、耐冲蚀。即使有微量渗漏，也不至于迅速发展成"跑冒滴漏"。

d. 寿命长。在高温条件下石棉损失小、不变质，填料的弹性可长期保持。

e. 填料对轴的摩擦力小。

f. 安装方便。对填料安装的技术要求低。

③ 旋转油封。

旋转油封，其作用是防止液体沿旋转轴向外泄漏及外部杂物进入机体内部。通常用于汽车、农机、工程机械及起重运输机械的回旋轴承端的密封。目前液压泵、液压马达的旋转轴也大多采用油封。

油封按工作方式分为旋转轴用唇形密封圈（内密封）、旋转壳体用唇形密封圈（外密封）和往复轴、杆用唇形密封圈（一般是作为防尘装置）。按材质分为橡胶旋转轴唇形密封圈、皮革旋转轴唇形密封圈、塑料旋转轴唇形密封圈和橡塑复合旋转轴唇形密封圈。

④ 机械密封。

机械密封装置的结构是浮动的，故转轴的径向跳动、轻微的轴向窜动以及转轴的弯曲变形等，都不会严重地影响密封效果。由于摩擦仅产生于动环与静环之间的接触端面，而与转轴无相对摩擦，故经长期使用后，仅动环与静环有磨损，轴本身不磨损。机械密封装置的摩擦件往往采用石墨制作。

机械密封由4部分组成：第一部分是由动环和静环组成的密封端面，有时也称为摩擦副；第二部分是以弹性元件为主要零件的缓冲补偿机构，其作用是使密封端面紧密贴合；第三部分是辅助密封圈，其中有动环和静环密封圈；第四部分是使动环随轴旋转的传动结构。

机械密封的原理如图3-23所示，轴通过传动座6和推环4，带动动环2旋转；静环1固定不动，依靠介质压力和弹簧力使动、静环之间的密封端面间紧密接合，阻止了介质的泄漏；摩擦副表面磨损后，在弹簧5的推动下实现补偿；为了防止介质通过动环与轴之间的泄漏，装有动环密封圈3；而静环密封圈7则阻止了介质沿静环和压盖8之间的泄漏。

（4）液压系统泄漏控制实例

① 某换向阀接合面漏油控制实例。

该换向阀总是在与连接板的接合面处出现渗漏，拧紧安装螺栓也不能解决。后来经过拆

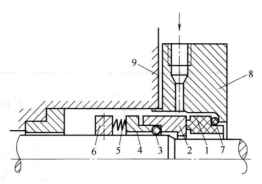

图 3-23　机械密封的原理

1—静环；2—动环；3—动环密封圈；4—推环；5—弹簧；
6—传动座；7—静环密封圈；8—压盖；9—垫片

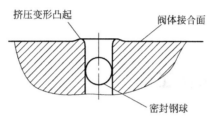

图 3-24　某换向阀接合面漏油控制实例

卸，发现该阀在安装密封钢球时，由于过盈配合受力过大，加之阀体材料硬度不够，使得孔口处发生变形，阀体材料向外凸起，影响了接合面的平整度，如图 3-24 所示。经过对孔口的打磨后，该问题消失。

② 某型号挖掘机漏油控制实例。

该型号挖掘机液压操纵系统中，液压缸旋转连接器中的 V 形橡胶密封圈是维修中经常碰到的漏油点。主要原因是密封圈质量不好，按正常情况旋紧螺母时，出现漏油。办法是更换质量高的密封圈。同时，该液压挖掘机软管质量不好，经常发生爆裂。办法是制作专用活动管接头，把软管换成硬管。

第**4**章

液压系统的维修基础知识

4.1 液压元件的维修工作

4.1.1 液压泵的维修

(1) 液压泵的概念及分类

液压泵是一种能量转换装置，它将驱动电动机的机械能转换为油液的压力能，以满足执行机构驱动外负载的需要。在液压传动系统中，液压泵是为整个液压系统提供能量的重要动力元件。液压系统中使用的液压泵，其工作原理基本相同，即依靠液压密封工作腔的容积变化来实现吸油和压油，因此它们均称为容积式液压泵。

液压泵按单位时间内输出油液的体积能否变化分为定量泵和变量泵。单位时间内输出的油液体积不能变化的是定量泵，单位时间内输出油液的体积能够变化的是变量泵。

按泵的结构来分主要有齿轮泵、叶片泵和柱塞泵。其中，齿轮泵又分为内啮合齿轮泵和外啮合齿轮泵；叶片泵又分为单作用式叶片泵和双作用式叶片泵；柱塞泵又分为径向柱塞泵和轴向柱塞泵。

(2) 液压泵的基本工作原理

如图4-1所示是一个简单的单柱塞液压泵结构示意图。柱塞2安装在泵体3内，柱塞在弹簧4的作用下和偏心轮1接触。当偏心轮转动时，柱塞做左右往复运动。柱塞往右运动时，其左端和泵体所形成的密封容积增大，形成局部真空，油箱中的油液就在大气压作用下通过单向阀5进入泵体内，单向阀6封住出油口，防止系统中的油液回流，这时液压泵吸油。当柱塞向左运动时，密封容积减小，单向阀5封住吸油口，防止油液流回油箱，于是泵体内的油液受到挤压，便经单向阀6排往系统，这时就是压油。若偏心轮不停地转动，泵就不断地吸油和压油。

(3) 常用液压泵

① 齿轮泵。

齿轮泵的工作原理如图4-2所示，一对相互啮合的齿轮装在泵体内，齿轮两端面靠端盖密封，齿顶靠泵体的圆弧形内表面密封，在齿轮的各个齿间，形成了密封的工作容积。泵体有两个油口，一个是吸油口，一个是压油口。当电动机驱动主动齿轮旋转时，两齿轮转动方向如图

4-2 所示。这时吸油腔的齿轮逐渐分离，由齿间所形成的密封容积逐渐增大，出现了部分真空，因此油箱中的油液就在大气压力的作用下，经吸油管和液压泵吸油口进入吸油腔。吸入到齿间的油液随齿轮旋转带到压油腔，随着压油腔齿轮的逐渐啮合，密封容积逐渐减小，油液就被挤出，从压油腔经压油口输送到压力管路中。

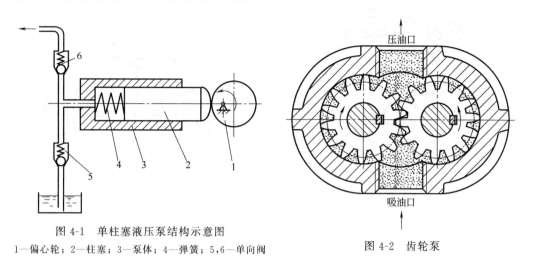

图 4-1　单柱塞液压泵结构示意图
1—偏心轮；2—柱塞；3—泵体；4—弹簧；5,6—单向阀

图 4-2　齿轮泵

　　齿轮泵由于密封容积变化范围不能改变，故流量不可调，是定量泵。齿轮泵的结构简单，易于制造，价格便宜，工作可靠，维护方便。但齿轮泵是靠一对一对齿的交替啮合来吸油和压油的，每一对齿啮合过程中的容积变化是不均匀的，这就形成较大的流量脉动和压力脉动，并产生振动和噪声；齿轮泵泄漏较多，由此造成的能量损失较大，即液压泵的容积效率（指泵的实际流量与理论流量的比值）较低；此外，齿轮、轴及轴承所受的径向液压力不平衡。由于存在上述缺点，齿轮泵一般只能用于低压轻载系统。工程实际中也有用于高压的齿轮泵。与低压齿轮泵相比较，高压齿轮泵由于在结构上采取了一些特殊措施，提高了密封性能，改善了受力状况，因而工作压力可以达到 10MPa 以上。

　　② 双作用式叶片泵。

　　双作用式叶片泵的工作原理如图 4-3 所示。它主要由定子 1、转子 2、叶片 3 和前后两侧装有端盖的泵体 4 等组成。叶片安放在转子的径向槽内，并可沿槽滑动。转子和定子中心重合，定子内表面近似椭圆形，由两段长半径圆弧 R、两段短半径圆弧 r 和四段过渡曲线所组成。在端盖上，对应于四段过渡曲线的位置开有四个沟槽，其中两个沟槽 a 与泵的吸油口连通，另外两个沟槽 b 与压油口连通。当电动机带动转子按图示方向旋转时，叶片在离心力作用下以其端部压向定子内表面，并随定子内表面曲线的变化而被迫在转子槽内往复滑动。转子旋转一周，每一叶片往复滑动两次，每相邻两叶片间的密封容积就发生两次增大和减小的变化。容积增大产生吸油作用，容积减小产生压油作用。因为转子每转一周，这种吸、压油作用发生两次，故这种叶片泵称为双作用式叶片泵。双作用式叶片泵的流量不可调，是定量泵。

　　双作用式叶片泵的输油量均匀，压力脉动较小，容积效率较高。由于吸、压油口对称分布，转子承受的径向液压力相互平衡，所以这种泵可以提高输油压力。常用的中压双作用式叶片泵的额定压力是 6.3MPa，高压叶片泵的工作压力可达 16MPa 以上。与齿轮泵相比较，叶片泵的主要缺点是结构比较复杂，零件较难加工，叶片容易被油中的脏物卡死。

　　③ 单作用式叶片泵。

　　图 4-4 为单作用式叶片泵的工作原理图，与双作用式叶片泵显著不同的是，单作用式叶片泵的定子内表面是一个圆形，转子与定子间有一偏心量 e，端盖上只开有一条吸油槽和一条压

油槽。当转子旋转一周时，每一叶片在转子槽内往复滑动一次，每相邻两叶片间的密封容积发生一次增大和减小的变化，即转子每转一周，实现一次吸油和压油，所以这种泵称为单作用式叶片泵。

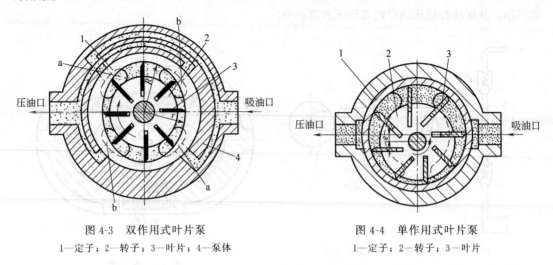

图 4-3　双作用式叶片泵
1—定子；2—转子；3—叶片；4—泵体

图 4-4　单作用式叶片泵
1—定子；2—转子；3—叶片

　　单作用式叶片泵的偏心量 e 通常做成可调的。偏心量的改变会引起液压泵输油量的相应变化，偏心量增大，输油量也随之增大。所以，单作用式叶片泵是变量液压泵。

　　④ 轴向柱塞泵。

　　轴向柱塞泵的工作原理如图 4-5 所示。它是由配流盘 1、缸体（转子）2、柱塞 3 和斜盘 4 等主要零件组成。斜盘、配流盘均与泵体相固定，柱塞在弹簧的作用下以球形端头与斜盘接触。在配流盘上开有两个弧形沟槽，分别与泵的吸、压油口连通，形成吸油腔和压油腔。两个弧形沟槽彼此隔开，保持一定的密封性。在斜盘相对于缸体的夹角为 γ 时，原动机通过传动轴带动缸体旋转，柱塞就在柱塞孔内做轴向往复滑动。处于 $\pi \sim 2\pi$ 范围内的柱塞向外伸出，使其底部的密封容积增大，将油吸入；处于 $0 \sim \pi$ 范围内的柱塞向缸体内压入，使其底部的密封容积减小，把油压往系统中。

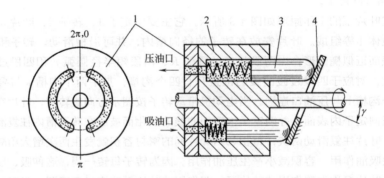

图 4-5　轴向柱塞泵
1—配流盘；2—缸体；3—柱塞；4—斜盘

　　泵的输油量取决于柱塞往复运动的行程长度，也就是取决于斜盘的倾角 γ。通常，斜盘倾角 γ 设计成可以调整的，这样轴向柱塞泵一般都是变量泵。斜盘倾角 γ 越大，压力油输出流量也就越大。

　　轴向柱塞泵多用于高压工作环境，为减轻柱塞球形头与斜盘接触点受力较大、局部磨损严重的现象，常采用如图 4-6 所示的滑靴结构。在这种结构中，柱塞的球形头与滑靴的内球面接触，而滑靴的底平面与斜盘平面接触，把原来的点接触方式变成了面接触方式，大大降低了柱塞球形头的磨损。

轴向柱塞泵的优点是结构紧凑，径向尺寸小，能在高压和高转速下工作，并具有较高的容积效率。缺点是结构复杂，价格较贵。

⑤ 径向柱塞泵。

径向柱塞泵的工作原理如图 4-7 所示。它主要由定子 1、转子（缸体） 2、柱塞 3、配流轴 4 等组成，柱塞径向均匀布置在转子中。转子和定子之间

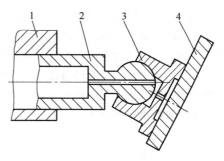

图 4-6　轴向柱塞泵的滑靴结构

1—缸体；2—柱塞；3—滑靴；4—斜盘

有一个偏心量 e。配流轴固定不动，上部和下部各做成一个缺口，此两缺口又分别通过所在部位的两个轴向孔与泵的吸、压油口连通。当转子按图示方向旋转时，上半周的柱塞在离心力作用下外伸，通过配流轴吸油；下半周的柱塞则受定子内表面的推压作用而缩回，通过配流轴压油。移动定子改变偏心量的大小，便可改变柱塞的行程，从而改变排量。若改变偏心量 e 的方向，则可改变吸、压油的方向。因此，径向柱塞泵可以做成单向或双向变量泵。

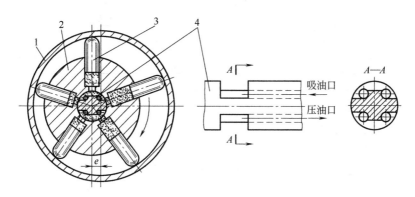

图 4-7　径向柱塞泵

1—定子；2—转子；3—柱塞；4—配流轴

径向柱塞泵的优点是流量大、工作压力较高、轴向尺寸小、工作可靠等。缺点是径向尺寸大、自吸能力差，且配流轴受到径向不平衡液压力的作用，易于磨损，泄漏间隙不能补偿。

⑥ 螺杆泵。

螺杆泵是利用螺杆转动将液体沿轴向压送而进行工作的。螺杆泵内的螺杆可以有两根，也可以有三根。在液压传动中，使用最广泛的是三螺杆泵。图 4-8 是螺杆泵的结构图，在泵体内

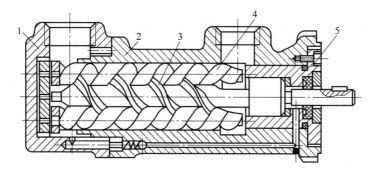

图 4-8　螺杆泵

1—后盖；2—泵体；3—主动螺杆；4—从动螺杆；5—前盖

安装三根螺杆，中间的主动螺杆是右旋凸螺杆，两侧的从动螺杆是左旋凹螺杆。三根螺杆的外圆与泵体的对应弧面保持着良好的配合，螺杆的啮合线把主动螺杆和从动螺杆的螺旋槽分割成多个相互隔离的密封工作腔。随着螺杆的旋转，密封工作腔可以一个接一个地在左端形成，不断从左向右移动。主动螺杆每转一周，每个密封工作腔便移动一个导程。最左面的一个密封工作腔容积逐渐增大，从油箱吸油；最右面的容积逐渐缩小，则将油压出。螺杆直径愈大，螺旋槽愈深，泵的排量就愈大。

螺杆泵结构简单紧凑，体积小，重量轻，运转平稳，输油量均匀，噪声小，寿命长，自吸能力强，允许采用高转速，容积效率较高可达 0.95，对油液的污染不敏感。因此，螺杆泵在精密机床及设备中应用广泛。主要缺点是螺杆齿形复杂，加工较困难，不易保证精度。

各类型液压泵的主要性能，现总结于表 4-1，供选用时参考。

表 4-1　各类型液压泵的主要性能

项目	齿轮泵	双作用式叶片泵	变量叶片泵	轴向柱塞泵	径向柱塞泵	螺杆泵
工作压力/MPa	<20	6.3～21	≤7	20～35	10～20	<10
容积效率	0.70～0.95	0.80～0.95	0.80～0.90	0.90～0.98	0.85～0.95	0.75～0.95
总效率	0.60～0.85	0.75～0.85	0.70～0.85	0.85～0.95	0.75～0.92	0.70～0.85
流量调节	不能	不能	能	能	能	不能
流量脉动率	大	小	中等	中等	中等	很小
自吸特性	好	较差	较差	较差	差	好
对油的污染敏感性	不敏感	敏感	敏感	敏感	敏感	不敏感
噪声	大	小	较大	大	大	很小
单位功率造价	低	中等	较高	高	高	较高

（4）齿轮泵的维修

① 齿轮泵的安装与使用。

a. 齿轮泵的安装。

• 齿轮泵可以用支座或法兰安装，泵和原动机应采用共同的基础支座，法兰和基础都应有足够的刚性。特别注意：流量大于或等于 160L/min 的柱塞泵，不宜安装在油箱上。

• 齿轮泵和原动机输出轴间应采用弹性联轴器连接，严禁在齿轮泵轴上安装带轮或齿轮驱动齿轮泵，若一定要用带轮或齿轮与泵连接，则应加一对支座来安装带轮或齿轮，该支座与泵轴的同轴度误差应不大于 $\phi0.05$mm。

• 吸油管要尽量短、直，吸油管路一般需设置公称流量不小于泵流量 2 倍的粗过滤器（过滤精度一般为 $80～180\mu$m）。齿轮泵的泄油管应直接接油箱，回油背压应不大于 0.05MPa。油泵的吸油管口、回油管口均需在油箱最低油面 200mm 以下。特别注意在柱塞泵吸油管道上不允许安装滤油器，吸油管道上的单向阀通流直径应比吸油管直径大，吸油管道长 $L<$ 2500mm，管道弯头不应多于两个。

• 齿轮泵进、出油口应安装牢固，密封装置要可靠，否则会产生吸入空气或漏油的现象，影响齿轮泵的性能。

• 齿轮泵自吸高度不超过 500mm（或进口真空度不超过 0.03MPa），若采用补油泵供油，供油压力不得超过 0.5MPa，当供油压力超过 0.5MPa 时，要改用耐压密封圈。对于柱塞泵，应尽量采用倒灌自吸方式。

• 齿轮泵装机前，应检查安装孔的深度是否大于泵轴的伸出长度，以防止产生顶轴现象，否则将烧毁泵。

b. 齿轮泵的使用与维护。

• 齿轮泵启动时应先点动数次，油流方向和声音都正常后，在低压下运转 5～10min，然后投入正常运行。柱塞泵启动前，必须通过壳上的泄油口向泵内灌满清洁的工作油。

• 油的黏度受温度影响而变化，油温升高黏度随之降低，故油温要求保持在 60℃以下，为使齿轮泵在不同的工作温度下能够稳定工作，所选的油液应具有黏度受温度变化影响较小的油温特性，以及较好的化学稳定性、抗泡沫性能，如抗磨液压油等。

• 油液必须洁净，不得混有机械杂质和腐蚀物质，吸油管路上无过滤装置的液压系统，必须经过滤（过滤精度小于 25μm）后加油至油箱。

• 齿轮泵的最高压力和最高转速，是指在使用中短暂时间内允许的峰值，应避免长期使用，否则将影响齿轮泵的寿命。

• 齿轮泵的正常工作油温为 15~65℃，泵壳上的最高温度一般比油箱内泵入口处的油温高 10~20℃，当油箱内油温达 65℃时，泵壳上最高温度不超过 75~85℃。

② 齿轮泵的常见故障及应对措施。

齿轮泵的常见故障及应对措施，见表 4-2。

表 4-2　齿轮泵常见故障及应对措施

故障现象	故障原因	应对措施
输出流量不足	原动机转向不对	纠正转向
	吸油管路或过滤器堵塞	疏通管路、清洗过滤器
输出压力过低	间隙过大	修复零件
	泄漏引起空气混入	紧固连接件
	油液黏度过大或温升过大	控制油液黏度
工作噪声大	泵与原动机不同轴	调整同轴度
	齿轮精度太低	更换齿轮或修研齿轮
输出压力脉动	油封损坏	更换油封
	油管或过滤器堵塞	疏通油管、清洗过滤器
	油中有空气	排出气体
转动阻力大	零件间隙过小	修复零件
	油液污染	更换或清洁油液

③ 齿轮泵内泄漏的检查。

齿轮泵的内泄漏是造成液压系统供给压力油不足的主要原因之一。齿轮泵内泄漏主要产生在以下一些部位。

a. 两个齿轮的啮合线处。一般液压泵的加工精度都比较高，且齿轮间彼此啮合力也比较大，所以通过这里的泄漏量是比较少的，约占整个泵泄漏量的 5%。

b. 径向间隙。指齿轮顶部与泵体内圆柱面之间的间隙，这里的泄漏，约占整个泵泄漏量的 15%~20%。

c. 轴向间隙。指齿轮端面与轴承座圈或端盖平面之间的间隙，由于轴向间隙的面积较大，油封长度短，因此，通过这里的油液泄漏最严重，其泄漏量约占齿轮泵总泄漏量的 75%~80%。

④ 齿轮泵轴向泄漏的修理。

齿轮泵轴向泄漏的主因是齿轮泵前、后端盖端面与齿轮两端面之间的磨损或刮毛。一般是由齿轮泵中间泵体厚度与两齿轮齿厚间隙偏小、液压油清洁度较差等造成的。

修理时首先将齿轮泵前、后端盖受伤端面研磨或平磨后研磨，两齿轮受伤端面研磨或平磨后研磨。研磨后表面粗糙度达到 $Ra0.8\mu m$ 以内，表面平面度达到 0.005mm 以内；中间泵体的厚度应使两齿轮齿厚尺寸配磨间隙在 0.02~0.03mm 范围内。保持液压油清洁，清洗系统管道、控制元件、油箱，更换滤油器阀芯。在重新装配修复齿轮泵时应注意清洁、用心装配。

⑤ 齿轮泵径向泄漏的修理。

齿轮泵径向泄漏的主因是齿轮泵中间泵体与齿轮齿形表面之间的磨损或刮毛。一般是由两齿轮啮合间隙偏小引起的齿形表面损伤、液压油清洁度较差等造成的。

修复方法是修磨齿形表面，使两齿轮啮合间隙控制在 0.1~0.15mm 之间；清洗液压系统的管道、控制元件、油箱，更换滤油器滤芯；齿形表面磨损情况，可用着色检查（齿高接触>55%，齿面接触>60%），用油石修磨受伤的齿形啮合表面，装配时将两个齿轮的啮合表面调换方位，使原来受伤的啮合表面调换为非啮合表面。

⑥ 齿轮泵噪声过大的修理。

齿轮泵噪声过大的原因有齿轮泵的传动轴与电机轴不同轴、轴线偏移、轴线不平行、两轴轴线不重合，齿轮泵的齿轮精度低、齿形表面磨损或拉毛，骨架油封损坏，吸油管或滤油器堵塞，油液中存有空气，等等。

修理方法是重新安装液压泵、电机，同轴度调整至合理范围之内；更换骨架油封；清洗吸油管路、滤油器；更换液压油。

⑦ 齿轮泵骨架油封或压盖被油液冲出的修理。

该故障的产生原因是骨架油封与泵体的前端盖配合过松；油液不干净，泄油孔被杂质堵塞；泵体方向装反，使出油口与卸荷槽接通产生压力；前、后压盖堵塞了前、后端盖的回油通道，致使回油受阻；齿轮泵磨损严重，泄漏量过大。

修理方法是检查骨架油封与泵体配合情况，若前端盖配合孔不合格则应更换前端盖，否则就更换骨架油封；更换清洁液压油，清除泄油孔中的杂质；按正确方向重新装配泵体；重新装配压盖，准确地控制压盖的压入深度，既要避免堵塞回油通道，又要防止泄漏现象。

⑧ 齿轮泵困油的修理。

齿轮泵密封的容积在某一瞬时内既不与吸油腔相通，也不与排油腔相通，而密封的容积大小却在变化，这种现象称为困油。困油会使溶于油液中的空气分离出来或油液产生蒸发汽化，这都会使齿轮泵工作时产生噪声和振动，并影响工作性能和使用寿命。为了消除齿轮泵困油现象，可以在前、后端盖上开设卸荷槽。

⑨ 齿轮泵的拆装要领。

齿轮泵拆卸解体之前，要将齿轮泵整体进行清洗。然后参照齿轮泵装配图，认真仔细地按照以下的步骤和要领进行拆装。

a. 将前、后端盖及中间泵体编号，并按原装配方向做好标记。

b. 轻轻冲出定位销，拔出齿轮轴平键，拆下内六角螺钉。

c. 用铜棒轻轻敲击后端盖，让齿轮泵的前、后端盖及中间泵体分离。主动齿轮轴上的齿轮与从动齿轮轴上的齿轮应按原位存放，做好标记。

d. 检查易损零件及配件，如滚针轴承、骨架油封等。

e. 前、后端盖如磨损或拉毛，可用平面磨床磨平拉毛面，装夹的基准面用油石抛光，保持基准面精度；保证滚针轴承孔与端盖原有的垂直精度；磨平后的平面，应保证粗糙度 $Ra<0.8\mu m$，用刀口尺透光检验平面度保证 0.05mm。

f. 齿轮的啮合齿面磨损、拉毛可用油石磨光；两齿轮端面磨损、拉毛，首先用油石去除毛刺，然后用平面磨床磨去拉毛，注意不能破坏齿轮孔与端面垂直精度。磨平后，应保证粗糙度 $Ra<0.8\mu m$，两齿轮厚度误差在 0.01mm 以内。

g. 齿轮修复后再配磨中间泵体，中间泵体厚度尺寸应大于齿轮厚度尺寸 0.02~0.03mm。

h. 用油石除去各部分零件的毛刺，并清洗干净。

i. 清洗滚针轴承、骨架油封及其他配件。

j. 在装配两齿轮时，应将齿轮啮合齿面调换，使原受伤的啮合面不再是工作表面，而未受伤的齿轮面成为工作表面。

k. 注意装配顺序，合盖前应注入清洁润滑油。

l. 均匀旋紧内六角螺栓，装好骨架油封和平键。旋转主动齿轮轴应转动灵活。

(5) 叶片泵的维修

① 叶片泵的安装与使用。

叶片泵结构较复杂、吸油特性不好、对油液的污染比较敏感，因此叶片泵在使用和维护时要注意以下几点。

a. 输入轴转动方向：从轴端向泵体看，顺时针方向转动的为标准叶片泵，逆时针方向转动的为特制叶片泵。旋转方向的确认可用瞬间启停原动机来检查。

b. 液压油的黏度：7MPa 以下，使用 40℃时黏度为 20 ~ 50cSt（1cSt＝10^{-6} m^2/s，下同）（ISO VG32）的液压油；7MPa 以上，使用 40℃时黏度为 30 ~ 68cSt（ISO VG46、 ISO VG68）的液压油。

c. 泄油管的背压：泄油管一定要直接插到油箱的油面下，配管所产生的背压应维持在 0.03MPa 以下。

d. 工作油温：连续运转的温度为 15 ~ 60℃。

e. 两轴安装精度：泵轴与原动机轴之间的同轴度误差应控制在 0.05mm，两轴线偏角误差应控制在 1° 之内。

f. 吸油压力：吸油口的压力应为 ±0.03MPa。

g. 新泵的运转与磨合：新泵开始运转时，应在无压力的状态下反复启动原动机，以排出泵内和吸油管中的空气。为了把整个液压系统内的空气完全排出，可在无负载的状态下，连续运转 10min 左右。

② 叶片泵的常见故障及应对措施。

叶片泵的常见故障及应对措施，见表 4-3。

表 4-3 叶片泵常见故障及应对措施

故障现象	故障原因	应对措施
输出流量不足	叶片移动不灵活	研配不灵活叶片
	连接密封处漏气	加强密封性能
	配合件间隙过大	调整配合间隙或更换零件
	油箱液面太低	清洗过滤器或补油
	吸油区磨损，叶片和定子接触不良	双作用式叶片泵将定子旋转 180°装配
输出压力过低	泵轴转向不对	调整传动装置或原动机转向
	泵转速过低或油箱液面过低	提高转速或补油提高液面
	油温过低或油液黏度过大	加热油液或更换合适黏度的液压油
	吸油管路或过滤器堵塞	疏通管路、清洗过滤器
	吸油管路漏气	加强吸油管路的密封
工作噪声大	吸油不畅或液面太低	清洗过滤器或补油
	泵内有空气	检查吸油管路及液位状态
	油液黏度过高	适当降低油液黏度
	转速过高	降低转速
	泵与原动机不同轴	调整二者同轴度
	叶片垂直度超差	调整叶片垂直度
	配油盘端面与内孔垂直度超差	修磨配油盘端面
泵体过热	油温过高	改善油箱散热条件或使用冷却器
	油黏度太大、内泄过大	选用合适液压油
	工作压力过高	降低工作压力
	回油直接接到泵口	回油口接至油箱液面以下
输出压力脉动	油封损坏	更换油封
	油管或过滤器堵塞	疏通油管、清洗过滤器
	油中有空气	排出气体

③ 叶片泵主要配合运动部件的修理。

a. 转子的修理。转子是叶片泵在工作中的主要运动部件之一。转子是由叶片泵传动轴带动旋转，在运动过程中转子的两个端面与叶片泵的两个配油盘形成运动摩擦关系，当转子端面磨损后，配油盘同样也会磨损。一般的磨损可在平面度较高的铸铁平台上，用手工研磨的方法进行修复。在修复过程中，应经常测量转子两端面的平行度，其误差应控制在 0.005mm。配油盘在研磨过程中也应经常测量其厚度尺寸，平行度误差应控制在 0.01mm。配油面的平面度可用刀口尺作透光检查，其误差应控制在 0.005mm 以内。这种修复手段只能用于轻度磨损。如果磨损严重或拉毛刮伤，则应将这两种零件通过平面磨床磨去伤痕，但在平磨过程中应保证零件原有的基准不变。零件平磨后同样要进行手工研磨工作，其技术要求不变。

b. 定子的修理。单作用式叶片泵的定子内表面是圆柱形，双作用式叶片泵的定子内表面近似椭圆形。定子通过定位销固定在泵体上，定子本身是不做旋转运动的，但是叶片沿定子的表面做旋转运动，也可能磨损或拉毛定子内表面。定子的轻度磨损用油石磨光即可，如果磨损严重或拉毛刮伤，则应采用机床修复。变量叶片泵定子内孔为圆柱形孔，可以在精密内圆磨床上修磨内孔，其圆柱度和圆度误差不得大于 0.005mm，粗糙度在 $Ra0.08\mu m$ 以下；定量叶片泵的定子为椭圆形，一般精密内圆磨床无法完成修复，只能在定子专用磨床上进行。定子损坏严重的，应及时更换。

c. 定子与转子间隙的配磨修理。通过以上零件的修复，转子厚度尺寸和定子厚度尺寸发生了变化，其转子在定子中旋转的配合间隙也发生了变化。这样就要通过精密平面磨床配磨定子和转子与配油盘的轴向间隙，使其控制在 0.03～0.04mm 的范围内。

d. 泵体、配油盘和定子间隙的配磨修理。通过修复转子、定子和配油盘等零件后，单个零件的尺寸和三个零件的累积尺寸都有不同程度的缩短，因此叶片泵泵体装配以上三个零件的轴向配合尺寸同样要进行修配。一般情况下，是通过精密平面磨床平磨泵体端面（平磨时应依靠原有基准，保证原有的平行和垂直精度），使轴向配合间隙控制在 0.03mm 范围内。

e. 叶片的修理。叶片安装在叶片泵转子的多个转子槽中，通过转子旋转运动的离心力与叶片根部油压力在定子内孔曲线上进行径向运动，完成吸油、压油的无限循环，因此也会出现磨损或拉毛。转子的多个转子槽加工精度极高，都是用高精度的专用转子槽磨床分多道工序加工完成的，在一般磨损情况下，对转子零件的多个转子槽只能用修理量具用的特薄的抛光油石修磨，这种修磨不会影响转子槽的精度。叶片的磨损修复同样用手工研磨的方法，这种方法只能在叶片轻度磨损时使用，修复后的叶片与转子槽的配合间隙不能大于 0.01mm。

叶片两端分别与转子和定子相摩擦，因此会产生磨损或拉毛刮伤。修复叶片两端可用自制的长方形研磨胎具手工研磨。研磨中要经常测量叶片两端面的平行度和叶片与定子运动面的垂直度，其误差控制在 0.005mm 以内，粗糙度在 $Ra0.08\mu m$ 以下。

f. 叶片泵的装配要领。以上零件修复后，装配前应完成去毛刺工作，用油石仔细清理各部毛刺，清洗、吹净各部，使装配工作在清洁的环境中进行。在旋紧螺栓过程中，应采取对角交叉均匀旋紧方法。在此过程中应不断旋转叶片泵传动轴，在旋转灵活的情况下均匀旋紧螺栓。当叶片泵安装在机座后，首先应从出油口注入清洁液压油，以保证在试运转时，叶片泵各运动表面不产生干摩擦。修复后的叶片泵试运转应在空载下进行 30min，再逐步调整溢流阀，在低压、中压各运转 30min 后，方能将系统压力调整到原额定工作压力。在这一过程中要经常检查叶片泵的温升情况。

④ 叶片泵外泄漏的修理。

叶片泵外泄漏现象直接导致容积效率下降，输出的压力也产生波动，调定压力越高，泄漏会越严重。产生的原因有：密封件老化或损坏，叶片泵进出油口接头松动，叶片泵左、右端盖铸造质量差（有砂孔或疏松）。排除以上外泄漏现象比较简单，更换密封件，正确连接进出油口的接头，正确装配左、右泵体，堵塞砂孔和疏松部位或更换端盖即可。

⑤ 叶片泵内泄漏的修理。

叶片泵在工作过程中，提供给系统的工作油液不足，直接影响了该系统的执行元件工作速度，其主要是由叶片泵的内泄漏造成的。叶片泵内泄漏的产生是由于转子、叶片、配油盘和定子等运动零件磨损严重或拉毛，各部配合间隙偏大，或者是叶片和转子因油液不清洁，致使叶片在转子槽中运动不灵活，不能完成吸油、压油的正常工作，造成输油量减少，影响其执行元件的工作速度。

叶片泵自身的内泄漏原因有：配油盘与转子之间间隙过大；叶片与转子槽配合间隙过大；定子内表面拉毛，造成叶片顶端与定子内表面接触不良；定子的吸油腔严重磨损，叶片顶端拉毛；配油盘内孔磨损严重，配油盘配油表面磨损严重；等等。

叶片泵自身以外的内泄漏原因有：原动机转速达不到额定转速；叶片泵吸油口接头松动，吸进空气；叶片泵出油口接头松动，油液外泄；叶片泵转子装反，吸油量不足；油液不清洁，转子中的叶片有卡滞现象，不能完成吸、压油运动；油液严重污染，滤油器被杂质污物堵塞，造成吸油不畅等。

叶片泵自身的内泄漏要按照叶片泵主要配合运动部件的修理方法，对相关零件配磨修复。叶片泵自身以外的内泄漏应采取其他措施进行处理，如修理或更换电机，保证电机达到额定转速；正确装配转子；清洗油箱、液压系统管路；更换合格的液压油；清洗或更换滤油器滤芯。

⑥ 叶片泵噪声过大的修理。

叶片泵在工作过程中噪声过大的原因是多方面的，应逐一排查，其中除吸油管和压力油管通油不畅、油管接头松动、固定油管的管夹松动或夹管支点距离过长、各控制液压阀滑动产生的噪声、执行机构的执行元件产生的噪声、电动机噪声等原因以外，叶片泵本身的因素也会产生噪声。比如，叶片泵的主要运动零件经长期使用，都有不同程度的磨损。叶片的几何精度受到破坏，两端面平行度超差，相邻两面垂直度超差，配油盘端面与内孔垂直度超差，配油盘两端面平行度超差，两泵体安装两配油盘和定子的轴向配合尺寸链配合间隙过大，配油盘的配油面上压油腔位置的三角形卸荷槽太短，都是产生困油和局部压力升高现象的原因，随之也会产生噪声；定子内表面磨损拉毛也是产生噪声的原因。另外，叶片泵吸油油位太低，油的黏度太高，吸油不畅，吸油口接头松动吸入空气，骨架油封与传动轴运转过紧，叶片泵传动轴与电机主轴装配不同轴等，也会产生较大的噪声。

叶片泵零件磨损或拉毛造成的噪声过大，可以通过修复上述零部件的方法进行消除。其他产生噪声的原因，可以采用以下方法消除：更换合格的液压油，正确安装叶片泵吸油口接头，更换合格的骨架油封，调整叶片泵传动轴与电机主轴的同轴度，等等。

(6) 柱塞泵的修理

① 柱塞泵安装中的常见故障。

a. 柱塞泵输出压力异常。

• 输出压力不上升原因有：溢流阀有故障或调整压力过低，使系统压力上不去，应该维修或更换溢流阀，或重新检查调整压力；单向阀、换向阀及液压执行元件（液压缸、液压马达）有较大泄漏，系统压力上不去，需要找出泄漏处，更换元件；液压泵本身进油管道漏气或因油中杂质划伤零件造成内泄漏过大等，可紧固或更换元件，以提高压力。

• 输出压力过高，系统外负荷上升，泵压力随负荷上升而增加，这是正常的。若负荷不变，而泵压力却超过负荷压力的对应值时，则应检查泵外的元件，如换向阀、执行元件、传动装置、油管等，一般压力过高应调整溢流阀进行确定。

b. 柱塞泵输出流量脉动。

• 若流量波动与旋转速度同步、有规则地变化，则可认为是与排油行程有关的零件发生了损伤，如缸体与配油盘、滑靴与斜盘、柱塞与柱塞孔等。

• 若流量波动很大，对于变量泵主要原因是变量机构的控制作用不佳。如异物混入变量机构、控制活塞上划出伤痕等，引起控制活塞运动不稳定。其他如弹簧控制系统可能伴随负载的变化产生自激振荡，控制活塞阻尼器效果差引起控制活塞运动不稳定等。流量的不稳定又往往伴随着压力的波动。出现这类故障时，一般都需要拆开液压泵，更换受损零件，加大阻尼，改进弹簧刚度，提高控制压力等。

c. 柱塞泵无输出或输出流量不足。

• 柱塞泵输出流量不足。可能的原因是：泵的转向不对、进油管漏气、油位过低、液压油黏度过大等。

• 泵泄漏量过大。主要原因是密封不良，同时液压油黏度过低也会造成泄漏增加。

• 柱塞泵斜盘实际倾角太小，使得泵的排量减小，需要重新调整斜盘倾角。

• 压盘损坏。柱塞泵压盘损坏，造成泵无法吸油。应更换压盘，过滤系统。

d. 柱塞泵工作时振动和噪声过大。

柱塞泵工作时振动和噪声过大的原因是多方面的：

• 机械振动和噪声。泵轴和原动机不同心，轴承、传动齿轮、联轴器的损伤，装配螺钉松动等均会产生振动和噪声。

• 管道内液流产生的噪声。当吸油管道偏小，粗过滤器堵塞或通油能力减弱，进油道中混入空气，油液黏度过高，油面太低吸油不足，高压管道中有压力冲击时，均会产生噪声。必须正确设计油箱，选择过滤器、油管、方向控制阀等。

② 柱塞泵使用和维护时的注意事项。

a. 液压泵的旋转方向应按标牌上的箭头指示方向旋转。需要更换旋转方向时，应先拆开柱塞泵，将泵体上的定位销改装至所需要的销孔位置，再重新装好使用。

b. 应采用 32♯ 或 46♯ 专用液压油，或者油液黏度接近的机械油。其水分、灰分及酸值必须符合有关规定。正常情况下油温应为 50℃±5℃；要求不严格情况下油温可为 15~60℃；最大允许油温范围为 10~65℃。若油箱中的油温超过了最大使用范围，则必须加热或冷却。

c. 液压泵轴与原动机轴之间，宜采用弹性联轴器连接，并要求同轴度误差在 0.1mm 范围内。由于泵轴不能承受径向力，所以不能把齿轮或带轮直接装配在泵轴上传动。

d. 液压泵具有一定的自吸能力，可以安装于油箱的盖板上。但吸油高度不得大于500mm，并严禁在吸油管道上安装任何滤油器，以免液压泵吸空，造成事故。油箱应当密封，箱盖上应设置空气滤清器。

e. 液压泵启动前，必须先从回油口向泵内灌满清洁的液压油，然后方可启动。在启动时必须先采用点动，若观察油流方向正确，方可正式启动旋转。严禁带负荷启动。

f. 为了保持油液的清洁，在油箱隔挡之间应装置 100~120 目的滤油网。新泵使用一星期后，应清洗一次。以后每工作半年清洗一次，并更换液压油。

③ 柱塞泵常见故障及应对措施。

柱塞泵常见故障及应对措施，见表 4-4。

表 4-4　柱塞泵常见故障及应对措施

故障现象	故障原因	应对措施
输出流量 不足	进油口滤油器堵塞	清洁油液和滤油器
	吸油口漏气或油箱液面过低	加强吸油口密封，油箱补油增高油面
	变量泵斜盘偏角过小	增大斜盘偏角以增大输出流量
	中心弹簧断裂	更换中心弹簧
	配油盘与泵体配合面严重磨损	重新修配二者配合面
	油温过高	降低油温

故障现象	故障原因	应对措施
输出压力 过低	滑靴脱落	更换柱塞滑靴
	配油面严重磨损	更换或修复配油面
	调压阀没有调整好	调整调压阀以建立起压力
	中心弹簧断裂	更换中心弹簧
	泵和原动机不同轴	调整泵轴与原动机轴的同轴度
	系统中有空气	排出空气
	吸油腔真空度过大	降低真空度
工作噪声大	吸油阻力大，接头处泄漏	排出系统中的空气
	泵和原动机不同轴	调整泵轴与原动机轴的同轴度
	油液的黏度过大	降低黏度
	油液大量泡沫	消除油液进气原因，排出液压油空气
	与其他元件连接松动	紧固周围液压元件
液压油过热	油箱容积过小	增加油箱容积或增加冷却装置
	油泵内泄漏过大	检修油泵，消除内泄漏因素
	液压系统其他部位泄漏过大	消除其他部位泄漏因素
	工作环境温度过高	改善工作条件或加冷却装置
转动阻力大	柱塞与泵体因油污卡死	更换新油
	滑靴脱落	更换或重新装配滑靴
	柱塞球头折断	更换柱塞球头
	泵体损坏	修补或更换泵体
变量机构 失效	伺服活塞卡死	修复伺服活塞使其运动灵活
	变量活塞卡死	修复变量活塞使其运动灵活
	变量头转动不灵活	修复变量头使其转动灵活
	泵内单向阀弹簧断裂	更换单向阀弹簧

④ 柱塞泵主要配合运动部件的修理。

a. 前泵体的修复。仔细观察经过精细研磨后，端面是否有磕碰痕迹，封油面与油道是否有疏松或者砂气孔，非加工面是否有型砂残留。磕碰痕迹可用细油石修平，但不要破坏原有精度；疏松和砂气孔可用强力黏结剂或铜焊修补。

b. 中间泵体的修复。中间泵体一般情况下不会损坏。但在拆装轴承外圈时，必须使用装拆工具，否则将破坏中间泵体安装轴承外套的内孔。中间泵体的疏松和砂气孔修复方法与前泵体相同。

c. 变量壳体的修复。变量壳体上装配变量活塞的阶梯孔可能会出现磨损、刮伤和拉毛，其修复工作难度较大。阶梯孔若磨损严重，必须使用专用研磨棒研磨阶梯孔，以保证阶梯孔的原始精度。通过研磨，孔的尺寸增大，原有变量活塞可用镀铬的工艺来配磨修复。

d. 配油盘的修复。配油盘是优质合金钢材料制造的薄圆柱形零件，端面有四个加工成型的腰圆形通孔。两端面有不同的环形槽和其他小槽。要求四个腰形孔径向圆周位置准确、圆周夹角位置准确。配油盘两平面平行度为 0.01mm，平面度为 0.005mm，表面粗糙度为 $Ra0.8\mu m$。为了增加配油盘表面的耐磨性，经过渗碳淬火精磨后，两平面的平面度误差在 0.005mm 以内。在维修中配油盘与缸体贴合的运动平面磨损或刮伤、拉毛，若轻度磨损可用手工研磨完成，若磨痕或伤痕严重应采用平面磨床平磨受伤平面。

e. 缸体的修复。缸体是圆柱形零件，一般用黄铜制造，外圈热压一钢套，内孔为一花键通孔，缸体轴向端面等分圆柱形不通孔。缸体与配油盘的摩擦平面的平面度为 0.005mm，表面粗糙度要求在 $Ra0.8\mu m$ 以下。铜缸体的摩擦端面是容易产生磨损部位，可采用精密平面磨床平磨，使平面度、粗糙度均达到以上要求，手工抛研时只能用清洁油液，千万不可添加研磨粉，因为铜较软，研磨粉容易嵌入表面。缸体轴向端面等分圆柱孔出现轻度磨损，与柱塞配合间隙太大，可更换相应尺寸的柱塞组件，不必修磨。

f. 柱塞的修复。柱塞是带球头的圆柱形零件。一般用优质合金材料制造，渗碳淬火后精磨外圆，专用机床精磨球头后进行离子氮化，表面硬度极高，具备了良好的耐磨性。一旦磨损较多或刮伤、拉毛，只能更换柱塞组件。

g. 回程盘的修复。回程盘是薄形圆柱形零件，在其平面均匀分布固定滑靴孔。产生磨损部位是孔的内圆和与滑靴内端面接触面。一般磨损严重时只能更换合格的回程盘，不能采取手工或机械修复。

h. 斜盘的修复。斜盘的精度要求很高，工作表面的平面度均在 0.005mm 以内，表面粗糙度 $Ra0.8\mu m$ 以下。磨损严重或拉毛后，只能更换，不能采用手工或机械修复。

⑤ 柱塞泵轴卡死的修理。

柱塞泵轴卡死的故障原因较多，主要有：

a. 铜缸体中的柱塞与缸体柱塞孔严重刮伤，这种故障的出现与液压油污染严重或油温太高有直接关系。

b. 柱塞球头与滑靴脱离，因柱塞卡死，滑靴与柱塞强行脱离。

c. 柱塞球头折断，也因柱塞卡死造成。

d. 铜缸体与配油盘的配油面严重刮伤。

以上故障的出现，其主要原因是液压油严重污染，因此应严格控制液压油的清洁度。对于已经发生零件磨损的，可以视情况按照前述办法做零件修复。磨损严重或拉毛的零件只能更换。

⑥ 柱塞泵工作时过热的修理。

柱塞泵工作中温度超过额定温度较多，将会使整个系统的泄漏增加。由于内、外泄漏的过程中要消耗一定的能量，也会使油温发热。这种发热的恶性循环，将使系统油温连续上升，油温越来越高。当油温升高到一定程度时，不但轴向柱塞泵不能正常工作，同时整个系统将无法工作。轴向柱塞泵的温度升高、发热过高与泵的泄漏有直接关系，主要是由于泵内的运动部件松动、磨损后配合间隙过大；油箱的容积偏小，散热不良，冷却器的冷却效果降低；油液黏度太高或污染严重；等等。

⑦ 柱塞泵的拆装。

a. 柱塞泵拆卸的技术要领和步骤。

• 变量壳体的拆卸。先松掉变量壳体外端的内六角螺栓。在变量壳体脱离中间泵体之前要做好装配方向标记。在变量壳体脱离中间泵体时，斜盘也随之脱离中间泵体。由于斜盘与变量活塞的连接不是刚性连接，因此要特别注意不能让斜盘掉在地上或扎伤手脚。

• 中间泵体内部零件的拆卸。中间泵体拆卸时，回程盘与柱塞及滑靴 3 个组件一道取出。取出后应放置在一个不会相互磕碰的塑料零件盒中。每一个零件不但精度高，材质要求也特殊，因此拆卸时要防止损伤，以免增加维修难度。

• 中间泵体和前泵体的拆卸。两个泵体是由内六角螺钉连接的，在做好连接泵体的方向标记后，卸下内六角螺钉，用橡胶锤或紫铜棒轻敲，使两泵体分离。轴承的拆卸应用专用的工具卸下挡圈后方能进行。

b. 柱塞泵装配的技术要领和步骤。

• 装配前的准备。仔细清除毛刺，清洗好修复的零件。为保证液压系统的稳定运行，在维修工作中对毛刺、清洁这两项要求不可忽视。

• 柱塞泵的装配。当完成装配前的准备工作以后，应先将组件装配好。一个是传动轴的轴承组件的装配，另一个是变量壳体组件装配。以上两组件装配完成后，就可以进行总装配，装配顺序与拆卸相反，应对准装配方向标记均匀旋紧内六角螺钉，配油盘装入前，应检查泵体配油面的定位销安装位置是否正确，最后变量壳体组件及斜盘与中间泵体对准装配方向标记后，用内六角螺钉总装。

• 柱塞泵修复后的试运转。维修装配后的轴向泵即可进入试运转：点动液压泵观察旋转灵活性，空载运转 30min；低压、中压运转各 15min；在系统的额定压力下再运转 30min。即可完成试运转。

4.1.2　液压阀的维修

(1) 液压阀的功能及分类

液压阀是液压系统中用来控制液流方向、压力和流量的液压元件。借助于这些液压阀，便能对执行元件的启动、停止、运动方向、速度、动作顺序和克服负载的能力进行调节与控制，使各类液压机械都能按要求协调地进行工作。

所有液压阀在结构上都是由阀体、阀芯和驱动阀芯动作的元器件组成；在使用性能上液压阀都要求动作灵敏，使用可靠，工作时冲击和振动小；油液流过时压力损失小；密封性好；结构紧凑，安装、调整、使用、维护方便，通用性大等。

一般来说，液压阀可以按照下列方式分类。

① 按功能分类。液压阀可分为方向控制阀、压力控制阀和流量控制阀。这三类阀还可根据需要互相组合成为组合阀，使得其结构紧凑，连接简单，并提高了效率。

② 按控制原理分类。液压阀可分为开关阀、比例阀、伺服阀和数字阀。开关阀调定后只能在调定状态下工作。比例阀和伺服阀能根据输入信号连续地或按比例地控制系统的参数。数字阀则用数字信息直接控制阀的动作。

③ 按安装连接方式分类。

a. 管式连接。又称螺纹式连接，阀的油口用螺纹管接头或法兰和管道及其他元件连接，并由此固定在管路上。

b. 板式连接。阀的各油口均布在同一安装面上，并用螺钉固定在与阀有对应油口的连接板上，再用管接头和管道及其他元件连接；或者把几个阀用螺钉固定在一个集成块的不同侧面上，在集成块上打孔，沟通各阀组成回路。由于拆卸时无需拆卸与之相连的其他元件，故这种安装连接方式应用较广。

c. 叠加式连接。阀的上下面为连接接合面，各油口分别在这两个面上，且同规格阀的油口连接尺寸相同。每个阀除其自身的功能外，还起油路通道的作用。阀相互叠装形成回路，无需管道连接，故结构紧凑，压力损失小。

d. 插装式连接。这类阀无单独的阀体，由阀芯、阀套等组成的单元体插装在插装块体的预制孔中，用连接螺纹或盖板固定，并通过块内通道把各插装式阀连通组成回路，插装块体起到阀体和管路的作用。它是适应液压系统集成化的一种安装连接方式。

液压阀的规格大小用通径（单位 mm）表示。通径是阀进、出油口的名义尺寸，它和实际尺寸不一定相等。不同类型的液压阀，还用不同的参数表征其不同的工作性能，一般有压力、流量的限制值，以及压力损失、开启压力、允许背压、最小稳定流量等参数，有时还给出若干条特性曲线，供使用者确定不同状态下的性能参数值。

(2) 单向阀的维修

① 单向阀的功能简介。

单向阀的作用是只许油液往一个方向流动，不可倒流。图 4-9 所示为单向阀的结构原理，其中图 4-9（a）为直通式结构，图 4-9（b）为直角式结构。压力油从进油口 A 流入，从出油口 B 流出。反向时，因出油口 B 一侧的压力油将阀芯紧压在阀体上，阀芯的锥面使阀口关闭。油流即被切断。

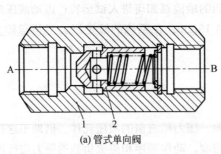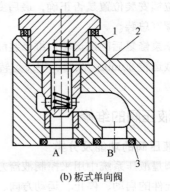

(a) 管式单向阀　　　　　(b) 板式单向阀

图 4-9　单向阀的结构
1—阀体；2—阀芯；3—O 形密封圈

直通式单向阀，通常将它的进出油口制成连接螺纹，直接与油管接头连接，成为管式单向阀；直角式单向阀，通常将它的进出油口开在同一平面内，成为板式单向阀。安装板式元件时，可将阀对着底板用螺钉固定，底板与阀的油口之间用 O 形密封圈密封，底板与油管接头又采用螺纹连接。

根据系统的需要，有时要使被单向阀所闭锁的油路重新接通，因此可把单向阀做成闭锁油路能够控制的结构，这就是液控单向阀。如图 4-10 所示为液控单向阀的结构原理。当控制油口 X 未通控制压力油时，主通道中的油液只能从进油口 A 流入，顶开阀芯从出油口 B 流出，相反方向则闭锁不通。当控制油口 X 接通控制压力油时，控制活塞往右移动，借助于右端悬伸的顶杆将阀芯顶开，使进油口和出油口接通，油液可以沿两个方向自由流动。

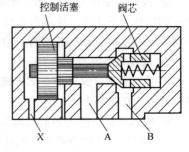

图 4-10　液控单向阀的结构原理

② 单向阀常见故障及应对措施。

单向阀常见故障及应对措施，见表 4-5。

表 4-5　单向阀常见故障及应对措施

故障现象	故障原因	应对措施
不起单向控制作用	阀芯与阀体孔接触不可靠，密封不良	研配阀芯与阀体孔接合面，更换阀芯
	阀芯卡死	加大阀芯与阀体孔配合间隙、清除污物
	复位弹簧断裂	更换复位弹簧
工作噪声大	与其他液压元件共振	调整复位弹簧压力
	超过单向阀额定流量	选择合适规格的单向阀
内泄漏严重	阀芯与阀体孔接触不可靠，密封不良	研配阀芯与阀体孔接合面，更换阀芯
	阀芯与阀体孔不同轴	减小阀芯与阀体孔同轴度误差
外泄漏严重	管式单向阀的螺纹连接泄漏	螺纹连接处加密封胶
	板式单向阀的接合面处泄漏	更换接合面处的密封圈
液控单向阀无法开启逆流	控制油路的压力低	提高控制油路的压力
	先导阀阀芯卡死	清洗、修配或更换先导阀芯
	控制油路泄漏	检查并消除泄漏因素
	主阀芯卡死	清洗修配主阀芯，清洁油液
液控单向阀逆流不密封	阀芯与阀体孔接触不可靠，密封不良	研配阀芯与阀体孔接合面，更换阀芯
	先导阀阀芯卡死	清洗、修配或更换先导阀芯

③ 单向阀的修理。

a. 单向阀在液压系统中的常见作用。

• 若将单向阀安装在泵的出口处，可以防止系统的压力突然升高而损坏液压泵，即起止回作用。

• 若将单向阀与节流阀或减压阀并联，可构成执行机构正向慢速、反向快速，或者正向减压、反向自由流通回路。

• 若将单向阀与压力阀串联起来，可逐步提高调整压力，防止压力的反作用。

• 对于液控单向阀，可以利用控制油路开启单向阀，以达到使油液能反向流动的目的。如作充油阀或放油阀使用等。

b. 单向阀的技术性能要求。

• 当油液朝一个方向流过时，阻力要小，也就是说压力损失要小。

• 阀芯与阀座接触处密封性能要好，反向截止性能要好。

• 单向阀的动作应迅速灵敏，工作时不应有冲击和噪声。

c. 单向阀内泄漏的修理。

单向阀产生内泄漏的原因主要有：

• 油液不清洁，钢球（锥阀）与阀座密封带因油液杂物使之不能线接触而产生泄漏；

• 单向阀内有毛刺，工作时磨损、破坏了密封带油封或拉毛、刮伤，使阀芯卡死，无法滑动工作；

• 弹簧塑性变形或折断；

• 单向阀阀体或阀芯变形，阀体、阀芯各圆锥圆柱不同轴，封油带不是线接触。

单向阀内泄漏的排除方法主要有：

• 拆洗单向阀，清洗阀中的油液；

• 去除各加工表面和内腔表面毛刺，若阀芯或阀座损坏应更换合格阀芯或阀座；

• 更换合格弹簧。

d. 单向阀噪声过大的修理。

单向阀噪声过大产生的原因主要有：

• 单向阀的额定流量偏小，与液压系统的额定流量不匹配；

• 单向阀与系统中其他液压元件、管道配件等产生共振；

• 单向阀用于立式大液压缸回路的卸压，没有另设卸压装置。

单向阀噪声过大的消除方法：

• 更换与液压系统相配合的合适流量的单向阀；

• 更换高质量的复位弹簧；

• 为立式大液压缸单独设计卸压回路。

e. 当反向压力比较低时，单向阀阀芯与阀座之间泄漏的修理。

该故障的主要原因是：

• 阀座孔与阀芯孔同轴度较差，阀芯导向后接触面不均匀，有部分"搁空"。

• 阀座压入阀体孔中时产生偏歪或拉毛损伤等。

• 阀座碎裂。

• 弹簧变弱。

该故障的处理措施是：

• 对上述原因的前两项重新铰、研加工或者将阀座拆出重新压装再研配。

• 对原因的后两项予以更换单向阀。

f. 当开启压力较小或单向阀水平安装时，单向阀易发生起闭不灵活和卡滞现象。

该故障的主要原因是：

• 阀体孔与阀芯加工尺寸、形状精度较差，间隙不适当。

- 阀芯变形或阀体孔安装时因螺钉紧固不均匀而变形。
- 弹簧变形扭曲，对阀芯形成径向分力，使阀芯运动受阻。

该故障的处理措施是：

- 修研抛光有关变形阀件并调整间隙。
- 换用新弹簧。

(3) 换向阀的维修

① 换向阀的功能简介。

换向阀的作用是利用阀芯和阀体间相对位置的改变，来变换油流的方向，接通或关闭油路，从而控制执行元件的换向、启动或停止。当阀芯和阀体处于如图 4-11 所示的相对位置时，液压缸两腔不通压力油，处于停机状态。若对阀芯施加一个从右往左的力使其左移，阀体上的油口 P 和 A 连通，B 和 T 连通，压力油经 P、A 进入液压缸左腔，活塞右移；右腔油液经 B、T 回油箱。反之，若对阀芯施加一个从左往右的力使其右移，则 P 和 B 连通，A 和 T 连通，活塞液压缸便左移。

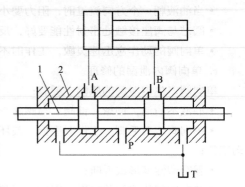

图 4-11 换向阀的工作原理
1—阀芯；2—阀体

按阀芯在阀体内的工作位置数和换向阀所控制的油口通路数分，换向阀有二位二通、二位三通、二位四通、二位五通、三位四通、三位五通等类型。按阀芯换位的控制方式分，换向阀有手动、机动、电动、液动和电液动等类型。

a. 电磁换向阀。

电磁换向阀是利用电磁铁吸力操纵阀芯换位的方向控制阀。如图 4-12 所示为三位四通电磁换向阀的结构原理和符号。阀的两端各有一个电磁铁和一个对中弹簧，阀在常态时阀芯处于中位。当右端电磁铁通电吸合时，衔铁通过推杆将阀芯推至左端，换向阀就在右位工作；反之，左端电磁铁通电吸合时，换向阀就在左位工作。

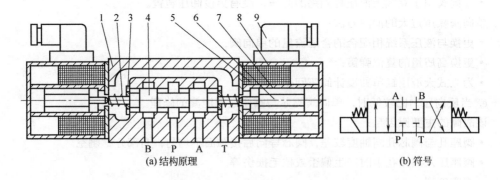

(a) 结构原理　　　　　　　　(b) 符号

图 4-12 三位四通电磁换向阀
1—阀体；2—弹簧；3—弹簧座；4—阀芯；5—线圈；6—衔铁；7—隔套；8—壳体；9—插头组件

电磁铁按所接电源的不同，分交流和直流两种基本类型。交流电磁铁使用方便，启动力大，但换向时间短（约 0.01～0.07s），换向冲击大，噪声大，换向频率低（约 30 次/min），而且当阀芯被卡住或由于电压低等原因吸合不上时，线圈易烧坏。直流电磁铁需直流电源或整流装置，但换向时间长（约 0.1～0.15s），换向冲击小，换向频率允许较高（最高可达 240 次/min），而且有恒电流特性，当电磁铁吸合不上时，线圈不会烧坏，故工作可靠性高。还有一种本机整流型电磁铁，其上附有二极管整流线路和冲击电压吸收装置，能把接入的交流电整流后自用，因而兼具了前述两者的优点。

b. 液动换向阀。

液动换向阀是依靠控制油路的油压作用来改变滑阀阀芯的位置，以实现油路的切换。如图4-13所示为三位四通液动换向阀的符号。

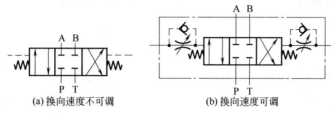

(a) 换向速度不可调　　(b) 换向速度可调

图 4-13　三位四通液动换向阀的符号

液动换向阀的工作流量通常都比较大，为了控制阀芯移动的速度，减少换向冲击和噪声，对于有较高要求的液动换向阀，它的两端带有单向节流装置（又称阻尼调节器），如图4-13(b)所示，调节节流开口，即可调节阀的换向速度。

c. 电液换向阀。

电液换向阀由电磁阀和液动阀组合而成。电磁阀起先导阀作用，用以改变控制压力油的流动方向，实现主阀（液动阀）换向。该阀可以用较小规格的电磁阀来实现对较大流量的主压力油流动方向的切换控制。

电液换向阀的符号如图4-14所示。当三位电磁阀左侧的电磁铁通电时，它的左位接入控制油路，控制压力油推开左边的单向阀进入液动阀的左端油腔，液动阀右端油腔的油液经右边的节流阀及电磁阀流回油箱，这时液动阀的阀芯右移，它的左位接入主油路系统；当三位电磁阀右侧的电磁铁通电（左侧电磁铁断电）时，情况则相反，液动阀右位便接入主油路系统；当电磁阀两侧电磁铁都不通电时，液动阀两端油腔通过电磁阀中位与油箱连通，在平衡弹簧的作用下，液动阀回复中位。

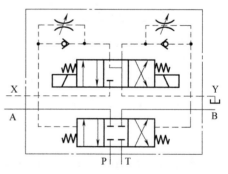

图 4-14　电液换向阀的符号

另外，换向阀还有机动换向阀和手动换向阀两种。机动换向阀通常用装在工作台一侧的行程挡块来推压阀芯，实现油路的切换。手动换向阀是用手动杠杆操纵的换向阀。手动阀分为自动复位式和机械定位式两种。它们的符号如图4-15所示。

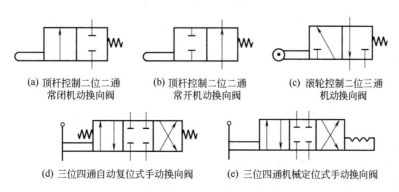

(a) 顶杆控制二位二通　(b) 顶杆控制二位二通　(c) 滚轮控制二位三通
常闭机动换向阀　　　常开机动换向阀　　　机动换向阀

(d) 三位四通自动复位式手动换向阀　(e) 三位四通机械定位式手动换向阀

图 4-15　机动换向阀和手动换向阀的符号

② 换向阀常见故障及应对措施。

换向阀常见故障及应对措施，见表4-6。

表4-6　换向阀常见故障及应对措施

故障现象	故障原因	应对措施
输出流量不足	电磁阀推杆过短，阀芯移动不到位	更换长推杆，研配阀芯使其动作灵活
	弹簧刚性差	更换大刚性弹簧
输出压力过低	换向阀额定输出流量选择过低，阀口小造成的压降过大	更换大流量换向阀
	液压油污染堵塞阀口	清洁液压油
主阀芯不换向	主阀芯卡死	修配加大阀芯与阀体孔配合间隙；若阀芯表面损伤，则更换阀芯
	油液黏度过大，油温过高	换用合适黏度的液压油，控制油温
	复位弹簧刚度过大	更换小刚度弹簧
	先导阀故障	调整先导阀阀芯与阀体间隙，修复或更换先导阀弹簧
	控制油路系统故障	恢复控制油路压力
	电磁铁故障	修复电磁铁
工作冲击和噪声大	电磁铁吸合过快	换用电液换向阀，缓和主油路冲击
	电液阀主阀芯移动速度过快	调节电液阀中的两侧节流阀
	电磁铁螺钉松动	紧固螺钉
电磁铁失效	线圈绝缘失效	更换线圈
	铁芯失效吸力不够	更换铁芯
	电压过低或电压不稳	控制电压波动在额定电压的10%以内
	电线虚焊或开焊	检查各个焊接点，补焊

③ 换向阀的修理。

a. 电液换向阀的使用与维护

• 对滑阀机能为M、K、H型的阀，若其控制压力油由主油路供给或采用内部控制形式，为了使液动阀阀芯能可靠地工作，必须使主油路内保持大于控制压力值的压力。

• 控制回油压力，使其不得大于先导电磁阀的T油口许用压力。

• 先导电磁阀与液动阀之间加上阻尼器，即可调节液动阀阀芯换向的速度快慢。加双阻尼器时，两个方向上的换向速度可单独调节。加单阻尼器时，两个方向上的换向速度同时调节。对于螺纹连接的电液换向阀，当控制油从外部引入时，加单阻尼器并不能调节换向阀的快慢。如图4-14中上部两侧所示的就是节流阀与单向阀并联形成的阻尼器。

• 即使螺纹连接的阀，也应用螺钉固定在加工过的安装表面上，不允许用管道悬空支撑阀门。对二位四通换向阀，更应注意将阀的轴线沿水平方向安装。

• 先导电磁阀的电源电压有交流110V、220V和380V，直流24V和110V等。

• 工作介质推荐：使用YN-N46抗磨液压油，油温10~65℃。液压系统应设有过滤精度不低于30μm的滤油器。

b. 电液换向阀的故障修理。

（a）阀芯不能运动的故障修理。

电磁铁方面的原因有：

• 交流电磁铁，由于滑阀卡住，铁芯吸不到底，电压太低或太高而致过热烧毁。

• 电磁铁漏磁，吸力不足，推不动主阀阀芯。

• 电磁铁接线不良、接触不好甚至假焊。

• 控制电磁铁的其他传感元件（如行程开关、限位开关、压力继电器等）未能输出控制信号。

·电磁铁铁芯与衔铁之间存在污物，使衔铁卡死。

电磁先导阀方面的原因有：

阀芯与阀体孔卡死，或者弹簧弯曲折断，使阀芯卡死等。产生原因与处理方法同电磁换向阀。

液动主阀方面的原因有：

·阀体孔与阀芯配合间隙过小，油温升高后，阀芯胀卡在阀孔内。

·阀芯几何尺寸与形位公差超差，阀芯与阀孔装配轴线不重合，产生轴向液压卡死现象。

·阀芯表面有毛刺，或者阀芯（或阀体）被碰伤卡死。

液动换向阀控制油路方面的原因有：

·油液控制动力源的压力不够，滑阀未被推动，故不能换向或换向不到位。

·电磁先导阀存在故障，未能工作。

·控制油路堵塞。

其他方面的原因有：

·可调节流阀调整不当，通油口过小或堵塞。

·滑阀两端泄油口没有接回油箱，或泄油背压太高，或泄油管堵塞。

·阀端盖处因螺钉松动或接触面不平等原因导致泄漏严重，使控制油压不足。

·油液污染严重，未能滤去的颗粒杂质卡死阀芯。

·油温长期过高，使油液变质产生胶质物质，粘在阀芯表面并卡死。

·油液黏度太高，使阀芯移动困难甚至卡牢不动。

·安装精度太差，紧固螺钉不均匀，不按规定顺序，或管道法兰接头处发生翘曲，使阀体变形。

·弹簧对中式液动阀的复位弹簧太硬、太粗，推动力太大；弹簧卡阻或弹簧折断，致使阀芯不能对中复位。

（b）阀芯换向后，通流能力差的故障修理。

造成阀芯换向后通过流量不够的主要原因是开口量不够，主要是由于：

·行程调节型主阀的螺杆调整不当。

·电磁阀由于长期不使用，使推杆磨损变短，或更换电磁铁后，其安装距离较原来大，使主阀控制油进入不够。

·主阀阀芯和阀孔间隙不当，几何精度差，阀芯不能在全程内顺利移动，阀芯达不到规定位置。

·弹簧太弱，推力不足，使阀芯行程达不到规定位置。

（c）电液换向阀进出油口处压降太大的故障修理。

·通流阀口面积太小，阻尼作用严重。主要原因是阀芯移动达不到规定位置。

·通过流量过多，远远大于额定流量。此时，应选择与流量相配的电液阀。

（d）主阀换向速度不易调节的故障修理。

·单向阀泄漏严重。应拆下重新研配以保证密封程度。

·节流阀阀芯弯曲。螺纹处碰毛，致使无法转动而失去调节功能。

·针式节流阀调节性能差或被污染物堵塞。应拆下清洗或改用三角槽式节流阀。

（e）电液换向阀电磁铁过热的故障修理。

·电磁铁铁芯与衔铁轴线同轴度过大，衔铁吸合不良。

·电磁铁线圈绝缘不良。

·电压变动太大。一般电压波动值不应超过 ±10%，电网上常有过大波动时，应加设稳压器。

• 换向阻力过大，回油背压超高。

• 换向操作频率太高。

（f）电液换向阀换向冲击与噪声过大的故障修理。

• 换向阀所控制的油路流量过大，滑阀移动速度太快，因而产生冲击声。一般可以通过调小单向节流阀阀口的方法来减慢滑阀移动的速度。

• 单向节流阀阀芯与孔配合间隙太大，或者单向阀弹簧漏装，使阻尼作用失效，产生换向冲击声。

• 液压系统中，压差很大的两个回路瞬时接通，因而产生液压冲击，并可能振动配管及其他元件而发出噪声。

• 阀芯被污物卡阻，且时动时卡，产生振动及噪声。

• 电磁铁的螺钉松动，致使液流换向时产生位移振动及噪声。

c. 换向阀关键零件维修时的精度控制。

手动换向阀、电磁换向阀和电液换向阀的阀体、阀芯、端盖、弹簧、磁铁等基本零件相似，零件的维修工作量较大，其技术精度要求如下：

• 阀体精度。阀孔圆柱度、圆度、同轴度允许误差在 0.005 mm 以内，粗糙度为 $Ra0.2 \sim 0.4\mu$m，各极位端面之间尺寸误差不大于 0.02 mm，极位孔口不得倒角、倒棱，只能通过手工、机械、使用专用工具去除毛刺；不得有铸造疏松、砂眼、气孔，铸造系统流道要经过严密喷砂或化学方法清除夹砂。

• 阀芯精度。外圆的圆柱度、圆度、同轴度允许误差在 0.005 mm 以内，粗糙度 $Ra0.2 \sim 0.4\mu$m，各极位端面之间尺寸误差不大于 0.02 mm。

• 研配精度。阀芯与阀体孔进行研配时，其间隙应控制在 $0.007 \sim 0.02$ mm 之间。

• 弹簧精度。换向阀弹簧两端磨平后，其两端面都应垂直于弹簧轴线。

• 推杆长度尺寸控制。电磁换向阀的推杆长度应以阀芯工作长度配制，不得过长或过短，推杆两端面应垂直于推杆轴线。

• 检查试验。维修好的方向控制阀应做试验，合格后方能投入使用。

d. 换向阀中电磁铁的故障分析。

电磁铁故障产生的主要原因是电流过大，电磁铁线圈发热，导致电磁铁被烧坏。下列因素可能使电磁铁电流过大：

• 电磁铁制造不合格，线圈短路；

• 电压超过或低于电磁铁的额定电压；

• 电磁铁的推杆过长，电磁铁衔铁吸合不到位；

• 电磁铁铁芯轴线与阀芯轴线不同轴，衔铁不能吸合；

• 阀芯与阀体配合间隙过小，电磁铁推不动；

• 油液不清洁，阀芯被污物卡死或刮伤、拉毛；

• 电磁铁推杆弯曲；

• 弹簧太硬或弯曲；

• 阀体装配变形，阀卡死；

• 回油背压过高等均会使电磁铁发热烧坏，产生噪声。

e. 换向阀中其他常见故障及处理方法。

（a）滑阀不能动作的修理。

故障产生原因：滑阀被堵塞，阀体变形，具有中间位置的对中弹簧折断，操纵压力不够。

故障排除方法：拆开清洗，重新安装阀体的螺钉使压紧力均匀，更换弹簧，操纵压力必须大于 0.35 MPa。

（b）工作程序错乱的修理。

故障产生原因：因滑阀被拉毛，油中有杂质或热膨胀，使滑阀移动不灵活或卡住；电磁阀的电磁铁坏了，力量不足或漏磁等；液动换向阀两端的控制阀（节流阀、单向阀）失灵或调整不当；弹簧过软或太硬使阀通油不畅；滑阀与阀孔配合太紧或间隙过大，因压力油的作用使滑阀局部变形。

故障排除方法：拆卸清洗，研配滑阀，更换或修复电磁铁，调整节流阀，检查单向阀是否封油良好；更换弹簧，检查配合间隙，使滑阀移动灵活，在滑阀外圆上开 $1mm \times 0.5mm$ 的环形平衡槽。

（c）板式换向阀安装底面漏油的修理。

• 安装底板表面应磨削加工，平面度不大于 $0.02mm$，不得内凸。表面粗糙度应小于 $Ra8\mu m$。

• 拧紧固螺钉时力量不均匀。

• 未用热处理过的合金钢螺钉，换用普通碳钢螺钉后，因承受油压作用受拉伸而变形、变长，造成接合面漏油。

• 电磁阀接合底面的 O 形密封圈损坏或老化失效。

（d）干式换向阀向外部泄漏油液的修理。

• 推杆处 O 形动密封圈损坏，油液进入电磁铁后，常从端面应急手动推杆处向外泄漏。

• 电磁阀阀芯两端一般为泄油腔或回油腔，检查是否存在过高的背压并分析背压产生原因，注意油箱空气滤清器不能堵塞，否则油箱内会存在压力。

（e）湿式电磁铁吸合和释放动作过于迟缓的修理。

电磁铁后端有放气螺钉，电磁铁试车时，导磁油缸内存有空气，当油液通过衔铁周隙进入油缸后，若后腔空气排放不掉，将受压缩而形成阻尼，使衔铁动作迟缓。应在试车时拧开放气螺钉排气，当油液充满后，再旋紧密封。

（4）溢流阀的维修

① 溢流阀的功能简介。

溢流阀的主要功能是控制和调整液压系统的压力，以保证系统在一定压力或安全压力下工作。

溢流阀有多种用途，主要是在溢去系统多余油液的同时，使泵的供油压力得到调整并保持基本恒定。溢流阀按其结构原理分为直动型和先导型两种。

a. 直动型溢流阀。如图 4-16 所示为锥阀式（还有球阀式和滑阀式）直动型溢流阀。当进油口 P 从系统接入的油液压力不高时，锥阀芯被弹簧紧压在阀座上，阀口关闭。当进口油压升高到能克服弹簧阻力时，便推开锥阀芯使阀口打开，油液就由进油口 P 流入，再从回油口 T 流回油箱（溢流），进油压力也就不会继续升高。当通过溢流阀的流量变化时，阀口开度即弹簧压缩量也随之改变。但在弹簧压缩变化甚小的情况下，可以认为阀芯在液压力和弹簧力作用下保持平衡，溢流阀进口处的压力基本保持为定值。拧动调压螺钉改变弹簧预压缩量，便可调整溢流阀的溢流压力。

这种溢流阀因进口压力油直接作用于阀芯，故称直动型溢流阀。直动型溢流阀一般只能用于低压或小流量处。因控制较高压力或较大流量时，需要装刚度较大的硬弹簧，不但手动调节困难，而且阀口开度（弹簧压缩量）略有变化便引起较大的压力波动，不够稳定。系统压力较高时就需要采用先导型溢流阀。

b. 先导型溢流阀。如图 4-17 所示为一种板式连接的先导型溢流阀。由图可见，先导型溢流阀由先导阀和主阀两部分组成。先导阀就是一个小规格的直动型溢流阀，而主阀阀芯是一个具有锥形端部、中间开有阻尼孔 R 的圆柱筒体。

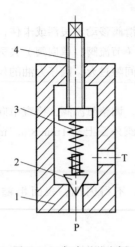

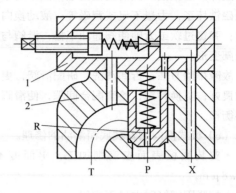

图 4-16　直动型溢流阀

1—阀体；2—锥阀芯；3—弹簧；4—调压螺钉

图 4-17　先导型溢流阀

1—先导阀；2—主阀

P—进油口；T—回油口；X—外控口；R—阻尼孔

图中油液从进油口 P 进入，经阻尼孔 R 到达主阀弹簧腔，并作用在先导阀阀芯上（一般情况下，外控口 X 是堵塞的）。当进油压力不高时，液压力不能克服先导阀的弹簧阻力，先导阀口关闭，阀内无油液流动。这时，主阀芯因前后腔油压相同，故被主阀弹簧压在阀座上，主阀口亦关闭。当进油压力升高到超过先导阀弹簧的预调压力时，先导阀口打开，主阀弹簧腔的油液流过先导阀口并经阀体上的通道和回油口 T 流回油箱。这时，油液流过阻尼孔 R，产生压力损失，使主阀芯两端形成了压力差。主阀芯在此压差作用下克服弹簧阻力向上移动，使进、回油口连通，达到溢流稳压的目的。拧动先导阀的调压螺钉便能调整溢流压力。更换不同刚度的调压弹簧，便能得到不同的调压范围。

在先导型溢流阀中，先导阀的作用是控制和调节溢流压力，主阀的功能则在于溢流。先导阀因为只通过泄油，其阀口直径较小，即使在较高压力的情况下，作用在锥阀芯上的液压推力也不是很大，因此调压弹簧的刚度不必很大，压力调整也就比较轻便。主阀芯因两端均受油压作用，主阀弹簧只需很小的刚度，当溢流量变化引起弹簧压缩量变化时，进油口的压力变化不大，故先导型溢流阀的稳压性能优于直动型溢流阀。但先导型溢流阀是二级阀，其灵敏度低于直动型阀。

c. 溢流阀在液压系统中的常见作用。

• 用于溢流稳压。如图 4-18（a）所示为一定量泵供油系统，与执行机构油路并联一个溢流阀，起着溢流稳压的作用。在系统工作的情况下，溢流阀的阀口通常是打开的，进入液压缸的流量由节流阀调节，系统的工作压力由溢流阀调节并保持恒定。

• 用于防止过载。如图 4-18（b）所示为一变量泵供油系统，与执行机构油路并联一个溢流阀，起着防止系统过载的安全保护作用，故又称安全阀。此阀的阀口在系统正常工作情况下是闭合的。在此系统中，液压缸需要的流量由变量泵本身调节，系统中没有多余的油液，系统的工作压力取决于负载的大小。只有当系统的压力超过预先调定的最大工作压力时，溢流阀的阀口才打开，使油溢回油箱，保证了系统的安全。

• 用于远程调压。机械设备液压系统中的泵、阀通常都组装在液压站上，为使操作人员就近调压方便，可按图 4-18（c）所示，在控制工作台上安装一远程调压阀 1，并将其进油口与安装在液压站上的先导型溢流阀 2 的外控口相连。这相当于使阀 2 除自身先导阀外又加接了一个先导阀。调节阀 1 便可对阀 2 实现远程调压。显然，远程调压阀 1 所能调节的最高压力不得

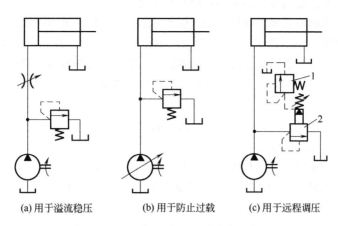

|(a)用于溢流稳压|(b)用于防止过载|(c)用于远程调压|

图 4-18　溢流阀的在液压系统中的作用

超过溢流阀 2 自身先导阀的调定压力。

② 溢流阀常见故障及应对措施。

溢流阀常见故障及应对措施，见表 4-7。

表 4-7　溢流阀常见故障及应对措施

故障现象	故障原因	应对措施
不能调压	油污堵塞阻尼孔	疏通阻尼孔,清洁液压油
	弹簧断裂失效	更换弹簧
	主阀阀芯卡死	研配阀芯与阀体孔接合面,更换阀芯
输出压力不稳	锥阀与阀座接触不良	研配接触面
	弹簧刚度低	更换大刚度弹簧
	油污堵塞阻尼孔	疏通阻尼孔,清洁液压油
内泄漏过大	主阀阀芯与阀体间隙过大	更换阀芯、重配间隙
	锥阀与阀座接触不良或磨损	研配接触面或更换锥阀芯
工作噪声大	机械连接松动引起共振	紧固各部位机械连接
	主阀芯动作不灵活	检查与阀体的同轴度或修配阀的间隙
	锥阀芯磨损	更换或研配锥阀芯
	实际工作流量超过溢流阀额定值	更换大流量溢流阀

③ 溢流阀的修理。

现以图 4-17 所示的先导式溢流阀为例，说明常见故障的修理方法。

a. 调压失灵。

• 旋动调压手轮，压力达不到额定值。

系统压力达不到额定值的主要原因是：调压弹簧变形、断裂、弹力太弱、选用错误、行程不够，先导锥阀密封不良、泄漏严重，远程遥控口泄漏，主阀芯与阀座（锥阀式）或与阀体孔（滑阀式）密封不良、泄漏严重，等等。此时，采取更换、研配等方法即可进行修复。

• 系统上压后，立刻失压，旋动手轮再也不能调节起压力。

该故障多是由主阀芯阻尼孔在使用中突然被污物堵塞所致。该阻尼孔堵塞后，系统压力直接作用于主阀芯下端面，此时，系统上压，而一旦推动主阀上腔的存油顶开先导锥阀后，上腔卸压，主阀打开，系统立即卸压。由于主阀阻尼孔被堵，系统压力油无法进入主阀上腔，即使系统压力下降，主阀也不能下降。主阀阀口开度不会减小，系统压力不断被溢流。在这种情况下，无论怎样旋动手轮，也不能使系统上压。当主阀在全开状态时，若主阀芯被污物卡阻，也会出现上述现象。

• 系统超压，甚至超高压，溢流阀不起溢流作用。

当先导锥阀前的阻尼孔被堵塞后，油压纵然再高也无法打开锥阀阀芯，调压弹簧一直将锥阀关闭，先导阀不能溢流，主阀芯上、下腔压力始终相等。在主阀弹簧作用下，主阀一直关闭，不能打开，溢流阀失去限压溢流作用，系统压力随着负载的增高而增高，当执行元件终止运动时，系统压力在液压泵的作用下，甚至产生超高压现象。此时，很容易造成拉断螺栓、泵被打坏等恶性事故。

对上述后两点的故障，通过拆洗阀件、疏通阻尼孔即可排除。

b. 压力不稳定，脉动较大。

• 先导阀稳定性不好，锥阀与阀座同轴度不好，配合不良，或是油液污染严重，有时杂质卡夹锥阀，使锥阀运动不规则。应该纠正阀座的安装，修研锥阀配合面，并控制油液的清洁度，清洗阀件。

• 油中有气泡或油温太高。完全排除系统内的空气并采取措施降低油液温度即可。

c. 压力轻微摆动并发出异常声响。

• 与其他阀件发生共振。可重新调定压力，使其稍高或稍低于额定压力。最好能更换适合的弹簧，采取外部泄油方式等。

• 先导阀口有磨损或远程控制腔内存有空气。应修复或更换先导阀并排出系统中的空气。

• 流量过大。更换大规格阀，最好采用外部泄油方式。

• 油箱管路有背压，管件有机械振动。宜改用溢流阀的外部泄油方式。

• 滑阀式阀芯制造时或使用后产生鼓形面，应当修理或更换阀芯。

• 压力调节反应迟缓。主要原因和调整方法是：弹簧刚度不当，或扭曲变形，有卡阻现象，以更换合适弹簧为宜；锥阀阻尼孔被杂质污物堵而不塞，但通流面积大为减少，应拆洗锥阀，疏通孔道；管路系统有空气，应对执行元件进行全程运行，排出系统空气。

d. 噪声和振动。

• 先导锥阀在高压下溢流时，阀芯开口轴向位移量仅为 0.03 ~ 0.06mm，通流面积小，流速很高（可达 200m/s）。若锥阀及锥阀座加工时产生椭圆度，先导阀黏着污物及调压弹簧变形等，均使锥阀径向力不平衡，造成振荡产生尖叫声。锥阀封油面圆度误差应控制在 0.005 ~ 0.01mm 之内。表面粗糙度应小于 $Ra0.4\mu m$。

• 阀体与主阀阀芯制造几何精度差，棱边有毛刺或阀体内有污物，使配合间隙增大并使阀芯偏向一边，造成主阀径向力不平衡，性能不稳定，从而产生振动及噪声。应当去毛刺，更换不符合技术要求的零件。

• 阀的远程控制口至电磁换向阀之间管件通径不宜太大，过大也会引起振动，一般取管径为 6mm。

• 空穴噪声。当空气被吸入油液中或油液压力低于大气压时，会出现空穴现象。此外，阀芯、阀座、阀体等零件的几何形状误差和精度对空穴现象及流体噪声均有很大影响，在零件设计上必须足够重视。

• 因装配或维修不当产生机械噪声。主要原因和调整方法是阀芯与阀孔配合过紧，阀芯移动困难，引起振动和噪声。配合过松、间隙太大、泄漏严重及液动力等也会导致振动和噪声。装配时，要严格掌握合适的间隙；调压弹簧刚度不够，产生弯曲变形，液动力能引起弹簧自振，当弹簧振动频率与系统频率相同时，即出现共振和噪声，更换适当的弹簧即可排除；若调压手轮松动，压力由手轮旋转调定后，需用锁紧螺母将其锁牢；出油口油路中有空气时，将产生溢流噪声，必须排净空气并防止空气进入；系统中其他元件的连接松动时，若溢流阀与松动元件同步共振，将增大振幅和噪声。

（5）减压阀的维修

① 减压阀的功能简介。

减压阀可以用来减压、稳压，将较高的进口油压降为较低而稳定的出口油压。减压阀的工作原理是依靠压力油通过缝隙（液阻）降压，使出口压力低于进口压力，并保持出口压力为一定值。缝隙愈小，压力损失愈大，减压作用就愈强。

图 4-19 为先导型减压阀的结构原理图。压力为 p_1 的压力油从阀的进油口 A 流入，经过缝隙 δ 减压以后，压力降低为 p_2，再从出油口 B 流出。当出口压力 p_2 大于调整压力时，锥阀就被顶开，主滑阀右端油腔中的部分压力油便经锥阀开口及泄油孔 Y 流入油箱。由于主滑阀阀芯内部阻尼孔 R 的作用，滑阀右端油腔中的油压降低，阀芯失去平衡而向右移动，因而缝隙 δ 减小，减压作用增强，使出口压力 p_2 降低至调整的数值。当出口压力 p_2 小于调整压力时，其作用过程与上述相反。减压阀出口压力的调定数值，可以通过上部调压螺钉来调节。

减压阀与溢流阀的主要区别是：

a. 减压阀利用出口油压与弹簧力平衡，而溢流阀则利用进口油压与弹簧力平衡。

b. 减压阀的进、出油口均有压力，所以弹簧腔的泄油需从外部单独接回油箱，而溢流阀的泄油可沿内部通道经回油口流回油箱。

c. 非工作状态时，减压阀的阀口是常开的，而溢流阀则是常闭的。

在如图 4-20 所示的使用定量泵的机床液压系统中，液压缸的工作压力较高，用溢流阀调节。而控制油路的工作压力较低，润滑油路的工作压力则更低，此二者的压力均由减压阀来调节。

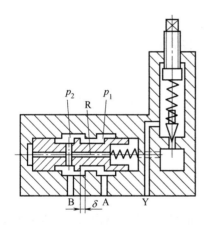

图 4-19　先导型减压阀的结构原理

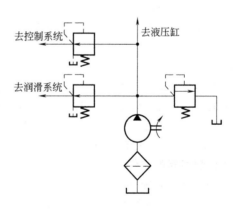

图 4-20　减压阀的应用举例

② 减压阀常见故障及应对措施。

减压阀常见故障及应对措施，见表 4-8。

表 4-8　减压阀常见故障及应对措施

故障现象	故障原因	应对措施
不能减压	油污堵塞阻尼孔	疏通阻尼孔
	液压油污染	更换液压油，清洁滤油器
	主阀芯卡死	研配阀芯与阀体孔接合面，更换阀芯
	先导阀方向装错	纠正方向重新安装
	泄油口回油不畅或漏接	泄油口单独回油箱
输出压力不稳	油污堵塞阻尼孔	疏通阻尼孔，清洁液压油
	油液中有空气	排空气体，检查密封情况
	弹簧刚度低	更换大刚度弹簧
	锥阀与阀座配合不好	研配接触面或更换锥阀芯

故障现象	故障原因	应对措施
工作噪声大	机械连接松动引起共振	紧固各部位机械连接
	实际工作流量超过减压阀额定值	更换大流量减压阀

③ 减压阀的修理。

减压阀常见故障的修理方法如下。

a. 减压出油口压力上不去，且出油很少或无油流出。

• 主阀芯阻尼孔堵塞。主阀芯上腔及先导阀前腔成为无油液充入的空腔，主阀成为一个弹簧力很弱的直动滑阀，出油口只要稍一上压，即可将主阀芯抬起而使减压阀口关闭，使出油口建立不起压力，且油流很少。

• 主阀芯在关闭状态下被卡死。

• 手轮调节不当或调压弹簧太软。

• 先导锥阀密封不好，泄漏严重，甚至锥阀漏装。

• 外控口未封堵或泄漏严重。

b. 不起减压作用。

• 先导阀上阻尼孔堵塞。该孔堵塞后，先导阀不起控制作用，而出口压力油液通过主阀内阻尼孔充入主阀上腔，主阀芯在弹簧作用下处于最下端位置，阀口一直大开，故阀不起减压作用，进出口压力同步上升或下降。

• 泄油口堵塞。该口堵塞后，先导阀无法泄油，不能工作的后果与先导阀上阻尼孔堵塞一样，故进出口油压也是同步上升或下降的。

• 主阀芯在全开状态下被卡死。

• 单向减压阀中，因单向阀泄漏严重，进油口压力传给出油口，故进、出油口压力也同步变化。

c. 二次压力不稳定。

• 先导调压弹簧扭曲、变形或阀口接触不良，形状不规则，使锥阀启闭时无定值。

• 主阀芯与阀孔几何精度差，阀芯工作、移动不顺利。

• 主阀芯中阻尼孔或进口处有杂物，使阻尼孔时堵时通，阻尼作用不稳定。

• 系统中及阀内存有空气。

(6) 顺序阀的维修

① 顺序阀的功能简介。

顺序阀的功能是利用液压系统中的压力变化来控制油路的通断，从而实现某些液压元件按一定的顺序动作。顺序阀亦有直动型和先导型两种结构。此外，根据所用控制油路连接方式的不同，顺序阀又可以分为内控式和外控式两种。

如图 4-21 所示为一种直动型顺序阀的结构原理。压力油由进油口 A 经阀体 4 和下盖 7 的小孔流到控制活塞 6 的下方，使阀芯 5 受到一个向上的推力作用。当进口油压较低时，阀芯在弹簧 2 的作用下处于下部位置，这时进、出油口 A、 B 不通。当进口油压增大到调定的数值以后，阀芯底部受到的推力大于弹簧力，阀芯上移，进、出油口连通，压力油就从顺序阀流过。顺序阀的开启压力可以用调压螺钉 1 来调节。在此阀中，控制活塞的直径很小，因而阀芯受到的向上推力不大，所用的平衡弹簧就不需太硬，这样，可以使阀在较高的压力下工作。

顺序阀的进、出油口均有压力，所以它的弹簧腔泄油需从上盖 3 的泄油口 Y 单独接入油箱。

如图 4-22 所示为机床加工常用的定位夹紧油路，顺序阀用来实现对工件先定位后夹紧的动作顺序。当二位四通手动阀的右位接入油路时，压力油首先进入定位缸下腔，完成定位动作以后，系统中压力升高，达到顺序阀的调定压力时，顺序阀被打开，压力油就经过顺序阀流入夹紧缸下腔，实现液压夹紧。

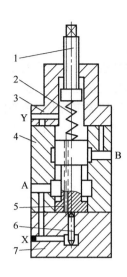

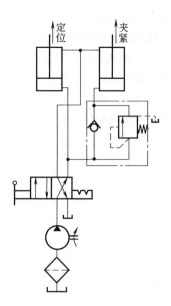

图 4-21　直动型顺序阀的结构原理

1—调压螺钉；2—弹簧；3—上盖；4—阀体；
5—阀芯；6—控制活塞；7—下盖

图 4-22　顺序阀应用实例

当搬动二位四通阀的手柄使它的左位接入油路时，压力油同时进入定位缸和夹紧缸的上腔，则会松开工件，此时夹紧缸通过单向阀回油。

② 顺序阀常见故障及应对措施。

顺序阀常见故障及应对措施，见表 4-9。

表 4-9　顺序阀常见故障及应对措施

故障现象	故障原因	应对措施
不起作用 （常开）	主阀芯在打开位置上卡死	修理主阀芯和阀体,使其配合间隙达到要求;清洁滤油器,更换液压油;更换复位弹簧
	单向阀在打开位置上卡死	修理单向阀阀芯和阀体,使其配合间隙达到要求;清洁滤油器,更换液压油;更换单向阀复位弹簧
	单向阀漏油,密封不良	检查和加强单向阀密封质量
	调压弹簧断裂	更换调压弹簧
	锥阀或钢球碎裂	更换锥阀或钢球
不起作用 （常闭）	主阀芯在关闭位置上卡死	修理主阀芯和阀体,使其配合间隙达到要求;清洁滤油器,更换液压油;更换复位弹簧
	单向阀在关闭位置上卡死	修理单向阀阀芯和阀体,使其配合间隙达到要求;清洁滤油器,更换液压油;更换单向阀复位弹簧
	调节弹簧太硬,或压力调得太高	更换弹簧,适当调整压力
	泄油口管道中背压太高,使滑阀不能移动	泄油口管道不能接在回油管道上一起回油,应单独排回油箱
	控制压力不足	检查控制油路压力使其恢复
调定压力 不准确	调压弹簧调整不当	重新调整所需要的压力
	调压弹簧变形,最高压力调不上去	更换弹簧
振动和噪声大	机械连接松动引起共振	紧固各部位机械连接
	回油阻力(背压)太高	降低回油阻力

③ 顺序阀的修理。

顺序阀常见故障的修理方法如下。

a. 顺序阀出油腔压力和进油腔压力总是同时上升或同时下降。

• 顺序阀主阀芯的阻尼孔堵塞。该阻尼孔堵塞以后，不但控制活塞的泄漏油无法进入调压弹簧腔流回油箱，而且，主阀进油腔压力油液经周壁缝隙进入阀芯底端位置后，也无法排出。阀芯底端面承压面积较控制活塞大得多，因此，顺序阀阀芯在比原调定压力小得多的情况下早已开启，使进油腔与出油腔连通成为常通阀，而完全失去顺序控制的作用。因此，进出油腔压力会同时上升或下降。

• 阀口打开时，主阀芯被卡死。

• 单向阀在打开位置上被卡死。

• 单向阀密封不良，漏油严重。

• 调压弹簧断裂或漏装。

• 先导型阀中的锥阀漏装或泄漏严重。

b. 顺序阀出口腔无油流。

• 下阀盖中，通入控制活塞腔的控制油孔道阻塞，控制活塞无推动压力，阀芯在弹簧作用下一直处于最下部，阀口常闭，故出油腔无油流。

• 作顺序阀使用时，压力控制油泄油口不是单独接回油箱，而是采用内部回油的安装方式，这样，主阀芯上腔（弹簧腔）具有出口油压，而且对阀芯的承压面积较控制活塞大得多，阀芯在液压力的作用下成为常闭阀而使出油腔无油流。

• 主阀芯在关闭状态下被卡死。

• 泄油口有时虽然采用外泄式，若泄油道过细、过长，或有部分堵塞，回油背压太高，也使滑阀不能打开。

• 远控压力不足，或下端盖接合处漏油严重。

(7) 压力继电器的维修

① 压力继电器的功能简介。

压力继电器的功能是利用液压系统中的压力变化来控制电路的通断，从而将液压信号转变为电气信号，以实现系统的程序控制或安全控制。任何压力继电器都由压力-位移转换装置和微动开关两部分组成。按前者的结构分类有柱塞式、弹簧管式、膜片式和波纹管式四类，其中以柱塞式最常用。

如图 4-23 所示为单柱塞式压力继电器的结构原理图。压力油从油口 P 进入并作用在柱塞 1 的底部，若其压力已达到调定值时，便克服上方弹簧阻力和柱塞摩擦力推动柱塞上升，通过顶杆 3 触压微动开关 5 发出电信号。限位挡块 2 可在压力超载时保护微动开关。

压力继电器的性能指标主要有两项：

a. 调压范围。即发出电信号的最高和最低工作压力的差值。打开面盖，通过调节螺杆 4 可调整工作压力。

b. 通断区间。压力继电器发出电信号时的压力称为开启压力，切断电信号时的压力称为闭合压力。开启时，柱塞、顶杆向上移动所受的摩擦力方向与压力方向相反，闭合时则相同，故开启压力比闭合压力大。而两者之差则称为通断区间。通断区间要足够大，否则系统压力脉动时，压力继电器发出的电信号会时断时续。

如图 4-24 所示的压力继电器应用实例中，当活塞带动工作部件碰上死挡块以后，液压缸进油腔的压力升高，达到某一调定数值时，压力继电器就发出电信号，使电磁铁 1YA 断电，2YA 通电，活塞快速退回。

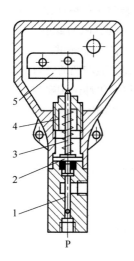

图 4-23 单柱塞式压力继电器的结构原理图

1—柱塞；2—限位挡块；3—顶杆；

4—调节螺杆；5—微动开关

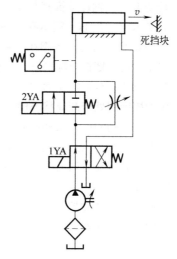

图 4-24 压力继电器应用实例

② 压力继电器常见故障及应对措施。

压力继电器常见故障及应对措施，见表 4-10。

表 4-10 压力继电器常见故障及应对措施

故障现象	故障原因	应对措施
灵敏度过低	压力继电器运动部件之间的摩擦力过大	拆解后重新装配,使摩擦力减小
	压力继电器运动部件之间存在干涉	拆解后重新装配,消除机械干涉
	微动开关按压行程太长	调整微动开关按压行程
	接触螺钉、杠杆调整不当	调整接触螺钉、杠杆至合适位置
灵敏度过高	压力继电器阻尼孔过大	减小压力继电器阻尼孔
	压力继电器膜片损坏	更换压力继电器膜片
	液压系统冲击过大	增加阻尼和背压,缓和冲击
	微动开关接触不良	更换微动开关
无输出信号	微动开关失效	更换微动开关
	阀芯卡死或阻尼孔堵塞	拆解清洗压力继电器,过滤液压油
	压力继电器的控制油路堵塞	清理压力继电器进油路管道
	调节弹簧太硬或压力调得过高	更换合适的弹簧或按要求调节压力值
	压力继电器漏油	拧紧管接头,消除漏油现象
	压力继电器运动部件之间存在干涉	拆解后重新装配,消除机械干涉
	压力继电器运动部件之间的摩擦力过大	拆解后重新装配,使摩擦力减小

③ 压力继电器的修理。

压力继电器修理时应注意以下几点。

a. 调节压力继电器时，将压力继电器的调节手轮按顺时针方向旋转则所需的油压力增大，将手轮按逆时针方向旋转则所需的油压力减小。调定后应拧紧锁紧螺母。

b. 可以通过更换弹簧的方法来得到所需的调压范围。

c. 泄油管应直接回油箱。

④ 修理压力控制阀的技术规范。

在修理溢流阀、减压阀、顺序阀等压力控制阀时，要按照以下技术规范要求进行。

a. 清洗零件。所有待装零件都应仔细清洗，特别是各孔道和阻尼孔。

b. 修整弹簧。弹簧两端面必须磨平，以保证两端面与中心线垂直。

c. 检查密封。钢球或锥阀与阀座的密封应良好，在安装前可用煤油或汽油试漏。

d. 调整阀芯。阀芯在阀体孔内移动应灵活，无干涉、卡死，阻力要小。

e. 完成试验。压力控制阀在重新装配后，还应做好以下的性能测试。

• 将压力调节螺钉全部松开，然后再重新进行调节。同时随着调节螺钉的旋动，系统的压力从最低逐步升高至额定压力时，其压力应均匀变化，不得产生冲击和噪声。

• 压力控制阀处于卸荷状态时，其压力不得超过 $0.15 \sim 2MPa$。

• 压力控制阀的压力振摆值应小于 $\pm 0.2MPa$（减压阀应小于 $\pm 0.1MPa$）。

• 压力控制阀的压力损失应该小于 $0.3MPa$。

• 压力控制阀在最高工作压力下，其接合处不允许有渗漏，内泄漏应尽可能小（一般小于 $30 \sim 100mL/min$）。

f. 正确安装。压力控制阀在安装过程中应注意以下几点。

• 压力控制阀在安装时，应尽可能靠近液压泵。回油管越短越好，并要插入油面以下，以便能调至最低压力。

• 压力控制阀的进出油箱接头应拧紧，防止空气混入系统。

• 工作油液应保持清洁干净，以免导致滑阀卡住、阻尼孔堵塞，引起液压系统工作失灵。

⑤ 压力控制阀主要零件的技术要求。

溢流阀、减压阀、顺序阀等压力控制阀的主要零件，在安装、使用和维修过程中，要达到以下参数技术要求，以便能够有效地工作。

a. 阀体。阀体是高强度铸件，铸件要求没有砂眼、气孔和缩松等缺陷，要经过喷丸、回火处理。用作基准的平面其平面度应控制在 $0.02mm$ 以内，表面粗糙度在 $Ra0.8 \sim 1.6\mu m$ 之间。阀孔的圆度、圆柱度要求控制在 $0.005mm$ 以内，表面粗糙度在 $Ra0.4 \sim 0.8\mu m$ 之间。台阶孔与主阀孔同轴度要求控制在 $0.005mm$ 以内，各级位槽端面、阀体两外端面与主阀孔垂直度要求控制在 $0.01mm$ 以内。

b. 阀芯。阀芯采用优质合金钢，经调质、淬火工艺，其同轴度、圆度、圆柱度均控制在 $0.005mm$ 以内，表面粗糙度为 $Ra0.8\mu m$，各级位端面与阀芯中心垂直度公差要求控制在 $0.01mm$ 以内，各台阶外圆同轴度为 $0.005mm$。

c. 组件。滑阀与阀体孔进行研配，其间隙值应保持在 $0.007 \sim 0.02mm$，直径小于 $20mm$ 的取 $0.007 \sim 0.015mm$，直径大于 $20mm$ 的可取 $0.01 \sim 0.02mm$。滑阀和阀体孔的圆度与圆柱度误差不大于 $0.005mm$，表面粗糙度 $Ra0.4 \sim 0.8\mu m$。

d. 滑阀。滑阀各轴颈的同轴度要求控制在 $0.005mm$。

e. 阀座。阀座各端面与孔的垂直度要求控制在 $0.005mm$。

f. 锥阀。当锥形阀的阀座压入阀体孔后，在与锥阀进行研配时，应保持良好的密封性。

g. 阀孔。阀室的孔径与外径的同轴度要求控制在 $0.003 \sim 0.005mm$。

h. 差动阀。差动阀阀体阶梯孔的同轴度要求控制在 $0.005mm$。

i. 弹簧。弹簧两端要磨平，表面粗糙度应该在 $Ra0.8\mu m$ 以下，并与中心线垂直。

j. 试验。阀体应进行试压，通常以工作压力的 2 倍来

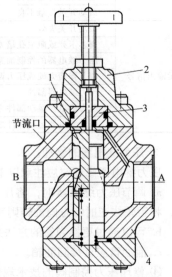

图 4-25　节流阀

1—阀芯；2—压盖；3—密封套；4—阀体

进行试压。

(8) 节流阀的维修

① 节流阀的功能简介。

如图 4-25 所示为节流阀的结构原理。液压油从油口 A 流入，经过阀芯下部的轴向三角形节流口，再从油口 B 流出。拧动阀上方的调节螺钉，可以使阀芯作轴向移动，从而改变阀口的通流截面积，使通过的流量得到调节。

② 节流阀常见故障及应对措施。

节流阀常见故障及应对措施，见表 4-11。

表 4-11 节流阀常见故障及应对措施

故障现象	故障原因	应对措施
打开阀门 不出油	液压油污染，节流口被堵塞	清洁滤油器，必要时更换液压油
	阀芯推杆螺纹被脏物填满	清洗阀芯推杆螺纹
	手轮与节流阀芯不一起转动	重新装配手轮与节流阀芯
	节流阀芯配合间隙过小或变形	修配间隙、更换零件
输出流量 不平稳	液压油污染，节流口时通时堵	清洗、过滤或更换油液
	外负载变化引起流量变化	改用调速阀
	油温过高	更换大油箱，或加装降温装置
	内、外泄漏过大	消除系统泄漏因素
	单向阀密封性差	研磨单向阀配合表面
	系统有空气	排空液压系统空气
振动和 噪声大	机械连接松动引起共振	紧固各部位机械连接
	回油路无背压	适当增加回油阻力

③ 节流阀的修理。

a. 节流阀一般故障的修理。

（a）调节手轮转动不灵活。

• 调节手轮轴有杂质、污物堵塞，拆下调节手轮轴，清除杂质污物。

• 采用进油路调节方式时，二次压力过高，降低压力后再进行调整。

• 在开启点以下的刻度范围内，一次压力过高，调节流量不要低于产品样本规定的最低调节流量，降低压力后再进行调整。

（b）流量调节失灵及调节范围不大。

• 节流滑阀与阀体孔的配合间隙过大造成泄漏以及系统内部泄漏，应检查滑阀与阀体孔的配合间隙，以及其他部位的零件损坏情况。轻者修复后使用，损坏严重者，应更换新的，并注意各接合处的封油情况。

• 节流口或阻尼孔被污物堵塞，滑阀被卡住，应拆洗滑阀，更换液压油，使阀芯运动灵活。

• 节流阀结构不良，调节范围小，微量调节时，流量变化较大。拆开节流阀，如果是针形节流口，可改为轴向三角槽形式的节流口。

• 在带单向阀装置的调速阀中，单向阀密封不良，通常的排除方法是研磨阀座。

（c）运动速度不稳定，逐渐减速或突然加速、快跳等状况。

• 油中杂质黏附在节流口边上，通油截面减小，使速度减慢。拆卸清洗有关零件，更换新液压油，并经常保持油液洁净。

• 节流阀的性能较差，低速运动时由于振动使调节位置变化。增加节流联锁装置，稳定节流阀的调节位置。

• 节流阀内部、外部有泄漏，造成速度不均匀。检查零件的精度和配合间隙，修配或更换超差的零件，连接处要严加封闭。

• 系统负荷有变化时，液压缸的速度突然产生变化。检查系统压力和减压装置等部件的作用，以及溢流阀的控制是否正常。

• 油温升高，油液的黏度降低，使液压缸速度逐步增快。液压系统稳定后，调整节流阀或增加油温散热装置。

• 阻尼装置堵塞，系统中有空气，出现压力变化及跳动等现象。清洗零件，在系统中增设排气阀，油液要保持清洁。

b．节流阀的性能参数要求。

• 节流阀前后的压力差变化时，通过阀的流量变化要小。

• 由于油的温度变化，而使油的黏度变化时，通过节流阀的流量变化要小，一般为 $0.05 \sim 0.1\mathrm{L/min}$。

• 节流口应不易堵塞，以便使节流阀能得到较低的最小稳定流量。

• 通过节流口的压力损失要小，一般应小于 $0.3\mathrm{MPa}$。

• 节流阀应调节灵活、均匀。

• 关闭节流阀时，泄漏要尽可能小，一般应小于 $0.01 \sim 0.03\mathrm{L/min}$。

• 节流阀应结构简单、制造容易、调节范围大、无外泄漏等。

c．节流阀主要零件维修后的技术要求。

• 阀芯与阀体组件。节流阀中的阀芯和阀体内孔的圆柱度与圆度误差不得大于 $0.005\mathrm{mm}$，同轴度不得大于 $0.005\mathrm{mm}$。

• 粗糙度。节流阀中的阀芯配合表面与阀体孔的配合表面粗糙度值不得大于 $Ra0.8\mu\mathrm{m}$。

• 配合间隙。节流阀中的阀芯与阀体内孔的配合间隙应保证在 $0.007 \sim 0.015\mathrm{mm}$ 以内。

• 弹簧。节流阀中的弹簧两端面应磨平，并与轴心线垂直。

• 检验。经过拆修和重新装配的流量阀在进行测试后，方可投入使用。

(9) 调速阀的维修

① 调速阀的功能简介。

节流阀的调速性能是不稳定的，一方面由于执行机构的工作负载经常变化，导致节流阀前后的压力差变化；另一方面由于油温变化，会导致油的黏度变化，所以通过节流阀的流量也经常发生变化，使工作部件运动不平稳。因此，对运动平稳性要求较高的液压系统，通常采用调速阀来代替节流阀。

调速阀是由减压阀和节流阀串联而成的组合阀。这里的减压阀是一种直动型减压阀，称为定差减压阀。这种减压阀和节流阀串联在油路里，可以使节流阀前后的压力差保持不变，从而使通过节流阀的流量也保持不变，执行机构的运动速度就能够稳定。如图 4-26（a）中，减压阀 1 和节流阀 2 串联在液压泵和液压缸之间。来自液压泵的压力油其压力为 p_p，经减压阀槽 a 处的开口缝隙减压以后，流往槽 b，压力降为 p_1。再通过节流阀流入液压缸，压力降为 p_2，在此压力的作用下，活塞克服负载力 F 向右运动。若负载不稳定，当 F 增大时，p_2 也随之增大，减压阀阀芯左端液压推力增大，阀芯将失去平衡而向右移动，使槽口 a 处的开口缝隙增大，减压作用减弱，p_1 则亦增大，因而使压力差 $\Delta p = p_1 - p_2$ 保持不变，通过节流阀进入液压缸的流量也就保持不变。反之，当 F 减小时，p_2 也随之减小，减压阀阀芯失去平衡而向左移动，使槽 a 处的开口缝隙减小，减压作用增强，则 p_1 亦减小，因而仍使 $\Delta p = p_1 - p_2$ 保持不变，流量也就保持不变。

在节流口的通流截面积很小时，液压油的黏度变化对流量的影响比较大。当油温升高使油的黏度变小时，通过调速阀的流量就会增大。因此，为了减小温度对流量的影响，调速阀内采取了一种温度补偿装置,如图 4-26(b)所示。调速阀是在节流阀阀芯上方装了一个温度补偿杆,这种温度补偿杆是用热膨胀系数较大的聚氯乙烯塑料做成的,它能自动实现流量的温度补偿作用。当油温升高时,由于油的黏度减小,流量本应增加,但由于塑料杆受热膨胀而伸长,推动节流阀阀芯移动,关小了节流开口,这就在一定程度上控制了由于温度升高后油的黏度变小而引起的流量增加。

如图 4-26(c)所示的是调速阀的简化符号。

② 调速阀常见故障及应对措施。

调速阀常见故障及应对措施,见表 4-12。

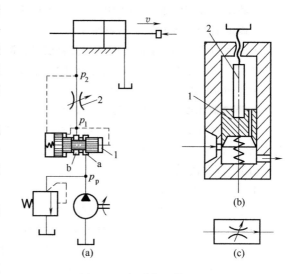

图 4-26　调速阀工作原理

表 4-12　调速阀常见故障及应对措施

故障现象	故障原因	应对措施
节流阀 引起故障	节流阀阀芯配合间隙过小或变形	修配间隙、更换零件
	阀芯推杆螺纹被脏物填满	清洗阀芯推杆螺纹
	手轮与节流阀阀芯不一起转动	重新装配手轮与节流阀阀芯
	液压油污染,节流口被堵塞	清洁滤油器,必要时更换液压油
压力补偿器 引起故障	压力补偿阀阀芯卡死,运动不灵活	修配阀芯、阀套的间隙至合理
	弹簧太软弯曲变形	更换合适的弹簧
	压力补偿器阻尼孔堵塞	拆解清洗调速阀,过滤液压油
温度补偿器 引起故障	温度补偿杆性能差	更换温度补偿杆
单向阀引起故障	单向阀截止方向密封性差	修配单向阀阀芯与阀座的间隙,加强密封

③ 调速阀的修理。

调速阀在使用中易发生压力补偿装置失灵、流量不稳定、内泄漏增大等故障,产生这些故障的原因及排除方法如下。

a. 压力补偿阀阀芯卡死。

• 阀芯、阀孔尺寸精度及形位公差超差或间隙过小。

• 弹簧扭曲、卡住阀芯。

• 油液污染物卡阻。

解决方法:

• 拆卸检查发生故障的零部件,采用修复、研配、更换新件等办法,恢复至应有的技术要求精度。

• 更换弹簧。

• 清洗疏通。

b. 流量调节装置转动不灵活。

• 流量调节轴被杂质污染物卡阻,需清洗疏通。

• 流量调节轴弯曲,拆下后校正或更换。

c. 调速阀的拆修。

• 由于生产厂家的不同,调速阀的外观和内部结构略有差异。拆检修理时一定要按序拆卸，并将所拆零部件放入干净的油盘内，不可丢失。

• 修理时 O 形密封圈必须更换。

• 修理时要特别注意调速阀的温度补偿杆、减压阀阀芯、节流阀阀芯、阀套等重要零件的工作情况，看其是否折断和疲劳，必要时应予以更换。

• 注意装配时不要漏装零件。

d. 调速阀重要零件的检修。

对调速阀重要零件和重点部位进行检查，如拉伤磨损等，可刷镀修复。阀芯和阀套上的小孔堵塞情况一定要检查，堵塞时必须给予疏通。

（10）伺服阀的维修

① 伺服阀的功能简介。

伺服阀是液压伺服系统中的控制元件。液压伺服系统亦称液压随动系统，它是一种自动控制系统。在这一系统中，执行元件的运动跟随着系统输入信号的变化而变化，因而便于实现自动控制。根据结构形式的不同，液压伺服阀分为滑阀、转阀、射流管阀和喷嘴挡板阀四种类型。滑阀根据起控制作用的阀口数，即内控制边数的不同，有单边、双边和四边控制三种形式。

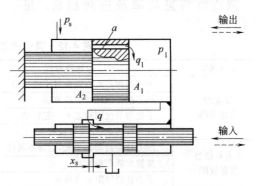

图 4-27 单边滑阀的工作原理

如图 4-27 所示为单边滑阀的工作原理图。滑阀控制边的开口量 x_S 控制着液压缸右腔的压力和流量，从而控制液压缸运动的速度和方向。来自泵的压力油进入单杆液压缸的有杆腔，通过活塞上的小孔口进入无杆腔，压力由 p_S 降为 p_1，再通过滑阀唯一的节流边流回油箱。如果液压缸不受外载作用，$p_1A_1 = p_SA_2$，液压缸不动。当滑阀输入一个向左的位移信号后，开口量 x_S 增大，液压缸无杆腔压力 p_1 减小，于是 $p_1A_1 < p_SA_2$，缸体向左移动。因为缸体和阀体是连为一体的，缸体左移，阀体也左移，使得滑阀控制边的开口量 x_S 减小，使系统自动达到新的平衡。

② 伺服阀常见故障及排除。

伺服阀常见故障及排除方法，见表 4-13。

表 4-13 伺服阀常见故障及排除方法

现象	故障原因	排除方法
阀不工作（无流量、压力输出）	①外引线或线圈断路 ②插头焊点脱焊 ③进出油口接反或进出油路未接通	①接通引线 ②重新焊接 ③改变进出油口方向或接通油路
阀输出流量或压力过大或不可控	①阀控制级堵塞或阀芯被脏物卡住 ②阀体变形、阀芯卡死或底面密封不良	①过滤油液并清理堵塞处 ②检查密封面，减小阀芯变形
阀反应迟钝，响应降低，零漂增大	①油液脏、阀控制级堵塞 ②系统供油压力低 ③调零机械或力矩马达部分零件松动	①过滤、清洗 ②提高系统供油压力 ③检查、拧紧
阀输出流量或压力不能连续控制	①油液太脏 ②系统反馈断开或出现正反馈 ③系统间隙、摩擦或其他非线性因素 ④阀的分辨率差、滞环增大	①更换或充分过滤 ②接通反馈，改成负反馈 ③设法减小 ④提高阀的分辨率、减小滞环

续表

现象	故障原因	排除方法
系统出现抖动或振动	①油液太脏、油中有气体 ②系统开环增益太大、系统接地干扰 ③放大器电源滤波不良 ④放大器噪声大 ⑤阀线圈或插头绝缘变差 ⑥阀控制级时通时堵	①更换或充分过滤、排空 ②减小增益、消除接地干扰 ③处理电源 ④处理放大器 ⑤更换 ⑥过滤油液、清理控制级
系统变慢	①油液太脏 ②系统极限环振荡 ③执行机构阻力大 ④阀零位灵敏度差 ⑤阀的分辨率差	①更换或充分过滤 ②调整极限环参数 ③减小摩擦力、检查负载情况 ④更换或充分过滤油液,锁紧零位调整机构 ⑤提高阀的分辨率
外泄漏	①安装面精度差或有污物 ②安装面密封件漏装或老化损坏 ③弹簧管损坏	①清理安装面 ②补装或更换 ③更换

③ 伺服阀使用时的注意事项。

a. 特别注意油路的过滤和清洗问题,进入伺服阀前的油路必须安装过滤精度在 $5\mu m$ 以下的精密过滤器。

b. 在整个液压伺服系统安装完后,伺服阀装入系统前必须对油路进行彻底清洗,同时观察滤芯污染情况,系统冲洗 24～36h 后卸下过滤器,清洗或换掉滤芯。

c. 液压管路不允许采用焊接式连接件,建议采用卡套式 24° 锥结构形式的连接件。

d. 在安装伺服阀前,不得随意拨动调零装置。

e. 安装伺服阀的安装面应光滑、平直、清洁。

f. 安装伺服阀时,应检查下列各项:

- 安装面是否有污物,进出油口是否接好, O 形圈是否完好,定位销孔是否正确。
- 将伺服阀安装在连接板上时,连接螺钉应用力均匀拧紧。
- 接通电路前,注意检查接线柱,一切正常后进入极性检查。

g. 伺服系统的油箱必须密封并加空气滤清器和磁性滤油器。更换新油必须经过严格的精过滤,过滤精度在 $5\mu m$ 以下。

h. 液压油定期更换,每半年换油一次,油液尽量保持在 $40～50℃$ 的范围内工作。

i. 伺服阀应严格按照说明书规定的条件使用。

j. 当系统发生严重的故障时,应首先检查和排除电路和伺服阀以外的环节,再检查伺服阀。

④ 液压伺服系统的稳定性要求。

液压伺服系统是反馈控制系统。即当系统的反馈信号与输入信号之间有偏差时,整个系统就动作起来,以达到消除或减小此偏差的目的,从而使系统的输出量达到希望值。在实际工作中,由于负载及系统各组成部分都有一定的惯性,油液有可压缩性等原因,当输入信号发生变化时,输出量并不能立刻跟着发生相应的变化,而是需要一段过程,即动态过程。动态过程结束后,又达到新的平衡状态,则把平衡状态称为稳态或静态。

一般来说,系统在振荡过程中,由于存在能量损失,振荡将会越来越小,很快就会达到稳态。但是,如果系统的惯性很大,油液因混入了空气而压缩较大,液压缸和导管的刚性不足,或系统的结构及其元件的参数选择不当,则振荡迟迟不能消失,甚至还会加剧,导致系统不能工作。出现这种情况时,系统被认为是不稳定的。

评价液压伺服系统的稳定性，可以从以下三个方面来衡量。

a. 动态过程的平稳性。系统在过渡过程中，输出量在希望值附近振荡的幅值应小，振荡的次数要少。

b. 动态过程的快速性。当输入信号改变时，输出量应立即跟随变化，并尽快进入稳态。如图 4-28 所示，过程 2 的动态性能最好，既快又稳；过程 1 的平稳性不好；过程 3 的快速性不好。

c. 稳态时的精度。通常用稳态下输出量的希望值与实际值之差，即稳态误差来衡量系统稳态时的精度。系统的稳态误差只有在允许范围之内，控制系统才有实用价值。

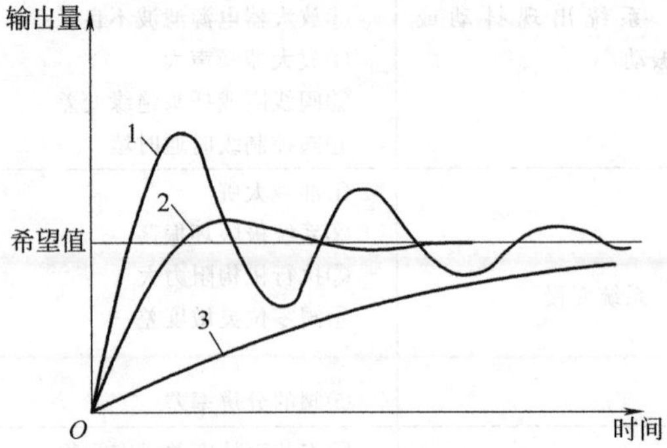

图 4-28　液压伺服系统的动态过程

(11) 叠加阀的维修

① 叠加阀的功能简介。

叠加阀是叠加式液压阀的简称。叠加阀是在集成块的基础上发展起来的一种新型液压元件，叠加阀的结构特点是阀体本身就是液压阀的机体，又具有通道体和连接体的功能。使用叠加阀可实现液压元件间无管化集成连接，使液压系统连接方式大为简化，系统紧凑，功耗减少，设计安装周期缩短。

目前，叠加阀的生产已形成系列：每一种通径系列的叠加阀的主油路通道的位置、直径，安装螺钉孔的大小、位置、数量都与相应通径的主换向阀相同。因此，每一通径系列的叠加阀都可叠加起来组成相应的液压系统。

在叠加式液压系统中，一个主换向阀及相关的其他控制阀所组成的子系统可以纵向叠加成一阀组，阀组与阀组之间可以用底板或油管连接成总液压回路。因此，在进行液压系统设计时，完成了系统原理图的设计后，还要绘制叠加阀式液压系统图。为便于设计和选用，目前所生产的叠加阀都给出其型谱符号。有关部门已颁布了国产普通叠加阀的典型系列型谱。叠加阀根据工作性能可分为单功能阀和复合功能阀两类。

② 叠加阀使用注意事项。

叠加阀系列液压系统由于在使用过程中，可以根据实际需要方便地增减液压元件，给新产品的安装调试以及使用、维修、更换提供了方便条件，但是叠加阀的位置并非可以任意放置，图 4-29 给出了在实际应用中叠加阀位置的正误图。

图 4-29（a）、（b）为速度控制与减压回路安装顺序图，图 4-29（a）中 B 通 T 时，因单向节流阀的节流作用而产生背压，会使减压阀的开口量随节流阀产生的压力变化而变化，从而引起其输出流量的变化，使得液压缸输出速度发生变化，图 4-29（b）为正确安装顺序；图 4-29（c）、（d）为锁紧回路与减压回路安装顺序图，其中图 4-29（c）的叠加顺序中，液压缸由于通过先导控制压力油路的泄漏而产生位移，所以使用双液控单向阀不能保证液压缸位置不变，图 4-29（d）为正确安装顺序；图 4-29（e）、（f）为速度控制与锁紧回路安装顺序图，其中图 4-29（e）中 A 通 T 时或 B 通 T 时，因单向节流阀的节流作用产生背压，会使双液控单向阀做重复的关闭动作，使得液压缸产生振动，图 4-29（f）为正确安装顺序。

③ 叠加阀的故障及排除。

由于叠加阀本身既是通路，又是液压元件，所以前面所述的液压元件的常见故障与排除方法完全适用于叠加阀，这里不再赘述。

(12) 插装阀的维修

① 插装阀的功能简介。

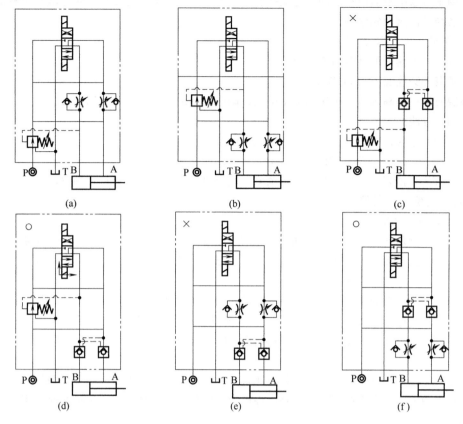

图 4-29 叠加阀选用示例

插装阀又称为二通插装阀、逻辑阀、锥阀，简称插装阀，是一种以二通型单向元件为主体、采用先导控制和插装式连接的新型液压控制元件。插装阀具有一系列的优点，主阀芯质量小、行程短、动作迅速、响应灵敏、结构紧凑、工艺性好、工作可靠、寿命长，便于实现无管化连接和集成化控制等。特别适用于高压大流量系统，二通插装阀控制技术在锻压机械、塑料机械、冶金机械、铸造机械、船舶、矿山以及其他工程领域得到了广泛的应用。

② 插装阀常见故障与排除方法。

插装阀是由先导控制部分和插装单元组成的，先导控制部分与普通小流量电磁换向阀、压力控制阀、流量控制阀（节流阀）完全相同，所以先导控制部分的故障排除方法可以参照前面有关章节的内容。而插装单元部分其实质从原理上讲就是起"开"和"关"的作用，从结构上看，相当于一个单向阀。插装单元的主要故障如下。

a. 失去"开"和"关"的功能，不动作。

产生这一故障的主要原因是阀芯卡死在开启或关闭的位置，具体原因有：
• 油液中的污物进入阀芯与阀套的配合间隙中。
• 阀芯棱边处有毛刺，或者阀芯外表面有损伤。
• 阀芯外圆和阀套内孔几何精度差，产生液压卡紧。
• 阀套嵌入集成块的过程中，内孔变形或者阀芯和阀套配合间隙过小而卡住阀芯。

排除方法：过滤或更换液压油，保持油液清洁，处理阀芯和阀套的配合间隙至合理值，并注意检测阀芯和阀套的加工精度。

b. 不能封闭保压。

（a）先导阀的原因。这种情况往往出现在使用普通电磁换向阀（滑阀式）作先导阀的情况下，由于普通电磁换向阀泄漏，造成插装单元不能保压。解决方法是采用零泄漏电磁球阀或外控式液控单向阀为先导阀。

（b）插装单元本身的原因。

• 阀芯与阀套的配合锥面不密合。

• 阀套外圆柱面上的 O 形圈失效。

解决方法：提高阀芯与阀座的加工精度，确保良好的密封性；更换密封圈。

• 内、外泄漏。

内泄漏的原因：阀芯与阀套配合间隙超差或锥面密合不良。

外泄漏的原因：先导控制阀与插装单元之间的接合面密封件损坏。

解决方法：提高阀芯与阀座的加工精度，确保良好的密封性；更换密封圈。

（13）比例阀的维修

① 比例阀的功能简介。

比例控制阀是一种能使所输出油液的参数（压力、流量和方向）随输入电信号参数（电流、电压）的变化而成比例变化的液压控制阀，它是集开关式电液控制元件和伺服式电液控制元件的优点于一体的一种新型液压控制元件。

同普通液压元件分类一样，比例控制阀按所控制参数种类的不同可分为比例压力阀、比例流量阀、比例方向阀和比例复合阀。按所控制参数的数量可分为单参数控制阀和多参数控制阀，比例压力阀、比例流量阀属于单参数控制阀，比例方向阀和比例复合阀属于多参数控制阀。

由于比例控制阀能使所控制的参数成比例地变化，所以，比例控制阀可使液压系统大为简化，所控参数的精度大为提高，特别是高性能电液比例阀的出现，使比例控制阀应用获得越来越广阔的空间。

比例控制阀由比例调节机构和液压阀两部分组成，前者结构较为特殊，性能也不同于所学过的电磁阀；后者与普通的液压阀十分相似。

比例阀种类很多，大部分种类、功能的普通液压阀都有相应种类、功能的电液比例阀。按照功能不同，电液比例阀可分为电液比例压力阀、电液比例方向阀、电液比例流量阀以及复合功能阀等。按反馈方式不同，电液比例阀又可分为不带位移电反馈型和带位移电反馈型，前者配用普通比例电磁铁，控制简单，价格低廉，但其功率参数、重复精度等性能较差，适用于要求不高的控制系统；后者控制精度高、动态特性好，适用于各类要求较高的控制系统。

比例阀主要应用于比例压力回路、比例流量回路、比例方向回路或比例压力、流量复合控制回路，在比例阀的应用过程中，其比例信号的调节都是计算机（或 PLC）通过比例放大器来实现的。

② 比例阀使用时的注意事项。

a. 安装比例阀前应仔细阅读生产厂家的产品样本等技术资料，详细了解使用安装条件和注意事项。

b. 比例阀应正确安装在连接底板上，注意不要损坏或漏装密封件，连接板应平整、光洁，固定螺栓时用力要均匀。

c. 放大器与比例阀配套使用，放大器接线要仔细，不要误接。

d. 油液进入比例阀前，必须经过滤精度 $20\mu m$ 以下的过滤器过滤，油箱必须密封并加空气滤清器，使用前要对比例系统进行充分清洗、过滤。

e. 比例阀的零位、增益调节均设置在放大器上。比例阀工作时，要先启动液压系统，然后施加控制信号。

f. 注意比例阀的泄油口要单独回油箱。

③ 比例阀常见故障与排除方法。

a. 比例阀的常见故障有：

- 放大器接线错误或使用电压过高烧坏放大器。
- 电气插头与阀连接不牢。
- 由于使用不当，致使电流过大烧坏电磁铁或电流太小驱动力不够。
- 比例阀安装方向错误，进出油口不在安装底板的正确位置或底板加工精度差，底面渗油。
- 油液污染时阀芯卡死，杂质磨损零件使内泄漏增加。

b. 比例阀的故障排除方法：

- 正确接线，控制工作电压在放大器的范围内。
- 加固电气插头与阀的连接或已损坏的要更换。
- 正确使用、合理选择或在电磁铁输入电路中增加限流元件。
- 正确安装、处理安装面和密封件。
- 充分过滤或更换液压油，对磨损零件进行配磨或更换。

4.1.3　液压马达的维修

(1) 液压马达的功能简介

液压马达也是液压系统中的一种能量装换装置，不过它的功能与液压泵相反，液压马达输入的是液压能，而输出的是机械能，也就是说液压马达是液压系统的一种执行元件。它所输出的运动往往是整周的连续转动或者圆周方向的往复摆动。

液压马达也有三种类型，即齿轮式液压马达、叶片式液压马达和柱塞式液压马达。如图 4-30 所示是叶片式液压马达的工作原理图。

当压力油输入进油腔 a 以后，此腔内的叶片均受到油液压力 p 的作用。由于叶片 2 比叶片 1 伸出的面积大，所以叶片 2 获得的推力比叶片 1 大，二者推力之差相对转子中心形成一个力矩。同样，叶片 1 和 5、 4 和 3、 3 和 6 之间，由于液压力的作用而产生的推力差也都形成力矩。这些力矩方向相同，它们的总和就是推动转子沿顺时针方向转动的总力矩。

从图 4-30 可以看出，位于回油腔 b 的各叶片不受液压推力作用，也就不能形成力矩。工作过的油液随着转子的转动，经回油腔和出口流入油箱。为保证通入压力油之后，液压马达的转子能立即旋转起来，必须在叶片底部设置预紧弹簧，并将压力油引入叶片底部，使叶片能压紧在定子内表面上。

叶片式液压马达的体积较小，动作灵敏，但泄漏较大，效率较低。适用于高速、低转矩以及要求动作灵敏的工作场合。液压马达的每转排油量称为排量，以 V 表示，单位为 cm³/r 或 mL/r。

排量不可调的液压马达属于定量马达，若将液压马达做成可以改变排量的结构则属于变量马达。对于定量液压马达，排量为定值，在输入流量和压力不变的情况下，其输出转速和转矩都不可改变；对于变量液压马达，因为排量的大小可以调节，因而它的输出转速和转矩是可以改变的，即在输入流量和压力不变的情况下，若使排量增大，则输出转速减小，转矩增大。

还有另一种叶片式液压马达，其输出的不是连续的转动，而是摆角小于 360° 的往复摆动，这种液压马达称为摆动式液压马达。摆动式液压马达的结构原理如图 4-31 所示。

图中的隔板 2 与输出轴 3 刚性连接在一起。当左下角油口进油，左上角油口出油时，隔板带动输出轴逆时针摆动；当左上角油口进油，左下角油口出油时，隔板则带动输出轴顺时针摆动。

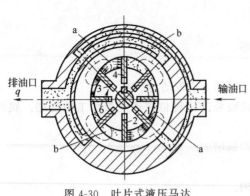

图 4-30　叶片式液压马达

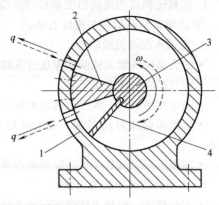

图 4-31　摆动式液压马达

1—缸体；2—隔板；3—输出轴；4—叶片

(2) 液压马达常见故障及应对措施

液压马达常见故障及应对措施，见表 4-14。

表 4-14　液压马达常见故障及应对措施

故障现象	故障原因	应对措施
液压马达转速异常	系统压力不足或过载	提高系统压力，调整使之与负载相匹配
	机械摩擦力过大或存在零件干涉	检查输出轴与负载轴的同轴度等易发生干涉部位，并调整至适当
液压马达转矩异常	液压马达活塞环损坏	调换活塞环
	液压马达配油轴与转子体之间配合面损坏	重新选配油轴，清洗管道和油箱
工作噪声大、有冲击	液压马达部分零件发生损坏	检修液压马达
	液压油中存在空气	液压油排出空气，相关部位做好密封
	系统供油发生脉动	检修液压泵和换向阀的相关故障
	缺少回油路背压	在回油路加装单向阀或节流阀产生背压
液压马达过热	机械摩擦力过大或存在零件干涉	检查输出轴与负载轴的同轴度等易发生干涉部位，并调整至适当
	液压马达效率低	检修液压马达或必要时进行更换
	液压油油温太高	在回油路加装单向阀或节流阀产生背压；检修液压系统发热可疑部位，严重时加装冷却装置
外泄漏	密封圈损坏	调整或更换密封圈
	机械摩擦力过大或存在零件干涉，使得系统压力异常升高，冲破密封圈密封	检查输出轴与负载轴的同轴度等易发生干涉部位，并调整至适当；密封圈若已经破损应及时更换

(3) 液压马达的调整、使用与维护

① 液压马达转速的调整。

液压马达在投入运转前先和工作机构脱开，在空载状态下启动，再从低速到高速逐步调试，并注意空载排气，然后反转。同时，应检查壳体温升和噪声是否正常，待空载运转正常后，停机将液压马达与工作机构连接再次启动，使液压马达从低速到高速负载运动。

② 液压马达的使用和维护。

a. 液压系统使用的工作液应根据工作转速、工作压力和工作温度选用不同牌号的液压油，一般情况下建议选用 46 号抗磨液压油，在使用压力较低的情况下可以使用一般机械油，当工作转速较低、油温较高时可选用黏度较高的油，当转速较高、油温较低时可选用黏度较低的油。

b. 新装液压马达的系统，工作油在运转 2~3 月后应调换一次，以后每隔 1~2 年换一次油，具体视使用条件和工作环境而定。

c. 一般情况下液压马达壳体温度应控制在 80℃以下。

d. 液压马达有时也作液压泵使用，液压马达的主回路应有 0.3~0.8MPa 的回油或供油压力，转速高时取大值，具体视工况而定，以不出现敲击声为准。

e. 液压系统中不得吸入空气，否则会使液压马达运转不平稳，出现噪声和振动。

③ 液压马达的拆卸和装配。

a. 液压马达拆卸时，应首先拧下壳体外圈的螺栓，然后用螺钉拧入前后盖上的启盖螺孔，即可拆卸前后盖，同时配油轴即可与转子体分离。拆卸时要注意不要拉伤配油轴。

b. 液压马达装配时应注意以下几点：

- 全部零件用柴油清洗并擦净，涂上清洁的机油。
- 不准用脏的零件装配。转子体、配油轴、活塞、钢球的摩擦表面和密封槽不允许有伤痕、凹陷和毛刺等缺陷。
- 各密封件一般均应更换，其中轴封一般在累计运转 2000h 后调换一次。装配时密封件表面应涂以清洁的机油，工作表面不得有任何损伤。

液压马达的装配顺序是：

- 配油轴与后盖用螺钉装成一体。
- 带后盖的配油轴装入转子体。
- 先将钢球活塞选配好后，装入转子体。同一台马达中钢球可以互换，但各台马达中钢球不能互换。
- 定子装入后盖止口中。
- 前盖止口装入定子。注意：前盖装入转子体时，应避免转子体伸出而损坏油封。
- 把前、后盖定子用螺钉拧紧，注意定位孔必须对准，各密封圈不要遗忘。除带制动器的马达外，装配后用手或扳手盘动液压马达，转子应灵活，不得有卡住、过轻或过重的现象。

（4）液压马达的易损部位分析

① 齿轮式液压马达易损部位主要有：

- 长短齿轮轴的齿轮端面和轴颈面；
- 侧板或前后盖与齿轮的贴合面；
- 壳体内腔的表面；
- 轴承；
- 油封。

② 摆动式液压马达易损部位主要有：

- 配流轴的外圆面或配油盘的端面；
- 转子外齿的表面；
- 定子内齿（针齿）的表面；
- 轴承；
- 油封。

③ 叶片式液压马达易损部位主要有：

- 配油盘的端面；
- 转子的端面；
- 定子的内表面；
- 轴承；
- 油封。

④ 轴向柱塞式液压马达易损部位主要有：

- 配油盘的端面;
- 缸体的端面与缸体孔;
- 中心弹簧;
- 柱塞的外圆;
- 输出轴的轴颈;
- 轴承;
- 油封。

(5) 液压马达转速变慢的故障分析与处理

在调试包含液压马达的液压传动系统时,若遇到液压马达不转、转动缓慢或不稳定的现象,则和系统构成有关,原因也不尽相同。在液压传动系统中,遇到这种情况,除了检查溢流阀的问题外还要检查有关的单向阀是否漏油。另外,在装有平衡阀和常闭式制动器的起重回路中,负荷下降出现抖动现象时,应检查或调节平衡阀的开启压力和制动回路中的单向节流阀,使它们和负荷相匹配。

4.1.4 液压缸的维修

(1) 液压缸的功能简介

液压缸是液压系统的执行元件,它能将液压能转换成直线往复运动形式的机械能,并输出速度和推力。液压缸有两种基本形式——活塞式液压缸和柱塞式液压缸,其中活塞式液压缸又有单杆和双杆两种结构类型。按供油方向不同液压缸可分为单作用缸和双作用缸。单作用缸只是向缸的一侧输入高压油,靠弹簧力、重力等其他外力使活塞反向回程。双作用缸则分别向缸的两侧输入压力油,活塞的正反向运动均靠液压力完成。液压缸按照用途可分为串联缸、增压缸、增速缸、步进缸等,这些液压缸都不是一个单纯的缸筒,而是和其他缸筒、构件组合而成的,所以这类缸又叫组合缸。

如图4-32所示是一个双作用单杆活塞式液压缸的结构图。

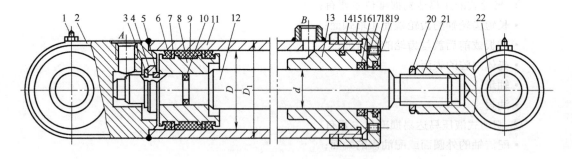

图4-32 双作用单杆活塞式液压缸的结构图

1—螺钉;2—缸底;3—弹簧卡圈;4—挡环;5—卡环(由2个半圆组成);6—密封圈;7,17—挡圈;
8—活塞;9—支承环;10—活塞与活塞杆之间的密封圈;11—缸筒;12—活塞杆;13—导向套;
14—导向套和缸筒之间的密封圈;15—端盖;16—导向套与活塞杆之间的密封圈;18—锁紧螺钉;
19—防尘圈;20—锁紧螺母;21—耳环;22—耳环衬套圈

该液压缸的主要零件是缸底2、活塞8、缸筒11、活塞杆12、导向套13和端盖15。此缸结构上的特点是活塞和活塞杆用卡环连接,拆装方便;活塞上的支承环9由聚四氟乙烯等耐磨材料制成,摩擦力也较小;导向套可使活塞杆在轴向运动中不致歪斜,从而保护了密封件;缸的两端均有缝隙式缓冲装置,可减少活塞在运动到端部时的冲击和噪声。此类缸的工作压力为12~15MPa。

(2) 液压缸的缓冲与排气装置

① 液压缸的缓冲装置。

当液压缸拖动质量较大的部件做快速往复运动时，运动部件具有很大的动能，这样，当活塞运动到液压缸的终端时，会与端盖发生机械碰撞，产生很大的冲击和噪声，严重时会引起液压缸的损坏。因此，应在液压缸内设置缓冲装置，或在液压系统中设置缓冲回路。

液压缸缓冲装置的一般工作原理是：当活塞快速运动到接近缸盖时，通过节流的方法增大回油阻力，使液压缸的排油腔产生足够的缓冲压力，活塞因运动受阻而减速，从而避免与缸盖快速相撞。常见的缓冲装置如图 4-33 所示。

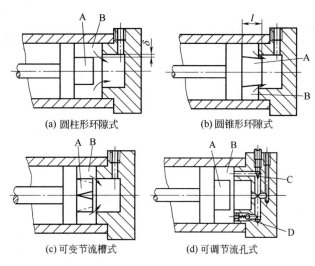

图 4-33　液压缸的缓冲装置

A—缓冲柱塞；B—缓冲油腔；C—节流阀；D—单向阀

a. 圆柱形环隙式缓冲装置，如图 4-33（a）所示。当缓冲柱塞 A 进入缸盖上的内孔时，缸盖和活塞间形成环形缓冲油腔 B，被封闭的油液只能经环形间隙 δ 排出，产生缓冲压力，从而实现减速缓冲。这种装置在缓冲过程中，由于回油通道的节流面积不变，故缓冲开始时，产生的缓冲制动力很大，其缓冲效果较差，液压冲击较大，且实现减速所需行程较长。这种装置结构简单，便于设计和降低成本，所以在批量生产的成品液压缸中多采用这种缓冲装置。

b. 圆锥形环隙式缓冲装置，如图 4-33（b）所示。由于缓冲柱塞 A 为圆锥形，所以缓冲环形间隙 δ 随位移量不同而改变，即节流面积随缓冲行程的增大而缩小，使机械能的吸收较均匀，其缓冲效果较好，但仍有液压冲击。

c. 可变节流槽式缓冲装置，如图 4-33（c）所示。在缓冲柱塞 A 上开有三角形节流沟槽，节流面积随着缓冲行程的增大而逐渐减小，其缓冲压力变化较平缓。

d. 可调节流孔式缓冲装置，如图 4-33（d）所示。当缓冲柱塞 A 进入到缸盖内孔时，回油口被柱塞堵住，只能通过节流阀 C 回油。调节节流阀的开度，可以控制回油量，从而控制活塞的缓冲速度。当活塞反向运动时，压力油通过单向阀 D 很快进入到液压缸内，并作用在活塞的整个有效面积上，故活塞不会因推力不足而产生启动缓慢现象。这种缓冲装置可以根据负载情况调整节流阀开度的大小，改变缓冲压力的大小，因此适用范围较广。

② 液压缸的排气装置。

液压系统往往会混入空气，使系统工作不稳定，产生振动、噪声及工作部件爬行和前冲等现象，严重时会使系统不能正常工作。因此设计液压缸时必须考虑排出空气。

在液压系统安装，或停止工作后又重新启动时，必须把液压系统中的空气排出去。对于要求不高的液压缸往往不设专门的排气装置，而是将油口布置在缸筒两端的最高处，这样也能使空气随油液排往油箱，再从油面逸出；对于速度稳定性要求较高的液压缸或大型液压缸，常在液压缸两侧的最高位置处设置专门的排气装置，如排气塞、排气阀等。如图 4-34 所示为排气塞。当松开排气塞螺钉后，让液压缸全行程空载往复运动若干次，带有气泡的油液就会排出。然后再拧紧排气塞螺钉，液压缸便可正常工作。

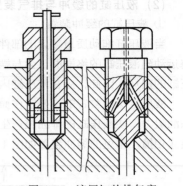

图 4-34 液压缸的排气塞

(3) 液压缸常见故障及应对措施

① 液压缸常见故障及应对措施，见表 4-15。

表 4-15 液压缸常见故障及应对措施

故障现象	故障原因	应对措施
液压缸推力不达标	液压系统工作压力过低	调整溢流阀，增大系统压力或更换为高压泵
	液压缸结构不合理，造成进油腔活塞有效面积过小	检查进油口开设位置、活塞与液压缸端盖之间开进油槽等
	液压缸运动部件之间摩擦力过大，或存在机械干涉	检修活塞、缸体、导向套等之间的配合间隙，检修活塞杆、缸体等的同轴度
	液压缸回油路背压过大	检查回油路的畅通情况及背压阀的阀口大小
	液压油黏度过大或环境温度过低	更换低黏度液压油，提高工作现场环境温度或加装加热装置
液压缸速度不达标	液压缸负载过大	重新计算负载，选用合适的液压缸
	液压缸内泄漏严重	液压缸密封件破损，更换密封圈；液压油黏度过低，更换合适黏度的液压油；液压油温升过高，换大油箱或加装冷却装置
	液压缸运动部件之间摩擦力过大，或存在机械干涉	检修活塞、缸体、导向套等之间的配合间隙，检修活塞杆、缸体等的同轴度
	液压油污染严重，油污进入运动配合间隙	过滤或更换液压油，清洗缸筒和活塞等运动部件
	液压油黏度过大或环境温度过低	更换低黏度液压油，提高工作现场环境温度或加装加热装置
液压缸出现爬行	液压缸运动部件之间存在机械干涉	检修活塞杆、缸体等的同轴度
	液压缸内进入空气	多次空载大行程往复运动，尽量排出液压缸内空气；加强接头和接合面的密封，防止缸内负压吸入空气；必要时，在液压缸最高处设排气阀排出空气
液压缸出现泄漏	液压缸制造和装配质量不佳	检修活塞、缸体、导向套等之间的配合间隙；检修活塞杆、缸体等的同轴度；活塞杆拉伤应及时处理或更换；必要时拆解液压缸，重新装配
	液压缸密封件失效	错装的密封件重新正确安装，更换老化、变形的密封件
	液压油黏度过低或油温过高	更换高黏度液压油，降低工作现场环境温度或加装液压油冷却装置
	工作时存在振动，使紧固件松动	定期紧固缸体螺钉，定期紧固管接头螺纹，定期紧固液压缸与机器之间的安装螺钉

液压缸作为液压系统的一个执行部分，其运行故障的发生，往往和整个系统有关，不能孤立看待。由于既存在影响液压缸正常工作的外部原因，也存在液压缸自身的原因，因此在排除液压缸运行故障时要认真观察故障的征兆，采用逻辑推理、逐项逼近的方法，从外部到内在仔细分析故障原因，从而找出适当的解决办法，避免不加分析盲目地大拆大卸，造成停机停产。

虽然，液压缸运动故障的原因是多种多样的，但它和其他事物一样，有一定条件和规律，只要掌握了这些条件和规律，加上实践经验的积累，排除故障并不是困难的。排除液压缸不能正常工作的故障，可参考如下顺序：

a. 明确液压缸在启动时产生的故障性质。如运动速度不符合要求、输出的力不合适、没有运动、运动不稳定、运动方向错误、动作顺序错误、爬行等。不论出现哪种故障，都可归结到一些基本问题上，如流量、压力、方向、方位、受力情况等方面。

b. 列出对故障可能发生影响的元件目录。如缸速太慢，可以认为是流量不足所致，此时应列出对缸的流量造成影响的元件目录，然后分析是否为流量阀堵塞或不畅；缸本身泄漏、压力控制阀泄漏过多等，应有重点地进行检查试验，对不合适的元件进行修理或更换。

c. 如有关元件均无问题，各油段的液压参数也基本正常，则应进一步检查液压缸自身的因素。

② 液压缸动作不正常的故障分析与排除。

液压缸动作不正常多表现为液压缸不能动作，动作不灵敏、有阻滞现象和运动有爬行现象等。

a. 液压缸不能动作。液压缸不能动作往往发生在刚安装的液压缸上。首先从液压缸外部检查原因：检查液压缸所拖动的机构是否阻力太大，是否有卡死、楔紧、顶住其他部件等情况；检查进油口的液压力是否达到规定值，如达不到是否因为系统泄漏严重、溢流阀调压不灵等。排除了外部因素后，再进一步检查液压缸内在原因，采取相应的排除方法。

（a）执行运动部件阻力太大的排除方法：
• 检查和排除运动机构的卡死、楔紧等情况。
• 检查并改善运动部件导轨的接触与润滑。
（b）进油口油液压力太低，达不到要求的规定值的排除方法：
• 检查有关油路系统各处的泄漏情况并排除泄漏。
• 液压缸内泄漏过多，检查活塞与活塞杆处密封圈有无损坏、老化、松脱等，检查液压泵、压力阀是否有故障。
（c）油液未进入液压缸的排除方法：
• 检查油管、油路，特别是软管接头是否被堵塞。依次检查从缸到泵的有关油路并排除堵塞现象。
• 溢流阀的阀座有污物，锥阀与阀座密封不好而产生泄漏，使油液自动流回油箱。
• 电磁阀的弹簧损坏，电磁铁线圈烧坏，油路切换不灵。
（d）液压缸本身滑动部位配合过紧，密封摩擦力过大的排除方法：
• 活塞杆与导向套的配合采用 H8/f8 配合。
• 密封圈槽的深度与宽度要严格按尺寸公差作出。
• 如用 V 形密封圈时，调整密封摩擦力到适中程度。
（e）横向载荷过大，活塞杆受力别劲或拉缸咬死的排除方法：
• 安装液压缸时，使缸的轴线位置与运动方向一致。
• 使液压缸所承受的负载尽量通过缸轴线，不产生偏心现象。
• 较长的液压缸水平放置时，活塞与活塞杆自重产生挠度，使导套、活塞产生偏载，因此缸盖密封损坏、漏油，活塞卡死在缸筒内。

另外，液压缸的背压力太大，应减小背压力。液压缸不能动作的重要原因之一是进油口油液压力太低，达不到要求规定值，即工作压力不足。由于设计和制造不当，活塞行至终点后回程时，油液压力不能作用在活塞的有效工作面积上；也可能是启动时，有效工作面积过小，有此情况则应改进设计和制造。

b．动作不灵敏，有阻滞现象。这种现象不同于液压缸的爬行现象。信号发出以后液压缸不立即动作，而是短时间停顿后再动作，或时而能动，时而又久久停止不动，很不规则。这种动作不灵敏的原因及排除方法主要有以下几方面。

（a）液压缸中空气过多的排除方法：

• 通过排气阀排气。

• 检查空气是否由活塞杆往复运动部位的密封圈处吸入，如是，应更换密封圈。

（b）液压泵运转有不规则现象。如振动噪声大、压力波动厉害、泵转动有阻滞、轻度咬死现象。

（c）有缓冲装置的液压缸，反向启动时，单向阀孔口太小，使进入缓冲腔的油量太小，甚至出现真空，因此在缓冲柱塞离开端盖的瞬间，会引起活塞短时间的停止或逆退现象。

（d）活塞运动速度大时，单向阀的钢球跟随油流流动，以致堵塞阀孔，致使动作不规则。

（e）橡胶软管内层剥离，使油路时通时闭，造成液压缸动作不规则。排除方法是更换橡胶软管。

（f）有一定横向载荷。

c．运动有爬行现象。爬行现象即液压缸运动时出现跳跃式时停时走的运动状态，这种现象尤在低速时容易发生，这是液压缸最主要的故障之一。发生液压缸爬行现象的原因包括液压缸之外的原因及液压缸自身的原因。

（a）液压缸之外的原因有：

• 运动机构刚度太小，形成弹性系统。排除方法是适当提高有关组件的刚度，减少弹性变形。

• 液压缸安装位置精度差。

• 相对运动件间静摩擦因数差别太大，即摩擦力变化太大。排除方法是在相对运动表面涂一层防锈油（如二硫化钼润滑油），并保证良好的润滑条件。

• 导轨的制造与装配质量差，使摩擦力增加，受力情况不好。排除方法是提高制造与装配质量。

（b）液压缸自身原因有：

• 液压缸内有残留空气，工作介质形成弹性体。排除方法是充分排出空气；检查液压泵吸油管直径是否太小；吸油管接头密封要好，防止泵吸入空气。

• 密封摩擦力过大。排除方法是调整密封摩擦力到适中程度，活塞杆与导向套的配合采用H8/f8；密封圈槽的深度与宽度严格按尺寸公差作出。

• 液压缸滑动部位有严重磨损、拉伤现象。产生这些现象的原因是负载和液压缸定心不良，或安装支架调整不良，排除方法是重新装配后仔细找正，安装支架的刚度要好。

• 液压缸装配制造问题。如活塞杆全长或局部弯曲，排除方法是校正活塞杆，卧式安装液压缸的活塞杆伸出长度过长时应加支撑；缸筒内孔与导向套的同轴度不好而引起别劲现象产生爬行时，应保证二者的同轴度；缸筒孔径直线性不良，排除方法是镗磨修复，然后根据镗磨后缸筒的孔径配活塞或增装 O 形橡胶封油环；活塞杆两端螺母拧得太紧，使其同轴度不良，排除方法是活塞杆两端螺母不宜拧得太紧，一般用手旋紧即可，保证活塞杆处于自然状态；材质不良，易磨损、拉伤、咬死，排除方法是更换材料，进行恰当的热处理或表面处理等。

（c）工作机器载荷过大。

（d）缸筒或活塞组件膨胀，受力变形。排除方法是修整变形部位，变形严重时需要更换有关组件。

（e）缸筒、活塞之间产生电化学反应。重新更换电化学反应小的材料或更换零件。油液中杂质多，进行清洗后换液压油及滤油器。

③ 液压缸达不到预定的速度和推力的故障分析与排除。

a. 运动速度达不到预定值。运动速度达不到预定值的原因及排除方法如下：

（a）液压泵输油量不足。

（b）液压缸进油路油液泄漏。排除方法有：

• 排除管路泄漏。

• 检查溢流阀锥阀与阀座密封情况，如因密封不好而产生泄漏，会使油液自动流回油箱。

（c）液压缸内外泄漏严重。排除方法参考下述有关液压缸泄漏的内容。

（d）当运动速度随行程的位置不同而有所下降时，是缸内别劲使运动阻力增大所致。排除方法是提高零件加工精度（主要是缸筒内孔的圆度和圆柱度）及装配质量。

（e）液压回路上，管路阻力压降及背压阻力太大，压力油从溢流阀返回油箱的溢流量增加，使速度达不到要求。排除方法有：

• 回油管路不可太细，管径大小一般以接管内流速为 3～4m/s 计算确定为好。

• 减少管路弯曲。

• 背压力不可太高。

（f）液压缸内部油路堵塞和阻尼。排除方法是拆卸清洗。

（g）采用蓄能器实现快速运动时，速度达不到的原因可能是蓄能器的压力和容量不够。排除方法：重新计算校核。

b. 液压缸的推力不够。液压缸的推力不够可能引起液压缸不动作或动作不正常。其原因及排除方法有：

（a）引起运动速度达不到预定值的各种原因也会引起推力不够。

（b）溢流阀压力调节过低或溢流阀调节不灵。排除方法有：

• 调高溢流阀的压力。

• 修理溢流阀。

（c）反向回程启动时，由于有效工作面积过小而推不动。排除方法是修改设计，增加有效工作面积。

④ 液压缸泄漏的故障分析与排除。

a. 液压缸泄漏的主要途径分析。

液压缸的泄漏包括外泄漏和内泄漏两种情况。外泄漏是指液压缸缸筒与缸盖、缸底、油口、排气阀、缓冲调节阀、缸盖与活塞杆处等外部的泄漏，它容易从外部直接观察出。内泄漏是指液压缸内部高压腔的压力油向低压腔渗漏，它发生在活塞与缸内壁、活塞内孔与活塞杆连接处。内泄漏则不能从外部直接观察到，需要从单方面通入压力油，将活塞停在某一点或终端以后，观察另一油口是否向外漏油，以确定是否有内泄漏。不论是外泄漏还是内泄漏，其泄漏原因主要是密封不良、连接处接合不良等。

b. 液压缸泄漏的主要原因分析。

（a）密封不良。液压缸各处密封性能不良会发生外泄漏或内泄漏，密封性能不良有诸多原因：

• 安装后密封件发生破损。排除方法有正确设计和制造密封槽底径、宽度和密封件压缩量；密封槽不可有飞边、毛刺，适当倒角，以防刮坏密封件；装配时注意勿使螺丝刀等锐利工具压伤密封件，特别是绝对不能使密封件唇边损伤。

• 密封件因被挤出而损坏。排除方法有保证密封面的配合间隙，间隙不可太大，采用 H8/f8 配合；高压和有冲击力作用的液压缸安装密封保护挡圈。

• 密封件急剧磨损而失去密封作用。排除方法有密封槽宽度不可过宽，槽底粗糙度要小于

$Ra1.6$，防止密封件前后移动加剧磨损；密封件材质要好，截面直径不可超差；不可用存放时间过长引起老化，甚至龟裂的密封件；活塞杆处密封件的磨损，通常是由导向套滑动磨损后的微粒引起的，因此要注意导向套材料的选用，导向套内表面清除毛刺，活塞杆和导向套活动表面的粗糙度要小（$Ra0.2 \sim 0.4$）；装配时必须保证工作台的导轨和液压缸缸筒中心线，在全行程范围内达到同心要求后，再进行紧固；密封件上特别是唇边处不可混入极小的杂质微粒，以免加剧密封件磨损。

• 密封圈方向装反。排除方法是密封圈唇边面向压力油一方。

• 密封结构选择不合理，压力已超过它的额定值。排除方法是选择合理密封结构。

（b）连接处接合不良。连接处接合不良主要引起外泄漏，接合不良的原因有：

• 缸筒与端盖用螺栓紧固连接时：接合部分的毛刺或装配毛边引起接合不良而引起初始泄漏，端面O形密封圈有配合间隙，螺栓紧固不良。

• 缸筒与端盖用螺纹连接时：紧固端盖时未达到额定转矩，密封圈密封性能不好。

• 液压缸进油管口引起泄漏。排除方法是排除因管件振动而引起管口连接松动；管路通径大于15mm的管口，可采用法兰连接。

（c）液压缸泄漏的其他原因有：

• 缸筒受压膨胀，引起内泄漏。排除方法是适当加厚缸壁，缸筒外圆加卡箍。

• 采用焊接结构的液压缸，因焊接不良而产生外泄漏。排除方法是：选用合适的焊条材料；对含碳量较高的材料焊前进行适当预热，焊后注意保温，使之缓慢冷却，防止焊缝应力裂纹；焊接工艺过程应尽量避免引起内应力，必要时进行适当热处理；焊缝较大时，采取分层焊接，以保证焊接强度，减小焊接变形，防止焊接裂纹。

• 横向载荷过大。排除方法是减小或消除横向载荷。

（4）液压缸的修理

现以某型号液压缸为例，说明其修理的主要技术要点。该型号液压缸的结构如图4-35所示。

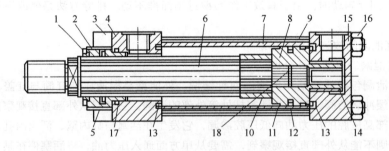

图4-35 某型号液压缸结构图

1—防尘圈；2—活塞杆密封座；3—压盖；4—前端盖；5—活塞杆密封圈；
6—活塞杆；7—缸筒；8—活塞；9—螺杆；10—前缓冲套；11—支承环；12—密封环；
13,18—密封圈；14—后缓冲套；15—后端盖；16—螺母；17—密封件

① 液压缸的拆卸。

a. 前端盖组件。防尘圈1在前端盖的最外端，与活塞杆紧密接触，防止污染物进入液压缸，同时清除活塞杆上的污染物，并直接嵌入防尘盖槽中。活塞杆密封座2以螺纹形式或法兰形式与前端盖连接，密封座前面是固定安装防尘盖的位置，主要起着导向套的作用，密封座内孔与活塞杆配合间隙很小，一般采取H8/f8的配合。密封座内孔粗糙度要求很高，一般取粗糙度$Ra0.8 \sim 1.6\mu m$，密封座材料主要是球墨铸铁或青铜。伸入前端盖的圆柱部分与内孔 I 同轴度要求也很高，在$0.01 \sim 0.02mm$之间。

前端盖是一件正方形或长方形的锻件，内孔为台阶孔，并车有一环形槽用以安装密封件，前端盖后端面也加工了一个环形槽，是安装固定液压缸缸筒的，这三个位置的同轴度要求控制在 0.03mm 以内，后端面与内孔中心线垂直度也应控制在 0.03mm 以内。

b. 活塞杆组件。活塞杆组件由活塞杆 6，活塞 8，前、后缓冲套 10、 14 组成。当螺杆拆下以后，用紫铜棒均匀轻敲前端盖，与缸筒脱离。活塞杆应有必要的支承，不能让活塞杆因自重下垂，造成活塞与缸筒内孔的刮伤、拉毛。活塞杆组件从缸筒中用人工或吊车悬挂拉出。活塞杆存放时支承点位置应合理，避免造成弯曲变形。

活塞杆 6 材料采用 45 钢或 40Cr 调质处理，精加工后外圆表面镀铬。活塞杆外圆尺寸精度多采用 h7 公差，圆度和圆柱度公差应控制在直径公差的 1/2 以内。安装活塞的轴颈部分与活塞外圆同轴度公差不得大于 0.01mm。活塞杆安装活塞轴颈端面的垂直度公差不大于 0.03mm，以保证活塞安装不产生歪斜，减少不正常摩擦。活塞杆上的卡环槽、安装密封件的环形槽、安装缓冲柱塞的外圆、杆端螺纹等应与活塞杆外圆轴线同心。

活塞 8 材料采用 45 钢或 40Cr 制造，活塞的外形设计和结构形式根据密封装置来选用。

c. 液压缸缸筒。液压缸缸筒 7 的材料是 35♯ 无缝钢管，由液压缸缸筒专用设备、专业工具经多次粗、半精、精加工后，用滚压抛光工艺完成。缸筒内孔选用 H7 公差，表面粗糙度为 $Ra0.2\mu m$，缸筒内孔 D 的圆度、锥度、圆柱度公差不大于缸筒内孔公差的 1/2，缸筒直线度公差 500mm 长度上不大于 0.03mm，缸筒两端对缸筒内径的垂直度不大于 0.03mm，缸筒两端装配前、后端盖的定位外圆与缸筒内孔同轴度不大于 0.03mm。

d. 导向套（活塞杆密封座 2）。导向套装在前端盖内，用以对活塞杆进行导向，内装有密封件以保证活塞杆的密封，前端盖孔口可装配防尘圈。制造导向套的材料一般为摩擦因数小、耐磨性好的青铜和球墨铸铁。加工时导向套外圆与端盖内孔配合为 H8/f7，导向套内孔与活塞杆外圆配合为 H9/f9，导向套外圆与内孔同轴度公差为 0.03mm，圆度和圆柱度公差不大于直径公差的 1/2，防尘盖、密封圈的环形槽也应与导向套内孔同轴，同轴度不大于 0.03mm，各端面的垂直度公差都应控制在 0.03mm 以内。外侧装有防尘圈，以防止活塞在后退时把杂质、灰尘及水分带到密封装置处，损坏密封装置。

e. 后端盖 15。后端盖 15 是一件正方形或长方形的锻件，中心部位的盲孔与活塞杆上的缓冲套配合实现节流缓冲功能。孔与端面垂直度公差不大于 0.03mm，端面与缸筒内孔定位的环形槽要求同轴度公差在 0.03mm 以内。

f. 活塞上的支承环。导向套是对活塞杆进行导向和支承的。活塞上的支承环用以对活塞进行导向和支承。一般采用耐磨性好的青铜制造，支承环外圆与缸筒内孔的配合多采用 H9/f9。

② 液压缸的组装。

a. 活塞组件装配。活塞的环形槽上的支承环是径向切开的两个半环。当切开后，支承环的圆周产生了变形，支承环卡入活塞环形槽中后，要与缸筒内孔做着色检查，并修磨支承环外圈，使着色面积达到 70%，支承环密封件装入后就完成了活塞组件装配。

b. 活塞杆组件装配。组件包括前缓冲套 10、密封圈 18、活塞组件、后缓冲套 14 等零件，应按以上顺序逐步装入。

c. 液压缸总装。活塞组件进入缸筒时，要避免活塞上的密封件进入缸筒时发生拆边现象，必要时使用专业工具，确保两个半环的支承环顺利进入缸筒。活塞杆进入缸筒后，前端盖与后端盖通过螺栓安装。均匀拧紧螺栓后，前端盖活塞杆密封座（导向套）、密封件、防尘圈、压盖等逐一装好。安装时应经常旋转活塞杆，检查其灵活性。

③ 液压缸的性能测试。

a. 液压缸无负荷试验。活塞杆以最大行程做往复匀速运动，阻力应小于以下数值：

- 采用 O 形、Y 形或 U 形夹织物密封圈的活塞，阻力＜0.3MPa；
- 采用 V 形夹织物密封圈的活塞，阻力＜0.5MPa；
- 采用活塞环的活塞，阻力＜0.5MPa。

b. 活塞杆无负荷试验。液压缸无负荷时，活塞杆在全行程上做往复匀速运动，应运动平稳、灵活，无阻滞、轻重现象，换向平稳、迅速。

c. 活塞杆在额定压力下试验。液压缸在额定压力下，活塞杆加上最大的工作负荷，在多次往复运行时运动平稳，无阻滞和爬行，各相关部件无塑性变形。

d. 液压缸内泄漏试验。液压缸在额定压力下，用另一件超过被试验液压缸额定压力的高压液压缸做推动力试验。被试验液压缸活塞杆 10min 内允许移动的距离不得超过 0.5mm。

e. 缓冲试验。液压缸在额定压力下，活塞杆全行程快速往复运行，在到达两端终点时，有明显的缓冲节流作用，对前、后端盖无冲击，换向、起步平稳。

f. 活塞杆往复速度差试验。液压缸在额定压力且活塞杆在最大工作负荷时，活塞杆慢速全行程往复运行，其速度差不得大于 10%。

4.1.5 液压辅件的维修

(1) 油管及管接头的维修。

① 油管及管接头功能简介。

a. 油管。液压传动中常用的油管有钢管、铜管、橡胶软管（用耐油橡胶制成，有高压和低压之分）、尼龙管和塑料管等。固定元件间的油管常用钢管和铜管，有相对运动的零件之间一般采用软管连接。在回油路中可用尼龙管或塑料管。

b. 管接头。管接头的形式很多。如图 4-36 所示为几种常用的管接头结构。

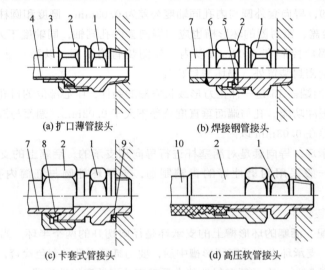

图 4-36 常用的管接头结构

1—接头体；2—螺母；3—管套；4—扩口薄管；5—密封垫；6—接管；
7—钢管；8—卡套；9—组合密封垫；10—橡胶软管

图 4-36 (a) 为扩口薄管接头，适用于铜管或薄壁钢管的连接，也可用来连接尼龙管或塑料管。在工作压力不高的机床液压系统中，扩口薄管接头应用较为普遍。

图 4-36 (b) 为焊接钢管接头，用于连接管壁较厚的钢管，适用于中压系统。

图 4-36 (c) 为卡套式管接头，这种管接头装拆方便，适用于高压系统的钢管连接，但制造工艺要求较高，对油管的要求也比较严格。

图 4-36（d）为高压软管接头，多用于中、低压系统的橡胶软管连接。

② 安装油管的技术要求。

a. 安装硬管的技术要求。

• 硬管安装时，对于平行或交叉管道，相互之间要有 100mm 以上的空隙，以防止干扰和振动，也便于安装管接头。在高压大流量场合，为防止管道振动，需每隔 1m 左右用标准管夹将管道固定在支架上，以防止振动和碰撞。

• 管道安装时，路线应尽可能短，应横平竖直，布管要整齐，尽量减少转弯，直角转弯要尽量避免。若需要转弯，其弯曲半径应大于管道外径的 3 ~ 5 倍，弯曲后管道的椭圆度小于 10％，不得有波浪状变形、凹凸不平及压裂与扭转等不良现象。金属管连接时必须有弯，如图 4-37 所示列举了一些金属管连接实例。

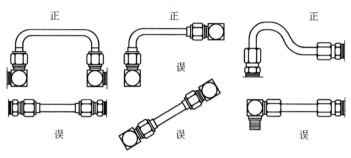

图 4-37　金属管连接实例

• 在安装前应对钢管内壁进行仔细检查，看其内壁是否存在锈蚀现象。一般应用 20％ 的硫酸或盐酸进行酸洗，酸洗后用 10％ 的苏打水中和，再用温水洗净、干燥、涂油，进行静压试验，确认合格后再安装。

b. 安装软管的技术要求。

• 软管弯曲半径应大于软管外径的 10 倍。对于金属波纹管，若用于运动连接，其最小弯曲半径应大于内径的 20 倍。

• 耐油橡胶软管和金属波纹管与管接头成套供货。弯曲时耐油橡胶软管的弯曲处距管接头的距离至少是外径的 6 倍，金属波纹管的弯曲处距管接头的距离应大于管内径的 2 ~ 3 倍。

• 软管在安装和工作中不允许有拧、扭现象。

• 耐油橡胶软管用于固定件的直线安装时要有一定的长度余量（一般留有 30％ 左右的余量），以适应胶管在工作时－2％ ~ 4％ 的长度变化（油温变化、受拉、振动等因素引起）的需要。

• 耐油橡胶软管不能靠近热源，要避免与设备上的尖角部分相接触和摩擦，以免划伤管子。

③ 管接头漏油的修理。

a. 扩口管接头的漏油。扩口管接头及其管路漏油原因以扩口处的质量状况差为最普遍，另外也有安装方面的原因。

• 拧紧力过大或过松造成泄漏。使用扩口管接头时，要注意扩口处的质量，不要出现扩口太浅、扩口破裂现象，扩口端面至少要与管套端面齐平，以免在紧固螺母时，将管壁挤薄，引起破裂，甚至在拉力作用下使管子脱落引起漏油和喷油现象；在拧紧管接头螺母时，紧固力矩要适度。

• 管子弯曲角度不对造成泄漏。为保证补漏，应使弯曲角度正确和控制接管长度适度，不能过长或过短。

• 接头位置靠得太近无法拧紧造成泄漏。接头之间因靠得太近，扳手活动空间不够而不能拧紧，造成漏油。

• 扩口管接头的加工质量不好造成泄漏。管套接头体与紫铜管互相配合的锥面角度值不对、锥面尺寸不对和表面太粗糙、锥面上拉有沟槽时都会产生漏油。

b. 焊接管接头的漏油。管接头与钢管、铜管等硬性管焊接连接时，如果焊接不良，焊接处出现气孔、裂纹或夹渣等焊接缺陷，会引起焊接处漏油；另外，虽然焊接较好，但焊接处的形状处理不当，用一段时间后也会产生焊接处的松脱，造成漏油。

当出现上述情况时，可磨掉焊缝，重新焊接。焊后需进行去应力工作，即用焊枪将焊接区域加热，直到出现暗红色后，在空气中自然冷却。为避免高应力，刚性大的管子和接头在管接头接上管子时要对准，点焊几处后取下再进行焊接，切忌用管夹、螺栓或螺纹等强行拉直，以免使管子破裂和管接头歪斜而产生漏油。如果焊接部位难以将接头和管子对准，则应考虑是否采用能承受相应压力的软管及接头进行过渡。

c. 卡套式管接头的漏油。卡套式管接头适用于油、气管路系统，压力范围有中压级（E）16MPa 和高压级（G）32MPa。它靠卡套两端尖刃变形嵌入管子实现密封。卡套式管接头漏油的主要原因和排除方法如下。

• 卡套式管接头要求配用冷拔管，当冷拔管与卡套 2 相配部位不密合，管外径与卡套内径部位有轴向沟槽拉伤时，会产生泄漏，如图 4-38 所示。此时可将拉伤的冷拔管锯掉一段，或更换合格的卡套重新装配。

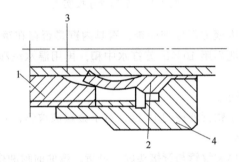

图 4-38　卡套式管接头的漏油
1—接头体；2—卡套；3—管子；4—螺母

• 卡套与接头体 24° 内锥面不密合，相接触面有轴向沟槽拉伤时，容易产生泄漏。应加强该处的密封，必要时更换卡套。

④ 液压软管的故障分析与排除。

在使用过程中，由于使用与维护不当、系统设计不合理和软管制造不合格等原因，经常出现液压软管渗漏、裂纹、破裂、松脱等故障。液压软管的松脱或破裂，轻则浪费油液、污染环境、影响系统功能的正常发挥及工作效率，重则危及安全。为了保证液压系统在良好状况下工作，预防液压软管早期损坏，以延长液压软管的使用寿命，平时一定要认真做好保养与维护工作。

a. 使用不合格软管引起的故障。

• 故障原因。在维修或更换液压管路时，如果在液压系统中安装了劣质的液压软管，由于其承压能力低、使用寿命短，使用时间不长就会出现漏油现象，严重时液压系统会产生事故，甚至危及人机安全。劣质软管主要是橡胶质量差、钢丝层拉力不足、编织不均，使承载能力不足，在压力油冲击下，易造成管路损坏而漏油。软管外表面出现鼓泡的原因是软管生产质量不合格，或者工作时使用不当。如果鼓泡出现在软管的中段，多为软管生产质量问题，应及时更换合格软管。

• 处理措施。在维修时，对新更换的液压软管，应认真检查生产的厂家、日期、批号、规定的使用寿命和有无缺陷，不符合规定的液压软管坚决不能使用。使用时，要经常检查液压软管是否有磨损、腐蚀现象；使用过程中橡胶软管一经发现严重龟裂、变硬或鼓泡等现象，就应立即更换新的液压软管。

b. 违规装配引起的故障。

• 故障原因。软管安装时，若弯曲半径不符合要求或软管扭曲等，皆会引起软管破损而漏油。当液压软管安装不符合要求时，软管受到轻微扭转就有可能使其强度降低和松脱接头，在软管的接头处易出现鼓泡现象。当软管在安装或使用过程中受到过分扭曲时，软管在高压的作用下易损坏。软管受扭转后，加强层结构改变，编织钢丝间的间隙增加，降低了软管的耐压强度，在高压作用下软管易破裂。

在安装软管时，如果软管受到过分的拉伸变形，会使各层分离，降低了耐压强度。软管在高压作用下会发生长度方向的收缩或伸长，一般伸缩量为常态下的-4％~2％。若软管在安装时选得太短，工作时就受到很大的拉伸作用，严重时出现破裂或松脱等故障；另外，软管的跨度太大，则软管自重和油液重量也会给软管一个较大的拉伸力，严重时也会发生上述故障。

在低温条件下，液压软管的弯曲或修配不符合要求，会使液压软管的外表面上出现裂纹。软管外表出现裂纹的现象一般在严寒的冬季出现较为常见，特别是在低温状态下液压软管弯曲。在使用过程中，如果一旦发现软管外表有裂纹，就要及时观察软管内胶是否出现裂纹，如果软管内胶也出现裂纹要立即更换软管。

• 处理措施。在安装液压软管时应注意以下几点。

软管安装时应避免处于拉紧状态，即使软管两端没有相对运动的地方，也要保持软管松弛，张紧的软管在压力作用下会膨胀，强度降低。软管直线安装时要有30％左右的长度余量，以适应油温、受拉和振动的需要。

安装过程中不要扭曲软管。软管受到轻微扭转就有可能使其强度降低和松脱接头，装配时应将接头拧紧在软管上，而不是将软管拧紧在接头上。安装软管拧紧螺纹时，注意不要扭曲软管，可在软管上划一条彩线观察。

软管弯曲处，弯曲半径要大于9倍软管外径，弯曲处到管接头的距离至少等于6倍软管外径。

橡胶软管最好不要在高温有腐蚀气体的环境中使用。

如系统软管较多，应分别安装管夹加以固定或者用橡胶板隔开。

在使用或保管软管过程中，不要使软管承受扭转力矩，安装软管时尽量使两接头的轴线处于运动平面上，以免软管在运动中受扭。

软管接头常有可拆式、扣压式两种。可拆式管接头在外套和接头芯上做成六角形，便于经常拆装软管；扣压式管接头由接头外套和接头芯组成，装配时须剥离外胶层，然后在专门设备上扣压，使软管得到一定的压缩量。

为了避免液压软管出现裂纹，要求在寒冷环境中不要随意搬动软管或拆修液压系统，必要时应在室内进行。如果需长期在较寒冷环境中工作，应换用耐寒软管。

c. 液压系统受高温的影响而引起的故障。

• 故障原因。当环境温度过高时、当风扇装反或液压马达旋向不对时、当液压油牌号选用不当或油质差时、当散热器散热性能不良时、当泵及液压系统压力阀调节不当时，都会造成油温过高，同时也会引起液压软管过热，会使液压软管中加入的增塑剂溢出，降低液压软管柔韧性。另外过热的油液通过系统中的缸、阀或其他元件时，如果产生较大的压降，会使油液发生分解，导致软管内胶层氧化而变硬。橡胶管路如果长期受高温的影响，则会导致橡胶管路在高温、高压、弯曲、扭曲严重的地方发生老化、变硬和龟裂，最后因油管爆破而漏油。

• 处理措施。当橡胶管路由于高温影响导致疲劳破坏或老化时，首先要认真检查液压系统工作温度是否正常，排除一切引起油温过高和使油液分解的因素后更换软管。软管布置要尽量避免热源，要远离发动机排气管。必要时可采用套管或保护屏等装置，以免软管受热变质。为了保证液压软管的安全工作，延长其使用寿命，对处于高温区的橡胶管，应做好隔热降温，如包扎隔热层、引入散热空气等都是有效措施。

d. 液压油污染引起的故障。

• 故障原因。当液压油受到污染时，液压油的相容性变差，使软管内胶材质与液压系统用油不相容，软管受到化学作用而变质，导致软管内胶层严重变质，软管内胶层出现明显发胀。若发生此现象，应检查油箱，因有可能在回油口处发现碎橡胶片。当液压油受到污染时，还会使油管受到磨损和腐蚀，加速管路的破裂而漏油，而且这种损坏不易被发现，危害更加严重。

此外，管路的外表面经常会沾上水分、油泥和尘土，容易使导管外表面产生腐蚀，加速其外表面老化。由于老化变质，外层不断氧化使其表面覆盖上一层臭氧，随着时间延长而加厚，软管在使用中只要受到轻微弯曲，就会产生微小裂纹，使其使用寿命降低。遇到这种情况，就应立即更换软管。

• 处理措施。在日常维护工作中，不得随意踩踏、拉压液压软管，更不允许用金属器具或尖锐器具敲碰液压软管，以防出现机械损伤；对露天停放的液压机械或液压设备，应加盖蒙布，做好防尘、防雨雪工作，雨雪过后应及时进行除水、晾晒和除锈；要经常擦去管路表面的油污和尘土，防止液压软管腐蚀；油液添加和部件拆装时，要严把污染关口，防止将杂物、水分带入系统中。此外，一定要防止把有害的溶剂和液体洒在液压软管上。

e. 其他原因引起的故障。

液压软管外胶层所出现的裂纹、鼓泡、渗油、严重变质等不良现象，比较容易发现，平时要注意检查和维护，以延长液压软管的使用寿命，同时保证液压软管在良好的状态下工作。液压软管内胶层出现的胶层变坚硬、裂纹、严重变质、明显发胀等不良现象，由于其出现在液压软管的内胶层，它的隐蔽性较好，一般不容易发现，所以平时要注意认真检查和维护。有时液压软管加强层也会出现各种不同的故障现象。有时软管破裂，剥去外胶层检查，发现破口附近编织钢丝生锈，这主要是由于该层受潮湿或腐蚀性物质的作用所致，削弱了软管强度，导致高压时破裂。有时软管破裂，剥去外胶层未发现加强层生锈，但加强层长度方向出现不规则断丝，其主要原因是软管受到高频冲击力的作用。对于以上情况要根据具体原因采取相应措施。

(2) 滤油器的维修

① 滤油器的功能简介。

液压油中的脏物会引起液压系统中运动零件的划伤、磨损，甚至卡死，还会堵塞阀和管道小孔，影响系统的工作性能并造成故障，因此需用滤油器对油液进行过滤。滤油器可以安装在液压泵的吸油管路上，或安装在液压泵的输出管路上以及重要元件的前面。在通常情况下，泵的吸油口装粗滤油器，泵的输出管路与重要元件之前装精滤油器。

常用的滤油器有网式、线隙式、烧结式和纸芯式等类型。

网式滤油器是用铜丝网包装在骨架上制成的。它结构简单，通油性能好，但过滤效果差，一般作粗滤之用。

如图 4-39 所示为线隙式滤油器，它是用铝线或铜线 1 绕在筒形芯架 2 的外部制成的，芯架上开有许多纵向槽 a 和径向孔 b，油液从铝线的缝隙中进入槽 a，再经孔 b 进入滤油器内部，然后从端盖 3 的孔中流出。这种滤油器只能用于吸油管道。线隙式滤油器结构简单，过滤效果好，通油能力也较大，但不易清洗。

　　烧结式滤油器如图 4-40 所示，它的滤芯一般由金属粉末压制并烧结而成，靠其颗粒间的孔隙滤油。这种滤油器强度大，抗腐蚀性能好，制造简单，过滤精度高，适用于精滤。缺点是通油能力较差，压力损失较大，堵塞后清洗比较困难。

　　纸芯式滤油器是用微孔滤纸做的纸芯装在壳体内制成的。这种滤油器过滤精度高，但易堵塞，无法清洗，纸芯需常更换。一般用于精滤，也可以和其他滤油器配合使用。

　　实际工作中，为便于了解滤芯被油液杂质堵塞的情况，做到及时清洗或更换滤芯，有的滤油器在其顶部装有一个污染指示器。污染指示器与滤油器并联，其工作原理如图 4-41 所示。滤油器 1 上下游的压差 $p_1 - p_2$ 作用在活塞 2 上，与弹簧 3 的推力相平衡。当滤芯逐渐堵塞时，压差加大，当压差足以推动活塞接通电路时，报警器 4 就发出堵塞报警信号，提醒操作人员及时清洗或更换滤芯。

　　② 滤油器的修理。

　　a. 滤芯破坏变形。这一故障现象表现为滤芯的变形、弯曲、凹陷、吸扁与冲破等。

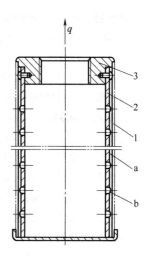

图 4-39　线隙式滤油器
1—铝线；2—芯架；3—端盖
a—纵向槽；b—径向孔

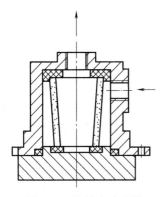

图 4-40　烧结式滤油器

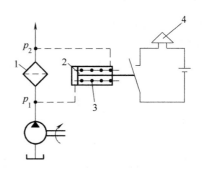

图 4-41　滤油器的污染指示器工作原理
1—滤油器；2—活塞；3—弹簧；4—报警器

　　滤芯破坏变形产生原因主要有：

　　• 滤芯在工作中被污染物严重阻塞而未得到及时清洗，流进与流出滤芯的压差增大，使滤芯强度不够而导致滤芯破坏变形。

　　• 滤油器选用不当，超过了其允许的最高工作压力。例如同为纸芯式滤油器，型号为 ZU-100×202 的额定压力为 6.3MPa，而型号为 ZU-H100×202 的额定压力可达 32MPa。如果将前者用于压力为 20MPa 的液压系统，滤芯必定被击穿而破坏。

　　• 在装有高压蓄能器的液压系统，因某种故障蓄能器油液反灌冲坏滤油器。

　　滤芯破坏变形排除方法有：

　　• 及时定期检查清洗滤油器；

　　• 正确选用滤油器，强度、耐压能力要与所用滤油器的种类和型号相符；

　　• 针对各种特殊原因采取相应对策。

　　b. 滤油器脱焊。当环境温度高时，金属网状滤油器的局部油温过高，超过或接近焊料熔点温度，加上原来焊接就不牢，以及油液的冲击，从而造成脱焊。例如高压柱塞泵进口处的网状滤油器曾多次发现金属网与骨架脱离,柱塞泵进口局部油温可达100℃之高。此时可将金属网的焊料由锡铅焊料(熔点为183℃)改为银焊料或银镉焊料,它们的熔点大为提高(235~300℃)。

c. 滤油器掉粒。多发生在金属粉末烧结式滤油器中。脱落颗粒进入系统后,堵塞节流孔,卡死阀芯。其原因是烧结粉末滤芯质量不佳,所以要选用检验合格的烧结式滤油器。

d. 滤油器堵塞。一般滤油器在工作过程中,滤芯表面会逐渐纳垢,造成堵塞是正常现象。此处所说的堵塞是指导致液压系统产生故障的严重堵塞。滤油器堵塞后,至少会造成泵吸油不良、泵产生噪声、系统无法吸进足够的油液而造成压力上不去,油中出现大量气泡以及滤芯因堵塞而可能造成滤芯因压力增大而击穿等故障。

滤油器堵塞后应及时进行清洗,清洗方法有以下几种。

• 用溶剂清洗。常用溶剂有三氯化乙烯、油漆稀释剂、甲苯、汽油、四氯化碳等,这些溶剂都易着火,并有一定毒性,清洗时应充分注意。还可采用氢氧化钠、氢氧化钾等碱溶液脱脂清洗,界面活性剂脱脂清洗以及电解脱脂清洗等。后者清洗能力虽强,但对滤芯有腐蚀性,必须慎用。在洗后须用水洗等方法尽快清除溶剂。

• 用机械物理方法清洗。机械物理方法清洗滤油器滤芯主要有以下几种:

用毛刷清扫。应采用柔软毛刷除去滤芯的污垢,过硬的钢丝刷会将网式、线隙式的滤芯损坏,将烧结式滤芯烧结颗粒刷落。此法不适用于纸芯式滤油器,一般与溶剂清洗相结合。

超声波清洗。超声波作用在清洗液中,可将滤芯上污垢除去,但滤芯是多孔物质,有吸收超声波的性质,可能会影响清洗效果。

加热挥发法。有些滤油器上的积垢,用加热方法可以除去,但应注意在加热时不能使滤芯内部残存有炭灰及固体附着物。

压缩空气吹。用压缩空气在滤垢积层反面吹出积垢,采用脉动气流效果更好。

用水压清洗。方法与上同,二法交替使用效果更好。

• 用酸处理法。采用此法时,滤芯应为用同种金属烧结的金属。对于铜类金属(青铜),常温下用酸性浸渍液(H_2SO_4 43.5%,HNO_3 37.2%,HCl 0.2%,其余为水)将表面的污垢除去;或用 H_2SO_4 20%、HNO_3 30%、水配成的溶液,将污垢除去后,放在由 $CrO_3 \cdot H_2SO_4$ 和水配成的溶液中,使其生成耐腐蚀性膜。对于不锈钢类金属,用 HNO_3 25%、HCl 1%、水配成的溶液将表面污垢除去,然后在浓 HNO_3 中浸渍,将游离的铁除去,同时在表面生成耐腐蚀性膜。

• 各种滤芯的清洗和更换方法。

纸质滤芯。根据压力表或堵塞指示器指示的过滤阻抗,更换新滤芯,一般不清洗。

网式和线隙式滤芯。清洗步骤为溶剂脱脂→毛刷清扫→水压清洗→气压吹净→干燥→组装。

烧结金属滤芯。可先用毛刷清扫,然后用溶剂脱脂(或用加热挥发法,400℃以下)→水压及气压吹洗(反向压力0.4~0.5MPa)→酸处理→水压、气压吹洗→气压吹净脱水→干燥。

(3) 蓄能器的维修

① 蓄能器的功能简介。

蓄能器是储存压力油的一种容器。它在系统中的主要作用是:在短时间内供应大量压力油,以实现执行机构的快速运动;补偿泄漏以保持系统压力;消除压力脉动;缓和液压冲击。

如图4-42所示为蓄能器的一种应用实例。在液压缸停止工作时,泵输出的压力油进入蓄能器,将压力能储存起来。液压缸动作时,蓄能器与泵同时供油,使液压缸得以快速运动。

蓄能器有重锤式、弹簧式和充气式等多种类型,其中常用的是充气式中的活塞式和气囊式

两种。图 4-43（a）所示为活塞式蓄能器，它利用活塞把压缩气体与油上下隔开，其优点是结

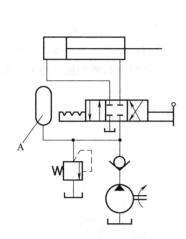

图 4-42　蓄能器应用实例

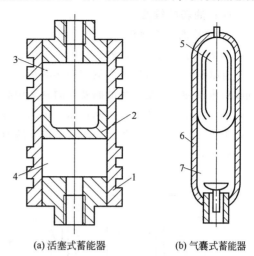

(a) 活塞式蓄能器　　(b) 气囊式蓄能器

图 4-43　蓄能器结构原理图
1—缸体；2—活塞；3—压缩气体；
4,7—压力油；5—气囊；6—壳体

构简单，寿命长；缺点是活塞运动时有惯性，密封处有摩擦阻力，因此反应不够灵敏。

如图 4-43（b）所示为气囊式蓄能器。它利用气囊把油和空气隔开，能有效地防止气体进入油中。气囊用耐油橡胶制成，其优点是气囊惯性小，反应快，容易维护；缺点是气囊及壳体制造困难，容量较小。

② 蓄能器的修理。

a. 气囊式蓄能器压力下降严重，经常需要补气。气囊式蓄能器中气囊的充气阀为单向阀的形式，靠密封锥面密封。当蓄能器在工作过程中受到振动时，有可能使阀芯松动，使密封锥面不密合，导致漏气。阀芯锥面上拉有沟槽，或者锥面上粘有污物，均可能导致漏气。此时可在充气阀的密封盖内垫入厚 3mm 左右的硬橡胶垫，以及采取修磨密封锥面使之密合等措施解决。如果阀芯上端螺母松脱或者弹簧折断，也有可能使气囊内的氮气泄漏。

b. 蓄能器的气囊使用寿命短。主要原因有：气囊质量、使用的工作介质与气囊材质不相容；有污物混入；选用的蓄能器公称容量不合适（油口流速不能超过 7m/s）；油温太高或过低；作储能用时，往复频率是否超过 1 次/10s，若超过则寿命开始下降，若超过 1 次/3s，则寿命急剧下降；安装不好、配管设计不合理等。

c. 吸收压力脉动的效果差。为了更好地发挥蓄能器对脉动压力的吸收作用，蓄能器与主管路分支点的连接管道要短，通径要适当大些，并要安装在靠近脉动源的位置。否则，它消除压力脉动的效果就差，有时甚至会加剧压力脉动。

d. 蓄能器释放出的流量稳定性差。蓄能器充放液的瞬时流量是一个变量，特别是在大容量，且 $\Delta p = p_2 - p_1$ 范围又较大的系统中，若要获得较恒定的和较大的瞬时流量，可采用下述措施：

• 在蓄能器与执行元件之间加入流量控制元件；

• 用几个容量较小的蓄能器并联，取代一个大容量蓄能器，并且几个容量较小的蓄能器采用不同挡位的充气压力；

• 尽量减小工作压力范围 Δp，也可以采用适当增大蓄能器结构容积（公称容积）的方法；

• 在一个工作循环中安排好足够的充液时间，减少充液期间系统其他部位的内泄漏，使在

充液时，蓄能器的压力能迅速和确保升到 p_2，再释放能量。

（4）油箱的维修

① 油箱的功能简介。

油箱除了用来储油以外，还起到散热以及分离油中杂质和空气的作用。在机床液压系统中，可以利用床身或底座内的空间作油箱。利用床身或底座作油箱时，结构比较紧凑，并容易回收机床漏油，但是，当油温变化时容易引起机床的热变形，并且液压泵装置的振动也会影响机床的工作性能。所以，精密机床多采用单独油箱。

单独油箱的液压泵和电动机有两种安装方式：如图 4-44 所示的卧式安装和如图 4-45 所示的立式安装。

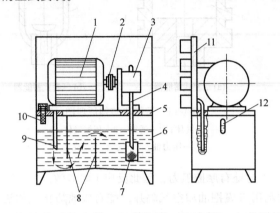

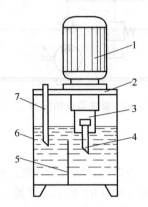

图 4-44　液压泵卧式安装的油箱
1—电动机；2—联轴器；3—液压泵；4—吸油管；
5—盖板；6—油箱体；7—过滤器；8—隔板；9—回油管；
10—加油口；11—阀类连接板；12—油标

图 4-45　液压泵立式安装的油箱
1—电动机；2—盖板；3—液压泵；4—吸油管；
5—隔板；6—油箱体；7—回油管

这两种安装方式各有优缺点。卧式安装时，泵及油管接头露在外面，安装维修比较方便；立式安装时，泵及油管接头均在油箱内部，便于收集漏油，外形比较整齐，但维修不太方便。

② 油箱的修理

a. 油箱温升严重。严重的油箱温升会导致液压系统多种故障，因此必须加以解决。

（a）引起油箱温升严重的原因。

• 油箱设置在高温辐射源附近，环境温度高。

• 液压系统的各种压力损失，如溢流损失、节流损失、管路的沿程损失和局部损失等，都会转化为热量造成油液温升。

• 油液黏度选择不当，过高或过低。

• 油箱设计时散热面积不够等。

（b）解决温升严重的办法。

• 尽量避开热源。

• 正确设计液压系统，如系统应有卸载回路，采用压力、流量和功率匹配回路以及蓄能器等高效液压系统，减少溢流损失、节流损失和管路损失，减少发热温升。

• 正确选择液压元件，努力提高液压元件的加工精度和装配精度，减少泄漏损失、容积损失和机械损失带来的发热现象。

• 正确配管：减少因过细过长、弯曲过多、分支与汇流不当带来的沿途损失和局部损失。

• 正确选择油液黏度。

• 油箱设计时，应考虑有充分的散热面积和容量容积。

b. 油液氧化劣化。油箱内油液产生氧化劣化与油液种类、使用温度、休息时间以及氧化催化剂的存在有关。选择油种时要根据工作条件和工作环境，选择性能符合的油种和黏度，使用温度在 30 ~ 55℃。休息时间是指：

$$休息时间＝参与循环油量（L）/液压泵每分钟流量（L/min）$$

休息时间不要太短，否则会加快油液氧化劣化。

c. 油箱内油液污染。油箱内油液污染物有从外界侵入的，有内部产生的，也有装配时残存的。

• 装配时残存的污染物。例如油漆剥落片、焊渣等。在装配前必须严格清洗油箱内表面，先严格去锈去油污，再用油漆涂刷油箱内壁。

• 由外界侵入的污染物。油箱应注意防尘密封，并在油箱顶部安设空气滤清器和大气相通，使空气经过滤后再进入油箱。为了防止外界侵入油箱内的污物被吸进泵内，油箱内要安装隔板，以隔开回油区和吸油区。通过隔板，可延长回到油箱内油液的停留时间，可防止油液氧化劣化，另外也利于污物的沉淀。隔板高度为油面高度的 3/4，如图 4-46 所示。

油箱底板应倾斜，底板倾斜程度视油箱的大小和使用油的黏度决定，一般在油箱底板最低部位设置放油塞，使堆积在油箱底板部的污物得到清除。吸油管离底部最高处的距离要在 150mm 以上，以防污物被吸入，如图 4-47 所示。

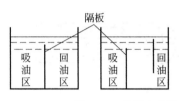

图 4-46　油箱内安装隔板

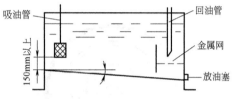

图 4-47　油箱内部底板倾斜

• 系统内产生的污染物。系统内产生的污染物主要考虑以下两点：

防止油箱内凝结水分的产生。必须选择容量足够大的空气滤清器，以使油箱顶层受热的空气尽快排出，避免在冷的油箱盖上凝结成水珠掉落在油箱内；也可以消除油箱顶层空间的气压与大气压的差异，防止外界粉尘因气压过低吸入。

使用防锈性能好的润滑油，减少磨损物的产生和防锈。

d. 油箱内油液有空气泡。由于回油在油箱中的搅拌作用，易产生悬浮气泡夹在油内，气泡若被带入液压系统会产生许多故障。为了防止油液气泡在未消除前便被吸入泵内，可采取如下的方法：

• 设置隔板。隔开回油区与吸油区，回油被隔板折流，流速减慢，利于气泡分离并溢出油面。

• 设置金属网。在油箱底部装设一金属斜网消泡。

• 清洗空气滤清器。防止箱盖上的空气滤清器被污物堵塞后，油液难以与空气分离。

e. 油箱的振动和噪声过大。解决油箱的振动和噪声过大的措施有以下几点：

• 减小和隔离振动。对液压泵电机装置使用减振垫、弹性联轴器，注意电机与泵的安装同轴度；油箱盖板、底板、墙板须有足够的刚度；在液压泵电机装置下部垫以吸声材料；回油管端离箱壁的距离不应小于 50mm，否则噪声和振动可能较大。

• 减少液压泵的进油阻力。为了保证泵轴的密封和避免进油侧发生气穴，泵吸油口容许压力的一般控制范围是正压力 0.035MPa；有条件时尽量使用高位油箱，这样既可对泵形成灌注压力，又使空气难以从油中析出。

• 保持油箱比较稳定的较低油温。油温升高会提高油中的空气分离压力，从而加剧系统的噪声，应使油箱油温在 30 ~ 55℃ 为宜。

· 油箱加罩壳，隔离噪声液压泵装在油箱盖以下，即油箱内，也可隔离噪声。

· 在油箱结构上采用整体性防振措施。例如，油箱下地脚螺钉固定于地面，油箱采用整体式较厚的电机泵座安装底板，并在电机泵座与底板之间加防振垫板；油箱薄弱环节，加设加强筋等。

(5) 压力计及压力计开关的维修

① 压力计及压力计开关的功能简介。

压力计用于观察系统的压力。如图 4-48 所示为常用的弹簧管式压力计。压力油从下部油口进入弹簧弯管 1 后，弯管变形，其弯曲半径加大，弯管端部的位移通过齿扇杠杆 2 和中心小齿轮放大成为指针 3 的转角。压力越大，指针偏转的角度也越大。压力数值可由刻度盘读出。

压力计开关用于切断或接通压力计和油路的通道。压力计开关的通道很小，有阻尼作用，测压时可减轻压力计的急剧跳动，防止压力计损坏。在无需测压时，用它切断油路，亦保护了压力计。压力计开关按其所能测量的测点数目分为一点、三点和六点三种。多点压力计开关，可使一个压力计分别和几个被测油路相接通，用以测量这几部分油路的压力。

图 4-49 为板式连接的压力计开关结构原理图。图示位置是非测量位置，此时压力计与油箱接通。若将手柄推进去，使阀芯的槽 L 将测量点与压力计接通，并将压力计连接油箱的通道隔断，便可测出一个点的压力。若将手柄转到另一位置，便可测出另一点的压力。

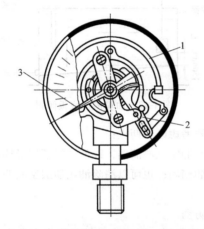

图 4-48　弹簧管式压力计
1—弹簧弯管；2—齿扇杠杆；3—指针

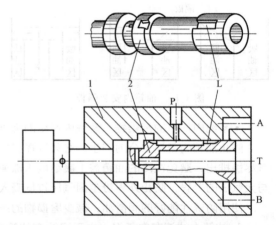

图 4-49　压力计开关结构原理图
1—阀体；2—阀芯
P—压力计接口；A,B—测点接口；T—油箱接口；
L—凹槽

② 压力计的使用及维护

a. 压力计选择和使用时应注意的问题：

· 根据液压系统的测试方法以及对精度等方面的要求选择合适的压力计，如果是一般的静态测量和指示性测量，可选用弹簧管式压力计。

· 选用的工作介质应对压力计的敏感元件无腐蚀作用。

· 压力计量程的选择：若是进行静态压力测量或压力波动较小时，按测量的范围为压力计满量程的 1/3 ~ 2/3 来选；若测量的是动态压力，则需要预先估计压力信号的波形和最高变化的频率，以便选用具有比此频率大 5 ~ 10 倍以上固有频率的压力测量仪表。

· 为防止压力波动造成的直读式压力计读数困难，常在压力计前安装阻尼装置。

· 在安装时如果使用聚四氟乙烯带或胶黏剂，切勿堵住油（气）孔。

• 应严格按照有关的测试标准的规定来确定测压点的位置，除了具有耐冲击和振动性能的压力传感器外，一般的仪表不宜装在有冲击和振动的地方。例如：液压阀的测试要求上游测压点距离被测试阀为 $5d$（d 为管道内径），下游测压点距离被测试阀为 $10d$，上游测压点距离扰动源为 $50d$。

• 装卸压力计时，切忌用手直接扳动表头，应使用合适的扳手操作。

• 压力计必须直立安装，压力计接入压力管道时，应通过阻尼孔，以防止被测压力突然升高而将表冲坏。

b. 压力计的技术参数。

压力计有多种精度等级。普通精度的有 1、1.5、2.5、…，精密型的有 0.1、0.16、0.25、…。精度等级的数值是压力计最大误差占量程表的测量范围的百分数。例如，2.5 级精度，量程为 6MPa 的压力计，其最大误差为 $6×2.5\%$ MPa（即 0.15MPa）。一般机床的压力计用 2.5～4 级精度即可。用压力计测量压力时，被测压力不应超过压力计量程的 3/4。

③ 压力计开关的使用及维护。

压力油路与压力计之间须装一压力计开关。实际上它是一个小型的截止阀。当液压系统进入正常工作状态后，应将手柄拉出，使压力计与系统油路断开，以保护压力计并延长其使用寿命。

压力计及压力计开关的常见故障与排除方法如下：

a. 测压不准确，压力计动作迟钝或者表跳动大。

• 油液中污物将压力计开关和压力计的阻尼孔堵塞，部分堵塞时，压力计指针会产生跳动大、动作迟钝的现象，影响测量值的准确性。此时可拆开压力计进行清洗，用 $\phi0.5mm$ 的钢丝穿通阻尼孔，并注意油液的清洁度。

• K 型压力计开关采用转阀式，各测量点的压力靠间隙密封隔开。当阀芯与阀体孔配合间隙较大，或配合表面拉有沟槽时，在测量压力时，会出现各测量点有不严重的互相串腔现象，造成测压不准确。此时应研磨阀孔，刷镀阀芯或重配阀芯，保证配合间隙在 0.007～0.015mm 范围内。

• KF 型压力计开关为调节阻尼器，阀芯前端为锥面节流。当调节过大时，会因为节流锥面拉伤严重，引起压力计指针摆动，测出的压力值不准确，而且表动作缓慢。此时应适当调小阻尼开口。节流锥面拉伤时，可在外圆磨床上校正修磨锥面。

• 压力计装的位置不对。若将压力计装在溢流阀的遥控孔处，如图 4-50 所示，由于压力计的波登管中有残留空气，会导致溢流阀因先导阀前腔有空气而产生振动，压力计的压力跳动便不可避免。将压力计改装在其他能测量泵压力的地方，这种现象立刻消失。

b. 测压不准，甚至根本不能测压。

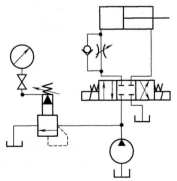

图 4-50　压力计的安装位置不合理

• K 型压力计由于阀芯与阀孔配合间隙过大或密封面磨有凹坑，使压力计开关内部测压点的压力既互相串腔，又使压力油大量泄往卸油口，这样压力计测出的压力与实测点的实际压力值相差便很大，甚至几个点测量下来均是一个压力，无法进行多点测量。此时可重配阀芯或更换压力计开关。

• 对于多点压力计开关，当未将第一测压点的压力卸掉，便转动阀芯进入第二测压点时，测出的压力不准确。应按上述方法正确使用压力计开关。

• 对于 K 型多点压力计开关，当阀芯上定位钢球弹簧卡住，定位钢球未顶出，这样转动阀芯时，转过的位置对不准被测压力点的油孔，使测压点的油液不能通过阀芯上的直槽进入压力计内，测压便不准。

• KF 型压力计开关在长期使用后，由于锥阀阀口磨损，无法严格关闭，内泄漏量大；K 型压力计开关因内泄漏特别大，测压无法进行。

(6) 热交换器的维修

① 热交换器的功能简介。

液压系统中，油液的工作温度一般在 40～60℃为宜，最高不要高于 60℃，最低不能低于 15℃。温度过高将使油液迅速裂化变质，同时使液压泵的容积效率下降；温度过低则液压泵吸油困难。为控制油液温度，油箱常配有冷却器和加热器，统称为热交换器。

a. 冷却器。冷却器除了可以通过管道散热面直接吸收油液中的热量外，还可以使油液流动出现紊流时通过破坏边界层来增加油液的传热系数。对冷却器的基本要求是：在保证散热面积足够大、散热效率高和压力损失小的前提下，应结构紧凑、坚固、体积小、重量轻，最好有自动控制油温装置，以保证油温控制的准确性。冷却器根据冷却介质的不同，分为水冷式和风冷式。水冷式冷却器的主要形式为多管式、板式和翅片式。风冷式冷却器多采用自然通风冷却，常用的有翅管式和翅片式。

b. 加热器。油箱的温度过低时，因油液黏度较高，不利于液压泵吸油和启动，因此需要将油液温度提高到 15℃以上。液压系统油液预加热的方法主要有以下几种。

• 利用流体阻力损失加热。一般先启动一台泵，让其全部油液在高压下经溢流阀流回油箱，泵的驱动功率完全转化为热能，使油温升高。

• 采用蛇形管蒸气加热。设置一独立的循环回路，油液流经蛇形管经蒸气加热。此时应注意的是：高温介质的温度不得超过 120℃，被加热油液应有足够的流速，以免油液被烧焦。

• 利用电加热器加热。电加热器有定型产品可供选用，一般水平安装在油箱内，如图 4-51 所示。其加热部分全部浸入油中，严防因油液的蒸发导致油面降低使加热部分露出油面。安装位置应使油箱中的油液形成良好的自然对流。

采用电加热器加热时，可根据计算所需功率选用电加热器的型号。单个电加热器的功率不能太大，以免其周围油液过度受热而变质，建议尽可能用多个电加热器的组合形式以便于分级加热。同时要注意电加热器长度的选取，以保证水平安装在油箱内。

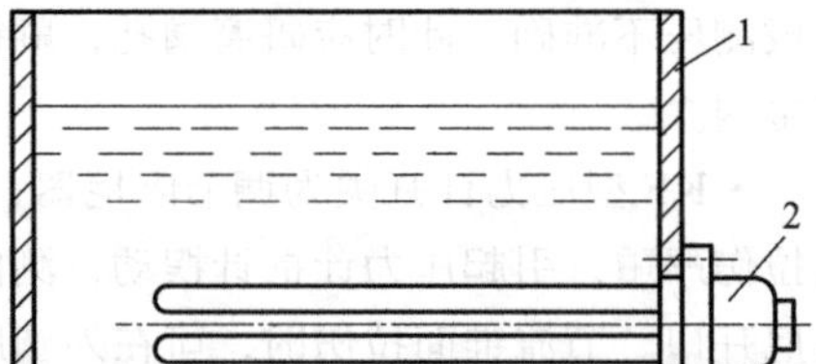

② 热交换器的故障分析与排除。

图 4-51　电加热器的安装
1—油箱；2—电加热器

油液加热的方法主要有用热水或蒸汽加热和电加热两种方式。由于电加热器使用方便，易于自动控制温度，故应用较广泛。因为油液电加热器一般性能比较稳定，不易出现故障，当出现故障时直接更换电加热器就可以了，所以下面主要对油冷却器的故障进行分析并提出对策。

a. 油冷却器被腐蚀。产生腐蚀的主要原因是材料、环境（水质、气体）以及电化学反应三大要素。选用耐腐蚀性的材料，是防止腐蚀的重要措施。而目前油冷却器的冷却管多用散热性好的铜管制作，其离子化倾向较强，会因与不同种金属接触产生接触性腐蚀（电位差不同），例如在定孔盘、动孔盘及冷却铜管管口往往产生严重腐蚀的现象。解决办法，一是提高冷却水质，二是选用铝合金、钛合金制的冷却管。

另外，影响冷却器的环境因素包含溶存的氧、冷却水的水质（pH 值）、温度、流速及异物等。水中溶存的氧越多，腐蚀反应越激烈；在酸性范围内，pH 值越低，腐蚀反应越活泼，腐蚀越严重，在碱性范围内，对铝等两性金属，随 pH 值的增加腐蚀的可能性增加；流速的增大，一方面增加了金属表面的供氧量，另一方面流速过大，产生紊流涡流，会产生汽蚀性腐蚀；另外水中的砂石、微小贝类附着在冷却管上，也往往产生局部侵蚀。氯离子的存在增加了使用液体的导电性，使得电化学反应引起的腐蚀增大。特别是氯离子吸附在不锈钢、铝合金上也会局部破坏保护膜，引起孔蚀和应力腐蚀。一般温度增高腐蚀增加。对安装在水冷式油冷却器中用来防止电蚀作用的锌棒要及时检查和更换。

b. 冷却性能下降。产生这一故障的原因主要是堵塞及沉积物滞留在冷却管壁上，结成硬块与管垢，使散热换热功能降低。另外，冷却水量不足、冷却器水油腔积气也均会造成散热冷却性能下降。

解决办法是首先从设计上就应采用不易堵塞和易于清洗的结构，而目前似乎办法不多；在选用冷却器的冷却能力时，应尽量以实践为依据，并留有较大的余地，一般增加 10% ~ 25% 的容量；不得已时采用机械的方法，如刷子、压力、水、蒸汽等擦洗与冲洗，或化学的方法（如用 Na_2CO_3 溶液及清洗剂等）进行清扫；增加进水量或用温度较低的水进行冷却；拧下螺塞排气；清洗内外表面积垢。

c. 破损。由于两流体的温度差，油冷却器材料受热膨胀的影响，产生热应力，或流入油液压力太高，可能导致有关部件破损；另外，在寒冷地区或冬季，晚间停机时，管内结冰膨胀将冷却水管炸裂。所以要尽量选用不易受热膨胀影响的材料，并采用浮动头之类的变形补偿结构；在寒冷季节每晚都要排尽冷却器中的水。

d. 泄漏。出现漏油、漏水，会出现流出的油发白、排出的水有油花的现象。漏水、漏油多发生在油冷却器的端盖与筒体接合面，或因焊接不良、冷却水管破裂等造成漏油、漏水。此时可根据情况，采取更换密封、补焊等措施予以解决。更换密封时，要洗净接合面，涂敷一层合适的黏结剂。

e. 冷却水质不好引起冷却铜管内结垢，造成冷却效率降低。此时可清洗油冷却器，方法如下：

• 用软管引洁净水高速冲洗回水盖、后盖内壁和冷却管内表面，同时用清洗通条刷进行洗刷，最后用压缩空气吹干。

• 用三氯乙烯溶液进行冲洗，使清洁液在冷却器内循环流动，清洗压力为 0.5MPa 左右，清洗时间视溶液情况而定。最后将清水引入管内，直至流出清水为止。

• 用四氯化碳的溶液灌入冷却器，经 15 ~ 20min 后视溶液颜色而定，若浑浊不清，则更换新溶液重新浸泡，直至流出溶液与洁净液差不多为止，然后用清水冲洗干净。此操作要在通风环境中进行，以免中毒。

热交换器的故障排除后要进行水压试验，合格方可使用。

4.2 液压回路的维修工作

4.2.1 方向控制回路的维修

(1) 方向控制回路的功能简介

在液压系统中，工作机构的启动、停止或变换运动方向等都是利用控制进入元件液流的通、断及改变流动方向来实现的。实现这些功能的回路称为方向控制回路。

① 换向回路。使用换向阀就可构成换向回路，手动阀换向精度和平稳性不高，常用于换向不频繁且无需自动化的场合，如一般机床夹具、工程机械等。对速度和惯性较大的液压系统，宜采用机动阀换向，只需使运动部件上的挡块有合适的迎角或轮廓曲线，即可减小液压冲击，并有较高的换向位置精度。

电磁阀使用方便，易于实现自动化，但换向时间短，故换向冲击大，只适用于小流量、平稳性要求不高的场合。对于流量超过 63L/min、对换向精度与平稳性有一定要求的液压系统，常采用液动阀或电液动阀。换向有特殊要求处，如磨床液压系统，需采用特别设计的组合阀操纵箱。有时也采用双向变量泵使执行元件换向。

② 锁紧回路。锁紧回路是使液压缸能在任意位置上停留，且停留后不会在外力作用下移动位置的回路。在图 4-52 中，当换向阀处于左位或右位工作时，液控单向阀控制口 X_2 或 X_1 通入压力油，缸的回油便可反向流过单向阀口，故此时活塞可向右或向左移动。到了该停留的位置时，只要使换向阀处于中位，因换向阀的中位机能为 H 型，控制油直通油箱，故控制压力立即消失，液控单向阀不再双向导通，液压缸因两腔油液被封死便被锁紧。由于液控单向阀中的单向阀采用座阀式结构，密封性好，极少泄漏，故有液压锁之称。其锁紧精度只受缸本身的泄漏影响。

当换向阀的中位机能为 O 或 M 等型时，无需液控单向阀也能使液压缸锁紧。但由于换向阀存在较大的内泄漏，锁紧功能较差，只能用于锁紧时间短且要求不高处。

（2）方向控制回路常见故障分析

① 换向阀不换向的原因。

a. 换向阀阀芯表面划伤、阀体内孔划伤、油液中杂质使阀芯卡住、阀芯弯曲等原因，致使阀芯无法移动。

b. 电磁阀吸力不足或者损坏。

c. 换向阀阀芯与阀体内孔配合间隙过大或者过小。间隙过大，阀芯在阀体内歪斜，使阀芯卡住；间隙过小，摩擦阻力增加，阀芯移不动。

d. 油液污染严重，堵塞滑动间隙，导致滑阀卡死。

e. 弹簧太软，或者直流电磁铁剩磁大，使阀芯无法复位；而弹簧太硬，则阀芯又推不到位。对中弹簧轴线歪斜，还可能导致阀芯在阀内卡死。

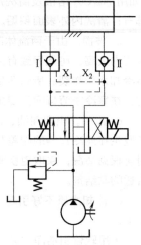

图 4-52 锁紧回路示例

f. 液控换向阀两端的节流阀或者单向阀失灵。

② 单向阀泄漏严重，或者不起单向作用的原因。

a. 使用磨损或者加工精度不够，阀芯与阀座密封不严。

b. 阀芯或阀座被拉毛，或者在环形密封面上有污物。

c. 阀芯卡死，油流反向时锥阀不能关闭。

d. 弹簧漏装或者歪斜，使阀芯不能复位。

（3）方向控制回路的修理

① 方向控制回路中换向阀选用不当引起噪声和剧烈振动。

如图 4-53 所示为双作用液压缸的换向回路。当三位四通电磁换向阀 1 工作在右位时，油源为液压缸 2 的无杆腔供油，有杆腔的油直接回油箱，活塞杆前进；当电磁换向阀 1 工作在左位时，压力油液进入有杆腔，无杆腔的油液直接回油箱，活塞杆退回；当电磁换向阀 1 左右电磁铁都不通电，换向阀 1 中位工作，液压缸 2 的有杆腔和无杆腔油路同时被切断，液压缸 2 无法移动，保持静止，所以，该回路又被称为双向锁紧回路。

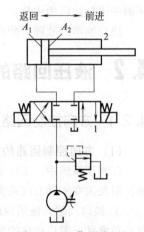

图 4-53 双作用液压缸
的换向回路

在实际工作中，当液压缸 2 返回时，常会发出噪声，系统发生剧烈振动。其原因是选用的三位四通电磁换向阀 1 的规格太小，导致阀 1 与缸 2 无杆腔之间的管路通径过小。如图 4-53 所示，当阀 1 工作在左位时，油源的进油进入有杆腔，推动活塞向后退，而因为活塞的有效面积 $A_1 > A_2$，所以无杆腔的回油会比有杆腔回油大得多。如果只按泵流量选用阀 1 的规格，不但压力损失大增，而且阀芯上所受的液动力也会增大，可能远大于电磁铁的有效吸力而影响换向，导致交流电磁铁经常烧坏。另一方面，如果与无杆腔相连的管道直径也是按泵的排量选定，液压缸返回行程中，该段管内流速将远远大于允许的最大流速，而管内沿程压力损失与流速的平方成正比，压力损失增加，导致压力急降以及管内液流流态变差（紊流），便出现振动和噪声。

如果选用较大规格的电磁换向阀 1 并增大相应管道直径后，振动和噪声现象会明显降低。不过，我们会发现在电磁换向阀 1 处于中位锁紧时，活塞杆的位置会发生微动，在有外负载的情况下更为明显。造成这种现象的原因是滑阀式换向阀阀芯与阀体孔之间有间隙，这种内泄漏造成了活塞杆微动。因此，这种液压回路不能够较长时间地保持定位精度。如果液压缸定位精度要求较高，可以采用液控单向阀组成液压锁紧回路，如图 4-54 所示。

该液压回路采用两个液控单向阀组成的联锁回路，可以实现活塞在任意位置上的锁紧。由于阀座式液控单向阀基本上无泄漏，因而本回路的锁紧精度只受液压缸内少量的内泄漏影响，锁紧精度高。

实际上在如图 4-54（a）所示的液压回路中，当换向阀切换回中位时，液压缸并不能立即停止运动，而是偏离指定位置一小段距离才停止。造成这种现象的原因是换向阀 1 采用的是 O 型中位机能，当换向阀处于中位时，由于液控单向阀的控制压力被闭死而不能马上使其关闭，直至由于单向阀的内泄漏使控制腔泄压后，液控单向阀才能关闭。因此，该回路应当采用如图 4-54（b）所示的 Y 型中位机能换向阀。对于需要双向锁紧的，三位换向阀的中位

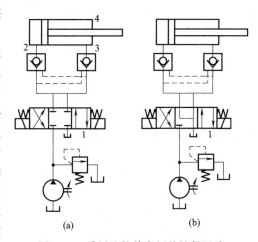

图 4-54 采用液控单向阀的锁紧回路
1—换向阀；2,3—液控单向阀；4—液压缸

应该选取 H 型或者 Y 型；而对于只需要单方向锁紧的，则可以考虑 K 型、 J 型等中位机能。

② 方向控制回路中换向无缓冲引起液压冲击。

如图 4-55（a）所示，为采用三位四通电磁换向阀的卸荷回路，换向阀的中位机能为 M 型。当换向阀处于中位时，泵提供的油液由换向阀中位卸荷，直接流回油箱。

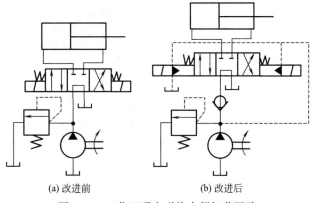

(a) 改进前   (b) 改进后

图 4-55 三位四通电磁换向阀卸荷回路

该液压回路在高压、大流量液压系统中工作时，换向阀的换向动作往往会使系统产生较大的压力冲击。造成这种现象的原因是该回路采用三位换向阀的中位机能卸荷，而这样的卸荷回路仅仅适用于一般的低压、小流量的液压系统。对于高压、大流量的液压系统，当泵的出口压力由高压切换到几乎为零压，或由零压迅速切换上升到高压时，必然在换向阀切换时产生液压冲击。而且，由于电磁换向阀换向过于迅速，无缓冲时间，迫使液压冲击加剧。

消除这种液压冲击的方法是将三位四通电磁换向阀更换成三位四通电液换向阀，如图4-55（b）所示。由于电液换向阀中的主阀为液动阀，其换向时间可调，缓冲性能较好，换向平稳，可避免明显的压力冲击。

③ 方向控制回路中对柱塞缸下降失去控制。

如图4-56（a）所示回路中，电磁换向阀为O型，液压缸为大型柱塞缸，柱塞缸下降停止由液控单向阀控制。当换向阀处于中位时，液控单向阀应关闭，液压缸下降应立即停止。但实际上液压缸不能立即停止，还要下降一段距离才能最后停下来。这种停止位置不能准确控制的现象，使设备不仅失去工作性能，甚至会造成各种事故。

检查回路各元件，液控单向阀密封锥面没有损伤，单向密封良好。但

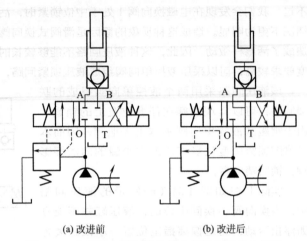

(a) 改进前　　　　(b) 改进后

图4-56　电磁换向阀与液控单向阀控制的换向回路

在柱塞缸下降过程中，换向阀切换中位时，液控单向阀关闭需一定时间。如图4-56（b）所示，将换向阀中位机能改为Y型，当换向阀处于中位时，控制油路接通，其压力立即降至零，液控单向阀立即关闭，柱塞缸迅速停止下降。

④ 方向控制回路中单作用油缸的常见故障及排除。

a. 靠重量回程的回路，如图4-57（a）所示。该基本回路的主要故障有：柱塞与缸盖密封摩擦阻力大；换向阀3不能换向、处于左端位置（阀芯在右位）时，液压缸4不能上升；柱塞与缸盖密封摩擦阻力大；阀3不能换向、处于右端工作位置、运动部件（柱塞）重量太轻时，液压缸4不能下降。可根据情况予以排除。

b. 靠弹簧返程的回路，如图4-57（b）所示。该基本回路的主要故障有：阀3的电磁铁未能通电；溢流阀2有故障，压力上不去；液压缸4弹簧太硬，活塞及活塞杆因密封过紧或其他原因产生摩擦力太大、油缸别劲等情况时，缸

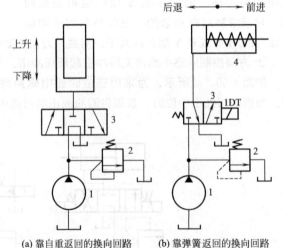

(a) 靠自重返回的换向回路　　(b) 靠弹簧返回的换向回路

图4-57　单作用油缸的换向回路

1—液压泵；2—溢流阀；3—换向阀；4—液压缸

4不能前进。应逐一查明原因，予以排除。应当注意的是：对于弹簧复位的单作用油缸，在弹簧腔的端盖上必须设有排气孔（排气孔处最好加消声器），才能确保系统的正常工作。

⑤ 方向控制回路中双作用油缸的故障及排除。

a. 油缸不换向或换向不良。产生油缸不换向或换向不良有泵方面的原因，有阀方面的原因，有回路方面的原因，也有油缸本身方面的原因。

b. 三位换向阀的中位机能故障。换向阀的中位机能不仅在换向阀阀芯处于中位时对液压系统的工作状态有影响，而且在由一个工作位置向另一个工作位置转换时，对液压系统的工作性能亦有影响。选择不同中位机能的阀，会先天性地存在某些不可抗拒的故障。

• 可使系统保压和不能保压的问题。当通向油泵的通口 P 能被中位机能断开时（如 O型），系统可保压，这时油泵用于多油缸液压系统时不会产生干涉。当通口 P 与通油箱的通口 O 接通而又不太畅通时（如 X 型），系统能维持某一较低的压力，供控制油使用。当 P 与 O 畅通（如 H 型、 M 型）时，系统根本不能保压。

• 系统卸荷问题。当换向阀选择中位机能为通口 P 与通口 O 畅通的阀（例如 H 型、 M型、 K 型）时，油泵系统卸荷。此时便不能用于多油缸系统，否则其他油缸会产生不能动作的故障。

• 换向平稳性和换向精度问题。当选用中位机能使通口 A 和 B 各自封闭阀时，油缸换向时易产生液压冲击，换向平稳性差，但换向精度高。反之，当 A 与 B 都与 O 接通时，换向过程中，油缸不易迅速制动，换向精度低，但换向平稳性好，液压冲击也小。

• 启动平稳性问题。换向阀在中位，油缸某腔（A 腔或 B 腔）接通油箱停机时间较长时，该腔油液流回油箱出现空腔，则启动时该腔内因无油液起缓冲作用而不能保证平稳启动，相反的情况就易于保证平稳启动。

• 油缸在任意位置的停止和浮动问题。当通口 A 和 B 接通时，卧式液压缸处于浮动状态，可以通过某些机械装置（例如齿轮齿条机构），改变工作台的位置（如外圆磨床），但它却使立式油缸因自重而不能停在任意位置上。当通口 A 和 B 与通口 P 连接（P 型）时，油它可实现差动连接，能在任意位置上停止。

当选用中位机能为 H 型的三位换向阀时，如果换向阀的复位弹簧折断或修理时漏装，则阀两端的电磁铁都断电，阀芯因复位弹簧断裂或漏装而不能回复到中位，因此由这种阀控制的油缸便不能在任意位置停留。

c. 油缸返回行程时噪声及振动大，经常烧坏交流电磁铁。在如图 4-58 所示的双作用油缸换向回路中，交流电磁铁烧毁的可能原因有：

• 电磁换向阀 1 的规格选得太小。

• 连接阀 1 与缸 2 无杆腔的管路通径选小了，就会在缸 2 做返回动作时出现大的噪声和振动，在高压系统中这种故障现象是很严重的。其原因是当 2DT 通电活塞杆退回时，由于 A_1 与 A_2 两侧面积不等，油缸活塞无杆侧流回的油比进入有杆侧的流量要大许多；如果只按泵流量选用阀 1 的规格，不但压力损失大增，而且阀芯上所受的液动力也会大增，可

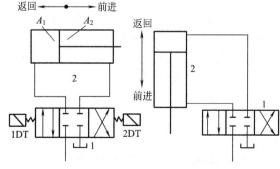

图 4-58　双作用油缸的换向回路
1—换向阀；2—液压缸

能远大于电磁铁的有效吸力而影响换向，导致交流电磁铁经常烧坏。另外，当控制环节存在间隙（如阀芯间隙）时，会引起系统振动，并且产生大的噪声。

如果与无杆腔相连的管道直径只按泵供油量来选定，则油缸活塞返回行程时，该段管内流速将远远大于允许的最大流速，而管内沿程损失与流速的平方成正比，压力损失增加，导致压

力急降以及管内液流流态变差（紊流），出现振动和噪声。

⑥ 方向控制回路中锁紧回路的常见故障分析与排除。

为了使工作部件能在任意位置上停留，以及在停止工作时，防止在受力的情况下发生移动，可以采用锁紧回路。

a. 采用中位机能可锁住油缸的三位换向阀的锁紧回路的故障排除。如图 4-59 所示，当采用 O 型或 M 型中位机能的三位换向阀且阀芯处于中位时，油缸的进出口都被封闭，可以将油缸活塞锁紧不动。这种回路不能可靠锁紧，油缸仍然产生微动。主要原因是滑阀式换向阀的内泄漏多，少数情况是阀芯不能严守中位。由于内泄漏不可避免，只能设法使其减少，以提高锁紧效果，也可在图中 a 处装设蓄能器补充油液。

b. 采用双液控单向阀（液压锁）的锁紧回路的故障及排除。为了更可靠地进行锁紧，可采用如图 4-60 所示的带双液控单向阀的锁紧回路，由于阀座式液控单向阀基本上无内泄漏，因而本回路的锁紧精度只受油缸内少量的内泄漏影响，锁紧精度高，起吊重物的液压设备常常用到本回路。

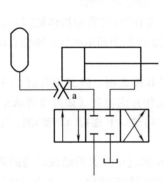

图 4-59　采用三位换向阀的锁紧回路

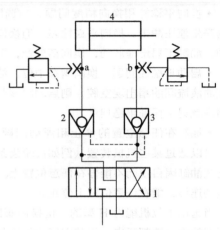

图 4-60　采用双液控单向阀的锁紧回路
1—换向阀；2,3—液控单向阀；4—液压缸

这种回路可能产生的故障和排除方法如下：

• 当有异常突发性外力作用时，由于缸内油液封闭及油液的不可压缩性，管路及缸内会产生异常高压，导致管路及缸损伤，解决办法是在图 4-60 中的 a、b 处各增加一个安全阀。

• 液控单向阀不能迅速关闭，油缸需经过一段时间后才能停住，锁紧精度差。可能原因是液控单向阀本身动作迟滞，如阀芯移动不灵活、控制活塞别劲等因素，或者是换向阀的中位机能选择有误。

⑦ 方向控制回路中液压缸启停位置不准确的故障及排除。

在如图 4-61 所示的系统中，三位四通电磁换向阀中位机能为 O 型。当液压缸无杆腔进入压力油时，有杆腔油液由节流阀（回油节流调速）、二位二通电磁阀（快速下降）、液控单向阀和顺序阀（作平衡阀用）控制回油箱，以实现不同工况的要求。三位四通电磁换向

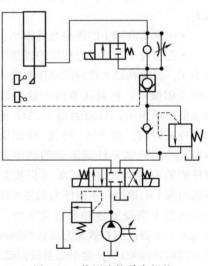

图 4-61　使用液控单向阀的
电液换向回路

阀换向后，液压油经液控单向阀进入液压缸有杆腔，实现液压缸回程运动。液压缸行程由行程开关控制。系统的故障现象是：在换向阀中位时，液压缸不能立即停止运动，而是偏离指定位置一小段距离。

系统中由于换向阀采用 O 型，当换向阀处于中位时，液压缸进油管内压力仍然很高，常常打开液控单向阀，使液压缸的活塞下降一小段距离，偏离接触开关，当下次发信时，就不能正确动作。这种故障在液压系统中称为"微动作"故障，虽然不会直接引起大的事故，但同其他机械配合时，可能会引起二次故障，因此必须加以消除。

故障排除方法是：将三位四通换向阀中位机能由 O 型改为 Y 型，当换向阀处于中位时，液压缸进油管和油箱接通，液控单向阀保持锁紧状态，从而避免活塞下滑现象。

4.2.2　压力控制回路的维修

(1) 压力控制回路的功能简介

压力控制回路是对液压系统整体或其一部分的压力进行控制的回路。这类回路包括调压、卸荷、卸压、保压、增压、减压、平衡等多种回路。

① 调压回路。为使系统的压力与负载相适应并保持稳定，或为了安全而限定系统的最高压力都要用到调压回路。

a. 双向调压回路。当执行元件在正、反行程中需要不同的供油压力时，可采用双向调压回路，如图 4-62 所示。图 4-62（a）中，当换向阀左位工作时，液压阀为工作行程，泵出口由溢流阀 1 调定为较高压力，缸右腔油液通过换向阀回油箱，溢流阀 2 此时不起作用。当换向阀右位工作时，液压缸作空行程返回，泵出口由溢流阀 2 调定为较低压力，阀 1 不起作用。缸退抵终点后，泵在低压下回油，功率损耗小。

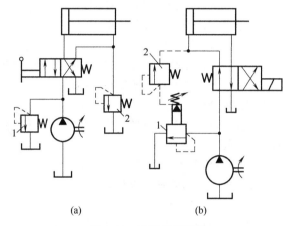

图 4-62　双向调压回路

如图 4-62（b）所示回路，在图示位置时，阀 2 的出口为高压油封闭，即阀 1 的远控口被堵塞，故泵压由阀 1 调定为较高压力。当换向阀在右位工作时，液压缸左腔通油箱，压力为零，阀 2 相当于阀 1 的远程调压阀，泵压被调定为较低压力。图 4-62（b）回路的优点是阀 2 在工作中仅需要通过少量的控制液压油，所以可选用小规格的溢流阀作为远程调压阀。

b. 多级调压回路。有些机器在不同的工作阶段，其液压系统需要的工作压力不同。如图 4-63（a）所示为二级调压回路。在图示状态，泵出口由溢流阀调定为较高压力；电磁阀通电后，则由远程调压阀 2 调定为较低压力。图 4-63（b）为三级调压回路。图示状态时，泵出口由阀 1 调定为最高压力；当换向阀 4 的左、右电磁铁分别通电时，泵压分别由远程调压阀 2 或 3 调定。

需要注意的是，在图 4-63 的两个液压回路中，为了获得多级压力，阀 2 或阀 3 的调定压力必须小于阀 1 的调定压力值，否则阀 2 或阀 3 将不会因油压升高而发生动作。

② 卸荷回路。在液压设备短时间停止工作期间，一般不宜关闭电动机，因为频繁启闭对电动机和泵的寿命有严重影响。但若让泵在溢流阀调定压力下回油，又会造成很大的能量浪费，使油温升高，系统性能下降。因此，液压系统应设置卸荷回路，使液压系统暂时不工作时，液压泵输出压力油在较小阻力下，直接流回油箱，尽可能减少能量损失。

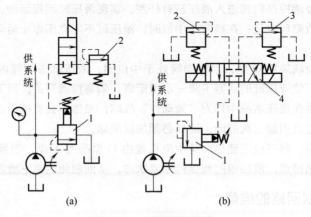

图 4-63　多级调压回路

常用的卸荷回路有以下几种：

a. 换向阀卸荷回路。 M、 H 和 K 型中位机能的三位换向阀处于中位时，泵即可卸荷，如图 4-64（a）所示。而图 4-64（b）所示的则是利用二位二通阀旁路卸荷。换向阀卸荷比较简单，但换向阀切换时会产生液压冲击，仅适用于低压、流量小于 40L/min 的场合，且配管应尽量短。

b. 电磁溢流阀卸荷回路。液压系统流量较大时，采用电磁溢流阀卸荷，其管路连接可更简便，如图 4-65 所

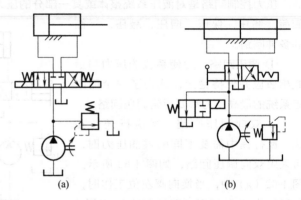

图 4-64　换向阀卸荷回路

示。图中电磁溢流阀中的电磁换向阀是二位二通阀，当该阀为常态位时，先导式溢流阀的外控口接通油箱，液压泵通过先导式溢流阀主阀芯卸荷；当电磁溢流阀中的电磁铁得电后，电磁换向阀闭合，先导式溢流阀的外控口关闭，液压泵通过先导式溢流阀为液压系统调压供油。

c. 二通插装阀卸荷回路。二通插装阀通流能力大，由它组成的卸荷回路适用于大流量系统。如图 4-66 所示的回路，正常工作时，泵压由先导阀 B 调定。当先导阀 C 通电后，主阀上腔接通油箱，主阀口完全打开，泵即卸荷。

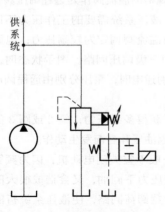

图 4-65　电磁溢流阀卸荷回路

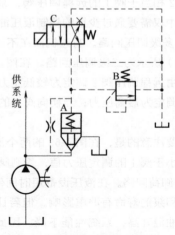

图 4-66　二通插装阀卸荷回路

③ 卸压回路。液压系统在工作过程中会储存一定的能量，会使油液压缩和机械部分产生弹性变形，此时若迅速改变运动状态，将会产生较大的液压冲击。对于液压缸直径大于25cm、压力大于 7MPa 的液压系统，通常需设置卸压回路，使液压缸高压腔中的压力能在换向前缓慢地释放。

图 4-67（a）所示为节流阀卸压回路，当工作行程结束后， M 型换向阀首先切换至中位使泵卸荷；同时液压缸上腔的高压油通过节流阀卸压，卸压的快慢由节流阀调节。卸压后，换向阀切换至左位，活塞上升。

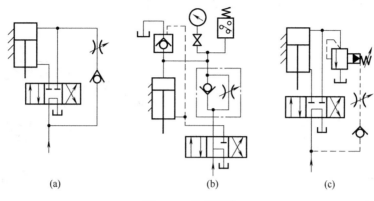

(a)　　　　　　　　(b)　　　　　　　　(c)

图 4-67　卸压回路

图 4-67（b）所示回路能使卸压和换向自动完成。工作行程结束后，换向阀先切换至中位使泵卸荷，同时缸上腔通过节流阀卸压。当压力降至压力继电器调定的压力时，微动开关复位发出信号，使换向阀切换至右位，压力油打开液控单向阀，液压缸上腔回油，活塞上升。

图 4-67（c）所示为先导式溢流阀卸压回路。工作行程结束后，换向阀先切换至中位使泵卸荷；同时，先导式溢流阀的外控口通过节流阀和单向阀通油箱，此时先导式溢流阀开启使缸上腔卸压。调节节流阀即可调节先导式溢流阀的开启速度，也就调节了缸的卸压速度。溢流阀的调定压力应大于系统的最高工作压力，因此先导式溢流阀也起着安全阀的作用。

④ 保压回路。液压缸在工作循环的某一阶段，若需要保持一定的工作压力，就应采用保压回路。在保压阶段，液压缸没有运动，最简单的办法是用一个密封性能好的单向阀来保压。但是这种办法保压时间短，压力稳定性不高。此时液压泵为了节能常处于卸荷状态，或给其它液压缸供应一定压力的工作油液。为补偿保压缸的泄漏和保持其工作压力，可在回路中设置蓄能器。常用的保压回路有：

a. 泵卸荷的保压回路。如图 4-68 所示的回路，当主换向阀在左位工作时，液压缸前进压紧工件，进油路压力升高，压力继电器动作发出信号，使得二通阀通电，泵即卸荷，单向阀自动关闭，液压缸则由蓄能器保压。缸压不足时，压力继电器复位使泵重新工作。 保压时间取决于蓄能器容量，调节压力继电器的通断调节区间即可调节缸压力的最大值和最小值。

b. 系统局部保压的回路。在整个液压系统中，有时需要在局部实现压力的稳定。如图 4-69 所示的回路中，进给缸快进时，泵压下降，但单向阀 3 关闭，把夹紧油路和进给油路隔开。蓄能器 4 用来给夹紧缸保压并补偿泄漏。压力继电器 5 的作用是在夹紧缸压力达到预定值时发出电信号，使进给缸动作。

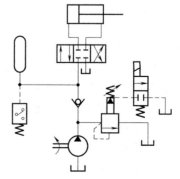

图 4-68　泵卸荷的保压回路

⑤ 增压回路。增压回路可以提高系统中某一支路的工作压力，以满足局部工作机构的需要。采用了增压回路，系统的整体工作压力仍然较低，这样就可以节省能源消耗。

a. 单作用增压器增压回路。增压器实际上是由活塞缸和柱塞缸组成的复合缸，用来实现在液压系统的局部区域获得高压。在如图 4-70 所示的回路中，当阀 1 在左位工作时，压力油经阀 1、6 进入工作缸 7 的上腔，下腔经单向顺序阀 8 和阀 1 回油，活塞下行。当负载增加使油压升高到顺序阀 2 的调定值时，阀 2 的阀口打开，压力油即经阀 2、阀 3 进入增压器 4 的左腔，推动增压器活塞右行，增压器右腔便输出高压油进入工作缸 7。调节顺序阀 2，可以调节工作缸上腔在非增压状态下的最大工作压力。调节减压阀 3 可以调节增压器的最大输出压力。

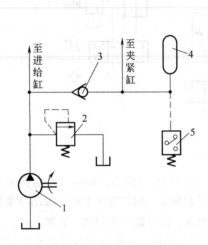

图 4-69　系统局部保压的回路
1—泵；2—溢流阀；3—单向阀；
4—蓄能器；5—压力继电器

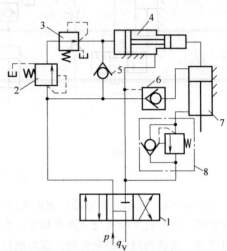

图 4-70　单作用增压器的增压回路
1—换向阀；2—顺序阀；3—减压阀；
4—增压器；5—单向阀；6—液控单
向阀；7—工作缸；8—单向顺序阀

b. 双作用增压器增压回路。单作用增压器只能断续供油，若需获得连续输出的高压油，可采用如图 4-71 所示的双作用增压器增压回路。在图示位置，液压泵压力油进入增压器左端大、小油腔，右端大油腔的回油通油箱，右端小油腔增压后的高压油经单向阀 4 输出，此时单向阀 1、3 被封闭。

当活塞移到右端时，二位四通换向阀的电磁铁通电，油路换向后，活塞反向左移。同理，左端小油腔输出的高压油通过单向阀 3 输出。这样，增压器的活塞不断往复运动，两端便交替输出高压油，从而实现了持续增压。

⑥ 减压回路。定位、夹紧、分度、控制油路等支路往往需要稳定的低压，因此该支路需要设计成减压回路。

如图 4-72 所示为用于工件夹紧的减压回路。通常减压阀后要设单向阀，以防系统压力降低时油液倒流，并可短时保压。在图示状态下，夹紧压力由阀 1 调定；当二通阀通电后，夹紧压力则由远程调压阀 2 决定，故此回路为二级减压回路。若系统只需一级减压，可取消二通阀与阀 2，堵塞阀 1 的外控口。若取消二通阀，阀 2 用直动式比例溢流阀取代，根据输入信号的变化，便可获得无级或多级的稳定低压。

⑦ 平衡回路。例如，为了防止立式液压缸及其工作部件在悬空停止期间因自重而下滑，或在下行运动中由于自重而造成失控超速的不稳定运动，应在液压系统中设置平衡回路。

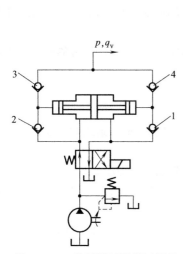

图 4-71　双作用增压器增压回路

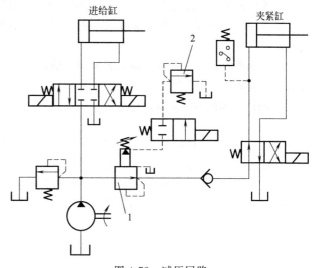

图 4-72　减压回路
1—减压阀；2—远程调压阀

在垂直放置的液压缸的下腔串接一个单向顺序阀，可防止液压缸因自重而自行下滑。不过，这样的设计会使活塞下行时有较大的功率损失。因此，实际工作中常采用外控单向顺序阀来起到封闭液压缸下腔油路、平衡液压缸自重的作用，如图 4-73（a）所示。当需要液压缸活塞下行时，三位阀左位工作，来自进油路并经过节流阀的控制压力油打开外控单向顺序阀，使液压缸下腔油路接通油箱。该平衡回路由于顺序阀的泄漏，会使得液压缸等运动部件在悬停过程中总要缓缓下降。对要求停止位置准确或停留时间较长的液压系统，可采用如图 4-73（b）所示的液控单向阀平衡回路，该回路中的液控单向阀起到封闭液压缸下腔油、平衡液压缸自重的作用。顺序阀起背压阀作用，防止液压缸活塞下行时的前冲和振动。

（2）压力控制回路常见故障分析

① 振动与噪声。在液压系统中，尤其在压力控制回路中容易产生振动与噪声，这也是压力控制阀的一个突出问题。其具体原因如下：

a. 滑阀与阀孔配合过紧或过松都会产生噪声。过紧时，滑阀容易卡死，移动困难，在高压下引起振动和噪声；过松时，配合间隙过大，泄漏严重，液动力等也将导致振动和噪声。

b. 弹簧在使用过程中发生弯曲变形，液动力容易引起弹簧自振，当弹簧振动频率与系统

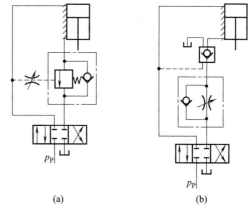

图 4-73　平衡回路

振动频率相同时，会出现共振。其原因可能是弹簧的刚度不够。

c. 调压螺母松动。在压力调定后，必须拧紧锁紧螺母，否则容易引起振动和噪声。

d. 出油口油路中有空气时，容易发生汽蚀，产生高频噪声。

e. 压力阀的回油路背压过大，导致回油不畅，引起回油管振动，产生噪声。

② 无法调整压力。实际表现为系统无压力、压力调不上去、压力调不下来、压力上升过快或者过慢。造成这种现象的主要原因是：

a. 阻尼孔被堵塞。对于溢流阀往往表现为系统上压后立即失压，不起溢流作用。对于减

压阀则表现为出油口压力上不去，油流很少，根本不起减压作用。

b. 主阀阀芯配合过紧或被污物卡死。造成溢流阀调整压力上升，减压阀的减压作用失效。

c. 弹簧断裂、漏装导致滑阀失去弹簧力的作用，无法调整。也可能是弹簧的刚度过大或者过小，导致压力调整困难。

d. 进油口和出油口装反，导致调压失效。

e. 泄漏造成。

③ 压力波动。具体表现为系统压力不稳定，脉动较大，有液压泵和系统的影响，压力控制阀也容易出现这种故障。主要原因是：

a. 油液污染严重，导致阻尼孔堵塞，滑阀移动困难，导致油液压力波动。

b. 阀芯弹簧刚度不够，导致弹簧弯曲变形，无法提供稳定的弹簧力，造成油液力在平衡弹簧力的过程中发生波动。

c. 锥阀或钢球与阀座配合不良，导致缝隙泄漏，形成压力波动。其原因可能是污物卡住或磨损。

d. 滑阀动作不灵活。可能是滑阀表面拉伤、阀孔碰伤、滑阀被污物卡住、滑阀与孔配合过紧等原因。

(3) 压力控制回路的修理

① 二级调压回路中压力冲击现象的分析与排除。

如图 4-74 （a)所示，为二级调压回路，当二位二通电磁换向阀的电磁铁不通电时，系统压力取决于溢流阀 2；当电磁铁通电时，系统压力则由溢流阀 3 来控制。这种回路的压力由阀 4 来实现转换，其中 $p_1 > p_2$。

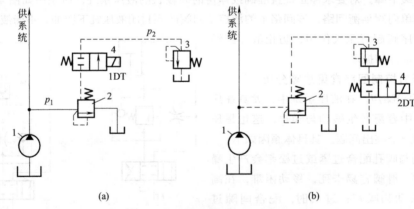

(a)   (b)

图 4-74　二级调压回路示意图

1—液压泵；2,3—溢流阀；4—二位二通电磁换向阀

该回路当电磁阀通电时，二位二通电磁换向阀右位工作，油路导通，这时油路会产生较大的液压冲击。造成这种故障的原因是在切换之前，阀 4 与阀 3 之间的油路中基本没有压力，阀 4 接通瞬间，溢流阀 2 遥控口处的压力由 p_1 骤然下降然后又上升到 p_2，系统自然产生较大的压力冲击。

将阀 4 与阀 3 的位置进行互换就可以解决这个问题，如图 4-74 （b)所示，这时在溢流阀 2 和溢流阀 3 之间的油路始终保持着 p_1 的压力，当阀 4 接通后，系统压力从 p_1 下降到 p_2，这样就避免了过大的压力冲击。

② 二级调压回路中压力异常的分析与排除。

a. 二级调压回路中压力上不去。

在如图 4-75 所示回路中，因液压设备要求连续运转，不允许停机修理，所以有两套供油系统。当其中一个供油系统出现故障时，可立即启动另一供油系统，使液压设备正常运行，再修复故障供油系统。图中两套供油系统的元件性能、规格完全相同，由溢流阀 3 或 4 调定第一级压力，远程调压阀 9 调定第二级压力。

当泵 2 所属供油系统停止供油，只有泵 1 所属系统供油时，系统压力上不去。即使将液压缸的负载增大到足够大，泵 1 输出油路仍不能上升到调定的压力值。调试发现，泵 1 压力最高只能达到

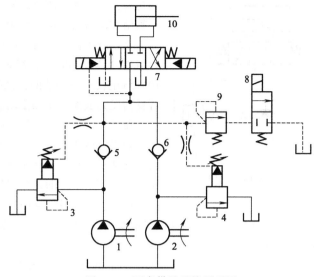

图 4-75　两套供油系统原理图

12MPa，设计要求应能调到 14MPa，甚至更高。将溢流阀 3 和远程调压阀 9 的调压旋钮全部拧紧，压力仍上不去。当油温为 40℃时，压力值可达 12MPa；油温升到 55℃时，压力只能到 10MPa。检测液压泵及其它元件，均没有发现质量和调整上的问题，各项指标均符合性能要求。

液压元件没有质量问题，组合液压系统压力却上不去，应分析系统中元件组合的相互影响。泵 1 工作时，压力油从溢流阀 3 的进油口进入主阀芯下端，同时经过阻尼孔流入主阀芯上端弹簧腔，再经过溢流阀 3 的远程控制口及外接油管进入溢流阀 4 主阀芯上端的弹簧腔，接着经阻尼孔向下流动，进入主阀芯的下腔，再由溢流阀 4 的进油口反向流入停止运转的泵 2 的排油管中，这时油液推开单向阀 6 的可能性不大；当压力油从泵 2 出口进入泵 2 中时，将会使泵 2 像液压马达一样反向微微转动，或经泵的缝隙流入油箱中。就是说，溢流阀 3 的远程控制口向油箱中泄漏液压油，导致压力上不去。由于控制油路上设置有节流装置，溢流阀 3 远程控制油路上的油液是在阻尼状况下流回油箱内的，所以压力不是完全没有，只是低于调定压力。

如图 4-76 所示为改进后的两套油系统，系统中设置了单向阀 11 和 12，切断进入泵 2 的油路，上述故障就不会发生了。

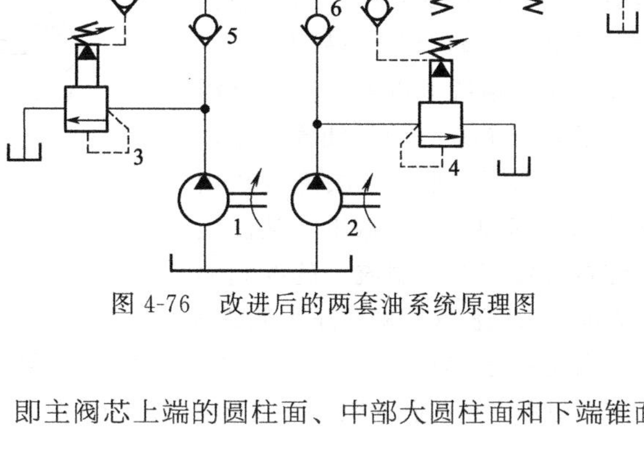

b. 二级调压回路中压力脉动。

• 溢流阀主阀芯卡住。在如图 4-77 所示系统中，液压泵为定量泵，三位四通换向阀中位机能为 Y 型。所以当液压缸停止工作时，系统不卸荷，液压泵输出的压力油全部由溢流阀溢回油箱。

图 4-76　改进后的两套油系统原理图

系统中溢流阀为 YF 型先导式溢流阀。这种溢流阀的结构为三节同心式，即主阀芯上端的圆柱面、中部大圆柱面和下端锥面分

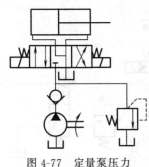

图 4-77　定量泵压力
控制回路示例

别与阀盖、阀体和阀座内孔配合，三处同心度要求较高。这种溢流阀用在高压大流量系统中，调压溢流性能较好。

将系统中换向阀置于中位，调整溢流阀的压力时发现，当压力值在 10MPa 以下时溢流阀正常工作，当压力调整到高于 10MPa 的任一压力值时，系统发出像吹笛一样的尖叫声，此时，可看到压力表指针剧烈振动。经检测发现，噪声来自溢流阀。

在三节同心高压溢流阀中，主阀芯与阀体、阀盖两处滑动配合。如果阀体和阀盖装配后的内孔同心度超出设计要求，主阀芯就不能圆滑地动作，而是贴在内孔的某一侧做不正常的运动。当压力调整到一定值时，就必然激起主阀芯振动。这种振动不是主阀芯在工作运动中伴随的常规的振动，而是主阀芯卡在某一位置，被液压卡紧力卡紧而激起的高频振动。这种高频振动必将引起弹簧，特别是先导阀的锥阀调压弹簧的强烈振动，并发出异常噪声。

另外，由于高压油不是正常溢流，而是在不正常的阀口和内泄油道中溢回油箱。这股高压油流将发出高频率流体噪声。这种振动和噪声是在系统的特定条件下激发出来的，这就是为什么在压力低于 10MPa 时不发生尖叫声的原因。

可见，YF 型溢流阀的精度要求是比较高的，阀盖与阀体连接部分的内外圆同轴度、主阀芯三台肩外圆的同轴度都应在规定的范围内。

有些 YF 型溢流阀产品，阀盖与阀体配合时有较大的间隙，在装配时，应使阀盖与阀体具有较好的同轴度，使主阀芯能灵活滑动，无卡紧现象。在拧紧阀盖上四个紧固螺钉时，应按装配工艺要求，按一定顺序拧紧，其拧紧力矩应基本相同。

在检测溢流阀时，若测出阀盖孔有偏心时，应进行修磨，消除偏心。主阀芯与阀体配合滑动面有污物时，应清洗干净，若被划伤，应修磨平滑。目的是恢复主阀芯滑动灵活的工作状况，避免产生振动和噪声。另外，主阀芯上的阻尼孔在主阀芯振动时有阻尼作用。当工作油液温度过高、黏度降低时，阻尼作用将相应减小。因此，选用合适黏度的油液和控制系统温升也有利于减振降噪。

• 溢流阀回油口液流脉动。在如图 4-78 所示液压系统中，液压泵 1 和 2 分别向液压缸 7 和 8 供压力油，换向阀 5 和 6 都为三位四通 Y 型电磁换向阀。系统故障现象是：启动液压泵，系统开始运行时，溢流阀 3 和 4 压力调整不稳定，并发出振动和噪声。试验表明，只有一个溢流阀工作时，调整的压力稳定，也没有明显的振动和噪声。当两个溢流阀同时工作时，就出现上述故障。

分析液压系统可以看出，两个溢流阀除了有一个共同的回油管路外，并没有其他联系。显然，故障就是由一个共同的回油管路造成的。从溢流阀的结构性能可知，溢流阀的控制油

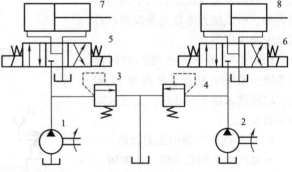

图 4-78　双泵液压系统
1,2—液压泵；3,4—溢流阀；5,6—换向阀；
7,8—液压缸

道为内泄，即溢流阀的阀前压力油进入阀内，经阻尼孔流进控制容腔（主阀上部弹簧腔）。当压力升高克服先导阀的调压弹簧力时，压力油打开锥阀阀口，油液经过阀口降压后，经阀体内泄孔道流进溢流阀的回油腔，与主阀口溢出的油流汇合经回油管路一同流回油箱，因此，溢流

阀的回油管路中油流的流动状态直接影响溢流阀的调整压力。例如，压力冲击、背压等流体波动将直接作用在先导阀的锥阀上，并与先导阀弹簧力方向一致。于是控制容腔中的油液压力也随之增高，并随之出现冲击与波动，导致溢流阀调整的压力不稳定，并易激起振动和噪声。

上述系统中，两个溢流阀共用一个回油管，由于两股油流的相互作用，极易产生压力波动。同时，由于流量较大，回油管阻力也增大。这样相互作用，必然造成系统压力不稳定，并产生振动和噪声。为此，应将两个溢流阀的回油管路分别接回油箱，避免相互干扰。若由于某种原因，必须合流回油箱时，应将合流后的回油管加粗，并将两个溢流阀均改为外部泄漏型，即将经过锥阀阀口的油流与主阀回油腔隔开，单独接回油箱，就成为外泄型溢流阀了，就能避免上述故障的发生。

• 溢流阀产生共振。在如图 4-79 (a)所示液压系统中，泵 1 和 2 是同规格的定量泵，同时向系统供液压油，三位四通换向阀 7 中位机能为 Y 型，单向阀 5、6 装在泵的出油路上，溢流阀 3、4 也是同规格，分别并联于泵 1、2 的出油路上。溢流阀的调定压力均为 14MPa，启动运行时，系统发出鸣笛般的啸叫声。

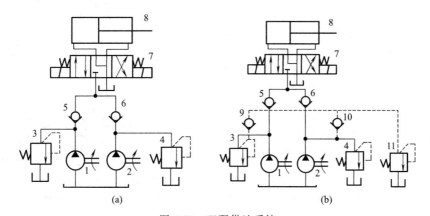

图 4-79 双泵供油系统

1,2—液压泵；3,4—溢流阀；5,6,9,10—单向阀；7—换向阀；8—液压缸；11—远程调压阀

经调试发现噪声来自溢流阀。并发现当只有一侧液压泵和溢流阀工作时，噪声消失，两侧液压泵和溢流阀同时工作时，就发出啸叫声。可见，噪声原因是两个溢流阀在流体作用下发生共振。

据溢流阀的工作原理可知，溢流阀是在液压力的和弹簧力的相互作用下进行工作的，因此极易激起振动而发出噪声。溢流阀的出入口和控制口的压力油一旦发生波动，即产生液压冲击，溢流阀内的主阀芯、先导锥阀及其相互作用的弹簧就要振动起来，振动的程度及其状态，随流体的压力冲击和波动的状况而变。因此，与溢流阀相关的油流越稳定，溢流阀就越能稳定地工作。

上述系统中，双泵输出的压力油经单向阀后合流，发生流体冲击与波动，引起单向阀振荡，从而导致液压泵出口压力不稳定。又由于泵输出的压力油本来就是脉动的，因此泵输出的压力油将强烈波动，便激起溢流阀振动。又因为两个溢流阀的固有频率相同，便引起溢流阀共振，并发出异常噪声。

排除这一故障一般有以下三种方法：

将溢流阀 3 和 4 用一个大容量的溢流阀代替，安置于双泵合流处，这样溢流阀虽然也会振动，但不会很强烈，因为排除了产生共振的条件。

将两个溢流阀的调整压力值错开 1MPa 左右，也能避免共振发生。此时，若液压缸的工作压力在 13～14MPa 之间，应分别提高溢流阀的调整值，使最低调整压力满足液压缸的工作要求，并仍应保持1MPa的压力差值。

将上述回路改为图4-79（b）的形式，即将两个溢流阀的远程控制口接到一个远程调压阀11上，系统的调整压力由调压阀确定，与溢流阀的先导阀无直接关系，只是要保证先导阀的调压弹簧的调整压力值必须高于调压阀的最高调整压力。因为远程调压阀的调整压力范围在低于溢流阀的先导阀的调整压力时才能有效工作，否则远程调压阀就不起作用了。

③ 保压回路常见故障的分析与排除。

a. 保压回路不起保压作用。

在如图4-80所示的回路中，蓄能器6和单向阀4起保压作用，夹紧缸7维持夹紧工件所需的夹紧压力。夹紧压力值由减压阀3调定。阀2为主油路的溢流阀，与节流阀9、二位二通电磁换向阀10组成卸荷回路。经查，故障原因是当主油路进给液压缸快速进给时，出现工件松动现象。

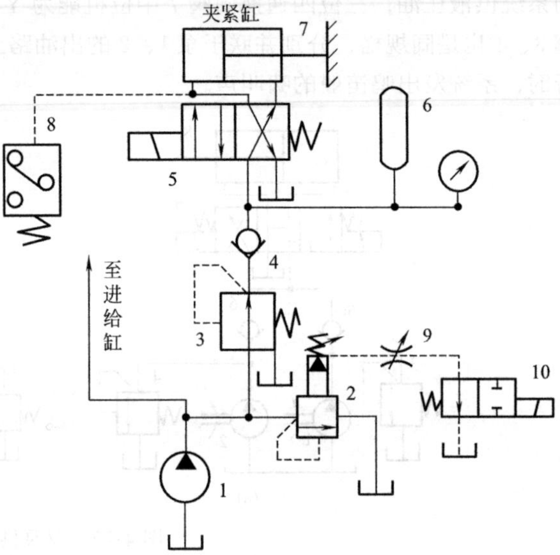

工件松动说明夹紧液压缸不能保压。单向阀4密封不严，夹紧缸内泄漏，蓄能器容量小，都易形成夹不紧的故障。经检查，单向阀、液压缸工作正常，蓄能器的规格也符合要求。调试系统时发现在电磁换向阀5换向时，夹紧缸7在完成夹紧和松开时动作缓慢。检测蓄能器发现进气阀漏气，造成气囊内气压很低。当蓄能器不起作用，主油路快速运动，系统压降很大，由于单向阀和有关保压元件内外泄漏，造成夹紧压力降低。此时减压阀前压力较低，不能保证减压阀的正常调节作用，以致工件松动。

对损坏的蓄能器要进行修复，拆卸修复时一定要按操作规程进行，不能修复时应更换新件。在拆下蓄能器前一定要打开截止阀，将其内的压力油放出来再拆。

图4-80 采用蓄能器的保压回路

1—液压泵；2—溢流阀；3—减压阀；4—单向阀；5—二位四通电磁换向阀；6—蓄能器；7—夹紧缸；8—压力继电器；9—节流阀；10—二位二通电磁换向阀

b. 保压过程中出现冲击、振动和噪声。

如图4-81所示的是采用液控单向阀的保压回路，其在小型液压机和注塑机上优势明显，但用于大型液压机和注塑机在液压缸上行或回程时，会产生振动、冲击和噪声。

产生这一故障的原因是：在保压过程中，油的压缩、管道的膨胀、机器的弹性变形所储存的能量，及在保压终了返回过程中上腔压力储存的能量，在短暂的换向过程中很难释放完，而液压缸下腔的压力已升高，这样，液控单向阀的卸荷阀和主阀芯同时被顶开，引起液压缸上腔突然放油。由于流量大，卸压又过快，导致液压系统的冲击、振动和噪声。

解决办法是必须控制液控单向阀的卸压速度，即延长卸压时间。此时可在图4-81中的液控单向阀的液控油路上增加一单向节流阀，通过对节流阀的调节，控制液控流量的大小，以降低控制活塞的运动速度，也就延长了液控单向阀主阀的开启时间，先顶开主阀芯上的小卸荷阀，再顶开主阀，卸压时间便得以延长，可消除振动、冲击和噪声。

c. 保压回路严重发热。

如图4-82所示的回路，为了克服负载 F，并需要保压时，系统需使用大的工作压力，并且 1YA 连续通电，液压泵要不停机连续向液压缸左腔（无杆腔）供给压力油实现保压。

此时，泵的流量除了补充液压缸泄漏外，绝大部分液压泵来油要通过溢流阀 2 返回油箱，即溢流损失掉。这部分损失掉的油液必然产生发热，时间越长，发热越厉害。

解决办法是可以将定量泵 1 改为变量泵，保压时泵自动回到负载零位，仅供给基本上等于系统泄漏量的最小流量而使系统保压，并能随泄漏量的变化自动调整，没有溢流损失，所以能减少系统发热。另外在保压时间需要特别长时，可用自动补油系统，即采用电接点压力表来控制压力变动范围和进行补压动作。当压力上升到电接点高触点时，系统卸荷；反之当压力下降到低能点时，泵又补油，这样可减少发热。也可在保压期间仅用一台很小的泵向主缸供油，可减少发热。

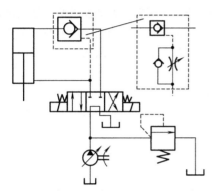

图 4-81　采用液控单向阀的保压回路

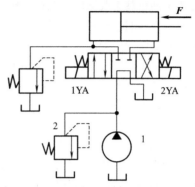

图 4-82　采用三位四通电磁阀的保压回路
1—定量泵；2—溢流阀

④ 减压回路常见的故障分析与排除。

减压回路的输出压力油压力不稳定：

在如图 4-83 所示的系统中，液压泵为定量泵，主油路中液压缸 7 和 8 分别由二位四通电液换向阀 5 和 6 控制运动方向，电液换向阀的控制油液来自主油路。减压回路与主油路并联，经减压阀 3 减压后，由二位四通电磁换向阀控制液压缸 9 的运动方向。电液换向阀控制油路的回油路与减压阀的外泄油路合流后通入油箱。系统的工作压力由溢流阀 2 调节。

系统中主油路工作正常，但在减压回路中，减压阀的阀后压力波动较大，使液压缸 9 的工作压力不能稳定在调定的 1MPa 压力值上。

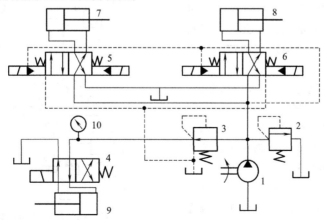

图 4-83　减压阀出口压力不稳定
1—定量泵；2—溢流阀；3—减压阀；4—二位四通电磁换向阀；5,6—二位四
通电液换向阀；7,8,9—液压缸；10—压力计

在减压回路中，减压阀的阀后压力即减压回路的工作压力波动较大是经常出现的故障现象，其主要原因有以下五个方面。

•减压阀的阀前压力脉动较大。由于液压系统主油路中执行机构的工况不同，工作压力变化较大，当减压阀阀前压力降低时，却会使减压阀的阀后压力瞬间降低，但减压阀将迅速调节，使阀后压力升到调定值。如果减压阀前压力的最低值低于阀后压力值，则阀后压力就要相应降低，而不能稳定在调定压力值上。所以，当主油路执行机构的最低工作压力低于减压阀的阀后压力时，回路设计就应采取必要措施，如在减压阀的阀前增设单向阀，单向阀与减压阀之间还可以增设蓄能器等设备，以防止减压阀的阀前压力低于阀后压力。

•执行机构负载不稳定。液压系统中没有负载就没有压力。负载低，压力也低。如果阀后压力是按某种负载工况调定，但在工作过程中，负载降低了，阀后压力就要降低，甚至可降为零压。负载增大时，阀后压力随之增大，当压力随负载增大到减压阀的调定压力时，压力就不再增大，而是保持在减压阀的调定压力值上。所以在变负载的工况下，减压阀的阀后压力值是变化的，其变化范围，是在零压和调定值之间。

•液压缸的泄漏。液压缸泄漏时，虽然负载未变，但泄漏也要影响阀后压力的稳定性。当泄漏量较大，液压系统的工作压力和流量不能补偿减压阀的调节作用时，减压阀的阀后压力就不能保持在稳定的压力值上。

•液压油污染。由于液压油中污物较多，使减压阀内调节件运动不畅，甚至卡死。经常检查油液的污染状况，检查、清洗减压阀是很有必要的。

•外泄油路有背压。减压阀的控制油路为外泄，即控制油液推开锥阀后，单独回油箱。如果这个外泄油路上有背压，将直接影响推动锥阀压力油的压力，从而导致减压阀的阀后压力变化。

图4-83中电液换向阀5和6在换向过程中，控制油的回油量和压力是变化的。而减压阀的外泄油路的油液也是波动的，两股油液合流后产生不稳定的背压。经调试发现，当电液换向阀5和6同时动作时，压力计10的读数达1.5MPa，这是因为电液换向阀在高压控制油液的作用下，瞬时流量较大，在泄油管较长的情况下，产生较高的背压。背压增高，使减压阀的主阀口开度增大，阀口的局部压力减小，所以减压阀的阀后压力降不下来。

为了排除这一故障，应将减压阀的外部泄油管与电液换向阀5和6的控制油路回油管分别单独接回油箱，这样减压阀的外泄油液便稳定地流回油箱，不会产生干扰与波动，阀后压力就会稳定在调定的压力数值上。

⑤ 增压回路常见的故障分析与排除。

如图4-84所示的增压回路中采用单作用增压器或双作用连续增压器，构成增压回路，以提高系统中某一支路压力，此压力高于液压泵提供的压力。当1YA通电时，泵1来油经阀3左位→阀4→工作油缸9右腔→增压缸8左腔，推动缸9活塞左移、缸8活塞右移，缸8与缸9左腔回油经阀3左位流往油箱。缸8右腔回油经阀5→阀4→缸9右腔，加快缸9活塞左移速度。

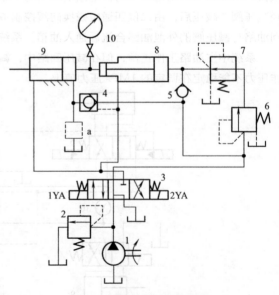

图4-84 增压回路故障分析

1—液压泵；2—溢流阀；3—换向阀；4—液控单向阀；5—单向阀；6—顺序阀；7—减压阀；8—增压缸；9—工作油缸；10—电接点压力表

当缸 9 活塞左移到位时，压力升高，顺序阀 6 打开，缸 8 活塞左移，使缸 9 右腔增压，此时阀 5、阀 4 关闭，实现增压动作。当 2YA 通电，缸 8、缸 9 作返回动作。调节减压阀 7，可调节增压压力的大小。

这种增压回路常见故障与排除方法如下。

a. 不增压，或者达不到所调增压压力。

增压缸 8 故障：

- 缸 8 活塞严重卡死，不能移动。
- 缸 8 活塞密封严重破损，造成增压缸高低压腔串腔。

液控单向阀故障：

- 缸 9 活塞密封破损，造成缸 9 左右腔串腔，此时应拆开缸 9，更换密封。
- 溢流阀 2 故障，无压力油进入系统。可参阅溢流阀的故障原因与排除方法的相关内容。

b. 不能调节增压压力的大小。主要是由减压阀 7 的故障引起，可参阅减压阀的故障原因与排除方法的相关内容。

c. 增压后，压力缓慢下降。

- 阀 4 的阀芯与阀座密合不良，密合面之间有污物粘住，可拆开清洗研合。
- 缸 9 与缸 8 活塞密封轻度磨损时，可更换密封。

d. 缸 9 无返回动作。

- 电气线路等原因，2YA 未能通电。
- 阀 4 的阀芯卡死在关闭位置。
- 增压后由于缸 9 右腔的增压压力未卸掉，阀 4 打不开。
- 油源无压力油等。

⑥ 卸荷回路常见的故障分析与排除。

a. 采用二位二通电磁换向阀卸荷。

如图 4-85 所示，是使用二位二通电磁换向阀的卸荷回路。液压泵为高压、大流量定量泵，泵出口并联一个二位二通电磁换向阀。当电磁铁得电时，泵产生的排量全部通过换向阀直接流回油箱，使系统卸荷。

该卸荷回路结构虽然简单，但是往往会出现两种故障：

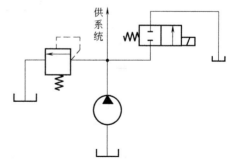

- 换向阀不卸荷，泵出口油液由溢流阀溢流。该故障的原因可以基本断定为换向阀没有动作。造成这种情况可能是因为二位二通电磁换向阀的阀芯被卡死，或者是弹簧力不够、损坏及漏装，无法推动阀芯。也有可能是因为电路问题，电磁换向阀的电磁铁未通电，从而造成了电磁换向阀无法工作的故障，所有流量只能通过溢流阀溢流，产生大量热量。

图 4-85　采用二位二通电磁换向阀
的卸荷回路

- 换向阀虽然卸荷，但是溢流阀也在溢流。该故障的原因往往是电磁换向阀的规格过小。在实际选配中，电磁换向阀的规格应该与泵的流量相匹配，使得泵的流量可以完全通过换向阀流回油箱。当二位二通电磁换向阀规格过小而不能完全将液压泵的输出流量全部流回油箱时，就相当于一个节流阀，势必使得泵出口的压力升高，通过二位二通电磁换向阀的油液压差增大，使二位二通电磁换向阀起到了节流作用，系统无法完全卸荷。多余的油液依然从溢流阀溢出，使得系统发热严重。

通过分析，我们知道如图 4-85 所示卸荷回路只能用于小流量的液压系统。

b. 采用电磁溢流阀卸荷。

如图 4-86 所示是采用电磁溢流阀方式的卸荷回路。二位二通电磁阀接在先导式溢流阀的遥控口上而不是接在主油路上，其规格可选得小一些。产生的故障和排除方法与上面所述的采

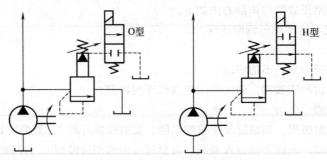

图 4-86　采用电磁溢流阀的卸荷回路

用二位二通电磁换向阀卸荷时基本相同，不再赘述。

c. 采用蓄能器、压力继电器和电磁溢流阀的卸荷。

如图 4-87（a）所示的蓄能器回路中采用压力继电器 3 来控制液压泵的卸荷工作。这种回路容易在工作过程中产生系统压力在压力继电器 3 调定的压力值附近来回波动的现象，造成泵 1 频繁地卸荷—工作—再卸荷故障，使泵和阀的工作不能稳定并且缩短液压泵的使用寿命。

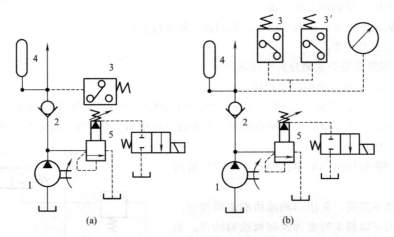

图 4-87　采用蓄能器、压力继电器和电磁溢流阀的卸荷回路
1—液压泵；2—单向阀；3,3′—压力继电器；4—蓄能器；5—电磁溢流阀

解决办法是采用如图 4-87（b）所示的双压力继电器，进行差压控制。压力继电器 3 与 3′分别调为高低压两个调定值，液压泵的卸荷由高压调定值控制，而泵重新工作却由低压调定值控制。这样当液压泵 1 卸荷后，蓄能器继续放油直至压力逐渐降低到低于低压调定值时，液压泵才重新启动工作，其间有一段间隔，因此防止了液压泵频繁切换的现象。

d. 双泵供油时的卸荷。

如图 4-88 所示，系统快速行程时由两泵同时供油，工作行程时低压大流量泵 2 卸荷，高压小流量泵 1 供油。

采用这种回路的液压设备在工作时，会产生以下故障：

• 电机严重发热甚至烧坏。产生原因是在工作时，即由高压小流量泵 1 供油时，单向阀 3 未很好关闭，高压油反灌，负荷大，电机超载而发热，甚至烧坏电机。

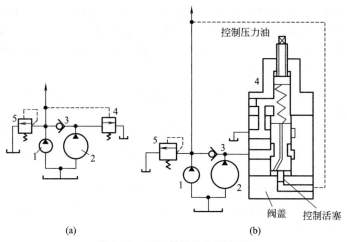

图 4-88　双泵供油的卸荷回路

1—高压小流量泵；2—低压大流量泵；3—单向阀；4—液控顺序阀；5—溢流阀

• 系统压力不能上升到最高。产生原因一是单向阀 3 未关闭好，另一个是阀 4 的控制活塞因磨损，控制压力油经控制活塞外径间隙进入阀 4 的主阀芯下腔，将阀芯向上推而打开了泵 2 出口与回油口的通路，泵 1、泵 2 联合供油时压力上不去。一般更换控制活塞后，故障便可解决，如图 4-88（b）所示。

4.2.3　速度控制回路的维修

(1) 速度控制回路的功能简介

对液压系统执行元件的速度在一定范围内加以调节的液压回路，称为速度控制回路。常用的速度控制回路有调速回路、增速回路和速度换接回路等。

① 调速回路。

改变油液的流量和液压元件的排量均可实现对执行件的调速。因此，调速回路有节流调速、容积调速和容积节流调速三种。

a. 节流调速回路。它用定量泵供油，用节流阀或调速阀改变进入执行元件的流量使之变速。根据流量阀在回路中的位置不同，分为进油节流调速、回油节流调速和旁路节流调速三种回路，如图 4-89 所示。

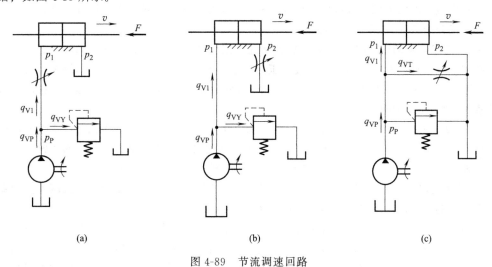

图 4-89　节流调速回路

• 进油节流调速回路。在执行元件的进油路上串接一个流量阀，即构成进油节流调速回路。如图4-89（a）所示为采用节流阀的液压缸进油节流调速回路。泵的供油压力由溢流阀调定，调节节流阀的开口，改变进入液压缸的流量，即可调节缸的速度。泵多余的流量经溢流阀回油箱，所以无溢流阀则不能调速。

进油节流调速回路的速度-负载特性较软，只适用于轻载、低速、负载变化不大和对速度稳定性要求不高的小功率液压系统。

• 回油节流调速回路。在执行元件的回油路上串接一个流量阀，即构成回油节流调速回路。如图4-89（b）所示为采用节流阀的液压缸回油节流调速回路。用节流阀调节缸的回油流量，也就控制了进入液压缸的流量，实现了调速。

进油节流调速回路和回油节流调速回路有以下不同之处：

回油节流调速回路的节流阀使液压缸回油腔形成一定的背压，因而能承受一定的负值负载，并提高了液压缸的速度平稳性。

进油节流调速回路较易实现压力控制。因为当工作部件在行程终点碰到死挡块以后，缸的进油腔油压会上升到某一数值。我们可以利用此处的这个压力变化，使接于此处的压力继电器发出电气信号，对系统的下一步动作实现控制。而回油节流调速因为在工作过程中，进油腔压力几乎没有变化，因此不易实现压力控制。

若回路使用单杆缸，无杆腔进油流量大于有杆腔回油流量，故在缸径、缸速相同的情况下，进油节流调速回路的流量阀开口较大，低速时不易阻塞。因此，进油节流调速回路能获得更低的稳定速度。

• 旁路节流调速回路。将流量阀安装在和执行元件并联的旁油路上，即构成旁路节流调速回路。如图4-89（c）所示为采用节流阀的旁路节流调速回路。节流阀调节了泵溢回油箱的流量，从而控制了进入缸的流量。调节节流阀开口，即实现了调速。由于溢流已由节流阀承担，故溢流阀用作安全阀，常态时关闭，过载时打开，其调定压力为回路最大工作压力的1.1~1.2倍。

旁路节流调速回路的速度-负载特性很软，低速承载能力又差，故其应用比前两种回路少，只用于高速、重载、对速度平稳性要求很低的较大功率的系统，如牛头刨床主运动系统、输送机械的液压系统等。

b. 容积调速回路。节流调速回路效率低、发热大，只适用于小功率系统。而采用变量泵或变量马达的容积调速回路，因无节流损失或溢流损失，故效率高，发热小。容积调速回路适用于工程机械、矿山机械、农业机械和大型机床等大功率液压系统。容积调速回路按所用执行元件的不同分为泵-缸式和泵-马达式两类。

• 泵-缸式容积调速回路。泵-缸式容积调速回路如图4-90所示，改变变量泵1的排量即可调节活塞速度。阀2为安全阀，回路最大压力由它限定。阀6为背压阀。单向阀3用来防止系统停机时油液经泵倒流入油箱和空气进入系统。该回路在推土机、升降机、插床、拉床等大功率的系统中得到较多应用。

• 泵-马达式容积调速回路。如图4-91所示为采用变量泵-定量马达式的泵-马达式容积调速回路。阀5为安全阀，1为补油辅助泵，其输出低压由溢流阀2调定。变量泵4输出的流量全部进入马达6。调节变量泵4的输出流量，即可调整液压马达的转速。

泵-马达式容积调速回路有采用定量泵-变量马达式和采用变量泵-变量马达式两种。后者调节泵或马达的排量均可调节马达转速，扩大了马达的调速范围。

c. 容积节流调速回路。在低速稳定性要求较高的场合，常采用容积节流调速回路，即采用变量泵和流量控制阀联合调节执行元件的速度。容积节流调速回路的特点是：变量泵的供油量能自动接受流量阀的调节并与之吻合，无溢流损失，效率较高；进入执行元件的流量与负载变化无关，且能自动补偿泵的泄漏，速度稳定性高。如图 4-92 所示为采用限压式变量叶片泵的容积节流调速回路。

图 4-92 中 1 为限压式变量叶片泵，起到容积调速的作用，6 为背压阀。调速阀 2 起到进油路节流调速的作用。空载时，泵以最大流量进入液压缸使其快进。进入工进时，电磁阀 3 应

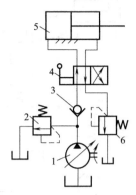

图 4-90　泵-缸式容积调速回路
1—变量泵；2—安全阀；3—单向阀；
4—换向阀；5—液压缸；6—背压阀

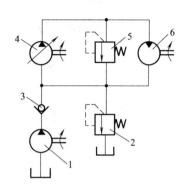

图 4-91　泵-马达式容积调速回路
1—补油辅助泵；2—溢流阀；3—单向阀；
4—变量泵；5—安全阀；6—定量马达

通电使其所在油路断开，使压力油经过调速阀流往液压缸。工进结束后，压力继电器 5 发信，使阀 3 和阀 4 换向，调速阀再被短接，液压缸快退。该回路多用于机床进给系统。

② 增速回路。

增速回路又称快速运动回路，其功用在于使执行元件获得必要的高速，以提高系统的工作效率。增速回路有多种结构形式，如双泵供油增速回路、蓄能器供油增速回路、变量泵供油增速回路等。

如图 4-93 所示为单杆活塞式液压缸差动连接的增速回路，当阀 1 和阀 3 在左位工作时，单杆活塞式液压缸差动连接做快进运动。当阀 3 通电时，单杆活塞式液压缸差动连接即被切除，该液压缸回油经过调速阀，实现工进。阀 1 切换至右位后，液压缸快退。利用单杆活塞式液压缸差动连接做快速进给的方法简单易行，得到了普遍的应用。但是，要注意该回路的液压阀和管道的规格，应按差动时比较大的流量选用，否则会因为压力损失过大，使溢流阀在快进时也溢流，从而无法实现差动。

③ 速度换接回路。

a. 快速与慢速的换接回路。能够实现快速与慢速换接的方法很多，各种增速回路都可以使液压缸的运动由快速换接为慢速。

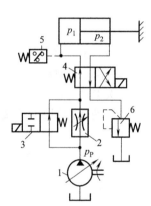

图 4-92　采用限压式变量叶片泵的容积节流调速回路
1—限压式变量叶片泵；2—调速阀；3,4—电磁阀；5—压力继电器；6—背压阀

如图 4-94 所示的是一种采用行程阀的快慢速换接回路。图示状态时液压缸快进，当活塞所连接的工作部件挡块压下行程阀 4 时，行程阀关闭，液压缸右腔的油液必须通过节流阀 6 才能流回油箱，液压缸就由快进转换为慢速工进。当换向阀 2 的左位接入回路时，压力油经单向阀 5 进入液压缸右腔，活塞快速向左返回。这种回路的快慢速换接比较平稳，换接点的位置比较准确；缺点是行程阀的安装位置不能任意布置，管路连接较为复杂。

b. 两种慢速的换接回路。有时工作机器需要有两种或两种以上的工作速度，如机床加工工件时，由于粗加工和精加工时进给量要求不同，因此机床需要设置第一次机动进给和第二次

机动进给两种慢速的进给运动，其对应使用的液压系统则要求具备相应的两种慢速的换接回路。

如图 4-95 所示为采用两个调速阀串联的两种慢速换接回路。当阀 1 在左位工作且阀 3 断

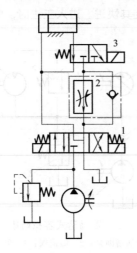

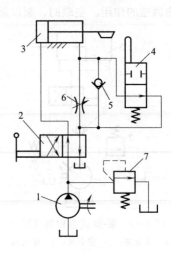

图 4-93　单杆活塞式液压缸差动连接增速回路
1,3—换向阀；2—单向调速阀

图 4-94　采用行程阀的快慢速换接回路
1—泵；2—换向阀；3—液压缸；4—行程阀；
5—单向阀；6—节流阀；7—溢流阀

开时，控制阀 2 的通或断，会使油液经调速阀 A 或既经 A 又经 B 才能进入液压缸左腔，从而实现第一次工进或第二次工进。但阀 B 的开口需调得比阀 A 小，也就是第二次工进速度必须比第一次工进速度低。该回路由于工进时油液要经过两个调速阀，因此能量损失较大。

（2）速度控制回路的故障分析

速度控制回路主要故障及其产生原因可归结为以下几个方面。

① 执行机构（液压缸、液压马达)没有小进给量的原因分析。

• 节流阀的节流口堵塞，导致无小流量或小流量不稳定。

• 调速阀中定差式减压阀的弹簧过软，使节流阀前后压差过低，导致通过调速阀的小流量不稳定。

• 调速阀中减压阀卡死，造成节流阀前后压差随外载荷而变。经常见到的是由于小进给时载荷较小，导致最小进给量增大。

② 载荷增加时进给速度显著下降的原因分析。

• 液压缸活塞或系统中某个或几个元件的泄漏随载荷、压力增高而显著加大。

• 调速阀中的减压阀卡死于打开位置，则载荷增加时通过节流阀的流量下降。

• 液压系统中油温升高，油液黏度下降，导致泄漏增加。

③ 执行机构爬行的原因分析。

• 系统中进入空气。

• 由于导轨润滑不良、导轨与液压缸轴线不平行、活塞杆密封压得过紧、活塞杆弯曲变形

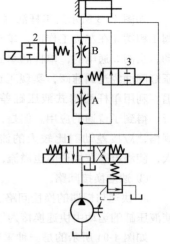

图 4-95　采用两个调速阀串联的两种慢速换接回路

等原因，导致液压缸工作行程时摩擦阻力变化较大而引起爬行。

• 在进油节流调速系统中，液压缸无背压或背压不足，外载荷变化时，导致液压缸速度变化。

• 液压泵流量脉动大，溢流阀振动造成系统压力脉动大，使液压缸输入压力油波动而引起爬行。

• 节流阀的阀口堵塞，系统泄漏不稳定，调速阀中减压阀不灵活，造成流量不稳定而引起爬行。

(3) 速度控制回路的修理

① 磨床工作台"爬行"现象的修理。

如图 4-96 所示为磨床工作台进给液压系统图，采用了回油节流调速回路。在工作中，当速度降到一定值时，工作台速度会产生周期性变化，甚至时动时停，即工作台相对于床身导轨做黏着和滑动相交替的运动，也就是所说的"爬行"。

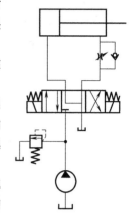

a. 油箱内油液表面出现大量的针状气泡，压力表显示系统存在小范围的压力波动。

故障原因是液压传动以液压油为工作介质，当空气进入液压系统后，一部分溶解于压力油中，另一部分形成气泡浮游于压力油里。由于工作台的液压缸位于所有液压元件的最高处，空气极易集聚在这里，因此直接影响到了工作台的平稳性，产生了爬行现象。

b. 在采用适当措施排出了系统中的空气之后，液面的针状气泡消失，压力表波动值减小，但是全行程的爬行现象变成了不规则的间断爬行。

图 4-96　磨床工作台
进给液压系统

故障原因是当工作台低速运动时，节流阀的通流面积极小，油中杂质及污物极易聚集在这里，液流速度高，引起发热，将油析出的沥青等杂质黏附于节流口处，致使通过节流阀的流量减小；同时，因节流口压差增大，将杂质从口上冲走，使通过节流口的流量又增加。如此反复，致使工作台出现间歇性的跳跃。另外，在同样速度要求下，回油节流调速回路中节流阀的通流面积要调得比进油节流调速回路中的节流阀小，因此低速时前者的节流阀更容易堵塞，产生爬行现象。

② 节流阀前后压差小致使速度不稳定。

如图 4-97 所示为进油节流调速回路，换向阀采用三位四通 O 型电磁换向阀，溢流阀的调节压力比液压缸工作压力高 0.3MPa，在工作过程中常开，起定压与溢流作用。液压缸推动负载运动时，运动速度达不到调定值。

故障产生原因是溢流阀调节压力较低。在进油节流调速回路中，液压缸的运动速度是由通过节流阀的流量决定的。通过节流阀的流量又取决于节流阀的过流断面 $A_节$ 和节流阀前后压差 Δp，Δp 一般要达到 $0.2 \sim 0.3$MPa，再调节节流阀就能使通过节流阀的流量稳定。在上述回路中，油液通过换向阀的压力损失为 0.2MPa，这样就造成节流阀前后压差 Δp 低于标准值，通过节流阀的流量 Q 达不到设计要求的数值。为保证液压缸的运动速度，需要提高溢流阀的调节压力，使其达到 $0.5 \sim 1$MPa。另外，在使用调速阀时，同样需要保证调速阀的前后压差在 $0.5 \sim 0.8$MPa 范围内。若小于 0.5MPa，调速阀的流量很可能会受到外负载的影响，随外负载的变化而变化。

③ 仿形车床两种工进速度的换接回路的修理。

a. 仿形车床两种工进速度的换接回路的工作原理。

如图 4-98（a）所示为仿形车床液压系统采用并联调速阀的二次工作进给回路，其速度可单独调节，2个调速阀工作的先后顺序和开口大小均不受限制。其工作原理是，压力油经调速阀2和二位三通电磁阀进入液压缸左腔，实现第一次进给。此时，调速阀3的通路被二位三通电磁阀切断，不起作用。当电磁阀通电时，阀2的通路被切断，压力油经阀3和二位三通电磁阀进入液压缸，实现二次进给。

b. 仿形车床两种工进速度的换接回路常见故障。

该仿形车床液压系统的常见故障是在两种进给速度的换接过程中，容易突然前冲一段距离。其原因是在阀2工作时，阀3的油路被封闭，因此阀3前后2点的压力相等，此时，阀3中的定差减压阀不起减压作用，阀口全开。当转入第二种进给时，阀3下游的压力突然下降，在减压阀阀口还未关小前，阀3中节流阀前后的压力差较大，节流阀开度较大，瞬时流量增加，造成液压缸短时快速前冲。当定压差作用建立后，才转入第二种工进，同样，当阀1由断开接入工作时，亦会出现前冲。

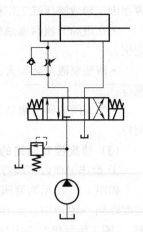

图 4-97　液压缸进油
节流调速回路

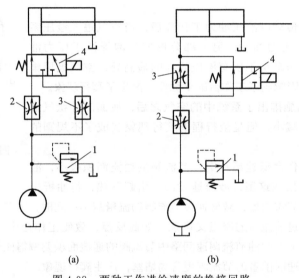

(a)　　　　　　　(b)

图 4-98　两种工作进给速度的换接回路

1—溢流阀；2,3—调速阀；4—换向阀

c. 仿形车床两种工进速度的换接回路故障排除方法。

• 将二位三通电磁阀改为二位五通电磁阀。这种并联调速阀的二次进给回路，在第一种进给时，阀3也有油液通过，这样调速阀3两端压差较大，减压阀开口较小；当转入第二种工进时，不会造成节流阀两端压差瞬时增大，因此不会产生前冲，速度换接较平稳。但是工作时总有一定流量的油液通过不起调速作用的那个调速阀流回油箱，造成流量损失，使系统发热，所以不适宜用于工进速度较大的工作部件。

• 采用如图4-98（b）所示的串联调速回路。在图示状态，压力油经阀2和阀4进入液压缸左腔，此时阀3被短路，进给速度由阀2控制。当电磁阀通电时，压力油经阀2再经阀3进入缸左腔，速度由阀3控制。一般阀2的节流口应调得比阀3的大，否则阀3不起作用。此种回路中，阀2一直工作，它在速度换接开始瞬间限制着进入阀2的流量，所以不会发生前冲现象。

④ 牛头刨床回程时速度缓慢的修理。

在如图4-99所示的牛头刨床液压系统的调速回路中，液压泵为定量泵，换向阀为二位四通电磁换向阀，节流阀在液压缸的回油路上，因此系统为回油节流调速系统。 液压缸回程时液压油由单向阀进入液压缸的有杆腔。溢流阀在系统中起定压和溢流作用。

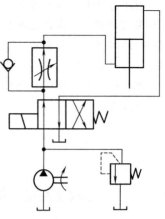

系统故障现象是：液压缸回程时速度缓慢，没有最大回程速度。

对系统进行检查和调试，发现液压缸快进和工作运动都正常，只是快退回程时不正常，检查单向阀，其工作正常。液压缸回程时无工作载荷，此时系统压力比较低，液压泵的出口流量全部输入液压缸有杆腔，应使液压缸产生较高的速度。但发现液压缸回程速度不仅缓慢，而且此时系统压力还很高。

拆检换向阀发现，换向阀回位弹簧不仅弹力不足，而且存在歪斜现象，导致换向阀的阀芯在断电后未能回到原始位置，于是滑阀的开口量过小，对通过换向阀的油液起节流作

图 4-99　牛头刨床液压系统调速回路

用。液压泵输出的压力油大部分由溢流阀溢回油箱，此时换向阀阀前压力已达到溢流阀的调定压力，这就是液压缸回程时压力升高的原因。

由于大部分压力油溢回油箱，经过换向阀进入液压缸有杆腔的油液必然较少，因此液压缸回程无最大速度。

这种故障的排除方法是：滑阀不能回到原位一般都是弹簧的原因，应更换合格的弹簧；如果是由于滑阀精度差，而产生径向卡紧，应对滑阀进行修磨，或重新配制。一般阀芯的圆度锥度的允差为 0.003~0.005mm。最好使阀芯有微量的锥度（可为最小间隙的 1/4），并且使它的大端在低压腔一边，这样可以自动减少偏心量，也减小了摩擦力，从而减小或避免径向卡紧力。

引起阀芯回位阻力增大的原因还可能有：脏物进入滑阀缝隙中而使阀芯移动困难，阀芯和阀孔间的间隙过小以致当油温升高时阀膨胀而卡死，电磁铁推杆的密封圈处阻力过大以及安装紧固电磁阀时使阀孔变形等。只要能找出卡紧的真实原因，相应的排除方法就比较容易了。

⑤ 调速回路中油温过高引起速度降低的修理。

在如图 4-100（a）所示回路中，液压泵为定量泵，在回油路上，所以该回路为回油节流调速回路。系统启动工作时，液压泵的出口压力上升不到设定值，执行机构速度上不去。检测并调试系统，发现油箱内油液温度很高，液压泵外泄油管异常发热。检测液压泵时发现容积效率较低，说明泵内泄漏严重。检测其他元件均未发现异常。

液压泵外泄漏严重，一定压力的油液泄漏回油箱，压力降为零。根据能量转换原理，液体的压力能主要转换成热

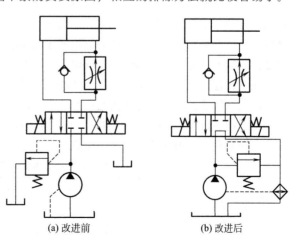

(a) 改进前　　　(b) 改进后

图 4-100　调速阀回油节流调速回路

能，使油液温度升高。又由于油箱散热效果差，且没有专门冷却装置，使油温超过了允许值范围。油液的温度升高，使其黏度大大降低，系统中各元件内外泄漏加剧，如此恶性循环，导致系统压力和流量上不去。

液压传动中，节流调速是能量损失较大的一种调速方法，损失的能量使油温升而散失。该回路采用调速阀回油节流调速，调速阀中的减压阀阀口和节流阀的节流口都将造成压力损失。回路中换向阀中位机能为 O 型，液压油不能卸荷，而以较高的压力由溢流阀回油箱，也造成油箱油液温度升高。

液压系统的温升有些原因是不可克服的，有些原因是可以消除的。本回路的温升消除方法有以下几种：

- 加大油箱容量，改善散热条件。
- 增设冷却器，如图 4-100（b）所示。也可将换向阀的中位机能改为 M 型。
- 更换容积效率较高的液压泵。

4.2.4 其他液压回路的维修

(1) 压力继电器控制的顺序动作回路的维修

某型号专用机床的工作原理如图 4-101 所示，该机床的液压系统如图 4-102 所示。加工零件的工作顺序是用压力继电器控制的顺序回路液压系统。

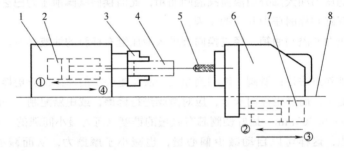

图 4-101　某型号专用机床工作原理

1—工作台；2—卡盘液压缸1；3—液压卡盘；4—工件；5—刀具；6—动力头；7—进给液压缸2；8—机床导轨面

动作①—夹紧工件；动作②—进给加工；动作③—刀具退回；动作④—松开工件

图中卡盘液压缸 1 的任务是对工件进行夹紧和放松，进给液压缸 2 的任务是拖动工作台做进给运动。具体工作过程是：当按下启动按钮，液压泵供油，液压缸 1 执行动作①夹紧工件；夹紧完成后，无杆腔压力升高，压力继电器 1YJ 动作，使得电磁铁 2DT 得电，液压缸 2 执行动作②，此时液压缸 2 的回油经调速阀调速，动力头带动刀具做慢速进给加工；加工结束后，动力头压下行程开关（图中未画出），电磁铁 2DT 断电，3DT 和 4DT 得电，液压缸 2 执行动作③，动力头快速退回；动力头快速退回原位后，液压缸 2 有杆腔压力升高，压力继电器 2YJ 动作，使得电磁铁 1DT 得电，2DT、3DT 和 4DT 断电，液压缸 1 执行动作④松开加工完的零件。机床各动作的电磁铁动作表，见表 4-16。

表 4-16　某型号专用机床电磁铁动作表

	1DT	2DT	3DT	4DT	1YJ	2YJ
动作①夹紧工件	−	−	−	−	−	−
动作②进给加工	−	+	−	−	+	−
动作③刀具退回	−	−	+	+	+	−
动作④松开工件	+	−	−	−	−	+

这个液压系统回路的主要故障是顺序动作错乱，主要原因和排除方法如下。

a. 各个阀的调节压力不当或者在使用过程中因某些原因而变化。为了防止压力继电器 1YJ 在夹紧缸 1 未到达夹紧行程终点之前就误发信号，1YJ 的调节压力应比夹紧缸的夹紧压力大

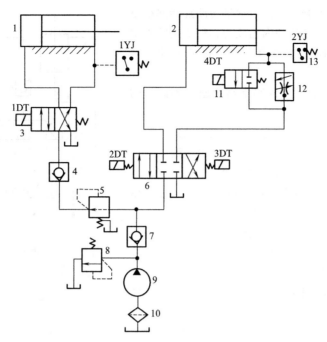

图 4-102　某型号专用机床压力继电器控制的顺序动作回路

1—夹紧缸；2—进给缸；3—二位四通电磁换向阀；4,7—单向阀；5—减压阀；6—三位四通电磁换向阀；

8—溢流阀；9—液压泵；10—吸油过滤器；11—二位二通电磁换向阀；12—调速阀；

13—压力继电器（1YJ、2YJ）

0.3～0.5MPa，而为了保证在工件没有可靠夹紧之前不出现缸 2 先进给的情况，减压阀 5 的调整压力比 1YJ 的调整压力高 0.3～0.5MPa；溢流阀 8 的调整压力既要比阀 5 的调整压力高 0.2～0.3MPa，又要比缸 2 的最大工作压力大 0.3～0.4MPa，2YJ 要采用失压发信。

b. 压力继电器本身的故障。解决办法是修理或者更换压力继电器。

（2）串联液压缸的同步回路的维修

在多油缸液压系统中，为了保证两个或两个以上油缸在运动中的位移相同或速度相同，要采用同步回路。理论上两个有效工作面积相同的油缸，在输入流量相等的情况下应能做出同步的运动，但实际上不可能完全同步，即会出现不同步故障。

① 多缸同步液压系统出现不同步故障的原因。

• 油缸存在偏心负载和不稳定的变化负载。

• 油缸的摩擦阻力不等。

• 各油缸缸径误差和加工精度存在差异。

• 油液的清洁度和压缩性差。

• 系统的刚性和结构变形不一致等。

② 串联液压缸的同步回路出现不同步故障的主要原因。

如图 4-103 所示为串联液压缸的同步回路。如果直接将第一个油缸排出的油液送入第二个油缸的进油腔（上腔），若两缸的活塞有效面积相等，便应能实现同步运动。

这种串联液压缸的同步回路出现不同步故障的主要原因有：

• 两油缸的制造误差。

• 空气混入，封闭在油缸两腔中的油液呈弹性压缩，受热膨胀，引起油液体积不同的变化。

• 两油缸的负载不等且变化不同。

• 油缸的内部泄漏不一，特别是当油缸活塞往复多次后，泄漏在两缸连通腔内造成的容积变化的累积误差，会导致两油缸动作严重失调，即使两油缸不同步。

③ 串联液压缸的同步回路常常会出现不同步的排除办法。

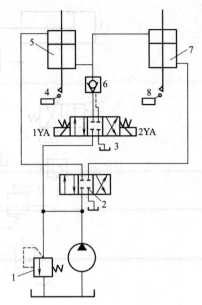

图 4-103 串联液压缸的同步回路
1—溢流阀；2,3—换向阀；4,8—行程开关；
5,7—液压缸；6—液控单向阀

• 尽力减少两油缸的制造误差，提高油缸的装配精度，各紧固件及密封件的松紧程度力求一致。

• 松开管接头，一边向缸内充油，一边排气，待油液清亮后再拧紧管接头，并加强管路和油缸的密封，防止空气进入油缸和系统内。

• 采用带补偿装置的串联油缸同步回路，如图 4-103 所示，在活塞下行的过程中，如果缸 5 的活塞先运动到底，触动行程开关 4，使电磁铁 1YA 通电，此时压力油便经过二位五通电磁换向阀 3、液控单向阀 6，向液压缸 7 的上腔补油，使缸 7 的活塞继续运动到底。如果缸 7 的活塞先运动到底，则触动行程开关 8，使 2YA 通电，此时压力油经阀 3 进入液控单向阀 6 的控制油口，阀 6 反向导通，使缸 5 通过阀 6 和阀 3 回油，使缸 5 的活塞继续运动到底，消除了因泄漏积累导致不同步及同步失调的现象。

(3) 双泵供油的快速回路的维修

如图 4-104 所示，泵 2 为高压小流量泵，流量按最大工作进给速度选择，工作压力由溢流阀 6 调节。泵 1 为低压大流量泵，两泵流量加在一起按快进时所需的流量来选择。快进时，泵 1 输出的油经单向阀 3 与泵 2 输出的油汇合共同向系统供油；工进时，系统压力增高，阀 7（卸荷阀）打开，泵 1 卸荷，单向阀 3 关闭，系统单独由泵 2 供油。阀 7 的调节压力比快速运动所需压力大，但比阀 5 调节工进时的最大工作压力要低。

双泵供油的快速回路常见故障与排除方法有：

① 电动机发热严重，甚至烧坏电动机。产生原因主要是单向阀 3 卡死在较大开度位置，或者阀 3 的阀芯锥面磨损或拉有较深凹槽，使工进时泵 2 输出的高压油反灌到泵 1 的出油口，使大流量的泵 1 的输出负载增大，导致电动机的输出功率增加而过载发热，甚至烧坏。

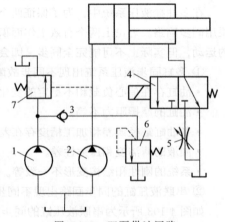

图 4-104 双泵供油回路
1—低压大流量泵；2—高压小流量泵；
3—单向阀；4—电磁换向阀；5—节
流阀；6—溢流阀；7—液控顺序阀

② 低压大流量泵 1 经常产生泵轴断裂现象。原因同电动机发热严重。实践证明，修复单向阀 3，使之运动灵活，阀芯与阀座密合，上述两故障会同时消失。

③ 工作压力不能上升到最高。

双泵供油的快速回路工作压力不能上升到最高的主要原因有：

• 溢流阀 6、卸荷阀（液控顺序阀）7 故障，导致系统压力上不去。

• 泵 2 使用时间较长，内泄漏较大，容积效率严重下降，泵的有效流量比新泵小很多。此时在一般 21MPa 的系统中，压力上升到 10MPa 左右就再也不能上升，修复泵或更换新泵后故障立即排除。

•油缸的活塞密封破损，油缸高低压腔部分串腔或严重串腔，造成压力上不去，可更换油缸密封使故障排除。

④ 低压大流量泵 1 工进时不卸荷。溢流阀 6 的调节压力比卸荷阀 7 的调节压力至少要高 0.5MPa，否则将出现不卸荷的现象。

(4) 蓄能器供油的快速回路的维修

如图 4-105 所示是采用蓄能器供油的快速回路。当系统短期需要大流量时，采用蓄能器和油泵同时向系统供油。这样，可用较小流量的油泵来获得快速运动。

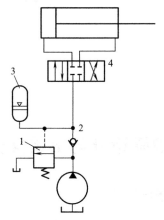

图 4-105　采用蓄能器供油
的快速回路
1—液控顺序阀；2—单向阀；3—蓄能器；4—换向阀

这种回路的故障主要有因蓄能器不能补油而不能提供快速运动，主要产生原因有：

•由图可知，当换向阀 4 处于中间位置时，不停泵向蓄能器供油贮能。如果这一充油时间太短暂，则蓄能器充油不充分，转入快进时能提供的压力流量也就不充分，所以一定要确保在阀 4 中位工作时，留给蓄能器足够的充液时间。

•蓄能器 3 本身的充气压力偏高，在这种情况下蓄能器无法蓄能。此时可检测蓄能器的充气压力并适当放气至规定值即可。

第5章

液压系统的故障诊断与维修实例

5.1 煤矿设备液压故障诊断与维修实例

5.1.1 采煤机液压故障诊断与维修

液压采煤机是比较复杂的机械设备，由于所处的恶劣环境导致其极易发生故障，油液极易被污染，且故障不易查找。

(1) 采煤机液压故障 （一）

液压系统是电牵引采煤机的重要组成部分，它由调高系统、泵站等组成。 MGTY200/500型电牵引采煤机的液压系统，如图 5-1 所示。该系统各部分工作原理及常见故障如下。

① 调高系统。

调高系统是由阀组装配部件与调高液压缸组成的。阀组装配部件是电牵引采煤机的一个重要部件。其主要作用是将乳化液泵站来的压力油液提供给调高系统，为采煤机的调高系统提供液压动力，同时为行走部的制动器提供控制油。阀组装配部件由阀组、支架和压力表组三部分组成。阀组固定在支架上面，由手液动换向阀、电磁换向阀、制动电磁阀、粗（精）过滤器、高（低）压安全阀、高（低）压减压阀、节流阀等组成。该阀组采用集成块形式，内部油路沟通，外部安装各种阀，省去了复杂的外部管路连接，便于安装、维修，另外也缩小了体积。从乳化液泵站来的压力油液通过截止阀、粗过滤器、节流阀进入阀组后分为两路，一路高压油经减压阀减压到 20MPa，从阀组后面的接头通向左、右调高液压缸，为采煤机的调高系统提供液压动力；另一路经减压阀减压到 2MPa，也从阀组后面接出，控制手液动换向阀和制动器，通过制动电磁阀来控制制动器的动作及完成对摇臂升降的控制。

② 泵站的主要液压元件。

a. 手液动换向阀。从乳化液泵站来的压力油液进入手液动换向阀。此阀是手控、液控两种控制方式的 Y 型中位机能三位四通换向阀，可以通过换向使压力油进入调高液压缸的不同油腔，从而完成摇臂的升降动作。

b. 电磁换向阀。在阀组的多通块上装有两个三位四通电磁换向阀。阀的出油口连接在手液动换向阀的控制油口上，通过它的换向，可以使从精过滤器来的低压油作用在手液动换向阀阀芯的一端，改变其工作位置，从而完成对摇臂升降的控制。在阀组的多通块上还装有一个二

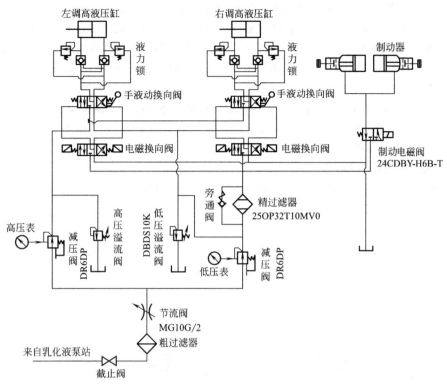

图 5-1 MGTY200/500 型电牵引采煤机的液压系统图

位四通电磁换向阀，通过它的换向，可以利用从精过滤器来的低压油液控制制动器的动作。

c. 溢流阀。本系统装有两个溢流阀，一个为高压溢流阀，安装在系统的高压液路上，调定系统的最高压力为 20MPa；另一个为低压溢流阀，安装在系统的低压液路上。

d. 减压阀。由于本系统的来液压力为 31.5MPa，所以安装有两个减压阀，一个为 DR6DP25X21Y2V 型减压阀，安装在系统的高压液路上，调定系统的最高压力为 20MPa；另一个为 DR6DP25X2.5Y2V 型减压阀，安装在系统的低压液路上，使系统构成一个低压回路。

e. 粗、精过滤器。为了保证系统液质的清洁及元件工作的可靠性，系统中设置了粗、精过滤器。粗过滤器安装在系统的进液口，装有污染指示器，过滤精度 80μm，为自封式压力管路过滤器。当清洗更换滤芯或检修时，只要拧动上盖即可自动切断和开启通路。精过滤器安装在阀组上，过滤精度为 10μm。本滤油器结构紧凑，装有污染指示器、旁通阀，还装有永久磁铁以吸附油中的铁屑，以便提高系统的安全可靠性。

③ 液压系统的安装。

安装注意事项主要是：防爆电磁阀必须有产品防爆合格证；对于液压件，在安装前应进行必要的性能试验，各项技术指标必须达到出厂试验检验标准；外部管路连接要求整齐，不得有死弯；安装后密封面不允许有油向外渗漏。一般安装顺序为先下层零部件，后上层零部件。

④ 液压系统的维护及常见故障。

阀组的日常维护为：经常清洗或更换粗过滤器滤芯；检查外部零件是否损坏，各紧固螺栓是否松动；检查手液动换向阀手柄是否灵活。

阀组是采煤机调高系统的动力源，当液压元件损坏时，将会影响采煤机正常工作。若阀组出现故障，采煤机会发生以下两种情况：一种是不牵引，另一种是摇臂不调高。

a. 采煤机不牵引。不牵引是指在空载工况下，采煤机不能行走。产生这种故障的原因很多，按照故障出现时低压表压力是否下降来分，可以有低压压力不降和低压压力下降两种情况。低压压力不降是由于控制制动器油路的制动电磁阀电控失灵或阀芯憋卡，使制动器处于制动状态，从而导致采煤机无法牵引，此时系统产生不正常声响。低压压力下降，这又分为两种情况，一种为低压油路严重漏损，另一种为低压溢流阀故障。低压溢流阀出现故障可能是由于低压减压阀的阀芯卡住、调节弹簧损坏或调节弹簧座松动，使低压液不能供给制动器，机器不能正常工作。

b. 摇臂不调高。摇臂不调高可能是由于高压胶管损坏或接头松脱；安全阀失灵，使压力调不到所需的值或压力调得过低；调高液压缸内活塞密封圈损坏或缸体焊接脱焊；液压缸的液压锁密封不严，互相串腔；粗过滤器严重堵塞。

(2) 采煤机液压故障（二）

MG 系列采煤机在使用中，牵引部液压系统容易出现不牵引及单向牵引故障。MG 系列采煤机牵引部液压系统，如图 5-2 所示。

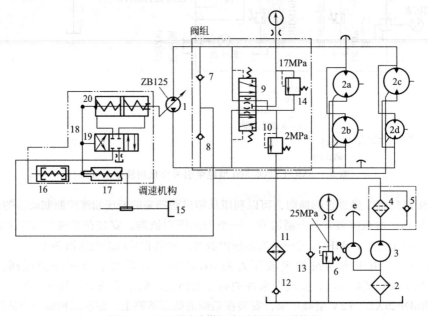

图 5-2　MG 系列采煤机牵引部液压系统图

1—主液压泵；2—粗过滤器；3—辅助泵；4—精过滤器；5,7,8,12,13—单向阀；6—溢流阀；
9—整流阀；10—背压阀；11—冷却器；14—安全阀；15—手把；16—回零液压缸；
17—调速套；18—杠杆；19—随动滑阀；20—变量液压缸

不牵引现象包括两种情况：采煤机割煤时不牵引而走空刀时牵引、不割煤时也不牵引。当采煤机发生上述故障时，应尽快找出故障部位，加以维修。引起采煤机不牵引的主要原因有以下两个方面：

① 低压系统故障。低压系统故障主要包括补油系统、背压及控制系统故障。补油系统故障主要是辅助泵供油压力低于主回路系统低压侧压力或辅助泵不排油。此时主回路系统低压侧油量不足，不能正常工作，造成不牵引现象，当扳动牵引手把时主液压泵有排量。如果低压压力正常，而扳动牵引手把时主液压泵无摆角，则应检查背压压力。若背压压力偏低，则失压阀处于伺服机构两腔串通的阀位，即主液压泵无摆角，采煤机不牵引。

② 高压系统故障。低压系统都正常的情况下，不牵引可能为高压系统故障引起。高压系统故障主要是系统压力达不到调定压力，或是马达牵引行走箱故障而引起采煤机不牵引。

针对采煤机不牵引，具体的故障诊断及排除过程，如图 5-3 所示。

采煤机在工作过程中也常出现单向牵引或一侧牵引无力的故障。出现这种情况可以排除主

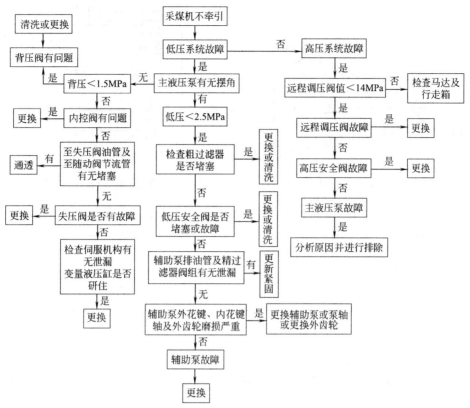

图 5-3　采煤机不牵引故障诊断及排除流程图

液压泵、马达及辅助泵故障，因为一旦上述元件出现故障，采煤机将双向不牵引。对采煤机单向牵引或一侧牵引无力，可按如图 5-4 所示的顺序来诊断处理。

（3）采煤机液压故障（三）

① MXA-300 型采煤机液压传动系统的特点。

MXA-300 型属于国产年产百万吨的综采高产高效液压牵引双滚筒采煤机，但与国外同类产品相比，仍有一定差距，而且经过十几年的生产和使用，发现这种采煤机 80％以上的故障发生在液压系统，其中以牵引部和截割部

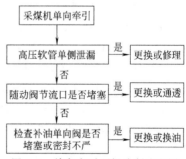

图 5-4　单向牵引逻辑诊断流程图

液压系统最为突出。牵引部液压传动系统如图 5-5 所示，截割部液压传动系统如图 5-6 所示。

在 MXA-300 型采煤机液压系统中，压力大小受负荷的影响较大。工作阻力大，液压系统中压力就大，同时压力损失和泄漏也随之增大。液压传动系统借助油管连接，利用液压油将液压能变成机械能。管路和其他液压元件靠连接螺钉紧固，连接螺钉又靠密封件或间隙实现密封，以减少和消除泄漏。所以，连接不紧、安装位置不正确，都会产生泄漏，而泄漏将严重影响系统的性能。液压系统的工作介质是液压油，油温对系统影响较大，会引起油液黏度变化。

MXA-300 型采煤机液压元件制造精度高、配合间隙小，多数是靠间隙密封，特别是液压泵、液压马达等主要元件，不仅要求密封性能好、动作灵活，而且有些是要借助于油膜以减少金属摩擦。这就要求传动介质——油液中不能有水分、空气、机械杂质等，否则会使元件研损、卡死，发生故障。采煤机的液压系统设有过载和欠压等保护系统，保护系统液压元件的调整值一定要准确可靠，否则会影响机器的正常工作。

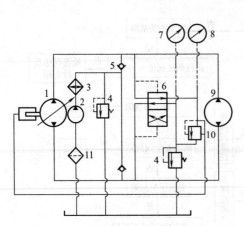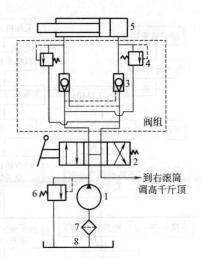

图 5-5　MYA-300 型采惰机牵引部
液压传动系统图

1—主液压泵；2—辅助泵；3—冷却器；4—安全溢流阀；
5—单向阀；6—梭形阀；7—低压表；8—高压表；9—液
压马达；10—高压安全阀；11—吸入过滤器

图 5-6　MXA-300 型采煤机
截割部液压传动系统图

1—液压泵；2—手动换向阀；3—液控单向阀；
4—溢流阀；5—液压缸；6—溢流阀；
7—过滤器；8—油箱

② 常见故障分析与排除。

我们可以根据实践经验，采用听、摸、看、量和综合分析的方法，判断 MXA-300 型采煤机液压系统的故障。

听：当班司机介绍发生故障前后的状态和征兆。

摸：摸发生点的外壳，判断温度变化，判断液压系统有无泄漏。

看：查看运转日志、主要液压元件的使用和更换时间记录、液压系统图及油脂化验单，到现场观察机器运转时液压系统高低压变化、过滤和连接是否可靠。

量：测量流量和温度，检查液压系统高低压变化、油脂污染、主液压泵和液压马达的泄漏和油温变化，检查伺服机构、高低压安全阀、背压阀和保护系统是否正常。

根据以上检查获得的资料进行综合分析，采用先划清部位，先部件、后元件，先外部、后内部，层层解剖的方法查找故障点，找出故障原因，提出切实可行的处理方案，尽快排除故障。

a. 高低压不正常。采煤机液压系统分为高压和低压两部分，高压随负荷的增加而升高，低压是稳定的，不受负荷影响。

• 低压正常，高压下降。当负荷增加时，高压反而降低。这说明液压系统有泄漏，泄漏点在主油路的高压侧，应停机检查。

• 高压正常，低压下降。说明低压系统或补油系统有泄漏，应检查主油路的低压侧和辅助泵及补油系统。

• 高压下降，低压上升。说明液压系统的高、低压串通，应检查高压安全阀、旁通阀、梭形阀是否有漏液，造成高低压串通。

b. 双向不牵引（高压系统压力低）。造成这种故障现象的原因一般从以下几方面考虑：

• 主液压泵或液压马达严重泄漏；

• 高压安全阀或单向阀严重泄漏；

• 伺服机构失灵，如随动阀或控制液压缸不动作；

• 电动机恒功率调速失灵，如功率调速活塞在 V 形槽中卡住；

- 液压自动调速装置失灵，如液压缸泄漏或弹簧损坏等；
- 高压安全阀失灵，如调整压力过低或弹簧损坏等；
- 旁通阀、梭形阀关闭不严，造成高低压串通。

c. 双向不牵引（低压系统压力低）。造成这种故障现象的原因一般从以下几方面考虑：

- 辅助液压泵泄漏严重或损坏；
- 辅助液压泵吸油粗过滤器堵塞，供油困难，压力损失大；
- 牵引部油箱严重缺油，使辅助液压泵吸入空气，造成油压下降或不稳定；
- 高压安全阀失灵，阀泄漏严重；
- 背压阀卡阻或损坏；
- 梭形阀低压侧接头泄漏严重；
- 背吸阀泄漏；
- 欠压保护失灵，欠压保护阀泄漏严重。

d. 单向不牵引。造成这种故障现象的原因一般从以下几方面考虑：

- 伺服机构单向动作，如随动阀单向动作，使主液压泵只能在一个方向摆动；
- 主油路有一个侧管路接头泄漏；
- 梭形阀单向动作，阀体有一头研损，阀芯只能在一个方向动作；
- 高压安全阀有一处或一侧泄漏；
- 旁通阀有一侧泄漏。

e. 牵引力低。造成这种故障现象的原因一般从以下几方面考虑：

- 主液压泵有泄漏，一般泄漏不严重，但继续发展下去会造成不牵引；
- 主油路系统管路接头泄漏，一般为接头密封不严，造成泄漏较多；
- 油温高造成严重泄漏，油温高的可能原因有油脂黏度选择太高、油脂有污染、液压系统泄漏等；
- 伺服机构动作失灵，如伺服机构的随动阀或控制液压缸有泄漏，从而造成主液压泵闭锁不住等。

f. 油液污染所造成的故障。采煤机液压系统的故障约有 60% 是由油液污染造成的，因此，必须经常分析油脂污染情况。

- 牵引部正常油温为 60～70℃，油液混入水后，油液乳化，油的黏度降低，系统泄漏增加，油温迅速上升，如不及时处理就会造成液压系统故障。处理方法：观察牵引部油箱的油位是否上升；抽取油样观察是否有沉淀现象；油进水后分解很快，上部是油，下部是水，这种情况应立即换油。
- 油混入空气后，液压系统会发生气穴，液压泵会发出异常声响，如不及时处理就会损坏主泵及液压系统。处理方法：检查过滤器是否堵塞，吸油管是否有泄漏，牵引部油箱液面是否太低。这些都是造成系统吸空的主要因素，应及时处理。
- 油液混入机械杂质后，会造成过滤器堵塞，如不经常清洗过滤器，机械杂质就会通过单向阀而进入液压系统，使某些液压元件研损，导致液压系统泄漏。处理方法：应每班检查和清洗过滤器，定期抽取油样进行观察和化验。
- 伺服机构动作迟缓，也是由油污染造成的。油被污染，使液压系统泄漏增加，液压系统的压力和流量都要降低。

g. 主液压泵压力不正常、液压马达不转动或输出转矩低。 MXA-300 型采煤机的主液压泵大部分采用轴向柱塞泵，而液压马达基本采用两大类，一类是轴向柱塞式或径向柱塞式液压马达，另一类是摆线液压马达。主液压泵和液压马达是牵引部的关键液压元件，是采煤机液压系统的心脏，若其发生故障将会使整个综采停产，如果对故障分析不准确将会造成恶性循环。

• 主液压泵压力低。其征兆是采煤机牵引力、牵引速度降低，牵引时有脉动现象。造成这种故障现象的原因一般应从两方面考虑：一是主液压泵配油盘和缸体配合面有局部磨损，造成配合面泄漏；二是活塞和缸体配合间隙大，造成活塞排油时液压油从其间隙泄漏。

• 主液压泵压力突然下降为零。其征兆是采煤机在运行中，突然高、低压都下降为零，这说明主液压泵、液压马达的配油盘严重磨损或损坏。

• 主液压泵无压力。其征兆是高压为零，采煤机不牵引。这主要是因为主液压泵泵体断裂或活塞断裂，造成主液压泵不转动。

• 液压马达不转动。原因为配油套和配油轴的配合面磨损，再加上油温升高而使马达抱死。

• 液压马达输出转矩低其征兆是牵引力低。造成这种故障现象的原因一般应从以下几方面考虑·配油套和配油轴的配合面磨损，压力油有泄漏；活塞和缸体配合面有磨损，活塞往复运动时压力油有泄漏；马达的部分弹簧或涨圈损坏，部分活塞不做往复运动。

③ 减少采煤机液压系统故障的措施。

a. 严格执行"四检"制度，即班检、日检、旬检、月检的强制检修制度，及时检修、及时处理。

b. 采煤机司机要根据工作煤质、顶板、底板等地质条件，选择合理的牵引速度，不能超载运行，严格执行操作规程，杜绝一味求产量而违章操作，严格奖惩制度。

c. 一些地方采煤机配件市场混乱，配件质量粗制滥造，维修质检和保障体系不健全。必须杜绝不合格配件，保证产品的维修和翻修质量。

d. 采煤机检修要严格按程序进行，小修、大修后的采煤机，使用单位要有专门的验收人员，检修单位要出具必要的合格证和实验报告，并明确责任人，将有关资料归档备查。

e. 采煤机用油要有专人管理，严格执行原煤炭部颁布的《综采设备油脂管理试行细则》。往井下运油要有专人、专桶，在井下注油时要有防止污染措施，按产品说明书中规定的注油图表按时按量注油。每班要对过滤器进行一次检查或清洗，对牵引部的液压油，每月要进行一次全面化验分析。

（4）采煤机液压故障（四）

MG571DW 型交流电牵引采煤机用电牵引部取代了液压牵引部，采用了计算机控制技术，具有可靠性高、性能先进的特点，是目前中厚煤层综合机械化采煤的理想机型。其常见液压系统故障有：

① 截割部缺油。

a. 原因分析。为防止采煤机在割顶刀时油液倒流回底部油池，造成内部传动零件的损坏，该采煤机在截割部减速腔内采用了分腔润滑结构，利用隔离油封将截割部内部分隔为行星齿轮腔和直齿轮腔两个润滑腔，两个油池互不相通。由于行星齿轮腔有传动轴伸出，易发生漏油，且注油孔为 M30×2 的螺孔，加之腔内所注 N320 齿轮油黏度较大，注油困难，使该润滑腔缺油，造成截割部损坏。

b. 排除方法及结构改进。对注油孔进行改造，在原注油孔的基础上，加设了 ϕ25mm 高压管接头，并使之与外部注油器接通，形成了静压注油装置。同时在腔壁设置放气塞，以确保注油时腔内空气及时排出，减小注油阻力，确保注油效果。采用这一注油方式后，注油量可达 15L/h，即使传动轴出现漏油，其注油量也可满足润滑需要。另外，由于静压注油装置采用了分离式结构，使用时接通，割煤时拆除，使用非常方便，杜绝了因缺油造成截割部损坏事故的发生。

② 牵引部制动频繁。

a. 原因分析。为防止采煤机在工作面倾角超过 20° 时下滑，在牵引电机主轴的操作侧一端装设了液压制动器。当电机停转时，制动器制动；在采煤机工作时，电机转动，制动器应放开。但在实际工作中，由于制动器与牵引电机控制回路不同步，造成牵引电机已送电而制动器无法打开，或相反。由此造成制动器频繁制动，严重时将牵引电机烧损。

b. 排除方法及结构改进。煤矿多为缓倾斜煤层，采煤工作面倾角多在 12°以下，不需要制动，所以将电机与制动器分成两部分。通常只安装电机，正常牵引。当工作面倾角大于 20°时，再装制动器。这样就解决了大部分问题。

③ 液压系统故障。

a. 原因分析。采煤机调高系统为形态结构完全相同的两套液压装置，分别实现左右截割部的升降，如图 5-7 所示。系统操纵阀采用了三位四通电磁换向阀，工作中由于衔铁往复运动阻力较大，造成电磁阀在得电情况下阀芯也难以动作，使截割部难以升降，影响了正常生产。

b. 排除方法及结构改进。重新设计调高系统，用可靠性高的三位四通阀替换电磁阀，采用"一泵带两缸"系统，这样采煤机在其中一套系统失效时另一套调高系统起作用，大大提高了系统的可靠性。

(5) 采煤机液压系统的维修（一）

① 电牵引采煤机液压系统存在的问题。

a. 液压系统的高、低压都是靠一个调高泵来完成的，这样压力极不稳定，会对液压元件产生冲击和振动，影响液压元件的使用寿命。

b. 牵引电机和制动器的启停不同步，经常有烧毁制动器的现象。

② 电牵引采煤机液压系统改进措施。

a. 将调高泵换成双联齿轮泵，可以把系统的高、低压回路分隔开，分别供压，不用一个回路，高压就不会对低压产生影响，系统的压力就相对比较稳定。这样采煤机工作稳定、可靠，不会对液压元件产生冲击。

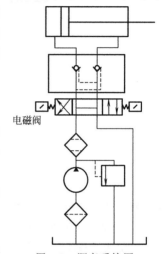

电磁阀

图 5-7　调高系统图

b. 在液压系统的低压回路中串联一个电液压力继电器，如图 5-8 所示。它一端通过主控器与牵引电机相连，另一端串联在低压同路中。电液压力继电器可以设定压力，当液压系统的压力达不到给定的压力值时，制动器打不开，牵引电机启动不起来，从而防止烧毁制动器。

通过采取以上措施，采煤机在使用中完全避免了上述的问题，液压系统工作稳定、可靠，液压元件的使用寿命大大提高，故障率也明显减少了，获得了很好的经济效益和社会效益。

(6) 采煤机液压系统的维修（二）

① 需要解决的问题。

高档普（炮）采工作面的液压系统经常由于采煤面内多把注液枪同时使用，出现供液不足，单体支柱初撑力不能一次性达到要求，对顶板管理造成一定的不安全因素；或因液压泵的安全阀不灵敏，造成压力偶尔过高而爆裂液压油管的现象，影响工作面的正常生产。另外，由于多把注液枪同时出液，液压泵不能及时提供相等压力的液压油，高压钢管内的压力忽高忽低，造成高压钢管频繁地剧烈振动，产生高频噪声，使人烦躁，影响职工身心健康。同时又经常损坏钢管接头的 O 形密封圈，造成系统漏液，既浪费了材料，又影响了工作面的正常生产，给煤矿的经济效益造成了较大的损失。

因此，为采煤工作面提供一个稳定的液压系统，是煤矿安全生产、提高经济效益的要求。

② 新型囊式蓄能器的特点及用途。

新型囊式蓄能器与其他形式蓄能器比较，具有油气隔离、反应灵敏、尺寸小、重量轻、无污染、无公害、搬运方便、易于安装等特点。在液压系统中起储存能量、稳定压力、降低液压

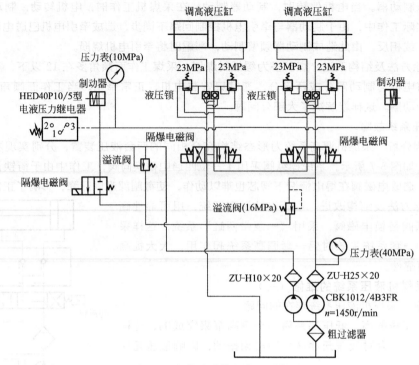

图 5-8　电牵引采煤机液压系统图

泵功耗、补偿漏损、吸收冲击力和脉动压力等多种作用。

③ 新型囊式蓄能器的结构。

新型囊式蓄能器由壳体、胶囊、充液室、充气阀、进出液阀等零部件组成，其结构如图 5-9 所示。

a. 规格参数。煤矿一般选用：设计压力 31.5MPa、壳体直径 0.3m 左右、容积 30L 左右。

b. 工作原理。囊式蓄能器由胶囊、壳体将蓄能器分为气、液两个腔室，胶囊内充氮气（预充压力必须达 10 ~ 12MPa），胶囊与壳体组成的腔室充液压油（一般使用正常的乳化液）。当液压油进入蓄能器壳体时（液压泵压力一般为 18MPa），胶囊内气体体积随着压力的增加而减小（气囊内的压力随体积的减小而越来越大，直到与液压油压力相等），从而使液压油储存起来。若液压系统压力降低，需增加液压油时，则蓄能器在气囊内气体膨胀压力推动下，将乳化油排出给予补充，以达到稳压、补漏的作用。当液压系统压力增加时，高压油又进入充液室，从而始终保持气囊内外的压力平衡。

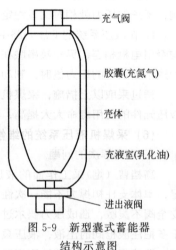

图 5-9　新型囊式蓄能器
结构示意图

c. 蓄能器的安装和连接。蓄能器一般安装在液压泵水箱的上方，通过高压软管连接到主高压钢管，从而起蓄能、稳压、吸收脉动、减振、消除噪声等作用。新型蓄能器与管路的连接示意，如图 5-10 所示。

④ 使用效果。

a. 消除了噪声，高压钢管的剧烈振动消失了。

b. 高压钢管接头的 O 形密封圈极少有损坏。

c. 能量补充较快，液压系统的压力比较平稳。

d. 蓄能器容积越大，稳压、减振效果越好。

⑤ 检查和维护。

蓄能器投入运行后，应定期对胶囊内的充气压力进行检查，发现有漏损应及时补充气体，漏损严重时应查明原因，如胶囊损坏、充气阀密封不严或充气阀座密封不严等，应及时修复或更换。

⑥ 经济效益。

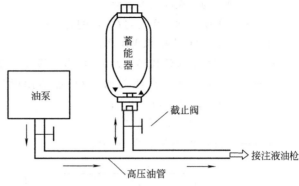

图 5-10　新型蓄能器与管路的连接示意图

a. 每天节约 O 形密封圈至少 10 个。

b. 每换一次密封圈，从查找到换好至少需 10min，若每天换 10 次，把这些时间用于出煤，将产生巨大的经济效益。

c. 单体支柱初撑力得到了保证，这对工作面的顶板管理、安全管理都会带来极大的好处。

5.1.2　液压支架液压故障诊断与维修

(1) 液压支架故障（一）

① 故障现象。

ZY4000/19/37 型掩护式液压支架结构简单，重量轻，便于运输、装拆、调整及操作，是综采工作面所使用的主要架型，在生产中起着重要的作用。但使用中，在连接平衡千斤顶的顶梁耳座处、平衡千斤顶的活塞杆及缸体销轴连接处出现了变形、断裂等一系列严重故障，甚至导致活塞杆断裂的情况高达 13%，如图 5-11 所示。

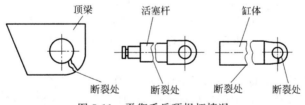

图 5-11　平衡千斤顶损坏情况

② 变形、断裂原因分析。

a. 正常工位时支架的受力分析如图 5-12 所示，正常情况下，支架的顶梁和掩护梁共受到 P、T、W、R 和 f_R 共 5 个力的作用，取顶梁、掩护梁为分离体，各力对前、后连杆延长线的交点 O 取矩，由 $\sum M_0 = 0$，支撑力为：

$$R = \frac{1}{1 - f\tan\theta} P\cos\alpha - P\sin\alpha\tan\theta - \frac{hT}{L} - \frac{CW}{L}$$

取顶梁为分离体，由 $\sum M_0 = 0$，支撑力 1 作用位置 X 为：

$$X = \frac{1}{R}(PL_1\cos\alpha + Th)$$

式中　P——支架立柱总工作阻力；

　　　T——平衡千斤顶工作阻力；

　　　W——冒落矸石作用于掩护梁上的力；

  f——顶梁与顶板间的摩擦因数；

  h——平衡千斤顶作用力对 O_1 点的力臂；

  L——O 点与 O_1 点的水平距离；

  L_1——立柱中心线延长线与通过 O_1 点的顶梁平行线之交点至 O_1 点的水平距离；

  θ——O_1 点与 O 点连线与通过 O_1 点的顶梁平行线的夹角，在顶梁平行线以下为"＋"，以上为"－"；

  α——立柱倾角，前倾取"＋"，后倾取"－"；

  C——矸石力 W 对瞬心 O 的力臂。

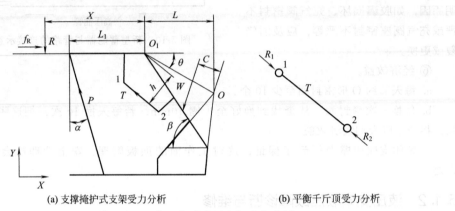

(a) 支撑掩护式支架受力分析   (b) 平衡千斤顶受力分析

图 5-12 正常工位时液压支架受力分析

  平衡千斤顶的两腔都可能承载。当活塞腔承载时，推顶梁，T 为正值；当活塞杆腔承载时，拉顶梁，T 取负值。正常情况下，平衡千斤顶与顶梁和掩护梁铰接处的力 $R_1 = R_2 = T$，R_1、R_2 分别为顶梁与平衡千斤顶、掩护梁与平衡千斤顶铰接处所受到的力。

  b. 非正常工位时平衡千斤顶的受力情况如图 5-13 所示。以平衡千斤顶为分离体，当支架处于"挑大炮"的不正确工位时，平衡千斤顶不仅受到工作阻力 T，而且由于平衡千斤顶活塞杆和顶梁或缸体与掩护梁干涉，假设受到的合力为 Q，按一般情况考虑，该力不一定通过平衡千斤顶的中心线，也不一定垂直于平衡千斤顶，故按照力的平移原理，平衡千斤顶将附加受到平行于千斤顶的力 Q_x、垂直于千斤顶的力 Q_y、弯矩 $Q_y t$ 和扭转力矩 $Q_x t$，t 为力 Q 偏离中心轴线的距离。

  平行于千斤顶的附加力 Q_x，增加了千斤顶的工作阻力，此时 $R_1 = R_2 = T + Q_x$，使销轴连接处的受力增加；垂直于千斤顶的附加力 Q_y 和弯矩 $Q_y t$ 使平衡千斤顶产生弯曲应力，使活塞杆或缸体受到弯矩作用，产生断裂现象。同时，该力也增加了销轴连接处的力，与 T、Q_x 共同作用，恶化了销轴处的受力情况，使支耳更易磨损变形甚至断裂；而扭转力矩 $Q_x t$ 使平衡千斤顶绕轴线方向扭转，出现使活塞杆扭断等一系列故障。

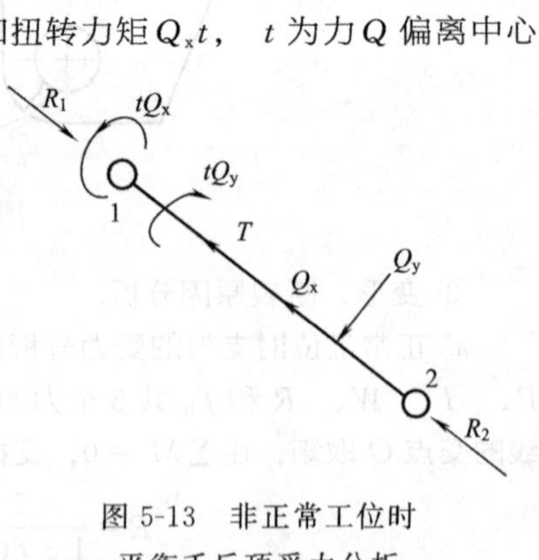

图 5-13 非正常工位时平衡千斤顶受力分析

  ③ 小结。

  不正确的工作位置对支架的受力很不利，不仅额外增加了平衡千斤顶的工作阻力，而且使与平衡千斤顶相连接的部位受到附加载荷，产生弯曲和扭转变形，对液压支架的工况不利，造成液压支架使用寿命缩短。因此，必须严格按照支架操作规程进行操作，使支架顶梁保持水平，在顶板不平整的恶劣工况下严禁"挑大炮"；对于已经出现变形的支耳座，应及时修复，以免最终断裂，造成永久损坏，影响生产并给企业造成经济损失。

支架设计人员必须从现场支架的损坏情况中重新校验平衡千斤顶、各连接支座及各连接销轴的强度，坚持支座强度最大、平衡千斤顶强度次之、连接销轴强度最弱的原则，保证设备未按操作规程使用而发生故障时首先损坏销轴。这样能起到保护平衡千斤顶和支架支座的作用，避免出现平衡千斤顶首先损坏，甚至发生生产现场无法解决的支座断裂的严重故障，以最大限度保证支架的正常使用，延长支架的服务年限。

(2) 液压支架故障（二）

立柱是液压支架的主要承力构件，其性能的好坏，对井下工作面的顶板维护和安全生产起着极其重要的作用，因此，找出立柱的损坏原因，使损坏降到最低点，有着十分重要的意义。液压支架的立柱结构有单伸缩型、双伸缩型、单伸缩带机械加长段型三种，在此以双伸缩立柱为研究对象，根据各种损坏形式，找出其损坏原因，提出预防措施。

① 立柱损坏形式。

根据多年支架大修统计，每套支架大修时立柱的损坏形式及其所占比例，如表 5-1 所示。

表 5-1　立柱的损坏形式

损坏形式	所占比例	损坏形式	所占比例
外缸、中缸局部胀缸，上、下腔串液	3%	导向套与缸体连接处的密封面损坏	1.5%
中缸、活柱弯曲	4%	外缸、中缸内壁锈蚀、磨损	5%
外缸、中缸内壁轴向划伤	3%	电镀面碰伤、划伤、镀层脱落	20%
导向套与缸体连接螺纹损坏	1.5%		

双伸缩立柱由外缸、中缸、活柱、底阀、导向套、活塞等部分组成，其结构如图 5-14 所示，技术参数见表 5-2。

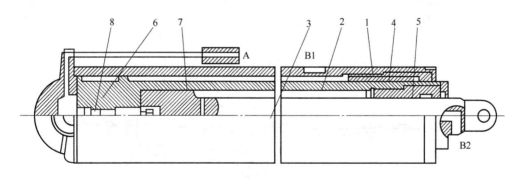

图 5-14　双伸缩立柱结构图
1—外缸；2—中缸；3—活柱；4,5—大小导向套；6,7—大小活塞；8—底阀

表 5-2　双伸缩立柱技术参数

立柱类型	外缸/cm	中缸/cm	活性/cm	工作阻力 /kN	外缸内压 /MPa	中缸内压 /MPa	总长 /cm
	外径×内径×长度	外径×内径×长度	直径×长度				
ZFS5100	$\phi24.5×\phi20×125$	$\phi19×\phi16×90$	$\phi14×110$	1200	38.2	60	335
ZZ560K	$\phi27.3×\phi23×128$	$\phi22×\phi18×93$	$\phi16×123$	1372	33	54	335.1
ZZP5200	$\phi27.3×\phi23×124$	$\phi22×\phi18×91$	$\phi16×128$	1300	31.3	50.9	321.6

② 工作原理。

a. 升柱。当操纵手柄扳到升柱位置时，由操纵阀来的高压液通过管接头进入一级缸（外缸)的活塞腔，使二级缸（中缸）首先伸出。一旦二级缸的活塞碰到导向套，二级缸活塞内的液体就上升，打开底阀（单向阀)使压力液进入二级缸的活塞腔，活柱伸出，此时，初撑力为二

级缸的面积乘以供油压力,如图5-15 (a)。

b. 立柱承载。顶梁与顶板接触后,顶板压力由顶梁传到活柱上,由于压力液被底阀封闭,活柱不能回缩,因此压力转到二级缸底上。此时,一级缸活塞腔的压力随顶板来压而升高,直到超过立柱工作阻力(即安全阀额定工作压力)时,安全阀开始卸载,二级缸收缩。当压力降到低于安全阀额定工作压力的90%时,安全阀关闭,立柱开始承载,在二级缸未完全缩回以前,压力的传递和安全阀的动作就这样反复进行。当二级缸降到最终位置时,底阀的阀杆接触缸底,底阀打开,二级缸活

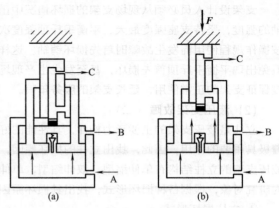

图5-15 立柱工作原理示意图

塞腔的压力液进入一级缸活塞腔(实际使用过程中达不到这种地步),这部分压力液又将二级缸升起一定距离,底阀离开缸底后又关闭。若顶板压力又超过立柱的工作阻力时,安全阀又动作,二级缸又降到最终位置,底阀又打开。这样反复动作,保证了立柱的承载在其工作阻力范围之内,如图5-15 (b)。

③ 立柱损坏原因分析。

因电镀面碰伤、划伤、镀层脱落而损坏的立柱,原因比较明显。通过对缸体的强度校核、立柱的稳定性验算,以及通过分析横向力的来源,我们可以发现立柱损坏的原因。在理想的受力状态下立柱稳定性的富余量不太足,再加上立柱是一个组合体,在活塞与缸筒、活柱与导向套、中缸与导向套之间存在间隙,特别是横向力的出现,使立柱的活柱在受轴向力的同时,还受到一弯曲应力的影响。当压、弯应力超过其许用应力一定值时,活柱或中缸就会产生永久性弯曲变形。产生弯曲变形的活柱或中缸在做伸缩运动时,就会对其配合面产生机械划伤。同时也致使外缸、中缸缸口形成椭圆形,造成连接螺纹损坏,密封面失效。活柱、中缸弯曲变形示意如图5-16所示。

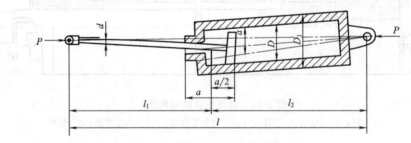

图5-16 活柱、中缸弯曲变形示意

④ 预防立柱损坏的措施。

a. 厂家设计的问题,如胀缸、稳定性能差等,建议生产厂家加大设计的安全系数,使选用的安全系数符合设计手册的要求。

b. 为防止立柱横向力的产生,使用单位和检修单位要尽量防止支架倾斜。使用单位应定期清理立柱柱窝异物,合理调整支架与支架间的距离,定期检测立柱安全阀的动作压力。检修单位要严格执行四连杆销轴的报废标准,使大修好的液压支架符合相关标准规定。

(3) 液压支柱故障(一)

① 单体液压支柱损坏原因分析。

单体液压支柱主要由顶盖、三用阀、活柱体、液压缸、复位弹簧、活塞、底座等部件组成。这些部件均有一定的使用寿命，超期使用，势必要造成部件损坏。同时，由于现场操作不当也会加快部件损坏。表 5-3 是某单体液压支柱损坏情况统计。

表 5-3　单体液压支柱损坏情况统计

项目	超期使用	搬运操作不当	使用不当	乳化油管理不善	其他	合计
数量	8014	1860	2423	4286	2052	18635
比例/%	43	10	13	23	11	100

由表 5-3 可以看出，损坏原因主要有：

• 超期使用。超期使用支柱，由于部件长期磨损，支护性能大大降低。

• 搬运操作不当。新安装的工作面，入井单体液压支柱均经过检修、试压，基本上处于完好状态，而这些大量的支柱，在装与卸的诸多运输环节中，多次摔碰，人为损坏。

• 使用不当。回采工作面现场使用不当，也是造成单体液压支柱损坏的主要原因。

• 乳化液质量差，配比浓度偏低。乳化液作为单体液压支柱的工作介质，具有润滑、防腐、防锈的作用，按照适当配比，可有效保护单体液压支柱，延长其使用寿命。乳化液浓度偏低，支柱很容易腐蚀损坏，大大缩短了使用寿命。

• 其他原因。支柱钻底严重，在采用机械回料时，易拉断支柱。另外，在轻型液压支架综采面，超前支护仍然采用单体液压支柱扶棚，由于泵站压力一般在 30MPa 以上，很容易损坏支柱。

② 减少单体液压支柱损坏的相应对策。

单体液压支柱管理是安全生产管理中的主要工作。这就要求既要严把进矿单体液压支柱、乳化液质量关，又要狠抓现场操作和支柱维修管理，以期达到标本兼治的目的。要着重采取以下措施。

• 加快支柱更新步伐，从长远考虑，着眼于安全生产，统筹安排，保证资金到位，杜绝支柱带病工作。

• 注重维修，提高维修质量。更新单体液压支柱维修设备，从根本上提高支柱维修质量。建立健全维修责任制。使用单位与维修单位必须签订质量保证合同，确保质量过关。

• 严把乳化液进货关，加强乳化液管理。做到集中进货，堵塞假冒伪劣产品流通渠道。提高回采工作面乳化液配置质量。狠抓现场落实兑现，确保乳化液使用合格。

• 搞好培训，提高现场工人操作技能。

(4) 液压支柱故障（二）

① 支设时活柱不从缸体伸出或伸出很慢。

a. 故障原因。

• 乳化液泵站无压力或压力低。

• 截止阀关闭。

• 注液嘴被脏物堵塞。

• 密封失败。

• 注液枪失灵。

• 管路滤网堵塞。

b. 消除方法。

• 检查泵站。

• 打开截止阀。

• 清理注液嘴。

• 检查 Y 形圈及各处 O 形密封圈。

- 检查注液枪。
- 清洗过滤网。

② 活柱降柱速度慢或不降柱。

a. 故障原因。

- 复位弹簧掉了。
- 液压缸局部有凹陷。
- 活柱表面损坏。
- 防尘圈损坏。

b. 消除方法。

- 更换或挂好复位弹簧。
- 更换液压缸。
- 更换活柱。
- 更换防尘圈。

③ 工作阻力低。

a. 故障原因。

- 安全阀开启压力或关闭压力低。
- 密封件失效。

b. 消除方法。

- 检查安全阀。
- 更换密封件。

④ 工作阻力高。

a. 故障原因。

- 安全阀开启压力高。
- 安全阀垫挤入溢流间隙。

b. 消除方法。

- 重新调整安全阀。
- 更换安全阀垫。

⑤ 乳化液从手把体处溢出。

a. 故障原因。

- 活塞上的 O 形圈损坏。
- Y 形圈损坏。
- 液压缸变形或镀层损坏。

b. 消除方法。

- 更换 O 形圈。
- 更换 Y 形密封圈。
- 更换液压缸。

⑥ 乳化液从底座处溢出。

a. 故障原因。

- 底座的 O 形圈损坏。
- 液压缸变形、镀层损坏或密封面生锈。

b. 消除方法。

- 更换 O 形密封圈。
- 更换液压缸。

⑦ 乳化液从柱头中处溢出。

a. 故障原因。

• O 形密封圈损坏。

• 柱头密封面损坏。

b. 消除方法。

• 更换 O 形密封圈。

• 更换活柱体。

⑧ 乳化液从单向阀、卸载阀溢出。

a. 故障原因。

• 单向阀、卸载阀损坏。

• 单向阀、卸载阀密封面污染。

b. 消除方法。

• 更换单向阀、卸载阀。

• 清洗单向阀、卸载阀。

(5) 液压支柱的维修

① 液压缸修复方案的选择。

通过对单体液压支柱大修的数据分析和调查，发现导致支柱密封失效的位置一般出现在活柱-活塞、顶盖-液压缸等处的密封配合上，而主要故障集中发生在液压缸-活柱间，如图 5-17 所示。支柱工作性能的可靠性很大程度上取决于该密封点的工作能力。

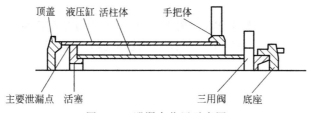

图 5-17　泄漏点位置示意图

液压缸作为单体液压支柱的一个非常容易受损的部件，缸体内腔以锈蚀泄漏为主，同时工作和搬运时的磨损、磕碰也会使得内腔尺寸增大、缸体变形，从而导致密封失效，因而对其修复方法的合理选择具有特别的意义。

a. 液压缸内壁镶不锈钢套工艺。由于不锈钢具有很强的防腐能力，代替液压缸易于腐蚀的内表面，大大增强了支柱的抗腐蚀能力，提高了支柱的使用寿命。该工艺先将 $\phi100$ 孔的内径在原部位去掉一定厚度材料后，镶入不锈钢套，经旋压而完成定径，再用机加工恢复其内径尺寸和粗糙度等级。不锈钢套为定型产品，有壁厚 0.8mm 与 0.6mm 两种，根据使用经验，可选用规格为壁厚 0.8mm 的钢套，镗 $\phi100$ 孔时镗刀头的尺寸调整为 $\phi100_{-0.48}^{-0.45}$ mm，镗完内孔后将不锈钢套嵌入缸体，多余不锈钢材料割除。旋压是最后一道工序，实际上是通过旋压头上的滚柱对不锈钢套表面进行挤压，使缸套产生塑性变形，从而使钢套紧贴地贴在缸体内壁上。旋压是通过压力使不锈钢套延展变形、阻力变大，完成后的尺寸公差和内腔表面粗糙度应分别达到 $\phi100_{0}^{+0.06}$ mm 和 $Ra3.2\mu$m。采用该工艺修复液压缸后，支柱的大修维修期延长 60% 以上，同时质量稳定可靠。

b. 液压缸热喷涂修复工艺。 ZD-1 粉末涂料是一种非金属材料，具有优良的防腐耐磨性能，将它加热后，喷涂在液压缸内孔表面上作为防腐层，能彻底消除电镀金属层带来的阳极腐蚀。待修液压缸经过冷挤扩径、整形、热喷涂 ZD-1 粉末涂料、珩磨、检验多道工序后，即可出厂。

本工艺克服了镗削扩孔的繁杂工序，减少了机加工量，也避免了缸壁减薄问题，并由于液压缸在"冷挤扩径"过程中始终处于拉应力状态，因而兼有"冷挤硬化"效应，减少弯曲变形，提高了液压缸强度。

② 密封方式选用方案。

通常液压缸活柱之间采用 Y 形密封圈密封。在支柱工作时，乳化液由三用阀注入缸体内部，活柱与液压缸相对运动，由于液压缸筒体径向位移量的作用，其动密封点（Y 形密封圈处）始终处于密封松弛状态，支柱内腔压力越高，液压缸筒体的径向位移量越大，密封点密封越松弛，同时，密封泄漏的可能性越大。在顶板快速来压，附加较大冲击载荷时，使得液压缸内腔压力瞬时增高 50%以上，液压缸筒体径向位移量相应加大，液压缸筒体内表面与 Y 形密封圈的密封更加松弛，造成密封泄漏。

大修中，可使用具有自动补偿功能的密封圈，对于存在内径胀大超差、表面粗糙度下降 1~2 级、缸体内壁麻坑直径小于 2mm 或表面涂层脱落等缺陷的液压缸，均能达到良好的密封效果。其具体工作原理是通过将高压乳化液引入密封圈内部，随着支柱内腔压力的升高，密封圈与液压缸的接触面增大，从而在液压缸磨损处实现密封补偿，加强了密封效果。采用密封补偿和密封胀紧的方式，有效减少了 Y 形密封圈处的泄漏，减少了密封更换频率及维修次数，具有良好的经济效益。

5.1.3 提升机液压故障诊断与维修

(1) 提升机液压站故障

① 液压站的作用。

在提升机正常工作时，产生工作制动所需的油压，使制动器能产生制动力矩，实现工作制动和速度控制（对交流绞车）。在发生异常时，能使制动器迅速回油，产生安全制动，并能实现二级制动。

② 故障分析及处理。

a. 液压泵故障。

• 叶片泵不上油是由于液压泵存放时间过长。只要把管道拆开，从管口加入油，使其流入泵内就能使泵上油。

• 泵吸入空气使油压不稳。首先检查泵的端盖是否拧紧或漏装密封圈，要将螺钉拧紧并装上密封，但拧紧的程度一定要以泵的主轴用手转动自如为准。再检查管道是否密封。

• 泵不上压要检查配油盘是否研过，如研过用细油石把它打磨平即可。

b. 电液调压装置故障。

• YF-B20B 型溢流阀主阀芯和阀体配合间隙最大为 0.006mm，如果阀芯和阀体相互磨损，间隙大于 0.006mm，会使上压迟缓，只能更换新阀。如果间隙合格，但溢流阀不起作用，可将溢流阀拆下，用汽油清洗各零件，把各小孔内的脏物清除干净，并检查先导阀的锥阀锥面是否有沟槽，各密封圈均完好后即能使用。

• 喷嘴和控制导杆相接触的两平面不平。可用标准 M12 的丝规拧在喷嘴的螺纹上，使丝规露出喷嘴端面一点，用细油石以丝规的平面作基准，细心磨平喷嘴端面。控制导杆的端面不平时可上车床加工，使原端面和导杆的轴线垂直，车该端面，但只允许修平，不能车得太多。

• 电液调压装置上压缓慢。原因是可动线圈受外力后不圆，上下动作时摩擦磁钢；控制导杆上下动作时，摩擦十字弹簧的中心孔。应更换线圈，或把控制导杆装配到十字弹簧中心孔的中央，使它不摩擦孔边即可。

• 残压大。降低残压有两种方法：第一种是可以调节控制导杆与喷嘴之间的距离，把杆往上调，残压就可降下来；第二种是把调压装置下的过滤器端盖拆下，找到铜制的阻尼环，用锤子把环砸紧即可。

c. 液动换向阀故障。

两台泵同时开启时要相互换向，若有一台泵不供油，主要是液动换向阀的两个换向弹簧位置装错，把两弹簧更换位置即可。

d. 二级制动油压保不住。

主要原因是溢流阀、减压阀不起作用，有脏东西卡住，拆下后用汽油清洗各零件和小孔即可。如该阀正常，但二级制动仍不保压，则要检查弹簧蓄力器活塞是否有渗漏，若有渗漏应更换密封圈，无渗漏则清洗单向阀。总之应使二级制动保压系统在保压过程中没有渗漏。

e. 二级制动时，一级油压冲击太高，而且降不到原先调定的 p_1 值。原因是溢流阀的调压值比减压阀的调压值要高得多。

主要原因是调 p_1 的方法不对，在调 p_1 时应该把两阀的调压弹簧都拧松，从低往高调压，先调减压阀再调溢流阀，一级一级往上调，如果溢流阀往上调后再往回拧，压力表指针往回转，则把溢流阀的手柄再往上拧一点，就说明两阀调在一个 p_1 值上，但设计要求将溢流阀稍稍拧过头一点，使溢流阀调定的油压值比减压阀调定的油压值大 0.2 ~ 0.3MPa 为好。

f. 油压波动不稳。

故障原因：一是系统中混入空气，要排空气；二是有可能供给 KT 线圈的 24V、 0 ~ 250mA 的电流滤波不好，直流电中常有交流成分，使线圈上下振动形成油压不稳。用电解电容加强滤波，去掉交流成分即可。

g. 操作台上制动手把空行程太大。

刚推制动手把时，油压过高，而手把末段行程油压没有变化，下放重物时带不住闸（对交流绞车）。这主要是由于油压与电流的跟随性没调好。只需将油压对应的电流值从低向高一级一级往上调即可。

③ 液压站日常使用维护注意事项。

- 定期清洗过滤器（必要时更换滤芯）、管路、各阀，使系统畅通。
- 液压油的质量要得到保证。每次换油前，液压油一定要检验，不合格的严禁使用，且加油时一定要用过滤网。
- 要保证足够的油量，经常检查液面的位置，要确保液面在两刻度线之间。
- 要定期检验正在使用的液压站的油质，检验不合格要立即更换。
- 正确使用两套制动装置。要定期调换，以确保备用泵的正常工作，在另一台泵不能工作的情况下起到备用作用。

(2) 提升机液压系统故障分析

① 故障的排查方法。故障的排查应遵循整体判断、全面分析、局部判定的原则，其方法如下。

- 根据故障产生的现象，判断故障类型，并加以分析。
- 通过分析系统的传动流程及原理，判断故障部位。
- 分析关联部件。
- 通过分析系统原理图，对故障产生的原因进行全面分析判断。
- 提供系统正常运行的必备条件。
- 针对故障可能产生的原因进行排查。
- 确定故障的原因及部位。
- 按照系统运行条件的先后顺序进行故障处理。

② 故障分析。当液压马达异常声响、马达的两连接管路异振、系统压力有波动时，按照以下过程排查故障。

• 根据故障产生的现象初步判断其类型为系统压力故障。

• 其故障部位为供油压力管路、液压马达及系统压力油液。与故障部位有直接关系的有液压马达、高压溢流阀、压力管路中的中位旁通阀、轴向柱塞泵、系统压力油等。

• 考虑系统中有压力波动现象，首先对油质进行澄清试验，对压力阀进行检查。经检查，液压油太脏，压力阀有堵塞。清洗整个压力系统后，更换新油，检查系统的各传动部分，为系统正常运行提供条件。

• 针对系统故障，经分析、排查，确定故障原因为油质太脏、高低压关闭不严密、液压马达调整不当，其部位为液压马达、系统液压油、中位旁通阀。

• 系统更换新油。将中位旁通阀进行研磨调整后，解决了压力波动和高低压管路异常振动的故障，同时液压马达的声响有所减轻。将马达的微调螺钉调节后，液压马达工作正常。

(3) 提升机的维修

① 液压系统调试不当造成断绳跑车。

某煤矿主井坡度为14°，使用的提升机型号为JTB1.6×1.2-24，配用T214A.O型液压站，工作压力为5.4MPa。由于对液压系统调试不当，在安全制动突然断电时，发生了断绳跑车事故。分析跑车事故发生的原因，是冲击力超过了钢丝绳的整体拉力。造成冲击力过大的原因是松绳过多，即制动减速度大于自然减速度。

提升机所配用的T214A.O型液压站具有二级制动功能，但由于调试维护不当，一级制动油压及时间选择不合适，造成制动减速度大于自然减速度。

一级制动油压及延时时间经按规定公式计算，上提重物时最大静荷重旋转力矩为$M_{max}=33626.86$N·m。《煤矿安全规程》规定提升绞车的常用闸和保险闸制动时，所产生的力矩与实际提升最大静荷重旋转力矩之比不应小于3。经计算全松闸系统的油压$p_x \geq 4.1$MPa。计算或查取系统总变位质量$\sum m=44094$kg，提升机的自然减速度$A=2.51$m/s。因此，液压站应采取的一级制动油压$p \geq 2.78$MPa，制动延时时间$t=1.44$s。

一级制动油压可调成系统使用压力的1/3～1/2，按使用系统压力为5.4MPa计算为1.8～2.7MPa。但在应用中，应根据实际提升荷载计算选择。通过以上分析，计算系统全松闸压力$p_x \geq 4.1$MPa，实际使用5.4MPa，并不影响一级制动油压的调定。故一级制动油压按计算结果调在2.8MPa，时间为2s，通过生产实践观察，可以保证二级制动的可靠性，保障了生产安全和设备运行安全。

② 蓄能器的应用。

液压站是矿井提升机重要的安全和控制部件，用来为提升机的盘式制动器提供高压控制油。某煤矿使用GKT1.6×1.5-20型提升机，其液压站为T414型，在实际使用中常出现无油压或达不到所需压力值等故障，而液压系统又很复杂，查找故障既困难又费时费力，严重影响矿井安全和生产。

为提高提升机制动的可靠性，对液压系统进行了以下几个方面的改进。

a. 喷嘴挡板式调压装置改成电液比例溢流阀调压装置。为了提高提升机工作制动的可靠性，改善其调压性能，把原来十字弹簧控制的喷嘴挡板式调压装置改换成电液比例溢流阀调压装置。电液比例溢流阀由比例电磁铁、压力先导阀、主阀以及安全阀等组成，由比例电磁铁产生与输入电流成正比的力作用在压力先导阀的阀芯上，改变其节流孔的大小，从而控制压力阀进口的压力。这种装置具有结构紧凑、调压稳定、线性度好、跟随能力强、动态性能优良等特点。

b. 在液压系统中增设蓄能器后，系统工作时，一部分压力油进入A、B油路，打开提升机制动器，提升机即可开车运行；另一部分压力油通过顺序阀进入蓄能器，为安全制动储备压力能，并起到补油作用。增设压力继电器（或电接点压力表）进行残压保护，如提升机在停车状态系统残压超过所设定的压力值时，能够实施安全制动，从而提高了工作制动的可靠性。

　　c. 对液压系统进行简化。在满足系统功能的基础上，可以对液压系统及元器件进行简化，如采用集成阀块连接液压元件，以减少管路数；电磁阀选用结构最简单的二位二通电磁阀，降低元件出现故障的概率；设置电磁阀的故障监测功能，利用非接触传感器监测电磁阀阀芯的动作，当电磁阀的动作出现故障时，能够实施安全制动，并提供报警信号，显示发生故障的电磁阀。这样不仅提高了元器件的可靠性，而且给液压站的维修带来极大的方便。改进后的液压系统，如图 5-18 所示。

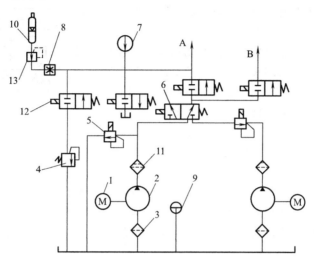

图 5-18　改进后的 T414 型液压站液压系统图

1—电机；2—泵；3—滤油器；4—溢流阀；5—电液调压装置；6—电磁换向阀；7—压力表；
8—节流阀；9—温度计；10—蓄能器；11—精滤油器；12—二位二通电磁阀；13—顺序阀

　　d. 电控部分采用可编程控制器控制。液压系统的电控部分采用可编程控制器（PLC）控制，代替原有的继电器-接触器控制系统，同时利用可编程控制器的程序，设置电磁阀故障、残压过高、滤油器压差过高以及液压油黏度过高等故障显示功能，不仅给液压站的维护带来了方便，而且可以提高电控系统的可靠性。

5.2　起重机液压故障诊断与维修实例

5.2.1　汽车起重机吊臂液压故障诊断与排除

　　NK160 型汽车起重机吊臂变幅液压回路，如图 5-19 所示。

　　起重机吊臂变幅机构主要用来改变作业半径（随之也会改变作业高度），要求它能带载变幅，并且变幅动作平稳可靠。如图 5-19 所示为 6 和 7 处于中位，此时齿轮泵 4 卸荷，以减少非工作状态时的功率消耗，防止温度升高，平衡阀 8 也称限速液压锁，起锁定作用，用于防止重物自行下降，平衡阀 8 安装在液压缸的底部，可防止管路及换向阀的泄漏使重物产生过大的下沉量。

　　当手动联动换向阀 6 和 7 处于左位时，齿轮泵 4 输出的压力油经平衡阀 8 中的单向阀进入变幅液压缸 9 和 10 的下腔，使活塞杆伸出，因变幅液压缸 9 和 10 两缸铰接并联于起重臂上，基本上保持同步运动，此时吊臂仰角增大。当手动联动换向阀 6 和 7 处于右位时，齿轮泵 4 输出的压力油直接进入变幅液压缸 9 和 10 的上腔，同时，进入顺序控制油路的控制油将顺序阀打开，于是，变幅液压缸 9 和 10 下腔的回油便能经顺序阀回油箱，随着活塞杆缩回吊臂仰角变小。

该回路曾出现过这样的故障现象，即在发动机供油量不变、变幅换向阀开度不变的情况下，吊臂下降速度不稳，并越降越快，同时发动机转速自动增高，而且吊重越大，这种现象越明显。

面对这一系列异常现象，在确定发动机运转正常，与故障无关之后，对变幅液压回路作了下列分析：

• 吊臂能够实现降幅动作说明平衡阀上的控制活塞能将顺序阀打开，控制部分无问题。

• 降幅速度不稳，越降越快，以及吊重越大，症状越明显，这些现象充分说明顺序阀开启后，使油缸下腔的油液无控制地直通油箱，阀芯对油路通道没有起调节与限速作用。

• 发动机转速的增高，是由于下降无阻力。泵出口负载下降，发动机负载也下降，在供油量不变的情况下，发动机转速必然增高，可见，发动机转速增高也是由顺序阀故障引起的。

综上所述，可知顺序阀失去控制液流速度的作用。将平衡阀拆下，对其顺序阀部分解体检查发现，顺序阀的调压弹簧已折断。更换新弹簧后，故障消除，变幅机构与发动机构均可正常工作。

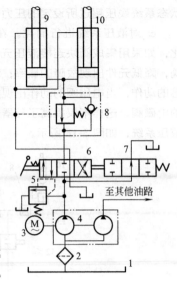

图 5-19　NK160 型汽车起重机
吊臂变幅液压回路

1—油箱；2—过滤器；3—发动机；
4—齿轮泵；5—溢流阀；
6,7—手动联动换向阀；
8—平衡阀；9,10—变幅液压缸

5.2.2　汽车起重机转向助力机构故障的排除

浦沅 QY50H 型汽车起重机出现了方向机转向沉的故障，判断其转向助力液压系统出现了故障。更换齿轮泵，方向机一侧方向的转向性能有所改善，但另外一侧转向未见好转。又对换向阀进行了解体，解体后发现阀体出现划痕，阀芯、阀面损坏。更换换向阀后检查液压油，发现液压油中有金属屑沫，且滤芯上杂质较多。更换液压油和滤芯，清洗液压系统，转向系统恢复正常。

（1）系统原理

该汽车起重机转向助力机构液压原理，如图 5-20 所示。该系统液压油箱安装于发动机右前方，液压泵直接安装于发动机上。进油滤芯位于油箱底部，单向阀位于齿轮泵上，溢流阀和换向阀位于整体式转向机内，转向机结构为蜗轮蜗杆和与之联动的 H 型中位机能换向阀。

液压油通过滤芯和单向阀进入齿轮泵。H 型换向阀中位可以使泵卸荷。工作时，通过方向盘控制阀芯位移，改变流量与流动方向，推动或拉动转向连杆机构，实现助力转向。当方向打到底或方向定位于一定角度时，为限制系统工作压力，转向机内部的溢流阀溢流。

（2）故障分析

结合转向助力系统故障的表现形式和系统原理图，仔细排查系统中的每个元件，首先检查齿轮泵的

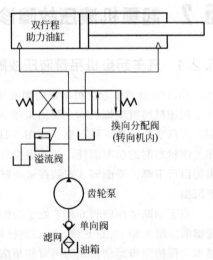

图 5-20　浦沅 QY50H 型汽车起重机转向助力机构液压原理

输出压力，发现输出压力降低。齿轮泵经过较长时间的使用和磨损，内泄增加，传递到助力油缸的压力下降，导致起重机转向逐渐发沉。

齿轮泵磨损产生的屑沫进入液压油循环系统。随着时间的推移，磨损越来越严重，产生的碎屑越来越多，流经换向阀时划伤阀芯和阀体的接合面，破坏了密封，损坏了换向阀。回到油箱的液压油流经滤芯时，部分杂质附着在滤芯上，导致滤芯需要更换。

(3) 利用特征信息诊断故障

① 齿轮泵出现故障时会有以下几种特征信息：泵出油管比正常时压力低，转向逐渐变得沉重，油箱液压油液出现翻腾，检查发现液压油箱金属颗粒增多。

② 滤芯堵塞时会有以下特征信息：油泵吸油时发出空吸响声；在方向机进油口油管处检查，可发现油管内油流脉动现象较强烈，而正常工作时是平稳有力的。

③ 方向机换向阀出现故障时会有以下特征信息：液压阀窜油，方向一侧轻松，另外一侧沉重；正常时转向无力，而起重机支车后明显感觉方向转向变轻。

④ 助力油缸发生故障时的判断：外泄或内泄，内泄主要由密封磨损、窜油引起；排除泵和方向机故障后，将起重机转向机球头摘除，利用助力油缸转向，如油缸不动作或动作迟缓可判断为油缸窜油；摘除油缸一侧固定装置，方向盘位于中间位置，人工推、拉油缸，如可轻松推动油缸，则证明内部窜油（应先排除阀芯窜油）。

(4) 改进

该车底盘说明书和起重机说明书未提及转向系统滤芯更换及注意事项，保养部分也只简单说明球头滴入机械油、 10000km 更换转向机液压油。为杜绝该型号汽车起重机出现类似故障，应作如下改进。

① 定期检查和更换滤芯。

② 定期检查液压油，发现液压油碎屑较多或污染较严重时应及时更换。

③ 对出现转向困难的汽车起重机及时维修，防止齿轮泵损坏后产生碎屑，进一步扩大故障范围。

④ 考虑在转向系统油箱内放置磁铁装置，吸附金属屑沫。

5.2.3 汽车起重机支腿收放液压故障分析

(1) 液压系统及故障现象

图 5-21 为 QZ-8 型汽车起重机支腿收放支路的液压系统。由于汽车轮胎支承力有限，且为弹性体，故在起重作业前必须放下前、后支腿，使汽车轮胎架空，用支腿承重，以保证作业安全，在汽车行驶时又必须将支腿收起。

当手动换向阀 A 在左位工作时，液压泵输出的压力油经阀 A 和液控单向阀进入前支腿液压缸的无杆腔，推动活塞下行，使前支腿放下；当阀 A 在右位工作时，压力油经阀 A 和液控单向阀进入前支腿液压缸的有杆腔，推动活塞上行，使前支腿收起。为了确保支腿停放在任意位置时能可靠地锁住，在油路中设置了由液控单向阀组成的双面液压锁。当阀 A 处于中位时，液压泵卸载。

手动换向阀 B 用来控制后支腿液压缸的收放动作，其工作原理与前支腿液压缸相同。

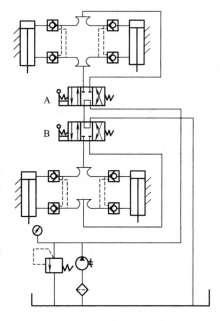

图 5-21 QZ-8 型汽车起重机支腿收放支路的液压系统

出现的故障现象为：系统在工作过程中，虽然放下了前、后支腿，但不能托起车身，使轮胎架空。

（2）故障分析步骤

从了解故障的症状到找出故障发生的真实原因，可按以下 3 个步骤进行。

a. 从故障的症状，推理出故障的本质原因。

b. 从故障的本质原因，推理出可能导致故障的常见原因。

c. 从常见原因，推理出故障的真实原因。

液压缸不动作的故障，其本质原因是缸内油液压力不足或运动阻力太大，以致液压缸不能推动负载运动。

液压缸、溢流阀、换向阀、管路系统和液压泵都可能出现故障，造成压力不足；而某一方面的故障，又有可能是由不同原因引起的。液压缸严重漏油、负载过大或摩擦阻力太大、进油口被堵塞都会造成压力不足；溢流阀调整压力太低、主（导）阀弹簧失效或太软、导阀与阀座密封不良、主阀芯阻尼孔堵塞等原因也会造成压力不足；换向阀不能换向、油箱油量不足、油路堵塞等原因，仍然可使压力不足；液压泵是动力元件，泵的流量不足或容积效率过低，同样会造成压力不足，以致推不动负载。液压泵转速不够、泵内混入空气、排量过小或吸油口漏气都会使泵的流量不足，泵的密封失效、泵内摩擦副严重磨损都会使容积效率过低。

汽车起重机支腿收放液压系统故障分析框图，如图 5-22 所示。

（3）现场诊断实际过程

① 根据由简到繁、由易到难的原则。首先检查油箱的油量、液压缸的外泄漏、过滤器和管路是否堵塞。经过检查，可知油箱油量充足，液压缸无外泄漏，过滤器和管路无堵塞。

② 检查液压缸故障。由于支腿液压缸可以放下着地和收起，说明换向阀可换向，液压缸没有被卡住。采用"试探反证法"，将支腿液压缸放下但不着地，静止一段时间，液压缸的活塞仍然停止在原位，说明液压缸无内泄漏，液压缸无故障。

③ 检查溢流阀故障。首先检查调整压力是否太低，将溢流阀全打开，启动液压泵，将换向阀 A 工作在左位，逐渐旋紧溢流阀的调压手轮，观察压力表的变化：无论怎样旋紧调压手轮，压力表指示的最大压力仅为 6MPa，无法达到泵的工作压力 21MPa，说明压力上不去。溢流阀压力调不高，可能是溢流阀故障，也可能是其他原因。为了避免误将合格的溢流阀解体检查，可将溢流阀卸下，换上同型号的备用溢流阀，重复上述检查过程，发现最大调整压力仍然只有 6MPa。由此可见，溢流阀无故障。

④ 检查液压泵的故障。排除上述可能的故障原因之后，已可断定故障的真实原因在液压泵。卸下液压泵，解体进行检查，看到缸体与配流盘、柱塞与缸体均有不同程度的磨损。磨损造成液压泵严重内泄漏，使液压系统的压力上不去，导致支腿液压缸不能托起车身。换一个相同型号的液压泵，故障便得以排除。

5.2.4 汽车起重机液压系统常见故障诊断与排除

（1）吊臂变幅缸不能伸出

① 故障现象。起重机在作业过程的初期，变幅缸还能缓慢动作并自动缓慢收回，后通过加大油压和多路阀几次换向，变幅液压缸完全失效。

② 故障原因。在故障发生之前，液压缸还能缓慢动作，说明多路阀已被堵塞。因为即使平衡阀或液压缸严重内泄，在空载和加大油压的情况下，液压缸也能缓慢动作。引起液压缸动作缓慢的原因有：

a. 液压缸泄漏；

b. 平衡阀泄漏；

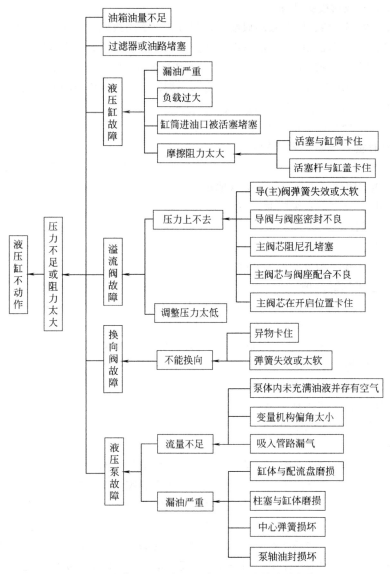

图 5-22　汽车起重机支腿收放液压系统故障分析框图

c. 油箱的容积过小或液压设备通风不良。

泄漏分为外泄和内泄。检查液压缸及管接头未发现外泄，此时油温为 45℃，因此，可判断此故障是由内泄引起的。为了判断是平衡阀泄漏还是液压缸泄漏，将多路阀置于中位，保压数分钟，然后松开液压缸的放气螺钉，发现有大量的油液排出，说明液压缸已存在严重内泄。将多路阀解体检查，发现阀芯被一块金属碎屑挤住，使阀芯总处于中位。

③ 故障排除。将阀芯清洗干净并安装好，再对变幅缸进行检查，发现 Y 形密封圈和 O 形密封圈均有不同程度的磨损，更换密封圈后，故障排除。

（2）吊臂伸缩缸动作缓慢且在作业过程中自动缩回

① 故障现象。吊臂伸缩缸在伸出的时候动作缓慢，当油压加大后动作加快，在起吊过程中自动缩回，载荷越大缩回的速度越快。

② 故障原因。可能引起故障的原因有：

a. 液压缸内部漏油；

b. 平衡阀出现故障；

c. 液压缸、阀及管接头外漏。

经检查没有外漏现象，因此故障只能是内漏或者平衡阀故障。当加大油压后，液压缸有动作并且动作加快，说明油压已到达液压缸。将多路阀置于中位，保压数分钟，拧松液压缸的低压管接头，未发现有大量的油液排出，可判定该液压缸未发生内泄，故问题只能出在平衡阀上。拆开平衡阀，发现单向阀锥面上有一条直通小沟，因此，保压时油液经此小沟流回，单向阀起不到关闭作用，故造成吊臂自动收回。

③ 故障排除。修复或更换平衡阀，故障排除。

(3) 作业时垂直支腿缸发生短腿现象

① 故障现象。当空载或载荷较小时可正常作业，不会发生故障；当载荷达到额定值时，垂直缸（较严重的时候三个垂直缸）缓慢地收缩。

② 故障原因。造成此故障的原因有：

a. 液压缸泄漏；

b. 缸筒变形。

③ 故障排除。更换新缸筒，故障排除。

(4) 压力达不到额定值

① 故障现象。当液压泵刚启动运转时，压力表指示无问题。工作一段时间后，压力降下来了，特别是当温度达55℃以后，再往上调也调不到原来的压力值。

② 故障分析。液压系统使用时间较长后，会出现压力调不到原来额定压力的情况，但这种现象是逐渐形成的，原因有：

a. 油箱液面过低或吸油管堵塞；

b. 溢流阀调压过低或出现故障；

c. 液压泵磨损，容积效率过低；

d. 油液污染严重。

观察油箱和检查吸油管，均无异常。由于液压油更换时间不长，故不会污染，三联齿轮泵也不会有问题。因此，故障很可能出在溢流阀上。该多路阀两端各有安全溢流阀，进行压力调定时，必须把工作口A、B用螺塞堵住，在换向位置上才能调定。调定弹簧压力，油压并未上升。对多路阀中的溢流阀解体检查，发现锥阀有明显的磨损痕迹。因调压弹簧的刚度较大，在油压作用下频繁动作，它们之间又是线性密封，因此磨损较快。锥阀磨损后，即使将弹簧弹力调到最大值，也起不到密封作用，高压油窜入低压油腔中，因而造成油压无法上升。

③ 故障排除。研磨或更换锥阀，故障即可排除。

5.2.5 汽车起重机液压油污染故障与排除

由于汽车起重机通常是露天作业，条件比较恶劣，很多外来物都能对起重机的液压油造成污染。污染通常主要以微小固体颗粒形式出现，内部污染物除内部生成物外，还有制造和装配过程中残留的杂质，其他外部污染物有水、空气、溶剂、燃料、氧化物和各种化学物质。为保证起重机正常运行，减少停机时间，延长使用寿命，必须重视液压油污染故障。液压油污染造成的液压系统故障主要分为以下几种。

(1) 固体颗粒污染故障

① 固体颗粒污染的故障原因。多年的统计表明，有70%~75%的故障是由液压系统中混入了砂粒、灰尘、切屑、焊渣、锈片、金属和密封材料磨损颗粒、滤油器过滤材料脱落颗粒、纤维以及液压油箱内表面防腐涂层剥落碎渣等颗粒造成的。

故障一般有三种表现形式：

a. 不稳定形式。表现特征是液压系统产生暂时的误动作。如溢流阀压力超调量过大，造成液压系统工作压力不稳定；溢流阀阀芯在负载急剧变化的瞬间不能立即动作而造成响应瞬时停滞。这些故障都是因在阀芯元件精密配合处积聚固体污染颗粒，使摩擦阻力加大造成的。另外，阀芯表面受力不均匀造成配合间隙瞬时的变化也会引起阀芯动作停滞。

b. 严重损坏形式。表现特征是突然发生故障，而且是永久性的。这类故障的特点是移动元件（方向控制阀阀芯或平衡活塞式溢流阀阀芯）完全被卡死不动，一般称为污染阻塞。

c. 性能劣化形式。表现特征是液压元件内部配合要求严格的重要运动表面发生了自身的磨损。如液压泵柱塞表面和缸筒柱塞孔内表面划伤磨损或配油盘端出现渗铜磨损等，都会使柱塞泵内泄漏增多，造成泵输出流量降低。另外，液压油内固体颗粒增加也会促使泵中轴承磨损。

伴随上述磨损下来的屑沫混入液压油中还会加速液压油自身的氧化。

② 固体颗粒污染故障的排除。液压油因固体颗粒污染造成的不稳定和严重损坏两种故障都属非磨损故障。如吊臂伸缩系统中的平衡阀由于被污物阻塞造成吊臂回油速度明显减慢。出现液压系统回油压力过高故障时，只要拆下平衡阀，去除控制油路进油小孔和控制活塞小孔上的污垢（用细铁丝、针捅等办法均可），并把平衡阀阀芯和阀套清洗干净便可排除故障。

(2) 水污染故障

① 水污染的故障原因。由于汽车起重机大都采用开式液压系统，外界温度变化使液压油箱内壁生成冷凝水珠，造成液压油中混有水分而引起液压系统中的金属元件锈蚀。

② 水污染故障的排除。工作环境易造成液压系统生成冷凝水的工况应选用水解稳定性好、抗乳化性能好以及对水溶解度小的液压油，以便液压油经简单的沉降分离后可继续使用。随着使用年限的延长和各种污染物的增加，液压油也会不断变化，以至于发生变质，这时需要更换液压油。

(3) 空气污染故障

① 空气污染故障原因。在现代的液压传动系统中，空气的混入是个严重问题。根据湿度、压力和系统油液搅拌状况的不同，空气以游离、混入、溶解三种状态存在于液压油中。游离的空气被封闭在液压系统中，混入的空气悬浮于液压油中，游离的和混入的空气都会降低液压油的体积弹性模数和刚度，造成液压系统能量传递变慢，准确度降低，并使液压系统工作不稳定和系统惯性增大。

② 空气污染故障的排除。汽车起重机发生空气污染故障时一般会发出啸叫声，这种情况下首先应检查液压油箱盖上的通气孔是否畅通。如被污物堵塞应清洗油箱盖使之畅通，然后把上车部位多次反复运转，使溶解在液压油中的空气以及游离在液压系统中的空气随液压油一起回到液压油箱。由于液压油压力降低，空气在液压油中溶解度下降，大部分空气便被释放出来。

5.2.6　汽车起重机液压系统的维修

换向阀的调整与修理：

换向阀的工作原理是：滑阀在阀体内移动变位，接通不同方向的油路，从而使液压缸实现往复运动和液压马达的左转、右转与停止。一般汽车起重机的伸缩机构和变幅机构都应用三位四通换向阀，有的起升机构和回转机构也用三位四通阀，有的则用三位五通阀或三位六通阀。

① 手动换向阀处于中位时通油口位置的微量调整。一台 QY8 型汽车起重机，不久前因原换向阀漏油严重而更换新阀，但使用时间不长却又出现了其他故障。当用手扳动换向阀阀杆，将其停在总行程前部约 1/5 处并加大油门时，就会出现异常噪声，严重时会出现爆管或高压胶管从管接头上崩下来，这样的故障已出现多次；如果驾驶员在操纵阀杆时能快速地扳过此位置或减小油门，即可避免出现这个故障。分析认为，问题可能出在阀杆上某油槽位置相对于阀体

（铸造）油槽位置的尺寸误差上，也即是阀杆或阀体的回油槽位置加工误差所致。如果真如此，当缓慢且短距离扳动阀杆时，阀的进、出油口在刚开始的某一小段距离内甚至某一点上就不能同时开启，即高压油路（来油）已通而回油路却未通，在此瞬间若阀杆停止不动且加大油门时，必然会出现憋压以致产生上述故障。

排除这种故障的方法：一是更换新阀，二是修正阀杆回油槽在中位工况下的位置。修正阀杆回油槽位置的方法有两种。

a. 方法Ⅰ。将有问题的阀片拆下，洗净，画出阀片内孔各油槽的相对位置简图，如图 5-23 所示，找到阀杆在阀片中位位置的基准目标在简图上，再测出阀杆油槽的精确位置和宽度并在简图上标出，然后通过计算或将阀杆的几个工作位置在简图上逐一画出，但必须精确，这样就可以找到阀杆移动时所控制的进、出油口在瞬间不能同步的位置。在阀杆上标出这个位置后，用磨床或车床将有问题的回油槽稍微加宽一点即可，即将回油槽一侧（边）阀杆上阻挡回油的肩头处倒 30° 或 45° 角，倒角轴向边长应根据尺寸计算决定，切不可过大，否则将造成换向阀不能使用。根据经验，倒角边长尺寸为 0.5mm 左右，最大不能超过 0.8mm。如没有机床，在转动比较平稳的砂轮机上也可以完成这项工作。

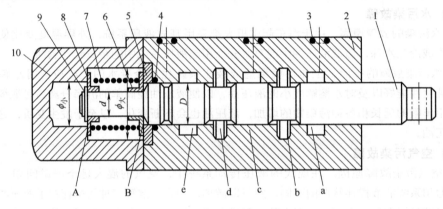

图 5-23 三位四通阀结构

1—阀杆；2—阀体；3—密封圈；4—O 形圈；5—压环；6,8—弹簧座；7—弹簧；9—挡圈；10—后盖；
A,B—基准面；a~e—油腔

b. 方法Ⅱ。若认为采用方法Ⅰ不便，可采用加圆垫片的方法来确定阀杆倒角的准确位置，如图 5-24 所示。预先加工出厚度分别为 0.5mm 和 0.8mm 的两组圆垫片，每组一大一小共两个，大垫片用来移动阀杆，小垫片用来防止阀杆窜动。用于左移的大垫片内径略大于阀杆直径 D，外径略小于或等于图 5-23 中后盖 10 的内径 $\phi_大$；小垫片外径略小于图 5-23 中后盖 10

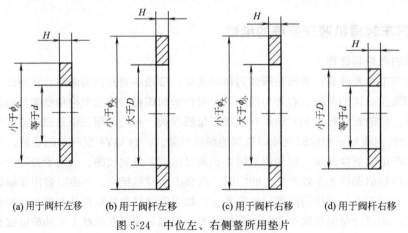

(a) 用于阀杆左移　　(b) 用于阀杆左移　　(c) 用于阀杆右移　　(d) 用于阀杆右移

图 5-24 中位左、右侧整所用垫片

的里端内径 $\phi_{\text{小}}$，内径等于或略大于阀杆前端直径 d。如欲将阀杆中位位置左移，就将大垫片垫在弹簧座 B 基准面后面，小垫片垫在弹簧座 A 基准面后面。这样，阀杆的中位位置就会左移，而阀杆仍能保持左右没有自由窜动量。如果只垫大垫片，阀杆就会有自由窜动量。如欲将阀杆向右移动，就将大垫片垫在弹簧座 A 基准面后面，将小垫片垫在弹簧座 B 基准面后面，这样，阀杆的中位位置就会向右移动。每次加装垫片后（左、右移动各有 2 种厚度的垫片，共有 4 种状态）均须装机试验，最多 4 次就能找出阀杆上油槽阻碍低压回油处（对应 a 腔或 b 腔）；然后，对阻挡回油的轴肩处进行如方法Ⅰ那样的倒角处理即可，但倒角后切不可忘记将所加的垫片取下来；如果加垫片后，阀杆的动作正常，可暂时使用。

② 换向阀阀杆（滑阀）磨损后的修理。换向阀（特别是手动换向阀）的阀杆（滑阀）磨损后，与阀体孔的配合间隙增大，通油口处密封性能降低，液压系统出现内泄，承载能力下降（或变位），内泄严重的将造成事故。若 1 个多路换向阀的阀片仅有一两片磨损较严重，除了换新外，目前也可以修理。对其进行修理不但经济上合算，技术上也可行。修理时，先将阀体孔等洗净，进行精确测量；然后按照所测得的尺寸，制作研磨芯轴，如图 5-25 所示。

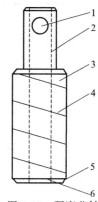

图 5-25　研磨芯轴

1—铰把轴孔；2—提拿轴颈；
3—研磨轴颈；4—螺旋槽
（2mm×1mm×10mm）；
5—倒角；6—中心通孔

用研磨芯轴对阀体孔进行研磨时，先将阀体固定且使阀体孔处于垂直状态，后将钢筋棍穿在铰把轴孔中，用于提拉研磨芯轴，且在提拉的过程中还应注意左、右旋转，尽量使孔被研磨得均匀些。重点是恢复阀体孔的圆度。研磨后，对孔进行精确测量，按照测得的尺寸制作新阀杆，并进行调质处理，最后精磨成型。如果阀片经修理后，根据所测得孔的尺寸，原来的阀杆还能用，就用原来的；如果阀杆变细，可电镀修复，电镀前可将原阀杆外径车去 0.2mm，电镀后按新的尺寸要求对阀杆进行磨削即可。

③ 换向阀出油口密封性的检测。在汽车起重机的变幅机构、伸缩机构中，影响重物下滑的因素有 4 个：活塞部位密封圈损坏，液压缸内泄；液压缸头部密封圈损坏，沿活塞杆漏油；平衡阀密封不严，有内泄；换向阀阀杆磨损严重，在与执行元件相连接的通油口处密封不严。

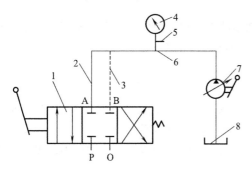

图 5-26　换向阀与液压缸连接的
出油口处密封情况的检测

1—换向阀；2，3—油管；4—压力表；5—放气螺钉；
6—三通；7—手动泵；8—油箱

现对由换向阀密封不严所引起的重物下降原因提出一种较简便的检测方法，其工作原理如图 5-26 所示。

当怀疑换向阀与液压缸连接的某出油口密封不严时，可先将换向阀与液压缸（变幅缸或伸缩缸）连接的另一个出油口的油管卸下并堵死；后将换向阀置于中位；再按照图 5-26 要求进行连接紧固，并压动手动泵，经放气螺钉放气；最后用手动泵加压，观察压力表的数值是否能达到系统的标准压力值（伸缩和变幅系统的标准压力均为 21MPa）。若压力根本就加不上去或加上去后保持不住，同时被加压的液压系统也不漏油，此时即可断定换向阀出了问题。图 5-26 中油管 3 是测另一个出油口用的油路，具体应测哪一个出油口，要视实情确定。但要注意：应用这种方法时，起重机应空载，起重臂须处于低位置，换向阀必须保持中位位置，同时做好其他方面安全工作。

5.3 挖掘机液压故障诊断与维修实例

5.3.1 挖掘机液压系统常见故障分析

(1) 液压系统工作原理

PC200-7 型挖掘机液压系统的基本工作原理，如图 5-27 所示。

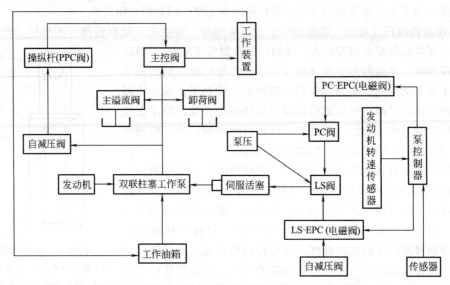

图 5-27　PC200-7 型挖掘机液压系统的基本工作原理

液压泵给整个系统提供具有一定压力的压力油，压力油一部分经过自减压阀后进入先导油路，另一部分通过主控阀后根据需要进入到各工作装置。泵控制器对各传感器传回的数据进行分析，然后通过 PC-EPC 电磁阀、PC 阀、LS 阀、伺服活塞等控制部件来调节主泵的压力和排量，使工作装置负载和发动机的功率相匹配。

(2) 控制回路故障分析

① 自减压阀故障。自减压阀是利用主泵的输出油流，将其降低后作为控制压力，作用于电磁阀和 PPC 阀，类似于液压先导泵的作用，用于提供控制油压。

故障现象：整机工作装置速度慢。

检查结果：PPC 压力为 $20kgf/cm^2$，小于额定压力 $33kgf/cm^2$。

故障分析：经检查发现发动机转速正常，液压油路压力正常；再检查自减压阀发现锥阀卡死，液压油有脏物夹在锥阀与壳体之间造成缝隙，PPC 阀压力达不到设定压力。不管操作手柄怎么动作，从 PPC 阀输出的控制油压都没多大变化，所以主控阀阀芯移动量小，去工作装置的流量也小，结果工作装置速度低。

故障处理：清洗后，将自减压阀安装上，PPC 阀压力恢复正常，故障消失。

② 蓄能器故障。蓄能器是储存控制油路压力的一种装置。蓄能器一般安装在主泵和 PPC 阀之间。它的作用是保持控制油路压力的稳定性以及当发动机停车时，仍可以放下工作装置，以保证机器安全。

故障现象：发动机关闭后，操纵杆移到工作装置"下降"位置，工作装置不动作。

检查结果：检查蓄能器，发现氮气泄漏。

故障分析：蓄能器内气体泄漏掉，发动机启动后，气囊因 B 室油压压缩、A 室气体不压缩，进入 B 室的油就不能作为控制压力油去推动主控阀，因此操纵阀，工作装置不动作。

故障处理：更换蓄能器，故障消失。

③ PPC 阀故障。 PPC 阀是一种比例压力控制阀，安装在驾驶室各操作手柄的下面，它可以根据驾驶员操作手柄行程的大小，输出相应的控制油压，使主控阀阀芯有相应的移动量，从而控制工作装置的速度。 PPC 阀的常见故障是操作手柄的某个动作失灵、某个工作装置动作缓慢等。

故障现象：不能向左旋转。

检查结果：液压油脏物导致向左回转时 PPC 阀内滑阀卡死。

故障分析：没有按时更换滤油器滤芯，导致滤芯堵死，滤油器旁通阀打开，变脏的液压油在无过滤情况下进入 PPC 回路，导致 PPC 阀内滑阀卡死，控制油压无法经向左回转的 PPC 阀流至回转主控阀，导致向左回转失灵。

故障处理：清洗 PPC 阀，更换滤油器滤芯、液压油，并清洗相关油路。

④ LS 阀故障。 LS 阀的主要作用是感知驾驶员操纵杆行程大小状态，给主泵相应信号以调节合适流量。操纵杆的运动改变主控阀内部阀芯的移动，主控阀的移动产生压力 p_{LS}（压力的大小代表阀芯的移动量）。压力 p_{LS} 反馈到主泵的 LS 阀，进而根据操纵杆的移动量多少通过 LS 阀改变主泵的排量。

故障现象：不管操纵杆怎么变化，各种工作装置速度不变。检查结果： p_{LS} 反馈回路中慢回阀阀芯中的小孔堵死。

故障分析：发生此类故障的可能原因有泵内斜板、伺服活塞、PC 阀、LS 阀内部机械零件卡死以及主控阀反馈到泵里，LS 回路卡死。

故障处理：清洗慢回阀及 LS 油管，更换滤芯及液压油，并且清洗液压油油箱后，故障排除。

⑤ PC 阀故障。外载的变化反映为工作压力的变化， PC 阀通过输入该前后泵压力来感知此压力的变化，根据泵功率与发动机功率最佳匹配的原则，自动地调节相应泵的排量，达到提高生产率的目的。其常见故障是负荷过大时发动机熄火。

故障现象：强力挖掘且溢流状态时，发动机自动熄火。

检查结果：经检查发现 PC 阀阀芯卡死。

故障分析： PC 阀阀芯卡死导致伺服活塞大头压力不随外载变化而变化，当机器处于溢流状态时泵流量过大，结果导致发动机熄火。

故障处理：拆下 PC 阀，清洗内部所有零件并安装，清洗相关油路，装上后恢复正常。

(3) 工作装置故障分析

① 行走装置故障。行走装置由行走马达和减速部分组成，在机器上有左、右两个终传动，直接驱动履带使机器能够前进、后退和转弯。其常见故障有单侧不能行走、跑偏等。

故障现象：单侧不能行走。

检查结果：脏东西堵住解除制动的细小油路，导致停车制动不能解除。

故障分析：拆卸和装配时液压油太脏，脏东西进入油路，堵住了解除制动的细小油路，行走时压力油不能进入此油路，也就无法克服弹簧的推力解除制动。结果行走马达不能旋转，也就不能行走。

故障处理：清洗油路，并注意拆装时避免脏东西进入，要按时更换液压油及滤芯。

② 挖掘装置故障。挖掘装置由两个大臂液压缸、一个小臂液压缸、一个铲斗液压缸和铲斗组成，其常见故障是液压缸工作无力。

故障现象：铲斗挖掘无力。

检查结果：打开铲斗液压缸进行检查非常费时，简单地判断液压缸是否内漏的方法是将液压缸移动到右端处，拆下末端油管后加力，观察分开处漏油情况，若无漏油，则无内漏，否则液压缸内漏。

故障分析：铲斗液压缸内漏导致挖掘无力。

故障处理：更换铲斗液压缸内的密封件，故障消除。

③ 回转装置故障。回转装置主要由回转马达、行星减速机构、回转齿圈组成。回转马达通过行星减速机构驱动上部车体做回转动作。

故障现象：不能回转。

检查结果：回转锁定电磁阀内线圈损坏。

故障分析：回转锁定开关打到"OFF"，由于回转锁定电磁阀损坏，电磁阀不动作，从自减压阀出来的压力油到不了回转马达 B 口，不能解除制动，所以马达不能旋转。

故障处理：更换回转锁定电磁阀。

故障现象：回转锁定锁不住，回转锁定开关打到"ON"。

检查结果：回转锁定电磁阀阀芯卡死。

故障分析：没有按要求更换滤油器滤芯，液压油变脏，脏东西使回转锁定电磁阀阀芯在回转锁定开关打到"OFF"处时卡死，自减压阀出来的压力油始终能够流到回转马达 B 口，导致制动始终解除，回转锁定锁不住。

故障处理：清洗回转锁定电磁阀，更换滤油器滤芯及液压油。

5.3.2 挖掘机支腿液压缸胀缸故障

胀缸是液压机械中时有的故障现象，胀缸后的液压缸中间大、两头小，修复很困难，修理成本高，危害性较大，导致机器工作失常，必须及时加以修复。

(1) 胀缸原因分析

某台 WYL60 型轮式挖掘机，第一次发现支腿撑不起来时，换了活塞油封后工作正常。该机正常使用三个月后又出现了支腿撑不起来也收不起来的现象，但操作人员没有立即停车，而是利用挖掘机的辅助装置将其撑起来使用了一天后进行检修。拆检时发现活塞油封已损坏，再次更换活塞油封，支腿仍无法工作。拆开液压缸，测量活塞及活塞油封，尺寸均正常，用量缸表测量液压缸缸筒时发现缸筒两端尺寸正常，而缸筒中部尺寸已由原来的 125mm 增大到了 128mm，出现了胀缸现象。

支腿工作的液压系统，如图 5-28 所示。

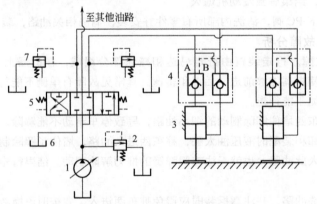

图 5-28 支腿工作的液压系统图

1—液压泵；2—安全阀；3—支腿液压缸；4—液压锁；5—换向阀；6—油箱；7—支腿油路安全阀

为了防止工作中软腿现象，在支腿液压缸大小腔油口处均设有液压锁。机器正常时如果不进行收放支腿的操作，则无论承受多大的外载荷，液压缸内的液压油都被封闭在油腔内部。工作过程中液压缸受力情况，如图 5-29 所示。

若活塞直径为 $D=\phi 125\text{mm}$，活塞杆直径为 $d=\phi 80\text{mm}$，则如图 5-29（a）所示，活塞油封完好时的受力平衡式为：

$$G_1=A_1 p_1=\pi D^2 p_1/4=125^2\pi p_1/4$$

如图 5-29（b）所示为活塞油封损坏后的受力，其平衡式为：

$$G_2=A_2 p_2=\pi D^2 p_2/4=80^2\pi p_2/4$$

正常工作过程中，外载应相同，即 $G_1=G_2$，因此 $A_1 p_1=A_2 p_2$，$p_2=A_1 p_1/A_2=2.44 p_1$。

由此可见，支腿液压缸活塞油封损坏后，工作时

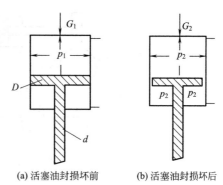

(a) 活塞油封损坏前   (b) 活塞油封损坏后
图 5-29 液压缸内部的受力情况

支腿液压缸内部压力急剧上升，是活塞油封损坏前的 2.44 倍，再加上工作过程中的额外冲击负荷，液压缸压力还要高。如此高的液压缸工作压力，出现胀缸也就在所难免。

（2）避免支腿液压缸胀缸的对策

结构方面可作如下改进：将支腿液压缸有杆腔的液压锁 4 的阀 B 去掉。这样，如果活塞油封损坏，过高的工作压力会将支腿液压缸支路的安全阀 7 打开后回油，使液压缸筒受到保护，不受损伤。改进后使用情况正常。

在使用此类结构机器时，一旦出现软腿现象，应当立即停车检查，并排除支腿系统一切故障后方可继续使用，切不可带病作业，更不可用其他辅助方式将支腿强行撑起来使用。

5.3.3 挖掘机不能回转故障

一台液压挖掘机在开始工作时动作正常，但工作一段时间后，出现左右两个方向皆不能回转的现象，随后发动机自动怠速功能也消失了。

（1）故障部位判断

该机型为双泵液压系统，其中一个主泵供右行走、铲斗、动臂Ⅰ及斗杆Ⅱ，另一个主泵供左行走、动臂Ⅱ、斗杆Ⅰ、回转及备用。从故障现象看，左、右行走和工作装置动作均正常，可基本确定造成故障的原因应该在回转油路系统，可能是回转马达出了故障、主控阀控制回转的部分出了问题、回转制动不能解除或工作回转装置压力开关不能正常工作。

（2）故障的检测和排除

为了判断故障所在部位，首先将回转马达上盖打开，把停车制动器活塞上的制动弹簧去掉，重新将其装复，试运转。此时，回转马达左右回转正常，说明回转马达、主控阀等都是正常的。故可以判定该机是因回转系统的停车制动解除失效而使回转系统不能正常工作。该机操纵回转时，停车制动解除油路的液流流向是：先导泵输出先导释放压力油，经先导控制阀至回转换向阀（换向），使先导信号压力回油路被切断，先导信号压力上升，再经斗杆、动臂、铲斗、工作回转装置的压力开关至回转停车制动器，打开停车制动释放阀，先导释放压力油推动停车制动器活塞右移，压迫制动弹簧解除制动，其工作原理如图 5-30 所示。

从图 5-30 可以看出，要解除停车制动就必须保证 A、B 点的油压达到 4MPa 的额定值。为此，决定检测停车制动解除的控制油路压力，利用三通将 10MPa 的压力表分别接在 A、B 处，发动挖掘机，操作回转机构，结果发现 A 点压力为 4MPa、B 点压力为 0.8MPa。从测得数据可以判定 B 点压力不足是该机产生故障的直接原因，即因 B 点的先导信号压力过低，导致停车制动释放阀不能打开（换向），使得先导释放压力油不能进入停车制动器的活塞腔内，停车制动当然无法解除，使得回转机构不能左右动作。同时由于先导信号压力过低也使工作回转装置的压力开关不能工作，造成发动机自动怠速随之消失。引起先导信号压力过低的原因可

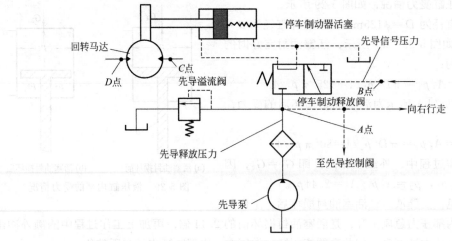

图 5-30　停车制动器的工作原理

能有以下两点。

①　停车制动释放阀泄漏严重。可用该机的先导油压来检查，即将停车制动释放阀的阀芯中的弹簧取下，使阀芯固定在换向位置，然后操纵回转机构，发现左右回转自如，说明回转制动已解除，这证明了停车释放先导压力是达标的，该释放阀并无泄漏。再者，假如该阀有泄漏，故障现象一般也不会突然出现，首先应有制动缓慢、不灵活等现象。这也说明停车制动释放阀是正常的。

②　主控阀内先导信号压力回路有堵塞或泄漏。解体清洗主控阀时，发现先导释放压力油在进入主控阀的 A 点入口处的分流阀内的滤网、节流孔有污物堵塞，造成去停车制动释放阀的先导信号压力回路的流量不足、压力过低。这是导致该机回转机构停车制动不能解除、发动机失去自动怠速功能的根本原因。对回转主控阀分流阀的滤网和节流孔进行仔细清理后重新装复，试机时故障现象消失，一切恢复正常。

5.3.4　挖掘机液压控制系统的改进

实现挖掘机的电液比例控制、液压伺服控制及远程无线控制，可大大减轻驾驶员的重复操作劳动，把挖掘机驾驶员从传统的杠杆操纵和恶劣的工作环境中解放出来。基于以上思想，把一台 WY1.5 型液压挖掘机的杠杆操作系统改装设计成电液比例控制的液压系统，并基于 E1 型移动车辆控制器来实现对整车的控制。

(1) WY1.5 型挖掘机液压系统

WY1.5 型挖掘机液压系统由油箱、三联齿轮泵（一个 3mL/r，两个 8mL/r）、多路换向阀、溢流阀、节流阀、动臂液压缸、斗杆液压缸、铲斗液压缸、工作装置偏转液压缸、推土铲液压缸、左右行走马达、整机回转马达、散热器和滤清器等组成。推土铲供油由一个 3mL/r 的齿轮泵单独完成，当推土铲不工作时，其高压油直接返回油箱。在整机回转马达控制阀后加装一个换向阀，实现整机回转马达和工作装置偏转液压缸之间的油路切换控制。其余液压系统为典型的双泵、双回路、中位回油、可合流系统。

(2) 电控液压系统的改进

①　电液比例液压系统设计。为实现各机构的电液比例控制，在不改变原有杠杆操纵系统功能的基础上并联一套电控系统。为安全起见，两套系统设计成不能同时工作，在优先级上，电控系统工作时，杠杆操纵系统无法使用，而在电控系统停止工作时杠杆操纵系统自动恢复正常工作。

如图 5-31 所示，为实现此功能，选取二位二通的电磁换向阀 1、 2 来实现高压油在电控系统和杠杆操纵系统中的切换。电磁阀的控制基于软件编程实现，其响应时间、响应速度均与操作者的熟练程度没有关系，因此选用电磁换向阀 3 来实现整个系统不工作时的卸荷。电磁换向阀 4 用于系统的双泵合流。原杠杆操纵系统在动臂提升时，发现有短暂下降然后才正常提升的现象。究其原因，液压系统不工作时所有换向阀处于中位回油位置，泵出口处压力处于低压状态，当要提升动臂时，换向阀切换到提升位置，这时泵出口与杠杆操纵阀之间管路内的压力仍处于低压状态，而动臂液压缸下腔中的液压油要支撑整个动臂、斗杆、铲斗及其液压缸的重力，具有相当的压力，所以在换向阀刚刚切换到提升位置时，动臂液压缸下腔的液压油要流向压力低的管路系统，表现为动臂早期下降；随着齿轮泵的工作，系统的压力不断升高，当与动臂液压缸下腔中的压力相等时，动臂停止下降；此后，系统压力逐渐高于动臂液压缸下腔中的压力，动臂开始提升。这个过程存在的时间很短，动臂下降的幅度也不大，但对挖掘机作业是一个不可忽视的安全隐患，所以在新的电控系统设计中加装了液控单向阀 5 以保证动臂提升的安全准确。其他控制系统的设计基本采用了原杠杆操纵系统的方案。

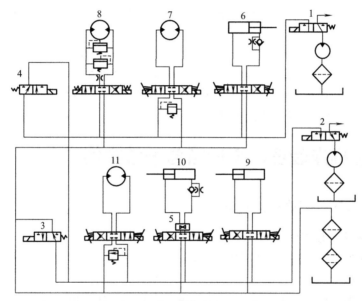

图 5-31　电液比例控制系统设计图

1,2—切换阀；3—卸荷阀；4—合流阀；5—液控单向阀；6—斗杆液压缸；7—左行走马达；
8—回转马达；9—铲斗液压缸；10—动臂液压缸；11—右行走马达

② 液压阀的选取。电磁换向阀的滑阀机能如图 5-31 所示，为 A 型换向阀。而控制各执行机构动作的直动式电磁比例阀只有通径为 6 与 10 两种型号可选择。为减少液压阀板的设计难度和加工费用，换向阀也在通径 6 与 10 中选取。为减少因误操作引起线圈烧毁的损失，选用湿式可更换线圈电磁铁。与图 5-31 中的液压泵匹配的 L375 柴油机的最低稳定转速小于 650r/min，最高转速为 2650r/min，外特性曲线中的最低油耗点在 1950r/min。单个齿轮泵的排量为 8mL/r，可计算出换向阀 1、2、3 的流量都应为 5.2～21.2L/min，经济油耗流量为 15.6L/min。换向阀 4 的流量是换向阀 1、2、3 的 2 倍。根据通径为 6、10 的 A 型湿式可更换线圈电磁铁换向阀的特性曲线，可以看出流动方向为 P→A、P→B，通径 6 与 10 的换向阀在流量小于 20L/min 时，其压降差别不大，均在 0.1～0.2MPa 之间；而在流量大于 20L/min 后，6 通径换向阀压降随流量的增加升高很快。故换向阀 1、2、3 选用 6 通径型，而换向阀 4 选用 10 通径型。

该挖掘机中的六个执行机构（左行走、右行走、整机回转马达、动臂、斗杆、铲斗液压缸）的控制均采用比例换向阀，比例换向阀的机能为如图 5-31 所示的 E 型。由于电控挖掘机的铲斗运动轨迹要做精确控制，所以动臂、斗杆、铲斗液压缸的控制选取带阀芯位置电气反馈的 4WRE 型比例换向阀。左行走、右行走、整机回转马达采用普通型的 4WRA 型比例换向阀。单个泵的流量在 5.2～21.2L/min 之间，经济油耗流量为 15.6L/min。结合液压挖掘机的实际工作情况，行走时每个马达基本由一个泵供油；整车回转过程中具有较大的转动惯量，在停止回转时所产生的冲击振动会对车辆回转部件的使用寿命产生较大影响，故回转速度不宜过大，即不宜采用双泵合流。结合 6 通径、10 通径 4WRA 型比例换向阀的流量、输入值和阀压降的特性曲线可知，在控制精度要求不高的情况下，6 通径、名义流量为 17L/min 的比例换向阀可满足左行走、右行走及整机回转马达的要求。

由液压挖掘机的实际工作情况知，动臂、斗杆、铲斗液压缸的供油均存在双泵合流工况，单泵供油时其控制阀的流量为 5.2～21.4L/min，双泵供油时为 10.2～42.4L/min，对应的经济油耗流量为 15.6L/min 或 31.2L/min。结合分析 6 通径与 10 通径 4WRE 型比例换向阀的流量、输入值和阀压降的特性曲线，可以看到所有曲线都在其输入值的 30%～80% 之间最为平直，线性程度好，易于实现精确控制，加之在实现挖掘机电液比例控制时希望在液压阀进出口的台肩总压降最小，结合以上数据与原则选取了 10 通径、名义流量为 64L/min 的比例换向阀。

其他溢流阀、节流阀、单向节流阀、液控单向阀的选取均根据与其连接的换向阀和原机设计的工作压力、流量而定。挖掘机电液比例控制液压系统改造后，系统控制采用 E1 型移动车辆控制器，开发软件并调试成功，可近程有线遥控操作，也可按程序自动完成事先预定的动作，实现了原机杠杆操纵系统所能完成的全部功能。

5.4 数控机床液压故障诊断与维修实例

5.4.1 数控车床液压故障诊断与维修

(1) 数控车床液压系统简介

某型号数控车床是两坐标连续控制的卧式车床。其卡盘夹紧与松开、卡盘夹紧力的高低转换、同转刀架的松开与夹紧、刀架刀盘的正反转、尾座套筒的伸出与退回都是由液压系统驱动的。该液压系统采用变量叶片泵供油，各电磁阀电磁铁的动作是由数控系统的 PLC 控制实现的。如图 5-32 所示为该数控车床的液压系统图。

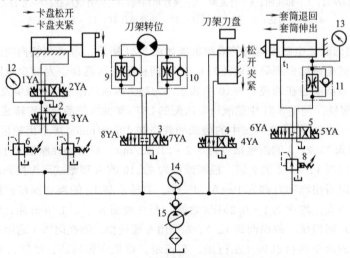

图 5-32　某型号数控车床液压系统图

(2) 数控车床的故障诊断

① 常见故障。系统的主要驱动对象有卡盘、回转刀架、尾座套筒、静压导轨、液压拨叉、变速液压缸、主轴箱的液压平衡与液压驱动机械手和主轴的松夹液压缸等。数控车床液压系统引发的故障有:

a. 主轴部件切削振动大、齿轮和轴承损坏、主轴无变速、主轴不转动、主轴发热、液压变速时齿轮推不到位;

b. 丝杠螺母润滑不良;

c. 转塔刀架没有抬起动作、转塔转位速度缓慢或不转位、转塔刀架重复定位精度差、刀具不能夹紧、机械手换刀速度过快;

d. 尾座顶不紧或不运动;

e. 导轨润滑不良。

液压系统的故障严重地影响了数控车床的正常工作,如数控车床主轴部件是影响车床加工精度的主要部件,它的回转精度影响工件的加工精度,功率大小与回转速度影响加工效率,自动变速、准停和换刀等影响机床的自动化程度。因此,高效率地查找液压故障显得尤其重要。

② 数控车床液压系统故障排查的顺序。一般情况下人们都采用现场诊断技术来诊断数控车床的液压故障,由现场维修人员使用一般的检查工具或通过感觉器官的问、看、听、摸、嗅等对车床进行故障诊断。目前,现场诊断技术被广泛采用,但它需要有丰富的实践经验。为了高效率地查找液压故障原因,必须设定一个合理的故障检测次序。确定故障检测次序有两个原则:一是根据故障原因可能性大小排序,二是根据元件或部件的拆卸和装配的难易程度排序。

a. 按故障原因可能性大小排序。在故障分析过程中,应先对最可能存在的故障怀疑点做深入的检查,排除后,再检查可能性相对较大的故障怀疑点。确定故障原因可能性大的依据如下:

• 比较明显地出现与故障原因相关的特征信息的元件出故障的可能性大。如图 5-32 所示,数控车床在工作中若卡盘、刀架、尾座套筒的运动都不正常,则应该首先怀疑各个分支油路的公共部分,如液压油、过滤器、液压泵和公共管路是否通畅。

• 在相同情况下,先检查使用时间长的元件、负载率高的元件、被证明是质量差易出故障的元件以及对液压油污染敏感的元件。也可按照有关的统计结论确定故障原因可能性的大小,就是当出现故障以后,根据长年积累获得的统计结论,先检查概率值大的故障点。

b. 按拆卸与观测的难易程度排序。面对液压故障的多种可能原因,在各种故障原因可能性大小并不清楚的情况下,应按照拆卸分解及观测液压元件的难易程度设定检测次序,即先检查比较容易观察测试或易于拆卸的元件与环境因素,如油、电气系统、冷却水等,再检查较难拆卸的元件,特别是体积大、质量大的元件;先检查外部因素,再检查元件内部;先检查比较简单的元件,再检查结构功能比较复杂、其状况不甚明了的元件。就各元件而言,应先检查阀,再检查泵,最后检查液压缸与液压马达。

③ 诊断举例。某型号数控车床故障症状为:尾座套筒在工作中突然停止运行。检测这一故障的步骤如下。

首先读懂系统图。由图 5-32 所示的液压系统可知,尾座套筒的工作原理如下。

a. 当电磁铁 5YA 断电、6YA 通电时,套筒伸出。此时进油路为:油箱—过滤器—泵—单向阀—减压阀 8—阀 5(左位)—液压缸无杆腔。回油路为:液压缸有杆腔—单向调速阀 11—阀 5(左位)—油箱。套筒伸出时的工作预紧力大小通过减压阀 8 来调整,并由压力表 13 显示,伸出速度由调速阀 11 控制。

b. 当 5YA 通电、6YA 断电时,套筒退回。此时进油路为:油箱—过滤器—泵—单向阀—

减压阀 8—阀 5（右位）—单向调速阀 11—液压缸有杆腔。回油路为：液压缸无杆腔—阀 5（右位）—油箱。

结合尾座工作原理分析故障原因有：压力不足、泄漏、液压泵不供油或流量不足、液压缸活塞拉毛、磨损或密封圈损坏、液压阀断线或卡死等。

针对以上这些故障原因，按照拆卸分解及观测液压元件的难易程度，设定检测次序如下。

a. 检查卡盘、回转刀架的运动。按下卡盘、回转刀架的运动按钮：若运动正常，则可排除液压泵装反、液压泵转向相反、定子偏心方向相反、泵转速太低而使叶片不能甩出、叶片在转子槽内卡死、油的黏度过高而使叶片运动不灵活等故障原因，进行步骤 b 及其以后的检查；若运动不正常，则进行步骤 b。检查油箱若没问题，则依次检查过滤器、吸油管是否堵塞、油的黏度是否过高、泵是否调节不当或损坏。

b. 查看系统管道、接头、元件处是否有泄漏。

c. 检查油箱油位，看是否在最低油位以上，吸油管、过滤器是否露出油面，回油管是否高出油面而使空气进入油箱。

d. 通过电磁铁两端的手动按钮，手动推动方向控制阀 5，如果阀芯推不动，说明是方向阀出了故障。如果方向阀可以换向，且液压缸动作了，说明是电磁阀的电气线路出了故障。如果液压缸还不能动作，则进行下一步检查。

e. 手动操纵单向调速阀 11，将单向调速阀开口调大，若液压缸动作了，说明是单向调速阀 11 堵塞了；否则将单向调速阀旋钮调至最松，然后进行下一步检查。

f. 调节减压阀 8，若液压缸动作了，说明是减压阀堵塞或调节不当；否则将减压阀旋钮调至最松，然后进行下一步检查。

g. 检查泵站压力方向阀 5 是否处于中位，查看泵出口处主压力表 14 的读数是否调至设定值。如果不是，做下列检查：

- 压力表开关是否打开，压力表是否损坏；
- 液压泵 15 压力调节弹簧是否过松；
- 吸油过滤器是否部分堵塞、容量是否不足；
- 吸油管是否部分堵塞；
- 泵是否损坏、是否有严重的内泄漏将泵压力调高，再控制换向阀换向，液压缸应动作。如果液压缸的运动速度满足工作要求，故障就排除了，如果速度不能满足要求，则需修理液压泵；如果在泵压力值调高后液压缸仍不能动作，则进行下一步检查。

h. 将方向控制阀 5 切换至右位，查看压力表 13 的读数。如果读数与主压力表 14 读数不接近，说明右边管路、单向调速阀 11 堵死；如果接近，说明没有堵死。

i. 上述工作做完以后，仍没有排除故障，那么可能就是液压缸出故障了。首先不要急于拆卸液压缸，应先把方向阀打开到左位或右位，启动液压泵一段时间以后，仔细摸一摸整个缸壁，看看是否有局部发热处。如果活塞处密封损坏了，就会有油液从高压腔漏至低压腔，油液从狭窄的缝隙流过时，液压能便转化为热能；如果没有局部热点，进行下一步检查。

j. 拆开液压缸另一端的管接头 t_1，把它连接到一个三通管接头上，三通的另外两端分别接压力表与截止阀，方向阀 5 换向至左位，读压力表的读数。同样，如果读数与主压力表 14 读数不接近，说明管路堵死；如果接近，说明没有堵死。如果管路无堵塞，再进行拆卸分解并检测液压缸。

液压传动故障的发生是有一定条件和规律的。在工作中严格按使用说明书的要求来操作，即可大大降低故障发生率。发生故障时先读懂液压系统图，再按照合理的故障检测次序去查找原因、排除故障。

5.4.2 数控镗床液压故障诊断与维修

(1) 液压工作原理

某型号进口数控镗床的高压液压系统采用液压泵电机常转、电磁阀切换的保压方法，如图5-33所示。机床送电后，高压齿轮泵即开始工作。当油压达到13.5MPa时，压力开关5接通使电磁阀8断电，回路与油箱接通，液压系统开始泄压。当系统压力降到11.0MPa时，压力开关6接通，使电磁阀8得电，回路与油箱断开，这时系统压力升高。电磁阀如此循环切换，使机床液压系统压力保持在11.0～13.5MPa范围内，以保证机床的三级齿轮变速、机械手自动换刀、刀具夹紧、滑枕平衡等需要。如果二位二通电磁阀8在得电后的30s内系统压力达不到13.5MPa，即压力开关5不接通，则电控系统报警，机床不能正常工作。

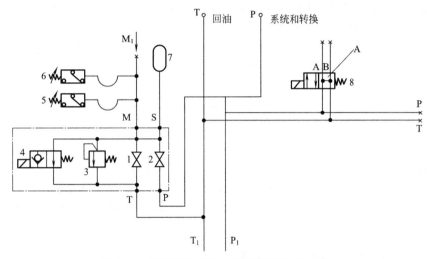

图 5-33 某型号进口数控镗床高压液压系统图

(2) 液压系统内泄漏故障

① 故障 I 。屏幕显示信息为"HYDR MACHINE FAILURE HYDR MACHINE OIL MISSING"，40号、50号报警故障。

a. 原因分析。一般情况下是液压故障，如果机床缺油也会发生该故障。检查发现机床并不缺油，而是由液压系统充压时间超过30s造成机床报警。

b. 故障处理。首先检查各调压阀，当检查到手动阀1时，发现手动阀松动造成其系统压力内泄，形成机床报警。紧固手动阀，机床报警消除。分析原因是电磁阀8与手动阀相距比较近，电磁阀8切换时的振动造成手动阀松动，形成故障。

② 故障 II 。一段时间后，机床又发现上述报警故障。全面检查后并未发现系统有异常。于是将电磁阀8更换，更换后故障排除。原因是机床送电后，该电磁阀即开始每隔30s就切换一次，如此长期频繁切换造成电磁阀阀芯及阀体磨损，系统内泄形成故障。

③ 故障 III 。机床在安装使用一段时间后，又发生上述报警现象，经过检查、更换电磁阀等修理并未见效果。于是强制将电磁阀8封住，不让其切换，但系统压力还是上不去，排除调压阀、安全阀等因素后发现是系统供油的高压齿轮泵磨损。更换齿轮泵后故障排除。

④ 故障 IV 。机床用油的温度对机床液压系统的影响也十分明显，该机床本身配有一台油温制冷机，是用于主轴润滑系统的，而主轴液压系统没有冷却系统。有一年夏季，机床显示"HYDR MACHINE FAILURE"，也是50号报警，不能正常工作。检查系统是由于电磁阀切换时间超过30s而报警，但未发现液压系统问题，只是机床液压油的温度较高。由于当时生产任务比较急，订购安装冷却系统需要一定时间，于是用一台散热器串入液压系统的回油管路，

对系统的油温进行散热降温处理。油温降低后，报警消除。

当机床工作一段时间后，液压元件会有不同程度的老化或磨损，加之夏季油温较高，液压油的黏度有所降低，所以容易造成机床液压系统内泄，形成故障。

(3) 机械故障疑似液压故障

① 故障Ⅰ。机床报警，刀具卸不下来。

a. 原因分析。该机床的刀具采用液压拉爪式夹紧机构，由放松液压缸、夹紧碟形弹簧、拉杆及拉爪组成。此故障现象是刀具与主轴已经分离，并有一定间隙，而刀具卸不下来，这说明放松液压缸已经动作，但没有到位。

b. 故障处理。首先检查机床液压系统压力，系统压力稳定，说明液压系统没有问题，而机械系统却无法检查（拉刀机构在拉杆内部）。只好反复旋转、振动刀具，最后将刀具卸下来。检查并拆下拉杆及拉爪后发现，6个拉爪块之间的6个 ϕ5mm 钢球中有一个碎裂脱落，卡在拉爪之间，造成故障。更换钢球后故障排除。

② 故障Ⅱ。一段时间之后，机床又发生同样的故障，采用同样办法将刀具卸下。经检查，刀具夹紧系统完好；再检查刀具尾部的拉紧螺钉，发现有磕碰现象，更换一个新的拉紧螺钉后，故障排除。

a. 原因分析。有些刀具比较重，操作者更换刀具时不能立即将刀具放在存放架上，而是先放在平台上缓一下手，这时只考虑到不能让刀具切削部分和锥面先接触地平台，只好让拉紧螺钉先接触地平台而造成拉紧螺钉磕碰。

b. 采取措施。装卸刀具时在地平台上放一块橡胶板或木板即可。

数控镗床的液压系统比较复杂，尤其在使用一段时间以后，镗床的液压元件有一定的磨损或老化，容易发生故障。针对其不同故障，具体问题具体分析，及时修理更换磨损件，可减少联锁性故障，也可减少镗床停工时间。

5.4.3 卧式加工中心早期液压故障

(1) 卧式加工中心早期故障统计分析

在现场原始记录的基础上，对某卧式加工中心早期故障进行统计分析，结果表明：机床本体故障占73%，数控系统故障占5%，附属装置故障占22%。在附属装置中，冷却系统故障占25%，整体防护系统故障占27%，液压系统故障占41%，润滑系统与气动系统故障占7%。液压系统故障率最高，说明卧式加工中心的液压系统是附属装置中可靠性薄弱的环节。因此，在选择液压件时应重点考虑其可靠性水平。在对液压系统早期故障统计中发现，液压系统的早期故障模式主要为渗漏油、零部件损坏和噪声等，共9种故障现象，见表5-4。

表5-4 卧式加工中心液压系统早期故障模式及故障现象

故障模式	故障现象	故障模式	故障现象
渗漏油	液压泵管接头漏油	渗漏油	主轴法兰盘下面油堵漏油
	机械手液压缸漏油	零部件损坏	油箱供油管裂开
	机械手油管漏油		油箱压力表损坏
	油箱油管渗油	噪声超标	液压泵噪声大
	液压泵油管漏油		

(2) 早期故障原因的3种模式分析

卧式加工中心液压系统的早期故障表现为3种模式：渗漏油、零部件损坏、噪声超标。导致这3种故障模式发生的主要原因如下。

① 渗漏油。

a. 油管与管接头质量不合格。油管与管接头为外购，由于在进厂前以及装配前缺乏严格的检验与控制，致使质量不合格的油管与管接头被装入主机。

b. 装配质量不好。主要是管接头未拧紧及管接头处密封胶涂得不均匀。

② 零部件损坏。油管与压力表是加工中心使用早期容易损坏的零件，损坏的原因主要是油管与压力表质量不合格。油管与压力表为外购件，它们的质量不合格，进一步说明缺乏对外购件的优选以及装配前的严格检验。

③ 噪声超标。

a. 滤油器堵塞。由于滤油器容量设计不足，从而引起过早堵塞，致使液压泵噪声过大。

b. 漏气。由于装配不良，造成管接头漏气，使空气进入吸油侧，导致液压泵噪声过大。

（3）防止措施

根据加工中心早期故障部位及各故障模式的严重程度分析结果，机械手与主轴箱是容易发生故障的部位，渗漏油、零部件损坏、噪声超标是其主要的故障模式。因此，除对加工中心进行日常的维护工作，如加油、换油脂、点检、清洁、调整、校准等，还应该对其主要的故障模式进行预防性维修。

① 机械手液压缸渗漏油的防止措施。

a. 检查密封圈老化和磨损情况，防止其在高压下工作时被挤入密封间隙导致咬伤，从而造成泄漏。

b. 检查缸口、轴头处是否有微尘，用柔软洁净的抹布擦拭。防止因划伤零件表面，导致在划伤处出现泄漏。

c. 严格执行定期紧固、清洗、过滤和更换制度，对淬火件及油箱定期清洗、维修，对油液、密封件定期更换，注意加入油箱的新油必须经过仔细过滤和去除水分。

② 噪声超标的防止措施。

a. 检查单向节流阀流量，防止流量过大导致主轴拨叉速度过高，造成机械手取刀冲击过大、噪声过大。

b. 检查齿轮传动平稳性，避免齿轮传动不平稳造成噪声过大。

c. 严格进行主轴箱动平衡试验。

d. 检查主轴动平衡状况。

此外应严格控制外购件的质量。

5.5 塑料注射成型机液压故障诊断与维修实例

5.5.1 层级分析法诊断塑料注射成型机液压故障

某型号注塑机液压系统，如图 5-34 所示。其液压系统层级结构，可按图 5-35 所示的方式划分。

将液压系统划分好了，就可层层深入地追查故障。对于如图 5-34 所示的液压系统，曾出现过整个系统无压力的故障，当时按照化整为零、层层深入的原则去查故障原因，顺利地查出了故障点，过程如下。

① 查出故障所在的部件。系统共有三个部件，在比例方向阀 58 出口与模运动部件之间的 A 处将油路堵住，启动油泵并调压，压力表 50 仍指示系统无压力，由此说明模运动部件与故障无关。在比例方向阀 58 出口 B 处将油路堵隔，系统压力正常，这说明动力部件正常，故障点在注塑部件。

② 查出故障所在的回路。注塑部件共有三个回路，按上述方式在 C、D 与 E 等处对回路进行截堵，查出故障在注射回路。

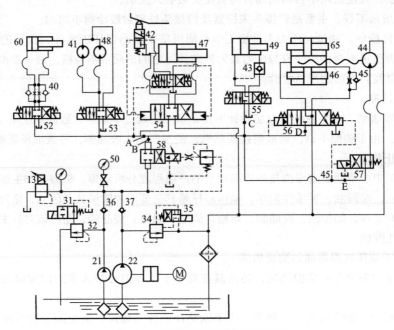

图 5-34　某型号注塑机液压系统图

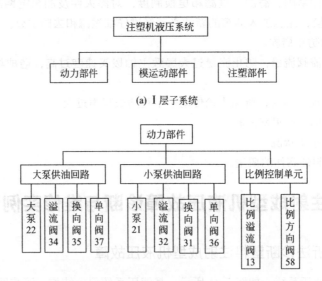

(a) Ⅰ层子系统

(b) 动力部件的Ⅱ层与Ⅲ层子系统

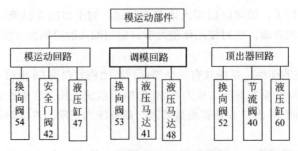

(c) 模运动部件的Ⅱ层与Ⅲ层子系统

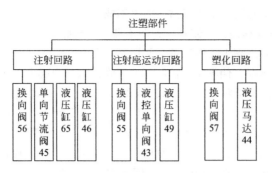

(d)注塑部件的Ⅱ层与Ⅲ层子系统

图 5-35 液压系统按层级划分

③ 查出故障元件。注射回路有换向阀 56、单向节流阀 45、液压缸 65 与 46，由图 5-34 可知，单向节流阀与液压缸故障难以引起系统压力为零，换向阀故障引起症状的可能性最大。经拆卸分解换向阀发现，换向阀安装错误，将阀的 A、B 口接在阀板的 P、O 口上，由于该阀是 Y 型阀，在中位时， A、B 口互通，系统压力在此处卸荷，压力为零。

5.5.2 塑料注射成型机动力部件压力失调

(1) 液压回路及故障现象

某型号注塑机动力部件液压系统，如图 5-36 所示。

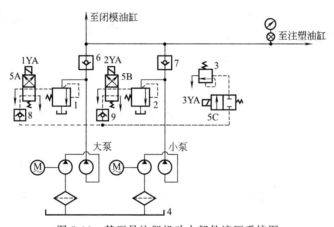

图 5-36 某型号注塑机动力部件液压系统图

1,2—溢流阀；3—先导阀；4—油箱；5A,5B,5C—电磁换向阀；6~9—单向阀

故障现象为：小泵压力可调至额定压力 14MPa，大泵压力仅可调至 5MPa，机器无法正常工作。

(2) 假设验证分析过程

① 假设 3YA 电磁铁错误通电，使换向阀 5C 开启，使调整压力较低的远程控制先导阀 3 起调压作用，引起大泵压力下降。

验证：经对电磁铁电信号检测，症状出现时 3YA 没有通电，假设不成立。

② 假设换向阀 5C 在开启位置卡死，使先导阀 3 起作用，引起症状。

验证：如果换向阀 5C 开启，它不仅会使大泵压力调不高，也会使小泵压力调不高，但事实上小泵压力正常，故假设不成立。

③ 假设单向阀 7 内泄漏严重，不起单向作用，使大泵输出的油液在一定程度上经此阀到小泵溢流阀 2 卸荷，引起压力下降。

验证：经检查发现单向阀 7 工作正常，假设不成立。

④ 假设溢流阀损坏或其他原因使其压力调不高，引起症状。

验证：经检查发现溢流阀 1 工作正常，假设不成立。

⑤ 假设换向阀 5A 磨损，使阀 1 的控制压力下降，进而引起大泵压力下降。

验证：将阀 1 的压力调至零，将换向阀 5A 的油路封住，启动液压泵电动机，不断调节溢流阀 1，这时压力可调至额定压力，但这时还不能完全肯定换向阀 5A 磨损引起故障，因为除了阀 5A 之外，单向阀 9 如果存在内泄漏，在 3YA 通电、阀 1 调压时会引起它的控制压力下降。于是再对单向阀 9 做进一步的检查，发现它工作正常，同时，将阀 5A 重新接入回路，对它的回油口做了检查，发现 1YA 通电之后，回油口有很急的油液涌出，这一迹象说明阀 5A 磨损严重，假设成立。

经拆卸分解检测换向阀 5A 发现，阀芯与阀孔之间的间隙达 $50\mu m$，远大于正常允许值，对阀芯与阀孔作了修配之后，故障排除。

5.5.3 塑料注射成型机液压执行元件工作异常

某型号塑料注塑机液压系统，如图 5-37 所示。

故障现象是：液压缸在接触工作位置时有冲撞现象，液压马达转速调整不灵敏。现分别对这两个症状进行分析， 找出它们的可能原因。

① 液压缸冲撞问题的分析。引起液压缸冲撞的可能原因如下。

a. 液压缸内混入空气，在液压缸接近工作位置时，尽管已切换速度（由快速转慢速），但压缩的流体释放能量，使液压缸继续以高速运行，由此撞击工作台面。

b. 液压缸接近工作位置时，由于行程开关或电路故障，未能发出快速转慢速的控制信号，使液压缸保持原速，撞击工作面。

c. 比例流量阀故障（包括比例放大器故障）使流速失去控制，无法使液压缸减速。

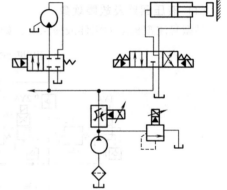

图 5-37　某型号塑料注塑机液压系统图

② 液压马达转速调整不灵敏问题的分析。引起液压马达转速调整不灵敏问题的可能原因如下。

a. 控制液压马达转速的比例数码器故障，不能调节比例流量阀的流量。

b. 比例流量阀或比例放大器故障，使流速控制不灵。

c. 液压马达或其负载出现异常，使速度调节更加困难。

将两个症状的可能原因作对比，便可发现，比例流量阀及比例放大器故障是两个症状共同的可能原因，故其出现的可能性最大。进一步分解比例流量阀发现，主阀芯弹簧已折断，引起流量失控，进而引起液压缸的冲撞与液压马达速度调节不灵敏。

5.5.4　根据可能性大小排除注塑机突然停止工作故障

某型号注塑机，在半自动工作过程中整个液压系统突然停止工作。一个不了解情况的维修人员应邀去诊断故障。问题出现在这样的大型复杂液压设备上，可能的故障原因是很多的。他按常规思路，首先将注意力集中在主油路上，对液压系统主泵、供油泵、溢流阀等做了全面的考察。可一直未找到故障点。后来设备维修主管人员根据长年工作的经验，发现这类问题有80%的可能性发生在供控制电液换向阀换向的控制油路上。控制油路是一个由齿轮泵供油的低压小型液压系统，其溢流阀常因油污染不密封，不能调出压力（3MPa），导致各外控式电液换向阀、液控单向阀因无控制油压而不换向与动作，液压缸与马达都不能动作。

在此例中，前一维修人员不了解设备的情况，将故障诊断的方向定错了，所以短时间无法找到故障点。

5.6 内燃机车液压故障诊断与维修实例

5.6.1 内燃机车液压系统故障的原因分析

东风内燃机车的液压系统主要由液压油箱、液压泵、温度控制阀、安全阀、液压马达等元件及管路组成。其主要故障现象如下。

(1) 温度控制阀失效

温度控制阀在液压系统中起到调节通往液压马达流量的作用，当柴油机油、水温度达到一定值时，温度控制阀内的恒温元件动作，从而推动滑阀逐步关闭旁通油路。这样流经液压马达的压力油逐步增多，从而使马达逐渐达到全速运转。

温度控制阀失效将造成液压油从温度控制阀旁通管路部分或全部流回油箱，导致风扇转速达不到规定的转速或停转。造成温度控制阀失效的主要原因有：

① 滑阀与孔的配合间隙不当或有脏物导致滑阀卡滞。

② 感温元件失效，其推杆不能随油、水温度的变化产生相应的动作。

③ 滑阀的行程达不到规定的要求，其最大行程小于 7.5mm，导致滑阀在油、水最高温度（水温 82℃±2℃，油温 65℃±2℃）时不能全部关闭阀口。

④ 温度控制阀的始动温度高于规定的始动温度，当油、水温度在规定范围内的某一温度值时，风扇转速却达不到相应的额定转速。

(2) 安全阀失效

机车安全阀与普通的安全阀不同，如图 5-38 所示，其开启压力不是一个定值。它随液压泵系统的压力变化而自动变化。它有这样一个特性：开启压力高于某一转速下管路中的正常工作压力的 10% 时安全阀才开启。若安全阀失效将导致安全阀的开启压力低于高压油路的工作压力，回油通路不该开启时开启，使得油路建立不起正常的油压，导致风扇转速达不到其额定转速。

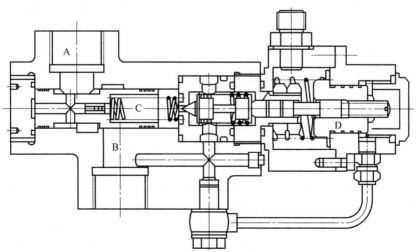

图 5-38　安全阀失效分析

造成安全阀失效的主要原因有：

① 调节螺钉调整不当。通过调节螺钉可以改变锥阀的调定值，如果调整不当，造成调定压力低于高压油路中的正常工作压力时，锥阀被推离锥阀体，C 腔的油压迅速下降，滑阀在高压油的作用下克服其弹簧力而开通 A、B 腔，导致安全阀失效。

② 连通 D 腔的油管接头泄漏或油管断裂。锥阀受锥阀弹簧复原力、减振器弹簧复原力、D 腔内回油压力的综合作用，锥阀被推离锥阀体必须克服以上三种力。柴油机转速越高，D 腔内的油压也越高，锥阀被推离锥阀体的作用力越大，安全阀的开启压力随柴油机转速升高而增大，当油管断裂或油管接头漏油时，D 腔内建立不起油压，此时安全阀的开启压力大大低于正常的开启压力，导致安全阀失效。

③ 阻尼塞内孔被异物堵塞。此故障导致 C 腔无油后，滑阀两侧压力不能平衡，在高压油的作用下，A、B 两腔开通，导致安全阀失效。

④ 滑阀卡滞。滑阀卡滞会使安全阀处于常开状态。

⑤ 导阀卡滞。导阀卡滞会使锥阀始终离开锥阀体，造成安全阀失效。

(3) 液压泵故障

液压泵故障导致风扇转速低或不转是由液压泵泵油压力不够造成的，此故障的主要原因如下。

① 液压泵油封漏油，泵内的液压油窜入变速箱，导致液压泵系统缺油，建立不起正常的油压。

② 液压缸体与配流盘接触而严重拉伤，造成密封性能差，使液压泵油压不足。

③ 液压泵或液压缸体孔拉伤，使得活塞与液压缸体配合间隙超过要求。

④ 芯轴弹簧断裂，液压缸体与配流盘表面不能密贴。

⑤ 液压泵可通过调整垫片来控制液压缸体与配流盘的间隙。在组装时，若调整垫片的厚度不够，液压缸体与配流盘的间隙将大于规定值。这样部分液压油不是进入液压缸体柱塞孔，而是直接进入液压泵的回油管，减少了泵的油量，造成泵油压力不够。

(4) 液压马达故障

液压马达导致的故障如下。

① 液压马达轴承烧损，风扇转动时阻力增大，造成风扇转动不灵活。

② 前泵体内的轴承装反，马达主轴连同轴承内圈在高压油的作用下向上移动，使液压缸体与配流盘之间出现过大间隙，马达受不到液压油的高压作用，造成风扇不转。

③ 液压马达柱塞或液压缸体内孔拉伤，使得其配合间隙超过要求，就会影响到柱塞的正常吸油和排油。

④ 液压缸体表面拉伤严重，导致液压缸体与配流盘表面不密贴。

5.6.2　内燃机车液压系统故障的诊断与排除

① 启动前检查与液压泵相连的液压油箱油位是否正常。如果打开变速箱油尺孔有油溢出，则可判断为液压泵的油封泄漏造成窜油，高压油路建立不起正常油压，影响风扇的转速；如果油位正常，再用手拨动风扇，若转动不灵活，可判断为液压马达故障，可按照故障做相应的更换。

② 若启动前检查正常，再进行热机检查。当油、水温度达到最大值时，在柴油机最高转速下，手动调整螺钉，使温度控制阀处于全部关闭状态（当手动调不进去时，说明滑阀卡滞）。若风扇转速正常，可判断为温度控制阀的感温元件失效；如果风扇转速不正常，用手摸温度控制阀，若回油管与进油管无明显温差，便可判断为温度控制阀的滑阀与阀体间隙过大或有拉伤，更换温度控制阀即可。

③ 经过判断确定温度控制阀正常后，让柴油机转速仍保持在最高位，用手摸安全阀回油管和进油管，如果无明显温差，可判断为安全阀失效或液压泵故障。为了减轻检查工作量，可以先拆下安全阀在试验台上进行测试。若测试结果不符合要求，说明安全阀失效，更换即可；如果测试正常，则为液压马达故障，必须更换液压马达。

④ 如果温度控制阀和液压马达均正常，将柴油机转速保持在最高位，若风扇转速仍然偏低，则可判断为液压泵出口压力不够，高压油路建立不起正常压力，造成风扇转速偏低。更换液压泵后，风扇转速就会恢复正常。

⑤ 在检查液压泵或马达时，最好测量它的容积效率。因为柱塞连杆组与相应缸体的间隙过大，其泄漏量必然较大，在很大程度上制约着容积效率的高低。

⑥ 可以将液压泵和液压马达的单油封改为双油封，消除泄漏情况的发生，可使风扇处于良好的运行状况。

5.7　汽车液压系统常见故障分析与排除

5.7.1　汽车转向系统故障诊断与排除

(1) 转向沉重的故障诊断与排除

① 转向沉重的故障诊断程序。

a. 当确认故障原因在液压助力系统以后，首先检查转向液压泵驱动装置的工作情况：若是 V 带传动的，应检查 V 带是否打滑或过松；若是齿轮传动的，则要检查齿轮传动副啮合情况。

b. 检查液压系统各部件管路连接处有无漏油。

c. 检查液压油油箱的油平面高度。

d. 检查液压系统是否混进空气，如发现油箱中有泡沫，油路中可能混有空气。

e. 检查液压泵的工作压力。在液压泵的出油口与控制阀的进油口之间的油路中，串联一个大小合适的压力表和一个节流阀，启动发动机并以低速运转。在逐步关闭节流阀时，油压应有所提高，若在短时间内关闭节流阀（≤10s），压力表上指示的值应为液压泵的最大工作压力，若指示值低于规定值的 90%，则说明液压泵有故障。用同样的方法也可检查液压泵的流量（配以流量计或量筒和秒表），液压泵本身的故障须解体检查。如液压泵工作良好，则故障可能在动力缸或分配阀，动力缸和分配阀须解体检查。

f. 如液压泵的压力或流量不够，应进一步检查液压油滤清器和管道有无堵塞。

② 转向沉重的故障原因分析与排除。

a. 液压系统缺油，使转向助力不够，按规定加足液压油并排掉系统内空气和排除漏油故障。

b. 液压系统内混有空气，使油压不足，顶起前轴（或卸下直拉杆接头），左右反复转动方向盘若干次，使动力缸活塞从一端到另一端往复多次，从液压油箱中逐渐排出系统内的空气，随着气泡的不断排出，液压油箱油面会逐渐下降，应补充液压油，排气过程持续到油箱中不再有气泡冒出为止。

c. 拖动液压泵的 V 带打滑或齿轮传动副啮合不良，应调整 V 带张力或修复啮合不良的齿轮。

d. 液压泵磨损，内部漏油严重，液压泵安全阀漏油或弹簧过软，开启压力过低。更换或检修液压泵，修理安全阀，使泵油压力符合要求。

e. 液压泵、动力缸或分配阀的密封圈损坏，须更换密封圈，消除泄漏现象。

f. 滤油器堵塞，须清洗或更换滤芯；管路堵塞或接头渗漏也会使供油压力不足，应清洗疏通管道，更换或铆修渗漏的管子接头。

g. 溢流阀或安全阀损坏，过早回油，应重新调整溢流阀或安全阀的开启压力，更换损坏元件。

h. 单向阀弹簧损坏或有杂质，使单向阀关闭不严，应更换弹簧，清除杂质。

i. 滑阀关闭不严或间隙过大，应更换滑阀。

（2）行驶中转向突然沉重的故障分析与排除

① 故障现象。汽车在行驶中转向突然感到沉重。

② 原因分析与故障排除。助力作用突然消失，如油管破裂，外驱动转向液压泵驱动带断裂；内驱动转向液压泵驱动齿轮破碎；转向液压泵主动轴油封损坏，致使液压油流入油底壳。

诊断时应先检查外部油管及驱动带的状况，必要时拆下转向液压泵出油管，用启动机带动发动机运转，来检查转向液压泵的工作情况。

（3）快速转动方向盘时沉重

① 故障现象。汽车行驶时，慢转方向盘情况良好，急转时感到转向沉重。

② 原因分析与故障排除。助力系统内压力偏低，如转向液压泵供油量不足；驱动带松弛打滑；溢流阀调整不当；维修时换用的代用高压油管，会在高压油的作用下变形过大，而导致压力滞后；液压系统中进入空气；等等。

首先检查转向液压泵驱动带松紧度及储油罐油面，检查油路中是否有空气，若以上均正常，再用动力转向测试仪检查液压泵的压力和流量，并对安全阀、溢流阀进行调整；或用新转向液压泵进行对比试验，若安装新液压泵后，故障排除，应更换原转向液压泵。

（4）转向轮摆头方向盘抖动

① 故障诊断。

a. 检查工作油储油箱是否缺油，致使空气吸入液压系统内，检查液压系统有无空气，工作油中是否有泡沫；检查液压泵吸油管路密封情况，如密封不良，会有空气吸入。

b. 检查液压泵流量，若溢流阀失效，液压泵流量过大，液压助力系统过于灵敏，会引起转向轮摆头。

c. 检查滑阀反作用弹簧（定中弹簧）是否过软或折断，不能保持滑阀的居中位置。

② 原因分析及故障排除。

a. 液压系统缺油，使空气吸入系统内，液压泵吸油管路因密封不良而吸入空气，液压系统因其他原因混入空气时，均可能发生前轮摆振或方向盘抖动的故障。维修时排出系统空气，加足工作液，更换密封件，即可恢复正常工作。

b. 液压泵选型不当或溢流阀失效，使油压过大、系统工作过于灵敏，会造成前轮摆头的故障。应清洗、调整溢流阀，必要时更换，甚至重选流量合适的液压泵。

c. 滑阀反作用弹簧（定中弹簧）过软或损坏，不能克服转向器逆传动的阻力，滑阀不能回位，从而引起前轮摆头。更换刚度合适的反作用弹簧即可。

（5）汽车直线行驶时方向自动跑偏

① 故障诊断。

a. 检查液压油是否脏污。新车或大修后的车辆，未认真执行走合后的换油规定会使液压油脏污，杂质可能使滑阀（控制阀）受阻而不能居中。

b. 拆检滑阀和反作用弹簧（定中弹簧）。仔细检查反作用弹簧的压力，检查滑阀及阀体台肩有无碰损和毛刺。

② 原因分析和故障排除。

a. 滑阀反作用弹簧太软或损坏，滑阀不能回位，破坏了滑阀与阀体的正常位置，形成动力缸左右的压力差，使方向自动跑偏，应更换反作用弹簧。

b. 液压油有杂质，阻滞滑阀的运动，使滑阀不能及时回位，应更换工作油。

c. 滑阀或阀体台肩有毛刺、碰损或因其他原因，使滑阀偏离中间位置，应视情况研磨滑阀与阀体，或更换滑阀，调整滑阀与阀体的相对位置。

(6) 左右转向轻重不同

① 故障诊断。

a. 首先检查工作油是否清洁。

b. 如果工作油是清洁的，则应考虑动力缸一侧有空气的可能，进行排气处理后，检查动力缸密封元件是否损坏，杜绝空气渗入的渠道。

c. 若故障依然存在，应调节可调式滑阀的轴向位置，使滑阀居中位，调整方向重的一侧活塞行程限位器，使其开启时间推迟，防止高压侧油压过早下降。

d. 检查方向重的一侧油路的密封件是否损坏，有无泄漏。

② 故障原因分析及排除。

a. 滑阀偏离中间位置，或虽在中间位置但与阀体台肩的缝隙大小不一致，应调整滑阀轴的位置，必要时更换滑阀。

b. 滑阀或阀体台肩擦伤或有毛刺，影响工作液的流量和压力。通过研磨，去除毛刺、修复擦伤。

c. 工作油有脏污，使滑阀一侧的运动受阻。应清洗滑阀和阀体，更换工作油。

d. 动力缸一侧活塞行程限位器过早开启，使油压下降，应调整方向重的一侧活塞行程限位器。

e. 动力缸的一侧油路密封件损坏，形成部分泄漏而降低压力，动力缸的一侧有空气渗入，应更换密封件并排出空气。

(7) 方向盘自动回到中间位置困难

① 故障现象。转动方向盘，然后松开手后，方向盘不能自动回到中间位置。

② 原因分析及故障排除。轮胎气压过低，各拉杆、球头节等润滑不良，转向螺杆推力轴过紧，前轮定位失准，转向液压泵流量控制阀卡滞，转向器未调到中间位置，转向柱与转向柱管擦碰，转向器转阀或滑阀卡滞，回油管扭曲阻塞，等等。

先检查轮胎气压及各拉杆、球头节是否锈蚀；查看油管是否扭曲；支起前轮，转动方向盘，感受其阻力的大小；检查前轮定位；最后检测动力转向系统的油压和流量，必要时检修。

(8) 转向时液压泵发出异响噪声

① 故障诊断。

a. 首先检查工作油油箱的液面高度，再检查液压泵传动带是否打滑。

b. 如未发现异常，应检查工作油中有无泡沫，如有泡沫，说明系统内渗有空气，须进一步寻查漏气处。

c. 检查油路中有无堵塞、液压泵本身是否磨损严重或损坏。

② 原因分析及故障排除。

a. 工作油油箱油面过低，使液压泵工作时吸入空气，应加足工作油并排出系统空气。

b. 液压系统中有空气存在，应作排气处理。

c. 滤油器堵塞或破裂，引起液压泵吸油管堵塞，应清洗滤油器，更换滤网，清除油箱和管路中的杂物。

d. 管道和接头破裂或松动，吸入空气，应更换损坏件，排出系统空气。

e. 液压泵自身损坏或磨损严重，须检修或更换液压泵。

f. 液压泵本身有"嘶嘶"声，液压泵驱动带过松或带轮上有油而打滑，如果只有停车时明显，属于正常现象。

g. 转向液压泵有"轰鸣"声，油管或转向控制阀内部阻力大，使回油压力过高、配油盘或转子有损伤、定子磨损严重等，如果停车时最明显，说明压力板、止推板或转子划伤了液压泵轴承。

h. 转向液压泵有"嘎吱"声，储油罐缺油，油管因连接不良而渗漏，油路中有空气，叶片卡在转子槽中，溢流阀卡住。

i. 转向液压泵有"嚓嚓"声，转向液压泵的流量控制阀故障。

j. 转向液压泵有明显的无规则噪声，油管和转向器油路堵塞，配油盘与转子端面划伤，定子内表面严重磨损。

5.7.2 汽车制动系统故障诊断与排除

(1) 液压制动不灵

① 故障现象。汽车在行驶时，将制动踏板踩到底，汽车不能及时减速。往往需连续重复几次才能起制动作用，而且效果不好。

② 诊断方法与故障原因。

a. 连续踏下制动踏板，踏板若能逐渐升高，且继续往下踏时脚能感觉到有弹力，松脚一会儿再踏，仍然如此，说明制动系统内有空气。

b. 连续踩踏板，踏板升高后，继续往下踏时无弹力感觉，说明制动系统内漏油。

c. 需连续踩三脚制动踏板才起制动作用，则可能是制动摩擦片与制动鼓间隙过大或制动踏板的自由行程过大。

d. 踩下制动踏板位置正确，但效果不好，其原因有：

- 制动鼓失圆，在制动时变形；
- 制动液质量不好，受热蒸发，以及油管堵塞或碰撞变形而影响制动；
- 制动摩擦片沾有油、水，接触不良、表面硬化等。

(2) 液压制动失效

① 故障现象。在行驶途中，需要制动减速时，迅速踩下踏板感觉无制动作用。再连续踩踏板，也无制动效果。

② 诊断方法及故障原因。应先将汽车停放在平坦的地方，将前后车轮用三角木垫牢，并拉紧驻车制动器，以防滑溜造成事故。然后连续踩踏板，若踏板不升高，同时又感到无阻力，则应检查液压泵是否缺油，若不缺油，则再检查总推杆防尘套处或油管接头处有无漏油或破损的地方。若未发现漏油的地方，就应该检查各机械连接部位，看看这些地方是否有脱开或损坏之处，如有则应及时修复。随后再次踩下踏板，若制动仍然无效，就应拆下液压泵分解检查。在行驶途中若发现液压泵缺油时，也可以用酒精或烈性酒代用，在万不得已的情况下，还可用适当浓度的肥皂水代替。但到修理厂后，必须立即清洗制动装置，并换入合格的液压油。

(3) 液压制动跑偏（制动单边）

① 故障现象。汽车在制动时同轴的左右两轮的制动效果不一样，使汽车向一边偏斜，制动拖痕长短不一。

② 诊断方法及故障原因与排除。在制动时若发现汽车方向盘自动偏转，可在平坦的道路上以大约 30km/h 的速度进行行驶制动试验。停车后查看两边车轮留下的拖痕。拖痕短或无拖痕的轮子，其制动效果较差或已失灵。若拖痕一致，但车轮仍跑偏，则故障原因不在制动系统。若制动时，同轴的两个轮子均有拖痕，但长短不同，且拖痕长的轮子还有发热现象，则可适当将其轮子的制动摩擦片与制动鼓的间隙调大一些；拖痕短的轮子则适当调小些，直至两轮拖痕长度一致即可。通常当车速为 30km/h 时，拖痕印迹为 5~6m。另外，制动液压泵内有空

气、漏油与活塞过分磨损等也是跑偏原因。

（4）液压制动拖滞

① 故障表现。在行驶中制动时，当抬起踏板后能感觉到制动系统能够制动，但在踩踏板时感到踏板又高又硬，使汽车起步困难或行驶无力，用手触摸制动鼓感觉发烫。

② 诊断方法及故障排除。可停车用手触摸各轮制动鼓，若全都发热，则说明制动总泵出现故障。若只是个别鼓发热，则只是该轮的分泵、制动蹄等有故障。若故障在总泵，则可先检查制动踏板的自由行程，必要时可作调整。同时应注意踏板的回位情况，如放开制动踏板后，踏板不能迅速回位，则应更换回位弹簧，必要时，还应向制动踏板轴加注润滑脂。

若故障在某个车轮，则可将该轮顶离地面，拧松放气螺钉。若制动液急喷出后，车轮仍被制动，则可调整该轮制动摩擦片与制动鼓之间的间隙。如仍不能排除或松开制动踏板后车轮有时拖滞，有时能解除制动，则说明是制动蹄回位弹簧力不足或是制动蹄不能在支承销上自由转动等原因。

5.8 船舶液压系统常见故障分析与排除

5.8.1 液压舵机故障

（1）舵机瘫痪故障

机舱阀组是某船舶随动液压舵机的主要器件之一，它为液压件集成结构，其内部原理如图5-39所示。该船在驾驶室和舵机舱均设有操舵转向器，可分别进行随动转舵操纵，并以机舱阀组作无随动电磁阀操舵之用。

在做电磁阀操舵试验时，曾出现一次舵转至左满舵位置不能返回的故障，转换至驾驶室和舵机舱转向器操纵，也不能动作，系统处于瘫痪状态。仔细观察仪表指示情况，驾驶室转向器向左操纵时，进油压力表的读数为溢流阀调定压力；向右操纵无压力指示，转换至舵机舱转向器操纵，现象同上。用电磁阀操纵，不管操纵开关操向左舵还是右舵，进油压力表始终指示为溢流阀调定压力值。

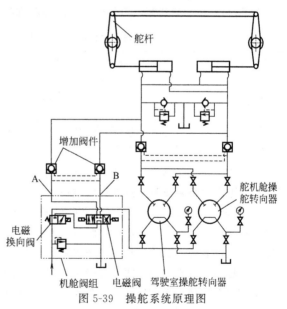

图 5-39 操舵系统原理图

（2）故障分析及措施

根据以上分析，判断故障是由操舵电磁换向阀的阀芯没有复位，而始终处在"左舵"位置所致。将阀芯复回原位，并确认无卡滞现象。操纵舵机，工作正常。

由此可见，尽管系统设有多套操纵装置以提高可靠性，但机舱阀组的电磁换向阀出现故障时，舵机还是瘫痪了。很显然，机舱阀组的设计不是十分完美。如果提高系统内部的清洁度，这样的故障可能会避免。但是，在船舶施工周期长、人多、工种杂的条件下，很难保证系统的"绝对"干净。另外，电磁操舵时，操舵电磁换向阀工作频繁，这样使得故障的隐患时刻存在。

如何保证在机舱阀组出现故障时，舵机仍能正常工作，将是提高系统可靠性的关键。若在如图 5-39 所示的 A、 B 二处均增加一只液控单向阀构成液压锁,转舵油路与操纵油路有了隔离,则任一操纵装置出现故障都不会影响舵机的正常工作,系统的可靠性就有了保障。

5.8.2 减摇鳍装置液压故障

(1) 减摇鳍装置概述

舰船在风、流、浪的作用下产生横摇、纵摇、首尾摇、升沉、横漂和纵漂六个自由度的运动。其中,尤以横摇最为剧烈,对舰船航行安全和船上工作人员及设备影响最大。减摇鳍装置就是用来减小船舶在航行中横摇的一种特种装置。减摇鳍装置由执行机构、液压系统、电控设备三部分组成。其中,液压系统是整个装置的最重要部分。

虽然减摇鳍装置在装船使用前都经过严格的台架试验、系泊试验和航行试验,以保证装置有效、可靠地运转,但实际运行中仍时有故障发生,特别是液压系统,在其运行的初期和经长时期运行的后期,故障率往往都比较高,且故障一般又不易检测,产生故障的原因又常常是机、电、液等各因素交织在一起。

(2) 减摇鳍装置液压故障诊断

运行中经常出现的故障有漏油、油温过高、振动、噪声等。这几类故障有时单独出现,有时相伴出现,有时伴随别的故障(如油中有泡沫、随液压泵吸入空气产生噪声)而同时出现或略滞后出现。

减摇鳍装置液压系统在运行中,大部分故障并不是突然发生,而总有一些预兆。在预防性检查中,有经验的维修人员往往用耳听、目测、手感等方式,可预感出故障的发生。

① 漏油。减摇鳍装置常见的外泄漏故障和排除方法,见表 5-5。

表 5-5 减摇鳍装置常见的外泄漏故障和排除方法

漏油元件	漏 油 原 因	消 除 方 法
接头	松动,密封圈坏,组合垫圈坏	拧紧,更换
接合面	螺钉预紧力不够,密封圈坏	预紧力要大于液压推开力,更换
轴颈	元件壳体内压高,泄漏管道阻力大,油封质量差	元件体内压不应高于油封许用压力,更换油封
活塞杆、阀杆	安装不良,密封圈坏,活塞杆表面有缺陷,质量差	拆下换新件,更新密封圈,研磨杆缺陷
水冷式冷却器	油位高,表示水漏入油中;油位低,表示油漏入水中	拆修

② 发热。发热现象的产生是系统运转过程中,冷却水流量小、水压低所致。这往往是由于冷却器进出水阀未及时打开或开度过小。

③ 振动和噪声。振动和噪声或来自机械传动部件,或来自液压系统油液脉动等。振动和噪声虽属两种现象,但往往是相伴而行,而又互为因果。例如,吸油管道的管接头螺纹预紧力不足,在设备运转中松动、漏气,产生吸空噪声,同时也伴随由吸空而引起的振动。换向阀换向时会引起高压管道振动,使管路接头松动,产生振动。液压系统噪声过大的原因有:

a. 电动机底座、泵架固定螺钉松动,泵与电动机不同心;

b. 吸油管道截止阀未打开或开度不大,滤油器堵塞,吸油管道漏气,油温低或油温过高;

c. 没有泄油口的液压泵轴颈油封损坏,液压泵进油口法兰式密封圈损坏,液压泵损坏;

d. 高压管道管夹松动;

e. 溢流阀阀座脏,系统中有空气;

f. 电液阀的电磁铁失灵,控制压力不稳定;

g. 油位低,油液污染。

④ 不能正常工作。不能正常工作的原因主要是:

a. 工作压力建立不起来,工作压力偏低,升不到调定值;有时压力升高后又降不下来,致使液压系统不能正常工作，甚至运动部件处于原始位置不动；

b. 流量不足、无流量或流量过大等，致使液压工作机构（如液压缸、液压马达）无动作或速度不稳定等；

c. 液压冲击；

d. 爬行。

5.8.3　船舶液压系统其他常见故障

(1) 船舶执行元件速度过慢或不动作

① 故障现象。某舱口盖装置开始时工作速度正常，此后速度逐渐降低，直至无法工作。

② 原因分析。执行元件的运动速度取决于进入执行元件的供油量。据此，首先拆检泵的进口滤网，发现上面糊满黑色胶质物，将其洗掉后试车，速度稍有加快，但仍旧达不到要求。并且发现随着使用时间的延长，油温不断升高，当升到 $60 \sim 70$ ℃时，就不能动作了。同时，系统压力随着使用时间有所下降，即使调高点，也无法提高速度。因此认为，泵的容积效率已经很低。解体发现，泵的磨损严重，轴向和径向间隙都超差很多。更新齿轮后，系统恢复正常。

该故障的原因是系统在工作之初，油温较低、黏度较高、内泄漏量较少，因此工作速度还可以达到要求。随着使用时间的延长，正常工作引起的油温升高，加之泵本身容积效率低所产生的能量损失形成的热量，使油温加速升高，油的黏度降低，泵的内泄漏量加大，并形成恶性循环，直至设备不能工作。

③ 小结。执行元件的运动速度取决于进入执行元件的流量，因此出现这类故障时首先要判断流量减少的原因。它既可能是液压泵流量不足或完全没有流量，也可能是系统泄漏过多，进入执行元件的流量不足，还可能是溢流阀压力调整过低，克服不了工作机构的负载阻力等。

(2) 船舶压力不稳定或压力调节失灵故障

① 故障现象。某轮在开舱作业时，舱口盖液压系统压力逐渐降低，由原来的 12MPa 降至 8MP，就不再恢复，再调也调不上去。

② 原因分析。因为该系统使用时间较长，起初估计可能是液压泵长期使用磨损较严重，内泄漏量加大引起的。拆检齿轮泵，发现齿轮磨损程度不严重，轴向和径向间隙稍有增大。重新调整间隙，装复后试车，故障仍未解决。但试车发现，系统原来在 12MPa 下运转压力平稳，现在 8MPa 下压力也仍平稳。在压力变换中，系统没有发现明显破坏现象。据此分析认为：既然压力变换前后都平稳，系统也未发现明显破坏现象，可以认为该故障可能发生在溢流阀处，因为溢流阀的工作性能是容易受到其他因素的影响而发生变化的。拆卸溢流阀检查，发现阀座处有污物，密封不良。清洗阀座后予以装复，系统压力恢复正常。

③ 小结。对上述问题的处理说明，此故障是由于油中污物偶然停留于阀座处，破坏了该处的密封而使系统压力跌落。污物清除后该处密封作用恢复正常，所以系统压力也恢复了正常。对于此种故障，如果污物偶尔被冲走，系统可自行恢复压力正常，一旦污物再在此处停留，则又会造成压力降低。因此应更换或者净化油液。

(3) 船舶起货机液压系统噪声和振动故障

引起噪声和振动故障的原因是十分复杂的。不但系统的机械设备、电气可以引起噪声和振动，就是液压系统内部，几乎每个环节都可能引起。系统内混入空气，机械振动，液压泵、控制阀等元件故障，系统内压力、流量脉动，以及由此而形成的共振等都是引起噪声和振动的原因。分析和处理这种故障难度较大，必须根据故障特点，初步判断是哪种类型原因引起，然后再通过浇油、探听、查看，以至于解体检查，找出故障原因，予以排除。

例如，某轮起货机液压系统，工作时出现啸叫声。仔细检查发现，系统压力在 4.5 ~

6.5MPa 时有此声音，且随着压力的增大而增大，当压力升到 6.5MPa 时系统产生连续的啸叫声。此外，发现啸叫声发生在液压泵出口管路的溢流阀上，而泵和其他阀上均无此声音。于是认为啸叫声与该溢流阀有关。解体该阀发现，主阀芯上的阻尼孔过大。更换阀芯后，啸叫声消除。

先导式溢流阀主阀芯上的阻尼孔过大，主阀芯下面的压力油，通过阀芯上的阻尼孔，再作用于先导阀的锥阀上时，压力油的压力脉动与锥阀上的弹簧产生共振，使锥阀振动产生噪声。阻尼孔变小后，压力油经过阻尼孔再作用于锥阀，由于压力油通过阻尼孔后压力达到平衡，就不再与锥阀上的弹簧发生共振，锥阀不再振动，啸叫声随即消除。

（4）船舶起锚机液压系统故障

① 事故概况。夏季台风来袭时，某轮因业务之需而于港外抛下双锚以避风，两天后台风离去，但起锚时发现双锚锚链打结，经过 4h 的起锚作业才勉强将左锚回收，但右锚因机械方面的故障无法再行拉起。由于船期制约，最后只好拖带右锚航向目的地港，请求陆上支援处理。经仔细检查，发现两部起锚机主液压泵轴承磨损及两部液压马达叶片与缸壁严重刮伤，且部分断裂受损，造成公司营运不便，花费巨额修理费用。

② 事故紧急处理。该船液压系统为挪威生产制造，基本设计为寒带使用，所以冷却器很小，通常起落锚及进出港时间为 30～45min，因而液压油温度并没有较大上升。日久致使轮机员疏忽而忘记开启冷却海水泵。但此动作很关键，尤其是起锚、进港、靠码头时，锚机除了要起锚外，亦要使用于码头作业绞缆，温度上升是必然现象。因此海水冷却系统一定得开启以冷却液压油。

船方轮机员先自行处理时发现，系统液压油稍减少，经补充液压油并清洁过滤器后，又发现液压油温偏高，但短期使用尚不致有重大危害。启动及暖机时一切正常，但当吊升出力达 3MPa 时液压泵声响异常，液压马达出力不足且声响异常。还作了以下维护与检查：清洁过滤器，补充液压油，拆卸液压马达控制把手，确定内部一切动作正常；拆卸液压马达压力调整阀，确定内部及弹簧一切动作正常。

本轮使用三螺杆泵，配备叶片式液压马达，经反复测试确定两部液压泵及两部液压马达都有故障。公司总部在征得船长同意后，依国际安全管理规则程序联络，为不延误船期初步决定于外港系妥锚标信号，将锚及锚链切断后进港。船级协会验船师签妥海事报告并指示：除非必要，于近海航行应避免下锚，应待完全修复后再予以下锚，以避免事态再恶化而发生无法将锚回收的事故。

③ 故障原因分析。此严重事故的发生，主要有下列三点原因。

a. 人为疏忽。液压油冷却海水泵未开、液压油冷却器未定期清洁、液压油未定期检验及更换、过滤器未定期清洗、装备日常检查不落实。

b. 系统液压油品质劣化。油质劣化造成液压泵和液压马达过度磨损，液压缸刮伤、功率下降及声响异常。

c. 船员操作不当。台风已确定来袭却出港赶船期；大风大浪中起锚，其出力超出额定出力；操作及指挥者在船舶大起大伏时没有格外小心注意。

5.9 飞机液压系统常见故障分析与排除

5.9.1 飞机起落架收放故障

起落架收放液压系统故障是飞机使用过程中的一种常见故障。由于不同机型的液压系统组成和构造不同，其故障模式也各有特点。

（1）系统组成和基本工作过程

TB20 型飞机是一种小吨位的轻型飞机，其起落架收放液压系统主要由液压动力组件（含电机和液压泵）、液压分配器、压力开关、应急控制阀门、收放液压缸和系统管路等组成。其基本工作过程是，液压动力组件产生起落架收放所需的液压压力，经过增压的液压油通过系统管路流入收放液压缸的"收上"腔或"放下"腔，推动液压缸活塞运动，从而使起落架收上或放下。

① 起落架收上到位后，当收上管路液压压力达到（1400±70）psi（1psi＝6894.76Pa）时，压力开关切断电机电路，电机停止工作，分配器的单向阀门切断收上管路，压力油被封闭在管路内，使起落架保持在收上位。当收上管路内压力下降到低于（1120±56）psi 时，压力开关接通电路，电机重新工作，使管路增压，起落架继续保持在收上位。

② 起落架放下到位后，起落架锁的终点开关切断电机电路，电机停止工作。

③ 当起落架在收上位时，如果液压动力组件不能正常工作，起落架不能正常放下，要靠人工打开应急控制阀门，使收上管路与放下管路连通，收上管路卸压回油，起落架靠自身重力和辅助弹簧力放下并上锁。

TB20 型飞机维护手册规定，正常收上或放下起落架的时间应小于 12s，应急放下起落架的时间应小于 8s；收上起落架后，液压泵电机 5min 内不应再次工作。

（2）故障分析

TB20 型飞机起落架收放液压系统在实际飞行和维护测试过程中的常见故障有：

① 系统气塞。系统气塞是 TB20 型飞机起落架收放系统的常见故障，可分为收上（高压）管路气塞和放下（低压）管路气塞两种。在应急控制阀门关闭的情况下，液压系统的收上管路和放下管路在液压缸活塞处被相互隔离，因此管路内的液压油不能全流量循环。如果管路内有空气，发生气塞，系统就不能通过液压油的自身循环排出管路内的气泡，因此反复操纵收上和放下起落架并不能排出管路内的气泡。

根据维护经验，该系统正常情况的收上或放下时间约为 6s。收上管路发生气塞后，收上起落架的工作过程明显缓慢，收上时间超过 6s，甚至超过 12s；收上管路发生严重气塞时，起落架不能收上到位，同时管路内液压压力达不到（1400±70）psi，压力开关不能切断电机电路，电机不停地工作。放下管路的气塞对放下过程影响不明显，这是由于起落架支柱上的助力弹簧有帮助起落架放下到位上锁的辅助力量。

针对以上特点，在排除气塞故障时，关键是如何排出管路内的气泡。根据不同情况，可采取以下几种方法。

a. 部分循环排气法。打开应急控制阀门，使收上管路和放下管路连通，然后打开液压泵使之工作，实现液压油箱、部分收上管路和放下管路内部分液压油的循环，使这部分的液压油流回液压油箱，排出管路内的气泡。由于应急控制阀门位于管路上靠近液压泵一侧，因此只能排出收上管路和放下管路靠近液压泵一侧管路内的气泡，而靠近收放液压缸一侧的管路不能实现循环，不能排出这一侧管路内的气泡。

b. 分段排气法。通过起落架的收放，判断气塞是发生在收上管路还是放下管路。根据维护经验，气塞多发生在收上管路，其排除方法是：分段脱开收上管路的接头，人工打开起落架锁，扳动前起落架使之收上到位（在连接好脱开的接头之前，应使起落架继续保持在收上位，否则立即放下起落架将使更多的空气进入管路），在收上过程中液压缸被压缩，排出收上管路内的液压油，气泡随之被排出，然后立即连接好脱开的接头，再人工扳动前起落架和主起落架使之放下到位，液压缸伸出，液压油箱的清洁液压油进入管路。反复操作几次，可排出管路内有气泡的液压油。

② 系统内漏或外漏。根据该系统的构造特点，易发生系统内漏的部位是应急控制阀门（密封胶圈）、液压缸（活塞胶圈）和液压泵分配器内的高压单向阀门。易发生系统外漏的部

位是液压缸（动作杆密封胶圈）。

如果系统发生内漏或外漏，收上或放下起落架的时间较长，收上起落架到位上锁后，液压泵电机频繁工作。这是由于内漏或外漏导致管路内压力无法保持，压力开关感应压力下降后，频繁接通电机电路，造成电机频繁工作。排除方法是更换相应的故障胶圈。例如，某飞机曾发生起落架收上到位后，电机频繁工作，平均每秒工作一次，经分解检查左起落架收放液压缸，发现液压缸活塞密封胶圈明显有多道划伤，导致液压缸收上室与放下室之间窜油，使收上管路的压力无法保持造成的。更换液压缸后，故障排除。

③ 压力开关失效。压力开关位于收上管路，是压力膜盒式开关。起落架收上到位后，当收上管路压力达到（1400±70）psi时，压力开关断开电机电路，电机停止工作，分配器的单向阀门切断收上管路，压力油被封闭在管路内，压力油使起落架保持在收上位。

若膜盒由于疲劳出现变形裂纹，则开关的动作压力将发生变化。一种情况是动作压力减小，收上管路压力还未到（1400±70）psi时，压力开关就切断了电机电路，电机停止工作，故障现象是在起落架收上过程中，电机继续工作，收上时间过长，甚至不能收上到位。另一种情况是动作压力增大，收上管路压力已超过（1400±70）psi，但压力开关还未切断电机电路，需要增加压力才能切断电机电路，使电机停止工作。排除方法是更换压力开关。例如，某飞机在进行地面收放起落架试验时，在收上起落架过程中曾发生液压泵电机断续工作的情况，起落架断续收上。经分析是压力开关的动作压力减小，压力开关过早切断了电机电路。更换压力开关后，故障排除。

(3) 系统维护注意事项

正确的维护和保养对于防止起落架液压系统故障有重要作用，应注意以下几个方面。

① 使液压油量保持在规定位。由于该系统液压油箱容量较小，应防止油量过少，造成空气进入系统管路，导致系统气塞。

② 维护液压系统时，应保持系统和油料清洁，防止杂质进入系统导致系统机件和密封胶圈的过度磨损，导致内漏或外漏。

③ 应保持液压缸动作杆的清洁，防止杂质划伤液压缸动作杆密封胶圈。

5.9.2 飞机液压部件管路漏油

B757-200型飞机的舵面操纵、起落架收放、制动、飞机转弯、飞机发动机反推力装置等系统的工作都离不开液压部件动作。由于这些部件管路通常工作在高压状态，工作位置在活动部位，部件及管路负荷大，漏油的情况时有发生，常常导致飞机操纵困难，造成飞机返航、备降，使航班延误。

(1) 漏油部位及原因分析

B757-200型飞机液压系统分为左、中、右三个独立的系统，左、右系统各有一个发动机驱动泵EDP和交流马达泵ACMP为系统增压，中系统通过两个ACMP泵增压。各系统液压油经过EDP泵或ACMP泵增压后，输送到各相关系统动作器，为飞行操纵、飞机前轮转弯、制动等系统提供动力。动力转换组件PTU由一个液压马达和一个增压泵组成。在左系统增压泵不工作时，通过右系统液压驱动马达，由马达带动液压泵给左系统增压，可以实现右系统与左系统的动力交换。冲压涡轮RAT在左右发动机空中停车时自动放出，由涡轮带动液压泵为中系统增压，提供紧急情况下的动力。液压部件管路的正常工作，是飞机动力迅速传递，实现飞行操纵和控制的基本保证。

① 液压系统部件管路常见漏油部位。

a. 发动机驱动泵EDP、滤油组件及管路EDP泵是压力补偿可变位移式活塞液压泵，通过发动机附件齿轮箱带动。B757型机队多次发生由于该泵壳体破裂导致液压油漏光的事件，造成飞机操纵困难。由于设计原因，EDP 泵壳体较薄，在高压的情况下容易破裂。此外，构成 EDP 泵的几个部件接合面之间的密封垫损坏是导致 EDP 泵漏油的主要原因。EDP 泵滤油组件位于发动机吊架内，由于该组件的压差传感器密封圈老化，导致液压油的大量泄漏时有发生，是检查的重点部位。一些航空公司已经把对 EDP 滤油组件压差传感器的检查列入定检工作。在左右发动机吊架内的 EDP 泵供油管与滤油组件的连接部位也时常发生漏油，有管路本身的原因，也有密封圈老化引起的。

b. 交流马达泵 ACMP 与滤油组件之间的供压管路、ACMP 泵到滤油组件之间的供压软管破裂导致漏油的情况时有发生，故障导致系统液压油漏光。软管在长期使用过程中老化，以及液压油的腐蚀作用，是造成其破裂的基本原因。这类故障在左、中、右系统均出现，其中左 ACMP 泵到滤油组件之间供压软管破裂或漏油的故障率高于其他两个系统，分析其原因在于左系统管路工作负荷高于其他系统，且工作时间比其他系统长。

② 起落架制动系统常见漏油部位。

a. 主起落架减振支柱。主起落架减振支柱由于动静密封圈损坏漏油（非液压系统油）常常导致航班延误。动静密封圈损坏有以下原因：密封圈正常磨损、密封圈质量问题、密封圈装配问题、减振支柱不清洁。

b. 主起落架收放液压缸、舱门收放液压缸、防滞制动阀门组件是起落架制动系统常见的漏油部件，其中舱门收放液压缸漏油时常发生在左边。此外，防滞制动阀门组件也是漏油发生较多的部位。以上部件漏油，主要原因在于组件内部密封圈出现损坏。

c. 起落架及制动系统软管。起落架制动系统一些部位液压软管容易发生破裂，造成液压油大量泄漏。除软管老化、液压油腐蚀作用原因外，也与其工作位置、工作状况有关。起落架下锁液压缸软管是发生破裂较多的部位，常常造成飞机返航、转弯失灵等重大安全事件。由于该软管所处位置，起落架收放过程中软管会发生弯曲，曲率变化较大，且弯曲不自然，这些因素是造成其破裂的重要原因。起落架四轮小车水平液压缸液压软管和主轮上部制动软管爆裂的情况也时有发生，在起落架收放过程中，这些软管与附近结构相摩擦引起软管损坏。

③ 飞行操纵系统部件漏油部位。

B757-200 型飞机飞行操纵系统部件漏油部位主要集中在垂直尾翼方向舵部位。

a. 偏航阻尼器伺服动作器。B757 型飞机有 2 个偏航阻尼器伺服动作器，是漏油高发部位。由于偏航阻尼器活动频繁，其伺服动作器处于不停的工作状态。动作器内部密封圈容易被磨损。波音公司已为此颁发了一系列服务通告，降低偏航阻尼器工作灵敏度，改变动作器密封圈材料的添加剂，以增加密封圈的耐磨程度。偏航阻尼器伺服动作器发生漏油的情况得到了一定的控制。但由于该部位的工作特点，漏油的情况仍时有发生。

b. 垂直尾翼方向舵部位液压缸。垂尾方向舵集中了比率液压缸、自动驾驶伺服液压缸及 PEA 动作器等部件，常见的漏油部位有 PEA、方向舵比率液压缸等，其中部分原因是密封圈老化。

(2) 防止措施

为了减少液压部件管路漏油造成影响飞行安全和航班延误事件的发生，应做好以下几方面工作。

① 认真做好漏油部件（位）数据收集，分析故障特点。B757-200 型飞机在中国已经引进多年，各航空公司在维护中都已积累了一定的经验，应做好漏油液压部件及管路的数据收集，分析漏油特点及其规律，找出常见漏油部件和漏油部位，指导工作者的检查。同时，应合理确定检查间隔时间，将一些重要部位的检查纳入定检工作内容。对于起落架下锁液压缸软管，可以统计其发生故障时的使用时间，在一定间隔时间内将其更换。

② 加强检查。高质量的检查是维修质量的保证，也是及时发现液压部件漏油最基本、最

有效的手段。针对不同部位应采取不同的检查方法，如对软管进行详细目视检查，重点应检查软管有无断丝，与附近结构是否摩擦，检查过程中最好用手触摸。发现软管外部保护层断丝的情况时应及时更换软管，避免软管破裂情况的发生。同时，检查工作应该由具备足够工作经验的人员来完成。

③ 严格按照 AMM 手册要求正确安装起落架密封圈，加强减振支柱的清洁工作，这对减少起落架减振支柱漏油能起到很好的作用。

④ 积极查阅有关服务通告 SB 和服务信函 SL 获取信息，及时完成相应改装，从源头上减少液压部件管路漏油的发生。

5.9.3 飞机防火开关故障

MA60 型飞机在交付航空公司使用以后，曾多次发生液压系统防火开关 YDK-14 油液泄漏的故障。当发生第一次漏油时，民航维护人员更换了防火开关。更换防火开关需要几个小时，延误正常飞行。问题是防火开关更换不久，类似故障又重复发生。

(1) 故障分析

① 主液压泵至液压油箱管路段附件的功能，如图 5-40 所示。MA60 型飞机上的主液压泵安装位置高于液压油箱约 130mm，根据 GJB 638A—97《飞机 I、II 型液压系统设计、安装要求》规定，为了保证主液压泵有良好的吸油能力，不允许飞机在地面停放时出现油液倒流现象。因此在油箱的出口处装有单向阀门 YXF-83。同时为满足适航要求，考虑到发动机短舱出现火警时，切断流向发动机区域的液压油，故在主液压泵和单向阀门之间设置了防火开关 YDK-14。

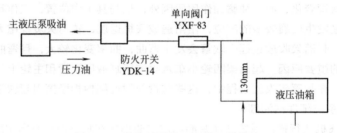

图 5-40 主液压泵处于正常工作状态

② 飞机在地面停放时防火开关漏油故障原因分析。维护人员发现，防火开关漏油故障是发生在飞机隔天停放或待运短时停放期间。这段时间里，在飞机发动机螺旋桨没有被固定的情况下，受风向和风力影响，使发动机螺旋桨朝非正常工作方向转动，从而带动与发动机传动机匣连在一起的主液压泵也一同反转，将液压泵出口管路的油液吸入进口吸油管路。由于吸油管路中单向阀门的作用，使得液压系统中原主液压泵吸油管路压力升高。在吸油管路主液压泵和单向阀门之间形成高压区段，如图 5-41 所示。防火开关安装在这段高压区内，当这种风向的风力越大，高压区段的压力就越高。当压力超过防火开关的耐压极限值（0.9MPa）时，造成防火开关外部密封圈被挤出，液压油便大量泄漏。

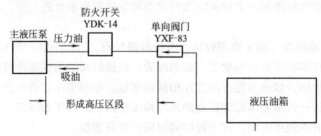

图 5-41 主液压泵处于反转状态

（2）改进措施

由于主液压泵和液压油箱的安装位置不能改变，吸油管路中的单向阀门又必须保留，因此要解决吸油管路压力异常升高导致的防火开关漏油问题可采取下述两种措施。

① 承制厂家对单向阀门 YXF-83 重新进行设计，在该阀门原设计基础上增加一旁路安全阀门，当吸油管路压力达到 0.5MPa 时，自动释放管路压力。

② 在主液压泵吸油管路与油箱回油管路之间加装安全阀门，如图 5-42 所示。当机场风向正好驱使飞机发动机螺旋桨连同主液压泵一同非正常工作转动时，吸油管路中的油液压力急剧升高，当压力达到 0.5MPa 时，安全阀门打开泄压，使压力油最终回到油箱，避免因防火开关密封胶圈被挤出而造成油液大量泄漏的故障。为避免主液压泵正常工作时打开安全阀门，故设计安全阀门开启压力要高于单向阀门。

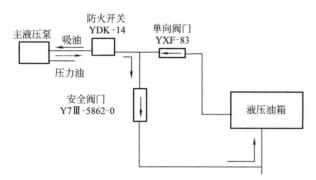

图 5-42　在主液压泵吸油管路与油箱回油管路之间加装安全阀门

措施①需要承制厂家重新研制单向阀门，周期长，费用高。措施②需要的单向阀门可以采用自制附件，将一件技术成熟的、性能数据接近的自制单向阀门部分零件进行参数调整后改成所需要的安全阀门即可满足要求，而且周期短，费用低。

5.10　石油化工机械液压系统故障分析与排除

5.10.1　钻机液压系统故障分析与排除

钻机液压系统的组成及工作原理：

① 钻机液压系统组成。该钻机采用液压传动，其液压系统由油箱、粗过滤器、电动机、齿轮泵、溢流阀、多路换向阀组、压力表、快换接头组、液压马达、节流阀、液压缸、冷却器、精过滤器等组成，如图 5-43 所示。多路换向阀组由三片阀组成，即马达旋转阀片、液压缸快速进退阀片和正常进退阀片。

② 钻机液压系统工作原理。电动机带动液压泵把电能转变为液压能，液压泵输出的压力油，通过溢流阀调整在额定压力内，再经分流阀将压力油分成主油路和分流油路。主油路供给旋转运动，分流油路供给进退运动。主油路经多路换向阀组，控制液压马达的正反转，液压马达带动钻杆旋转钻孔，也可以依靠该旋转运动装卸钻杆。分流油路经多路换向阀组，控制液压缸的伸缩，从而带动动力头沿着导轨做直线往复运动，实现钻机的钻杆轴向进退工作。通过调节节流阀，调节钻孔时的进退速度。通过快速进退阀片，将旋转阀片的大流量油液合并至正常进退阀片，实现液压缸的快速进退。

③ 钻机液压系统的常见故障及排除。

a. 液压泵不输出压力油。检查液压泵旋转方向是否正确，吸油过滤器是否堵塞，油液的黏度是否过低或温度过低，油箱内液面是否过低，液压泵内泄漏是否过多或内部齿轮是否

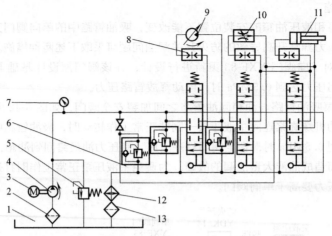

图 5-43　钻机液压系统图

1—油箱；2—粗过滤器；3—电动机；4—齿轮泵；5—溢流阀；6—多路换向阀组；7—压力表；
8—快换接头组；9—液压马达；10—节流阀；11—推进缸；12—冷却器；13—精过滤器

损坏。

b. 旋转马达正反转压力调不上，输出转矩小或输出转速低。检查液压泵出口处的溢流阀中的调压弹簧性能及锥阀与阀座的密封性是否变差；检查多路换向阀组中马达旋转阀片的溢流阀中的调压弹簧性能，主阀阀芯的阻尼孔是否堵塞，锁紧螺母是否松动；检查油管上的快换接头是否堵塞或损坏；检查马达磨损是否严重或内泄漏是否过多；检查回油阻力是否过大。

c. 推进力、抽拉力小或进退速度过慢、过快或推进缸无动作。检查分流阀中分流孔是否堵塞、过大，检查油管上的快换接头是否堵塞或损坏，检查推进缸的内泄漏是否过多。

d. 进退速度无法调整。检查油液是否过脏，节流阀阀芯与手轮装配位置是否合适，节流阀阀芯配合间隙是否过小或变形。

e. 系统管路振动大。主要原因是管路中有空气或水，应检查管路连接处是否紧固，油箱内油量是否过少，吸油管是否破裂；检查油箱是否进水、冷却器内是否漏水等。

5.10.2　压滤机液压系统故障分析与排除

压滤机是一种利用液压站输出的压力油推动液压缸而产生高压来压紧滤板，同时配合高压风或给料泵而使滤布两侧产生较高的正压差，使悬浮液物料中的固相颗粒与水分离的机械设备。压滤机工作时，液压系统常出现的故障如下。

(1) 液压缸进退缓慢

当出现液压缸进退缓慢时，可按以下步骤进行检查。

① 检查液压站上各阀门是否有漏油现象。如果有漏油现象，则大部分原因是密封圈已老化或密封圈未安装好，少部分原因是阀门质量较差；如各阀门未出现漏油，则大部分原因是溢流阀溢流口调得过紧（缸退慢），卸荷阀调得过松（缸进、退慢），少部分原因是阀门质量较差。

② 如果以上两种原因均不存在，可检查叶片泵是否出现故障，如无故障，则可检查电磁换向阀是否失灵。

通过以上两个步骤，基本可以解决液压缸进退缓慢的问题。

(2) 液压缸爬行

液压缸出现爬行现象，一般是因为液压缸中混入了空气或油量不足所致，可按如下步骤解决此问题。

　　① 检查叶片泵叶片是否损坏。

　　② 检查油质情况。

(3) 系统卸压

　　卸压在液压系统中常见，原因较多，一般应从液压缸和液压站上检查，现在分别进行说明。

　　① 液压缸引起卸压的原因分析及排除措施。

　　原因分析：液压缸如果出现卸压，常见的情况为缸内、外密封点泄漏。从图 5-44 中可以看到，可能发生的漏油点为 3、4、5、6、7、9 共 6 个点，其中 3、4、5、6 为静密封，7、9 为动密封。

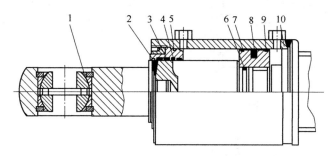

图 5-44　压滤机液压缸结构

1—法兰接头；2—防尘圈；3—轴用密封圈；4,5,6,10—O 形密封圈；7,9—孔用密封圈；8—支承环

　　故障排除：如果出现卸压，可先检查液压缸表面是否有油渗漏，若有，则为 3、4、5 密封圈老化，应更新；如表面无油渗漏，可检查 7、9 密封圈的情况，如老化，应更新。

　　② 液压站引起卸压的原因分析及解决办法。液压站引起卸压的原因大致可按如下步骤分析。

　　a. 检查液压站各阀门是否渗油。

　　b. 检查电磁换向阀是否失灵。

　　c. 检查液控单向阀是否失灵，尤其要重点检查液控管路是否存在问题。

5.10.3　压块机液压系统故障分析与排除

(1) 压块机的液压系统工作原理

　　液压系统是橡胶压块机的主要动力部分。如图 5-45 所示为橡胶压块机的液压系统图，该系统可以分为两部分：一部分是水平缸控制部分，另一部分是垂直缸控制压制橡胶部分。水平缸和垂直缸联合顺序工作组成压制橡胶成型的全过程，该工程可分为以下三个阶段。

　　① 落料阶段。水平缸的活塞杆带动活动料筒落入压块机机体的腔内。

　　② 挤压和保压阶段。水平缸的活塞杆后移，带动上盖板将腔内封严，垂直缸活塞杆带动挤压头上升，将落入料腔内的散料向上挤压并保持一段时间，使之成型。

　　③ 出腔阶段。水平缸的活塞杆后退，将上盖板打开，垂直缸活塞杆上升，推动胶块至腔口上面，再由水平缸向前推动胶块至传送带传走。

　　该液压系统的各个动作的电磁铁动作表，见表 5-6。

(2) 压块机液压系统的故障及排除

　　① 压块机液压系统故障现象。在压块机使用期间，发现压块机在第二阶段时冲击、振动和噪声都较大，工作不平稳，影响了生产率和设备的寿命。

　　② 故障原因分析与排除措施。

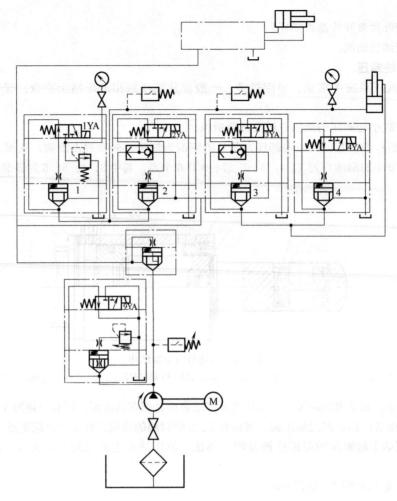

图 5-45　橡胶压块机液压系统图

表 5-6　橡胶压块机液压系统电磁铁动作表

动作	1YA	2YA	3YA	4YA	9YA
垂直工进	+	+	−	+	+
保压	+	−	−	−	−
降压缓冲	+	+	+	−	−
卸荷下降	−	−	+	−	+

　　a. 故障原因。分析压块机在第二阶段的工作压力为系统工作的最高压力,特别是保压刚完毕,垂直缸的无杆腔压力为 15MPa。由系统的工作过程可知,当系统保压完成后,由换向阀 1(插装阀组件 1 中的换向阀,后同)打开,无杆腔高压油直接回油箱,而同时换向阀 3 打开,系统高压油直接泵入垂直缸的有杆腔,从而实现活塞后退运动,因此在换向过程中,活塞两侧的压力突变量为 30MPa,是引起冲击大的直接原因。所以,应在不改动压块机系统硬件的情况下,降低活塞换向的压力突变量,以减小换向冲击。

　　b. 故障排除。主要方法是修改 PLC 的程序控制部分,使系统满足以下要求:当垂直缸保压完成后,先使换向阀 2、3 得电和系统不供油,直接将无杆腔的高压油引入有杆腔,实现压力的串连、中和,以降低系统压力;再关闭换向阀 2,系统供油进入有杆腔,同时换向阀 1 打开,无杆腔液压油回油箱。这样实现了换向前的差动降压,减小了换向冲击。

5.10.4　摆丝机系统故障分析与排除

(1) 摆丝机工作原理

在化纤生产行业中，摆丝机是一种重要的设备。它主要用于将长丝束均匀摆入盛丝箱，以达到中间储存的目的。作为摆丝机的核心部件，液压系统为摆丝机提供动力，其稳定性是摆丝机正常工作的必要条件。

摆丝机的基本动作是往复摆动和水平面内进给运动的结合，通常对丝束的摆放均匀性没有特殊的要求，只要能够实现丝束的有序堆放即可。它的主要组成部分是摆丝头部件，如图 5-46 所示。其工作原理是丝束由导丝轮 1 导入，进入两牵伸辊 2 中间，由两牵伸辊夹持并牵引进入盛丝箱 4。导丝架 3 与摆丝架 5 的运动方向相互垂直，分别由滚珠丝杠传动，滚珠丝杠分别由各自的液压马达驱动，速度由液压系统中的调速阀控制。牵伸辊有两个，其一由液压马达驱动，并通过齿形同步带和齿轮箱驱动另一牵伸辊，两牵伸辊速度一致，转向相反。

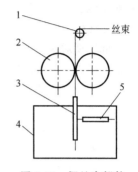

图 5-46　摆丝头部件
1—导丝轮；2—牵伸辊；3—导丝架；
4—盛丝箱；5—摆丝架

(2) 摆丝机液压系统存在的问题

摆丝机的液压原理如图 5-47 所示，摆丝头部件的 3 个液压马达 11 均由同一液压站提供压力油，每个液压马达的速度通过调速阀 9 控制。在摆丝机的液压系统中，采用的是普通的调速阀，这是一种基于电磁换向阀的开关式液压系统。这个系统中所有的控制都是通过逻辑控制信号来实现，该系统中每个需要速度控制的液压马达都是通过手动调速阀进行速度设定。但是在实际使用中，却发现这种液压系统存在以下问题。

① 调试和维修不方便。所有需要控制速度的液压马达都需要采用调速阀，在速度设定方面均是采用手动调节，这对摆丝机的调试和维修造成极大的不方便。

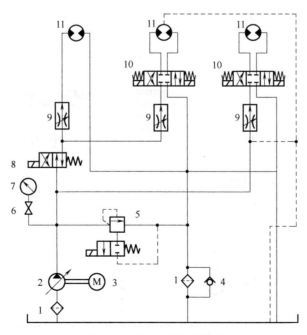

图 5-47　摆丝机液压系统图
1—过滤器；2—液压泵；3—电动机；4—单向阀；5—溢流阀；6—截止阀；
7—压力表；8—换向阀；9—调速阀；10—电磁换向阀；11—液压马达

② 换向冲击很大，对设备和系统造成很大损害。由于摆丝机的摆丝架需要经常换向，系统存在着较大的冲击振动。这种冲击振动会对液压系统造成极大的损害，并且经常性的冲击对摆丝架的刚性也有很大损伤，影响其使用寿命。

③ 系统的速度慢，生产效率低。为了减少摆丝机摆丝架换向存在的冲击振动，摆丝架的运动速度要慢。如果摆丝架的运动速度较快，则摆丝架的惯性很大，难以控制，容易发生事故。为了安全，将摆丝架运行的速度调得比较慢，但这样降低了生产效率。

(3) 摆丝机液压系统故障的排除

针对摆丝机液压系统存在的问题，特别是换向冲击对系统的影响，设计了基于电液比例控制阀的电液比例控制系统。电液比例控制阀能连续地、按比例地控制液压系统的压力、流量和方向，从而实现对执行部件的位置、速度和流量等参数的连续控制，并可防止或减少压力、速度变换时的冲击。电液比例控制阀的引入意味着流量的控制可以用电气信号来调整，也就是说，不是用液压开关装置实现几种不同的设定值，而是用电气控制实现执行器的速度由一种工作状态均匀地过渡到另一种工作状态。电液比例控制阀是介于开关型的液压阀和电液伺服阀之间的一种液压元件，它的控制过程是，输入一个给定的电压信号，经过比例放大器进行功率放大，并按比例输出电流给比例阀的比例电磁铁，比例电磁铁输出力按比例推动阀芯移动，即可按比例控制液压油的流量或改变方向，从而实现对执行器的位置或速度控制。

电液比例控制阀中的比例电磁铁，它的力在整个工作行程内基本上保持恒定，电磁铁的吸合力与线圈电流之间是线性关系，这意味着在其工作行程内衔铁的任何位置上，电磁铁的吸合力只取决于线圈的电流。所以通过改变电流，阀芯可以沿其行程定位于任何位置，也就是说，阀芯的开度可以用电流控制。

另外，阀芯在运动起点还有一定的遮盖量，即死区。死区的存在可减小零位阀芯泄漏并在电源失效或急停工况下提供更大的安全性，然而死区的存在也意味着必须向阀的电磁铁线圈提供一定的最小信号值，然后系统中才能出现可觉察到的作用，所以在选择比例阀的工作流量范围时要考虑死区的影响。

改进的摆丝机液压原理如图 5-48 所示，将控制摆丝架运动的液压马达的调速阀改为电液比

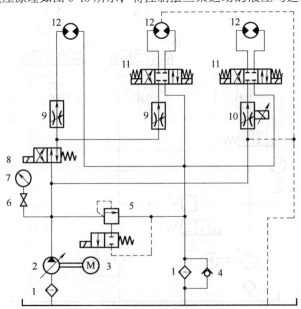

图 5-48 改进后的摆丝机液压系统图

1—过滤器；2—液压泵；3—电动机；4—单向阀；5—溢流阀；6—截止阀；7—压力表；
8—换向阀；9—调速阀；10—电液比例控制阀；11—电磁换向阀；12—液压马达

例控制阀 10，这是因为摆丝机设计要求摆丝架的调速范围是 0.6～1.9m/min，并能实现换向减速功能，即当摆丝架运动到盛丝箱的边缘时，为减少冲击，应均匀减速至停止，在返回时应能均匀加速至设定速度。若液压系统仍采用原有的控制方式，就难以达到相应的技术要求，在这里使用电液比例控制阀来控制摆丝架的减速停止时间和换向加速至常速的时间就能非常准确。

5.11 冶金机械液压系统故障分析与排除

5.11.1 冶金液压泵站液压系统故障分析与排除

(1) 故障现象

某冶金液压泵站如图 5-49 所示，泵站有两台柱塞斜轴式柱塞泵，排量为 63mL/r，转速为 1500r/min，2 台通径 20 的电磁溢流阀 7 与 8，以及滤油器与单向阀。在阀站靠近执行器处设有一台通径 32 的 YF 型溢流阀 10 及远程控制阀 12。根据设计要求，系统压力脉动应小于 0.4MPa，因此，在泵出口及通径 32 溢流阀处分别设有容积为 0.6L 和 4L 的皮囊式蓄能器 15、16，用于吸收压力脉动。系统的工作压力为 20MPa。

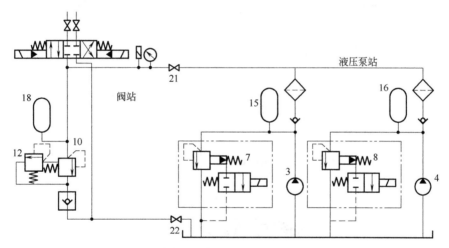

图 5-49　冶金液压泵站（局部）

3,4—液压泵；7,8—电磁溢流阀；10—溢流阀；12—远程控制阀；
15,16,18—蓄能器；21,22—截止阀

系统在调试时出现强烈压力振荡的故障，当压力调至 10MPa 时，系统压力在 4～16MPa 之间大幅度脉动。

(2) 故障原因

① 用压力传感器和分析仪测取振动信号和作频谱变换，求出振动主要频谱在 430～450Hz 之间。

② 一台泵工作，另一台泵卸荷，测试压力振动情况，结论是压力振幅达 ±5MPa。

③ 关断截止阀 21，改变管长，观测压力振动情况，发现压力振动基本消失。

④ 核算泵流量脉动频率为 222Hz。

⑤ 计算溢流阀先导阀的固有频率为 473Hz。

⑥ 根据有关文献推算蓄能器的固有频率，在几赫兹至几十赫兹之间。

(3) 故障处理方法

综合上述各方面的分析，可得出结论：

① 振动是管网共振造成的，与管长相关。

② 振源来自于柱塞泵的流量脉动。

③ 管网的谐振频率 430～450Hz，泵流量脉动频率的 2 倍即 444Hz 以及溢流阀先导阀的固有频率 473Hz 三者接近时，会产生强烈的共振。

④ 蓄能器固有频率过低。对 200Hz 以上的流量脉动不起滤波作用，对消振作用不大。

在回路中设置消振装置后，故障消失。

5.11.2　铁水倾翻车液压系统故障分析与排除

铁水倾翻车是炼钢厂铁水预处理工艺环节中的关键设备之一。铁水罐在倾翻车上先完成对铁水的搅拌，然后进行扒渣处理，在进行扒渣前需要由两个液压油缸来实现铁水罐的倾翻。由于负载较大，所以该液压系统回路采用了液控单向阀与节流阀串联来控制油缸速度，并利用液控单向阀锁紧性能，实现铁水包倾翻停止准确、安全定位的目的。

图 5-50 是铁水倾翻车液压系统图。它由泵 1 输出压力油进入单向阀，再由三位四通电液换向阀 3 控制执行液压缸 8、9。

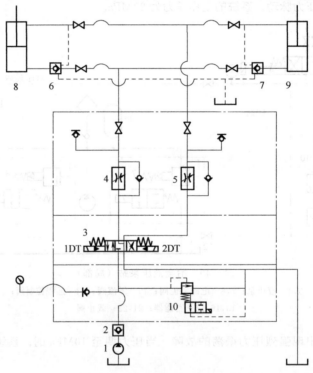

图 5-50　铁水倾翻车液压系统

倾翻缸上升时电液换向阀 3 的 1DT 得电，压力油经过调速阀 4、液控单向阀 6 和 7 进入液压缸 8 和 9 的无杆腔，同时有杆腔回油，满足上升过程中平稳运行的要求。当液压缸运行到停止位时 1DT 断电，电液换向阀 3 回到中位，由于中位机能为 Y 型，即使由内泄产生的压力油也能够泄回油箱而不会受重力挤压产生振动，因此上升转停止时不会产生振动。

倾翻缸下降时电液换向阀 3 的 2DT 得电，压力油通过调速阀 5 进入液压缸 8、9 的有杆腔，同时液控单向阀的控制油路也有压力，使回油路液控单向阀 6、7 打开，使液压缸 8、9 回油从而实现下降。

液压回路在液压缸 8、9 的无杆腔分别安装了液控单向阀，是利用液控单向阀的反向锁紧功能保证铁水罐倾翻到位后不下滑，同时需要反向打开时能够打开。电液换向阀 3 选用 Y 型中位机能的好处是需要停止时压力油不被立即封闭，也使电液换向阀产生的内泄油能够回油箱，避免停止时产生冲击和振动，并使换向阀处于中位时液控单向阀控制端无压力，保证液控单向阀封牢。单向调速阀 4、5 构成回油调速回路，作用是使回油有一定背压，使速度可控，实现运动过程的平稳可调。电磁溢流阀 10 用于设定系统压力、卸荷控制、扒渣处理过程中液压缸不动作时压力油排回油箱。此回路管路较长，为方便清洗及故障检查，回路在多处设置了截止阀。

5.11.3　板坯连铸机液压系统故障分析与排除

(1) 板坯连铸机结晶器振动液压系统简介

某公司板坯连铸机结晶器振动采用液压控制系统。整机均由 PLC 系统进行控制，并由计算机实现远程操控，自动化程度高。板坯连铸机结晶器振动液压系统采用液压伺服阀作为输入信号的转换与放大元件。该系统能以小功率的电信号输入，控制大功率的液压流量输出，以获得很高的控制精度和很快的响应速度、位置控制，其液压执行机构的运动能够高精度地跟踪随机控制信号的变化，是机械、液压、电气一体化的电液伺服阀、伺服放大器、传感器系统。

板坯连铸机结晶器振动装置共有两个液压缸，工作时要求两个液压缸同步振动。振动系统工作原理如图 5-51 所示。液压伺服阀 2 共有两个，每个液压伺服阀控制一个液压缸 3 的运动。当液压伺服阀得到电信号输入后，液压流量按比例输出，位置传感器 4 将液压缸缸杆的位置信号反馈给 PLC，系统根据控制信号的变化控制液压缸缸杆的伸缩运动，从而控制结晶器的上下振动，通过 PLC 和计算机实现对结晶器振动远程控制。蓄能器 1 和回油蓄能器 5 起到减少系统冲击的作用，合理调整回油阀块组 6 的回油压力，可以使系统振动比较平稳。

结晶器振动控制系统参数如振幅、振频及非正弦系数等在 PLC 上设定。

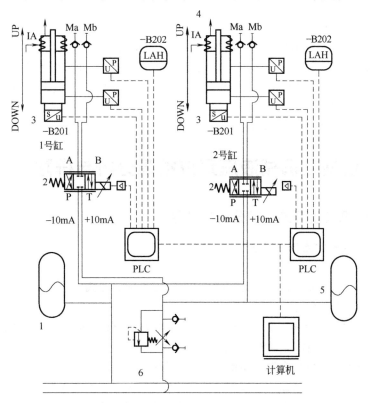

图 5-51　板坯连铸机结晶器振动系统工作原理

1—蓄能器；2—液压伺服阀；3—振动液压缸；4—位置传感器；5—回油蓄能器；6—回油阀块组

（2）板坯连铸机结晶器振动液压系统故障

① 故障一。在拉钢过程中，出现了如下情况：当拉速设为 1.2m/min 时，结晶器振动，2#液压缸位置超差报警，造成振动停止、拉矫停止，系统重新启动后正常。再次将拉速设定为 1.2m/min 时，计算机画面振动图形和结晶器实际振动均正常。当拉速设为 1.5m/min 时，计算机画面振动图形显示稍有偏差。当拉速设置为 1.8m/min 时，计算机画面振动图形显示偏差较大。当拉速设置为 2.0m/min 时，结晶器振动和拉矫停止。选择尾坯模式自动校准位置，重新上引锭试车，振动很短时间就停止。之后对相关系统反复重新启动，问题依然存在。

首先，对设置的参数进行检查。排除了参数设置不合理的因素，检查 PLC 元器件工作情况及各线路连接情况，但未找到故障点。经过排查分析后，认为液压伺服阀控制系统出现问题的可能性较大，随后从以下几个方面做进一步排查。

a. 检查油源压力，无异常。

b. 检查油的清洁度，污染程度不严重。

c. 在同一控制信号下，检查 1#液压伺服阀和 2#液压伺服阀的开口度并对比，发现两个阀的开口度几乎一致，因此排除了伺服阀故障的可能性。

d. 检查传感器工作状态。分别在手动和定位模式下，对结晶器升降位置即液压缸缸杆升降位置反复进行测量，发现计算机显示的 2#液压缸缸杆升降位置与实际位置相差很多，初步判定 2#液压缸缸杆位置信号出现了问题。进一步检测，确定是位置传感器失灵。

在更换了合格的位置传感器后，该故障消失。

② 故障二。当浇铸开始后不久，结晶器 1#液压缸振动间歇性出现异常，工作不稳定，无法保证正常生产。为了找到故障的原因所在，做了以下的排查工作。

a. 系统油压正常，液压泵、溢流阀工作正常。

b. 执行元件无卡锁现象。

c. 经过检查，液压伺服放大器的输入、输出电信号正常。

d. 检查液压伺服阀的电信号，在计算机上给定液压伺服阀一定开启度后，实际测量结晶器位置时发现，1#液压缸不随伺服阀开启度的变化而变化，而计算机屏幕显示正常，即控制信号输入后，执行元件无动作，输入电信号变化时，液压输出不随之变化。因此，确定 1#液压伺服阀工作不正常。

更换了 1#液压伺服阀后，该故障消失。

5.12 道路施工机械液压系统故障分析与排除

5.12.1 推土机液压系统故障分析与排除

（1）推土机的日常维修与保养

① 发动机启动前。

a. 检查燃油、冷却水，以及发动机油底壳、液压油箱、主离合器（变矩器）、变速器和后桥箱等处的油位是否符合规定，不足时应添加。

b. 检查各油封部位有无漏油，各部位螺栓、螺母是否有松动，风扇传动带松紧程度是否合乎要求。必要时进行更换、紧固和调整。

c. 检查电气系统的导线有无损坏和短路，接头是否松动。

d. 清除空气过滤器中的尘土，按规定给推土机各部分润滑点注入润滑脂。

e. 检查油门控制及操纵系统的灵活性，以及随车工具是否齐全。

② 发动机运转中。

a. 查看各仪表（油压、水温、转速、电流等）指示是否正常。

b. 通过听声、手摸等方法检查发动机是否运转正常。

c. 检查燃油、冷却水是否有渗漏。

d. 推土机起步前，检查各操纵系统的性能（行程和灵活性）是否良好，工作装置是否牢固。

③ 发动机熄火后。

a. 检查发动机是否有漏气、漏水和漏油现象，以及各传动部件的发热程度。

b. 清除推土机上的尘土和油污。

c. 检查履带板有无变形和破损。

d. 寒冷季节应将无防冻液的冷却水放尽。

（2）某型号履带式推土机液压系统故障的排除

① 故障现象。某台履带式推土机，使用不久即听到传动部位有异响，液压传动系统发出高温警报。现场检查发现，油温明显过高，而异响在空负荷下并不明显，无法确定异响的位置，但引起油温升高的原因，初步怀疑是冷却不足或滤网堵塞。该推土机的液压传动系统如图 5-52 所示。

② 故障分析。造成液压传动系统油温过高的主要原因较多，例如：

• 工作油不足；

• 安全阀溢流频繁；

• 冷却不足；

• 滤网堵塞；

• 油液污染、氧化、黏度下降。

按常规检查，冷却液液面正常，传动系油位符合要求，但拆开过滤器检查滤芯时发现有大量粉末状污物堵塞，本以为在走合期内更换新滤芯即可，但重新更换新滤芯后试推土作业，异响仍然存在。不久液压传动系统又出现高温报警，这次拆开滤芯后仔细观察，发现滤芯仍然有污物堵塞，主要集中在过滤器的入油口一侧。

变矩器如果正常工作，循环圆内充满着一定压力的高速液流，各元件之间不存在相互摩擦，不会产生异常声响。如果循环圆内有某个元件损坏或产生磨料，肯定会有异响并伴有大量的粉末进入液压油中，严重时油液的颜色也将变油。过滤器也容易被堵塞，

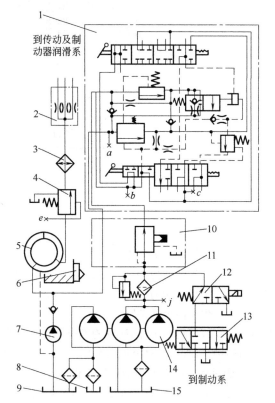

图 5-52　某型号履带式推土机液压系统图
1—变速器操纵阀组；2—分流块；3—冷却器；4—变矩器安全出口；5—变矩器；6—变矩器透气孔；7—驱动液压泵；8—传动系油底壳；9—变矩器油底壳；10—优先阀组；11—滤油器；12—停车制动器阀组；13—停车制动器伺服阀组；14—液压泵；15—油底壳

并导致油液温度上升。从图 5-52 中可以看出，主油路是由双联齿轮泵直接供油并从变矩器补偿油液，如果泵的某个元件损坏，除了双泵合流和流量脉动必然引起流体的噪声外，液压泵工作时将产生异响和剧烈振动。因此，测量液压泵的出口即过滤器旁通测压点（图中 j 点）的压力，急速工况下压力为 2.96MPa，高速工况下压力为 3.33MPa，压力正常。由此基本可以断定故障出在变矩器上。

③ 故障处理。对变矩器进行检查，发现泵轮叶片有的已经折断，换了新的液力变矩器以后，试机高温与异响故障消失。

5.12.2 压路机液压系统故障分析与排除

(1) 压路机行走机构液压系统工作原理

某型号压路机行走机构液压系统如图 5-53 所示。该液压系统采用变量泵与定量马达组成的液压回路。液压马达通过轮边行星减速器驱动前、后轮运动。

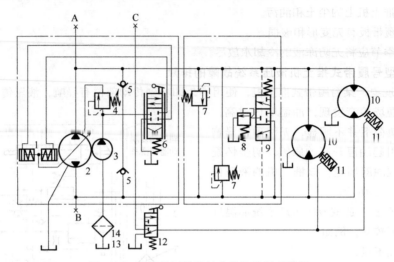

图 5-53　某型号压路机行走机构液压系统图

1—变量液压缸；2—主泵；3—先导泵；4—先导溢流阀；5—单向阀；6—伺服阀；7—主溢流阀；8—背压阀；
9—液动滑阀；10—液压马达；11—制动缸；12—手动换向阀；13—油箱；14—滤油器

当伺服阀 6 的操纵手柄处于中位时，变量液压缸 1 在弹簧力作用下推动主泵 2 的斜盘倾角为零，主泵 2 的排量即为零，压路机停止；当操纵手柄前推时，主泵 2 沿箭头方向输出液体，排量的大小与手柄的位移成正比，可实现无级调速，两液压马达 10 正转，从而驱动压路机向前行驶；当手柄后拉时，压路机可实现后退，其行驶速度的高低取决于主泵 2 的输出流量。在该系统中，由主溢流阀 7 限制系统的最高工作压力，即压路机克服行驶阻力的能力；通过液动滑阀 9 可使液压马达 10 回油腔的部分低压油经背压阀 8 回油箱；背压阀 8 起置换闭式回路中油液的作用，保证回路中油液清洁和油温正常；先导泵 3 的作用有三个：

　　a. 通过伺服阀向变量液压缸 1 供油以改变主泵的斜盘倾角；

　　b. 当手动换向阀 12 换向时，可由制动缸 11 解除停车制动；

　　c. 由于主泵 2 和液压马达 10 的内部泄漏以及背压阀 8 排出部分低压油，可通过单向阀 5 向低压油路补进新液压油，先导泵 3 的压力由先导溢流阀 4 调节。

(2) 故障现象及诊断

故障现象是该压路机行走一段时间后，会出现动作缓慢，稍有阻力即停止前进。

诊断方法是在主泵两油口 A、B 测试点接两块量程为 40MPa 的压力表，先导压力测试口 C 接一块量程为 6MPa 的压力表，启动发动机，通过观察发现：当操纵手柄处于中位时，先导压力表读数在 3.5MPa 左右；在操纵手柄处于前进或后退位时，主泵压力在 4.5MPa 左右，先导压力急剧下降至 0.5MPa 以下，压路机动作缓慢，稍遇阻力，主泵压力上升至 5MPa 后便不再升高，压路机无法行驶。根据测试情况结合液压系统原理推断，造成这种情况的原因可能有以下几种：

　　a. 先导泵吸油不足；

b. 背压阀卡死在常开位置；

c. 主泵内泄漏量过大。

本着从易到难的检查原则，首先检查先导泵吸油管路，结果吸油过滤器无堵塞现象，油路畅通；然后拆下组合阀检查，背压阀运动灵活，不会卡死在常开位置，且无明显磨损；另外在液压系统工作时，用手触摸液压马达的进、回油管及漏油管，通过感觉油温情况和油流动时管道振动情况，可以判定由于液压马达泄漏量过大造成此故障的可能性不大。由此可推断问题的焦点集中在主泵上。

(3) 主泵的拆检与维修

将主泵解体后，经观察和测量发现，配流盘、衬板、滑履都有较深的拉毛，柱塞与缸体柱塞孔的配合间隙也偏大，但造成主泵内泄漏的主要原因是衬板与配流盘的配合面的拉毛以及滑履平面上的拉痕。当压路机前进或倒退时，这两处的平面间隙泄漏随着工作压力的升高而增加，导致先导泵的补油量相对不足，先导压力急剧下降，而控制主泵斜盘角度变化的液压缸由于先导压力低无法按规定改变斜盘倾角，使主泵处于小排量状态，加之主泵内泄漏严重，造成动作缓慢，一旦负载增加，在系统压力上升而又不能克服负载力时，主泵的泄漏量已等于理论流量，即泵实际输出流量为零，液压马达无法转动，压力也不再升高。

采用平面研磨的方法修复所有零件的拉伤表面，经认真清洗后将主泵重新装配，再将主泵装车试运转，结果压路机在前进或倒退时行驶速度及爬坡能力基本正常。

5.12.3　平地机液力传动系统故障分析与排除

(1) 某型号平地机液力传动系统工作原理

某型号平地机的动力传递路线是：发动机飞轮→主离合器→液力变矩器→变速器→后桥传动→平衡串联传动箱→车轮。其液力变矩器及第二液压操纵系统故障原理如图 5-54 所示。

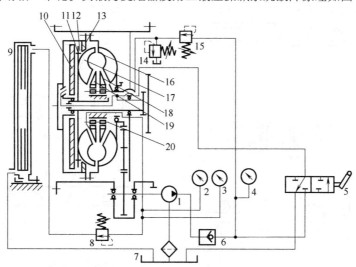

图 5-54　某型号平地机液力变矩器及第二液压操纵系统原理

1—齿轮泵；2—变矩器出口压力表；3—变矩器出口温度表；4—压力表；5—操纵阀；6—单向阀；7—油箱；
8,15—限压阀；9—散热器；10—活塞；11—齿圈；12—锁紧摩擦盘；13—支承圈；14—安全阀；
16—泵轮；17—涡轮；18—第二导轮；19—第一导轮；20—单向离合器

其中，限压阀 15 的调定压力为 $1.5 \sim 1.7$MPa，限压阀 8（起背压阀作用）的调定压力为 $0.25 \sim 0.28$MPa，安全阀 14 的调定压力为 $0.4 \sim 0.5$MPa。

(2) 某型号平地机液力传动系统的故障分析与排除

① 现象。液力变矩器输出动力不足，变矩器油温上升过快，经 1h 左右，温度就能升到

120℃以上，必须停机冷却。

② 故障分析。该平地机变矩系统齿轮泵和变矩器已更换，并清洗了油箱，更换了系统用油。由此初步分析产生该故障的元件主要集中在限压阀15、安全阀14及起背压作用的限压阀8上，因这三个阀中任意一个阀压力不正常都可能造成变矩器输出动力不足、工作效率下降、发热量增加等故障。

首先检查限压阀15，通过压力表4观察该处压力为1.6MPa，属正常范围；其次检查安全阀14，由于该阀前端无法安装压力表，于是通过松动该阀回油口接头的方法检查，松动接头后无油液流出，说明该安全阀无不正常溢流，基本可以断定该阀能正常工作；最后检查限压阀8，发现压力表2处压力值为0.1MPa，小于正常值，因而判断为限压阀8出现故障。

③ 故障排除。拆下限压阀8，通过检查发现阀体变形，阀芯被卡在开启位置上不能自由移动，不能达到只有当限压阀进口压力大于0.28MPa时才能开启的目的，而只是当液体流经该阀时产生阻力（约0.1MPa），起背压作用，因而造成变矩器循环圆内压力过低，这样会在工作轮中产生大量气泡，液体在绕过叶片时产生脱离现象，破坏了工作轮的正常工作，并使过流断面面积缩小，流速增大，叶片上的作用力则减小，即工作轮的效率降低，传递的功率减小，表现为变矩器输出动力不足，温升过快，不能正常工作。更换限压阀8后，平地机恢复正常。

5.13 普通机床液压系统故障分析与排除

5.13.1 平面磨床液压系统故障分析与排除

(1) M7120型平面磨床工作台运动液压系统工作原理

如图5-55所示为M7120型平面磨床工作台运动液压系统图。

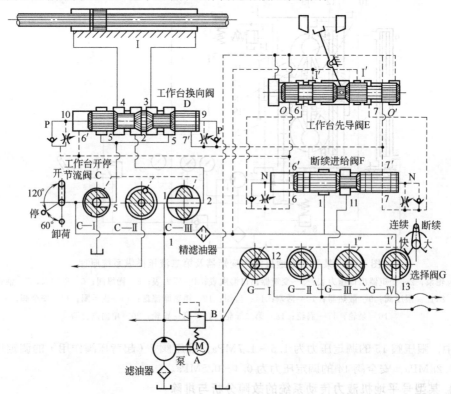

图5-55 M7120型平面磨床工作台运动液压系统

在图 5-55 中，工作台开停节流阀是用来控制工作台的启动、调速、停止和卸荷的。它通过变换三个不同的通流断面 C—Ⅰ、C—Ⅱ和 C—Ⅲ，即改变了系统油路的连接状态，从而形成了不同的工作过程。

① 工作台右行。其主油路为：

进油路：滤油器→泵 A→开停阀 C-Ⅲ断面→2→换向阀 D→4→液压缸左腔。

回油路：液压缸右腔→3→换向阀 D→5→开停阀 C-Ⅰ断面→油箱。

② 工作台左行。工作台右行到右端调定位置时，固定在工作台上的挡块拨动先导阀 E 的杠杆，使阀芯从右端移到左端位置，控制油路换向。

控制油路为：液压泵 A→精滤油器→1→先导阀 E→7→单向节流阀 N→砂轮架断续进给阀 F 的右腔，推动阀芯向左移动，进给阀 F 左腔的油经油口 6→先导阀 E 回油箱。进给阀 F 换向以后，其右腔的压力油经单向节流阀 P 进入工作台换向阀 D 的右腔，推动阀芯向右移动，工作台液压缸换向左行，这时阀 D 左腔的油经先导阀 E 左端 O 回油箱。

主油路为：

进油路：滤油器→泵 A→1→开停阀 C-Ⅲ断面→2→换向阀 D→3→液压缸右腔。

回油路：液压缸左腔→4→换向阀 D→5→开停阀 C-Ⅰ断面→油箱。

（2）M7120 型平面磨床工作台液压系统故障及排除

M7120 型平面磨床工作台液压系统故障现象是左行速度正常，右行速度明显缓慢，故障原因分析如下。

a. 液压缸有一个方向运动速度正常，这种迹象表明，液压泵排出的流量是正常的，油源部分的其他组件及管路也是正常的，否则，两个方向的运动速度都会下降。

b. 由对回路的机理分析可知，开停节流阀 C、连续断续选择阀 G 与症状无关。进油时这两个阀在工作台左右移动过程中，结构状态与液流方向都没有变化，如果它们对液压缸右行产生不良影响，那么也必然对液压缸左行产生不良影响。

c. 将主溢流阀 B 压力调高，由 1.2MPa 调至 1.8MPa，症状几乎没有改善，根据这一信息可推出症状与液压缸负载无关。

d. 检查工作台换向阀 D。将阀 D 的阀芯拆下，未发现异常磨损。再将阀芯左右调头，重新装上，症状仍无变化，根据这一条信息，可推断换向阀 D 本身没有泄漏。

e. 将阀 D 两端的阀盖拆下，用手直接推动阀 D 的阀芯在阀孔中左右移动，控制液压缸左右运动，试验结果表明症状没有变化，这一信息证实了阀 E、阀 F 及与换向控制油路相关的油路与症状无关。

将上述几方面的信息综合起来，可得出阶段性结论：症状与泵源及控制阀无关。由此可推断问题的根源在液压缸。将液压缸拆解，发现缸右端有一钢垫卡在油口上，活塞杆左行时，右腔进压力油，可将垫片顶开，故对运动无影响；活塞杆右行时，右腔的油流出缸回油，回油将垫片推向油口，将油口遮住一大半，使回油发生困难，引起液压缸右行缓慢。

处理方法：清除报废的钢垫，更换合格钢垫并紧固。重新检查并确认液压缸无明显磨损，经清洗后，组成并重新接入液压系统。工作台工作恢复正常。

5.13.2　滚齿机液压系统故障分析与排除

（1）液压系统故障诊断的区段划分法

区段划分法是一种实用的液压系统故障诊断方法，能够方便准确地判断出故障部位及故障原因，以便及时处理。

查找故障的区段划分。不论设备的大小和复杂性，液压回路均可从机能上分成四类：

• 泵及压力控制回路，包括泵、电动机、溢流阀及卸荷回路，这是液压系统的心脏。

- 工作油控制回路，包括油箱、油位计、恒温器、冷却器、滤油器等。

- 系统的控制回路，包括压力控制元件、蓄能器、压力开关等，是整个回路的控制装置。

- 执行机构控制回路，包括压力控制阀、流量控制阀、换向阀、安全装置等，它应是适合执行机构工作特性的组合回路。

（2）Y3150E 滚齿机液压系统故障诊断及维修

① 故障现象。 Y3150E 滚齿机液压系统原理如图 5-56 所示。滚刀架的移动速度与工作台旋转速度不同步，加工出来的齿轮工件齿形不合格。油箱中声音异常，压力表指针不稳。

② 故障分析。产生故障部位可能是泵及压力控制回路以及工作油控制回路两部分，而以下四处出现故障，可能引起上述现象产生：

- 溢流阀锥阀：因磨损断裂而配合不好；

- 溢流阀弹簧：疲劳或变形断裂；

- 油箱：污垢太多，滤油器堵塞或溢流阀阻尼孔堵塞；

- 油泵：吸油不畅，产生间歇性压力不足。

③ 故障处理。首先从油箱中检查，发现污染物太多，滤油器堵塞。采用换油液及清洗滤油器等措施后，噪声减小、油泵正常工作，但调节压力表无任何反应。再检查溢流阀，发现调节手柄不起作用，拆解溢流阀后发现零件没有损坏，只是阻尼孔堵塞，疏通阻尼孔并重新安装后故障消失。

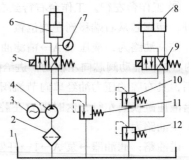

图 5-56 Y3150E 滚齿机液压系统
1—油箱；2—滤油器；3—电动机；4—叶片泵；
5—电磁阀；6—刀架平衡油缸；7—压力表；
8—工作台定程油缸；9—电磁阀；
10,11—溢流阀；12—安全阀

5.13.3 拉床液压系统故障分析与排除

（1）拉床液压系统的故障现象

L6120 型卧式拉床的液压系统如图 5-57 所示。该系统存在液压油液发热过快的问题，工作第一个小时温升明显快，工作 2h 后感到烫手，冬季温升慢点，但夏季使用 2h 后就得停止工

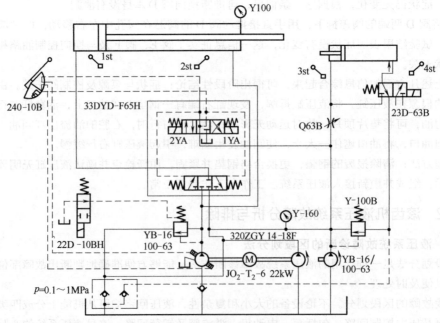

图 5-57 L6120 型卧式拉床液压系统

作，否则拉削时易出现爬行，影响加工质量。

（2）拉床液压系统油液过热的原因分析

① 液压系统的特点。如图 5-57 所示的 L6120 型卧式拉床液压系统采用轴流式柱塞泵，虽然柱塞数少，油压脉冲率较原设计相比较高，但基本上没有因此影响加工质量，更主要的是，这种分装式油路大大方便了维修。从液压系统中还可看出以下几点。

- 采用高、低压双泵供油节能回路。
- 采用差动节能回路，主液压缸在拉刀返回行程中采用差动进给，拉刀送进与返回液压缸在送刀行程中也采用了差动进给。
- 主泵—高压柱塞泵采用了容积调速，保证了能源的合理使用，而且主泵在非工作区间溢流阀上设置了远程控制。

② 叶片泵系统（下称辅油路系统）中叶片泵的功能。

- 供油给副液压缸，完成拉刀的进给与返回。
- 供主油路系统换向阀的换向和主泵的调速（流量）。
- 供主泵吸油口吸油。

其中，前两项用油量不大，而主要的流量都给了主泵吸油口，这部分油又要经过溢流阀产生 0.8MPa 的压降。由于主液压缸的油返回来又重新回到液压泵的入口，溢流阀溢出的油又有相当一部分流回油箱或进入主泵，冷却条件差。经过副泵溢流阀的压降为 0.9MPa，而关键是经过溢流阀的流量太大，这部分损失转换成的热量应当设法减少。

（3）液压系统油液过热的设计改进

液压系统主油路主泵溢流阀采用了远程控制，在非工作行程，溢流阀保持最小的压力损失，从而保持高效、热耗小，但是对辅油路此法不可行。因为在拉刀送进返回工作区时还要有部分油用于主油路换向与主泵容积调速。如果将辅油路节流阀改为溢流节流阀，虽然溢流节流阀具有流量、压力对负载的自动跟随作用，但是它一般只适用于单缸控制，现在辅油路担负供主泵入口处的低压油，供主油路换向与主泵容积调速，供拉刀进退液压缸的程序运动，所以此方法不可行。

可以考虑采用双联叶片泵来代替普通叶片泵，双联叶片泵的大泵供主泵入口，小泵供拉刀进退液压缸与主油路系统换向及主泵容积调速。此方法在拉刀进退液压缸的非工作区尽管也有溢流阀损失，但流量不大，损失的热量转变也小。更换双联叶片泵后，所需输入功率基本不变，仍可以用原液压泵电动机拖动。经实际测算，系统经改进后油液温升由原来的 43℃ 降为 29℃，效果较好。

5.14 专用机床液压系统故障分析与排除

5.14.1 组合机床液压系统故障分析与排除

（1）组合机床动力滑台液压系统

① 原动力滑台液压系统存在的缺点。如图 5-58 所示为某组合机床动力滑台采用的两工进速度换接回路。

该回路的缺点是：当阀 1 左位工作且阀 3 断开时，控制阀 2 的通或断，使油液经调速阀 A 或既经调速阀 A 又经调速阀 B 才能进入液压缸左腔，从而实现第一次工进或第二次工进。这里要求调速阀 B 的开口需调节得比调速阀 A 的开口小，即第二次工进的速度必须比第一次工进的速度低；此外，第二次工进时，油液流经调速阀 A 后又流过调速阀 B，须经过 2 个调速阀，故液压能量损失较大。

② 对动力滑台液压系统的改进。

a. 新回路的工作原理。现将如图 5-59 所示的原回路中阀 3 接在 E 点，油路略加改动移接至 D 处，即阀 3 的进、出油口分别接到 C、D 处，改为只与调速阀 A 并联；另外，阀 2 的规格适量加大。

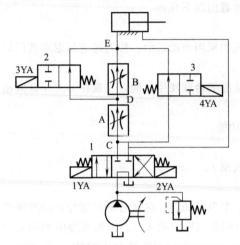

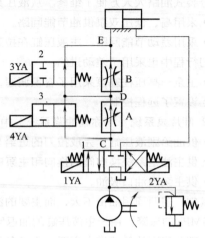

图 5-58　某组合机床动力滑台液压系统　　　图 5-59　改进后的某组合机床动力滑台液压系统

新回路的工作过程，分述如下。

• 快进。按下启动按钮，电磁铁 1YA 通电，三位换向阀左位接入系统工作；电磁铁 2YA、3YA、4YA 均不带电，阀 2 和阀 3 的右位接入系统工作；从油泵来的压力油经阀 1 左位、阀 3 和阀 2 的右位进入液压缸左腔；液压缸右腔的油经阀 1 回油箱，推动活塞与工作台快速右移，实现快进。

• 一工进。电磁铁 1YA 通电，阀 1 左位接入系统工作；电磁铁 4YA 通电、3YA 仍不通电，阀 3 左位、阀 2 右位接入系统工作；从油泵来的压力油流经阀 1 左位后，流过调速阀 A，再流经阀 2 右位而进入液压缸左腔；液压缸右腔油流经阀 1 后回油箱；活塞推动工作台慢速右移，实现了第一次工作进给，进给量的大小由调速阀 A 来调节，与调速阀 B 的开度无关。

• 二工进。电磁铁 1YA 仍通电，阀 1 左位仍接入系统工作，此时电磁铁 4YA 失电、3YA 通电，阀 3 的右位和阀 2 左位接入系统工作；从油泵来的压力油经阀 1 左位后，会流过阀 3 的右位，再流经调速阀 B 而进入液压缸左腔；液压缸右腔的油经阀 1 后回油箱；活塞推动工作台慢速右移，实现了第二次工作进给。进给量的大小由调速阀来调节，不受调速阀 A 通流面积大小的限制，摆脱了阀 B 的开口须调得比阀 A 小的限制。

• 快退。电磁铁 1YA 失电、2YA 通电，阀 1 的右位接入系统工作；电磁铁 3YA 和 4YA 均失电，阀 2 和阀 3 的右位同时接入系统工作；从油泵来的压力油经阀 1 右位流入液压缸右腔；液压缸左腔的油经阀 2 和阀 3 的右位后，再流经阀 1 右位而流入油箱；活塞带动工作台快速左移，实现了快退。

• 原位停止。工作台快速退回到原位后，工作台上的挡块压下行程开关，行程开关发出信号，使电磁铁 2YA 断电，至此全部电磁铁都失电；阀 1 中位接入系统工作；液压缸两腔油路均被切断，活塞与工作台原位停止；油泵经阀 1 中位卸荷。

b. 新回路的优点。新回路不但完全实现已有回路的所有动作循环，而且还具有一些原回路不具备的优点。

• 改进方法简单易行。新回路中所用元件的数量、型号、规格（除阀 2 的规格适当增大外），可与已有回路中的基本一样，只是改变了一下原回路中阀 3 的连接位置。

• 二工进时，旧回路中的阀 B 的开口必须调得比阀 A 的小，即二工进速度必须比一工进速度低，而在新回路中无此限制，各调速阀可单独调节各自流量，彼此互不影响，各自速度互无限制。

• 二工进时，旧回路中的油液须流经两个调速阀，液压能损失较大，而在新回路中，油液只流经一个调速阀 B，液压能损失会有所减小。

• 二工进时，电磁铁 4YA 在原回路中须通电消耗电力，而在新回路中无须通电，处于失电状态，降低了消耗。

(2) 组合机床液压系统的爬行

① 故障现象。某型号组合机床进给动力滑台由单杆活塞式液压缸拖动，其工作循环为快进—工进—快退—原位停止，单活塞杆液压缸快速运动时工作正常，转为工进即开始出现爬行现象。油箱油液状况正常，液压缸工作压力无明显变化。排气后故障仍未消除。

② 故障维修过程。

a. 油液中混有空气导致爬行。油液中混入空气时可从以下两种情况进行考虑。

• 液压泵连续进气。

故障现象：压力表显示值较低，液压缸工作无力；油面有气泡，甚至出现油液发白和液压泵噪声尖锐。

故障原因：液压泵吸油侧油管接头螺母松动而吸气；密封元件损坏或密封不可靠而进气；油箱内油液不足，油面过低，吸油管在吸油时因液面呈波浪状导致吸油管端间断性露出液面而吸入空气；吸油过滤器堵塞，使吸油管局部形成气穴现象等。

故障排除：较大进气部位通过直接观察较易找到；微小渗漏部位须经检查方能查出，可将液压泵吸油侧和吸油管段部分清洗干净后，涂上一层稀润滑脂，重新启动液压泵，涂有润滑脂的各部位没有因被吸而呈皱褶状或开裂，则表明没有封闭不严的部位，反之则表明皱褶状部位或开裂处为进气部位；找到进气部位时，根据具体情况或拧紧管接头或更换密封圈等易损件；若油面过低应及时加油，若噪声过大则应检查并清洗滤油器。

• 液压系统内存有空气。

故障现象：压力表显示值正常或稍偏低，液压缸两端爬行，并伴有振动及强烈的噪声，油箱内无气泡或气泡较少。

故障原因：这种故障的原因主要有 3 种，一是液压系统装配过程中存有空气，二是系统个别区域形成局部真空，三是液压系统高压区有密封不可靠或外泄漏处。工作时表现为漏油，不工作时则进入空气。

故障排除：第一种情况往往发生在新设备上，通过排气后可消除爬行；第二种情况新老设备上均可能出现，或为新设备的设计、装配不合理导致某一区域内油液阻力过大，压降过大，或为老设备的杂质堆积，由于流经狭窄缝隙而产生较大的压降，尤其在流量阀中节流孔处易出现这种情况，通过清洗相关元件可消除故障；第三种情况通过直接观察有无漏油情况来判断。

b. 滑动副摩擦阻力不均导致爬行。出现该故障有以下几种情况。

• 导轨面润滑条件不良导致爬行故障。

故障现象：压力表显示值正常，用手触摸执行元件有轻微摆振且节奏感较强。

故障原因：执行元件低速运动时润滑油油楔作用减弱，油膜厚度减小，这时润滑油如选择不当或因油温变化导致润滑性能差、润滑油稳定器工作性能差或压力与流量调整不当、润滑系统油路堵塞等均可使油膜破裂程度加剧；导轨面刮点不合要求、过多或过少等都会造成油膜破裂，形成局部或大部分的半干摩擦或干摩擦，从而导致爬行，而后一种情况主要发生在新设备上。

故障排除：机床若属润滑条件不良，应为由于温度变化而改变了润滑油的性能、润滑油路压力与流量调整不当、润滑油路的堵塞等因素，可用手搓捻润滑油检查滑感，观察油槽内润滑油流速，检查润滑系统压力、流量情况，检查润滑油稳定器工作情况等；如发现问题则更换润滑油，直至执行元件运动平稳。

- 机械干涉导致爬行故障。

故障现象：压力表显示值较高或稍高，爬行部位及规律性较强，甚至伴有抖动现象。

故障原因：运动部件几何精度发生变化、装配精度低均会导致摩擦阻力不均，容易引起液压缸爬行，例如液压缸活塞杆弯曲、液压缸与导轨不平行、导轨或滑块的压紧块夹得太紧、活塞杆两端螺母旋得太紧、密封件过盈量过大、活塞杆与活塞不同轴、液压缸内壁或活塞表面拉伤，这些情况都是引起这类故障的原因，有的表现为液压缸两端爬行逐渐加剧，如活塞杆与活塞不同轴；有的表现为局部压力升高，爬行部位明显，如液压缸内壁或活塞表面拉伤等。

故障排除：对损坏部位进行修复处理并正确安装调整有关元件。

5.14.2 连杆拉床液压系统故障分析与排除

(1) 发动机连杆侧拉床液压系统设备存在的问题

某发动机连杆侧拉床用于拉削某型号发动机连杆盖与杆的接合平面，经多次调试，加工出的零件达不到设计要求， 主要原因如下。

① 零件夹紧力多次变化。连杆夹具体为四方形，在对称两侧面上设两组（Ⅰ组和Ⅱ组）夹具，夹具体装在回转工作台上，工作台由齿轮齿条液压缸控制转位，工作台转 90° 为拉刀溜板箱后退工位，再转 90° 为拉削工位。每一组夹具可安装连杆三套（三个盖与三个杆），由液压缸同时夹紧与松开，两组夹具轮换进入拉削工位，其液压系统如图 5-60 所示。

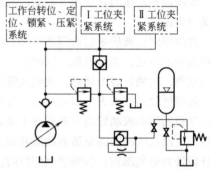

图 5-60 拉床液压系统图

连杆被夹紧以后，要进行工作台转位、定位、锁紧与压紧等液压动作。第Ⅰ组夹具上的连杆在拉削时，第Ⅱ组夹具上则进行拆卸加工完毕的连杆和装夹待加工连杆的操作。

由于各液压回路未隔开，某一回路进油时会引起其他回路的压力下降，造成夹紧力的变动，导致一组连杆在夹紧之后和拉削过程中夹紧力的多次变化，形成零件的安装误差和尺寸精度下降。

② 夹紧缸建压升压时间太慢。由于液压系统选用的泵及蓄能器容量过小，造成工作台转位、定位、锁紧与压紧后，夹紧缸内的压力还未达到要求的压力值，而是拉削 5～7s 后夹紧力才足够，这必然影响零件的定位精度。

(2) 改进措施

① 夹紧系统采用独立泵源供油。新设液压泵源，供两套夹紧系统，使夹紧系统与转台系统的压力互不干扰，改进后的液压系统如图 5-61 所示。

② 夹紧系统设自锁保压措施。如图 5-61 所示，Ⅰ、Ⅱ两组夹具分别设有液控单向阀和蓄能器自锁保压，避免了两夹紧缸的相互干扰，同时，这种方式还可使夹紧缸在油源故障时仍可保持夹紧压力，由此避免了零件松脱和损坏拉刀。

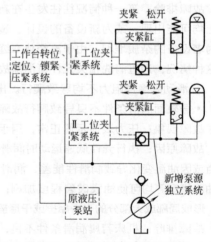

图 5-61 改进后的拉床液压系统

5.15 液压伺服控制系统的故障分析与排除

5.15.1 机械手伸缩运动液压伺服系统的故障

(1) 机械手伸缩运动液压伺服系统的工作原理

机械手应能按要求完成一系列动作，包括伸缩、回转、升降、手腕动作等。由于每一个液压伺服系统的原理均相同，现仅以伸缩运动伺服系统为例，介绍其工作原理。图 5-62 是机械手手臂伸缩运动电液伺服系统原理图。系统主要由电放大器 1、电液伺服阀 2、液压缸 3、机械手手臂 4、齿轮齿条机构 5、电位器 6 和步进电动机 7 等元件组成。指令信号由步进电动机发出。步进电动机将数控装置发出的脉冲信号转换成角位移，其输出转角与输入脉冲数成正比，输出转速与输入脉冲频率成正比。步进电动机的输出轴与电位器的动触头连接。电位器输出的微弱电压经放大器放大后产生相应的信号电流控制电液伺服阀，从而推动液压缸产生相应的位移，其位移又通过齿条带动齿轮转动。由于电位器固定在齿轮上，因此，最终又使触头回到中位，从而控制机械手的伸缩运动。

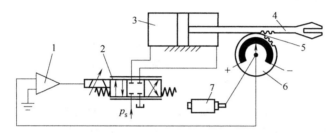

图 5-62　机械手手臂伸缩运动电液伺服系统原理
1—电放大器；2—电液伺服阀；3—液压缸；4—机械手手臂；
5—齿轮齿条机构；6—电位器；7—步进电动机

当数控装置发出一定数量的脉冲时，步进电动机 7 就带动电位器 6 的动触头转动。假定顺时针转过一定的角度 θ，这时电位器输出电压为 u，经放大器放大后输出电流 i，使电液伺服阀产生一定的开口量。这时，电液伺服阀处于左位，压力油进入液压缸左腔，推动活塞带动机械手手臂右移，液压缸右腔回油经伺服阀流回油箱。此时，机械手手臂上的齿条带动齿轮也作顺时针转动，当转到 $\theta_f = \theta$ 时，动触头回到电位器中位，电位器输出电压为零，放大器输出电流也为零，电液伺服阀回到零位，没有流量输出，手臂即停止运动。当数控装置发出反向脉冲时，步进电动机逆时针方向转动，机械手手臂缩回。

(2) 机械手伸缩运动液压伺服系统的故障分析与排除

① 数控装置有发出脉冲信号，但机械手不动作。经检查分析，故障原因是步进电动机与电位器的联轴器松动，无法同步偏转。故障排除方法是加固步进电动机与电位器的联轴器，如果确实是连接部位损坏严重，则需要整体更换。

② 机械手有动作，但是不能准确地停止在固定位置。经检查分析，故障原因是系统存在内泄漏，主要是由电液伺服阀的阀芯定位不可靠引起。在排除了电液伺服阀阀芯磨损的可能性后，找到故障原因是该伺服阀电磁铁老化，吸力不足。更换电磁铁后，故障消失。

③ 机械手工作时抖动，定位停止时系统噪声大，油液发热严重。经检查分析，故障原因是液压系统的液压油老化，污染严重，使一些阀口关闭不严。故障排除方法是按照机械手使用说明书要求，定期更换合适黏度的液压油。

④ 机械手无动作，控制系统有错误提示码。经检查分析，故障是由于夏季工厂停产一个

月，在此期间机械手没有通电预热，导致潮热空气长期作用，使电路板烧损。故障排除方法是联系厂家维修人员更换机械手控制主板，更换后机械手恢复正常工作。

5.15.2 挖掘机泵控伺服变量系统的故障

(1) 挖掘机泵控伺服变量系统工作原理
某型号挖掘机的液压系统采用双联柱塞泵供油。该泵控制部分的工作原理如图 5-63 所示。

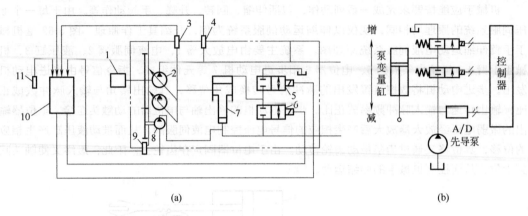

(a)　　　　　　　　　　(b)

图 5-63　双联柱塞泵的控制系统工作原理

1—发动机；2—变量泵；3—角度传感器；4—压力传感器（P 传感器）；5,6—高速电磁阀；7—变量控制缸；
8—先导泵；9—发动机转速传感器（N 传感器）；10—PVC（泵控制器）；11—压差传感器

　　该系统采用了负荷传感功率控制系统，如图 5-63（a）泵上安装有高速电磁阀 5、6，压力传感器 4（P 传感器），角度传感器 3，发动机转速传感器 9（N 传感器），PVC10（泵控制器）。另外，还有设置在液压系统中的压差传感器。高速电磁阀 5、6 是变量信号的最终执行者，工作过程中接收来自 PVC10 的脉冲信号，完成快速开关动作。

　　当阀 6 断路而阀 5 处于通路状态时，从先导泵 8 来的压力油进入变量控制缸 7 的小端，活塞另一端则通过阀 5 与油箱相通，伺服活塞上移，泵的斜盘倾角变小、排量减小。反之，当阀 5 断路而阀 6 处于通路时，泵的流量增加。

　　高速电磁阀的泵变量原理如图 5-63（b）所示，液压泵设置了调速器，采用软件对泵的排量进行控制，因此不论挖掘机在高原地区作业，还是经过长期运转使发动机的功率下降，都可以通过软件来解决。其基本原理是将压力传感器、倾斜角传感器、转速传感器和压差传感器四个信号输入控制器，再将控制器的输出信号送入两个高速电磁阀 A 和 B，对主泵的斜盘倾角进行控制。

　　高速电磁阀 A 和 B 都关闭时主泵斜盘倾角固定不变，A 关闭而 B 打开则倾斜角增加，泵的排量增加。反之，A 打开而 B 关闭则倾斜角减小。

(2) 挖掘机泵控伺服变量系统的故障分析与排除
① PVC 电脑板或控制线路故障。

故障现象：发动机失速，泵变量失灵。

故障原因：传感器和电磁阀等电气组件损坏而引起的线路短路，或控制线路出现断路和短路。

故障排除：PVC 的上盖有一个观察孔，正常情况下可以看到有一个红色的发光二极管在有规律地闪烁，如果发光二极管不闪烁或闪烁没有规律，就说明 PVC 或外围电气设备可能有故障。

② 高速电磁阀故障。

故障现象：泵变量失灵，流量时大时小。

故障原因：电磁阀泄漏或堵塞，执行 PVC 所给信号即出现偏差。

故障排除：先用 Ex. Dr 诊断仪监视其参数，观察泵的斜盘倾角控制信号是否正常、实际倾角是否随倾角信号的变化而变化，若倾角控制信号正常，而实际倾角不随倾角信号的变化而变化，则可能是电磁阀泄漏或堵塞，拆下高速电磁阀清洗，或更换零件。

③ 压力传感器故障。

故障现象：负荷工况发动机失速、熄火，整机速度慢。

故障原因：接线故障，传感器破裂导致无信号输出。

故障排除：在正常情况下，当系统压力接近溢流状态时，为了防止过载，泵的排量开始下降，压力传感器的作用就是向 PVC 正确地传递系统的压力值；如果压力传感器出现故障，不能正确地向 PVC 反馈压力信号，当系统压力接近溢流状态时， PVC 就不能给高速电磁阀发出减小排量的信号，从而使液压泵处于高压力、大排量的状态，发动机就会过载失速，这时可检查传感器电源线或更换器件。

④ 压差传感器（DP 传感器）故障。

故障现象：负荷动作差，整机动作慢，噪声大。

故障原因：接线故障、机械卡死、温度漂移等导致无信号输出或输出值不变化。

故障排除：当压差大于 1.5MPa 时发生在操纵杆中立位置，或液压缸活塞运行至极限位置而操纵杆仍处于操纵位置时卸荷状态。不满足上述条件时可拆开清洗，重新标定或更换新传感器。

⑤ 角度传感器故障。

故障现象：发动机失速、熄火、负荷动作差，整机速度慢。

故障原因：拨杆断裂、斜盘上销子断裂、接线故障等导致无信号输出、输出值变化、输出信号极性不正确。

故障排除：角度传感器的输入轴通过一个连杆机构与泵的斜盘相连，将斜盘的实际角度以电压信号的方式反馈给 PVC。如果角度传感器失效，使 PVC 无法正确感知当前泵的斜盘倾角，就会向两高速电磁阀发出错误指令，导致发动机超载失速。

⑥ 转速传感器（N 传感器）故障。

故障现象：泵的排量减小，发动机失速。

故障原因：可能是转速传感器（N 传感器）有故障。

故障排除：在作业过程中，若发动机转速有下降的趋势，为防止发动机转速继续下降，PVC 就会向高速电磁阀发出减小排量的信号，以减小发动机载荷；若转速传感器出现故障，会给 PVC 以错误信号，泵的排量不会减小，发动机就会失速。

5. 15. 3　精轧机液压伺服控制系统故障

(1) 精轧机液压伺服控制系统工作原理

某轧钢厂的精轧机组采用 CVC 凸度连续可调技术，来控制带材的板形和表面凸度，以保证产品质量。该精轧机组的四辊轧机上下工作辊（或中间辊）被磨成 S 形的辊廓曲线，形状完全一样，只是按照 180° 控制，使得辊缝成对称形。 CVC 轧辊的作用与一般凸度轧辊作用相同，其凸度可以通过轧辊轴向移动，在最大与最小凸值之间进行无级调节。 CVC 轧辊轴向横移大多采用由电液伺服阀、液压缸和位置传感器组成的液压位置伺服控制系统。

如图 5-64 所示为 CVC 液压系统的工作原理，它由四套独立而且完全相同的系统组成，分别控制上下工作辊相对轴向左右移动。

根据轧钢工艺要求，板带钢断面形状的二次板形缺陷，首先是由精整轧机的弯辊来消除。由于这时工作辊的凸度有限，因此仅通过弯辊控制常常不能够完全或很快消除钢板的板形缺陷，这时需要轴向移动工作辊，来改变工作辊的凸度。工控机根据数学模型计算出实际需要的

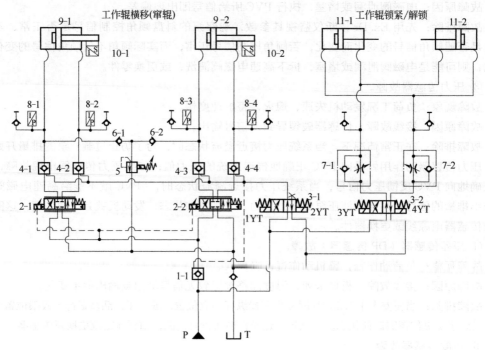

图 5-64　CVC 液压系统图局部

1—切断阀（液控单向阀）；2—伺服阀；3—换向阀；4—液控单向阀；5—安全阀；6—单向阀；
7—单向节流阀；8—压力传感器；9-1—横移上轧辊的伺服液压缸；9-2—横移下轧辊的
伺服液压缸；10—位移传感器；11—锁紧液压缸

工作辊凸度值，与板形设定值相比较后，得出调节偏差。当辊缝需要调整时，通过基础自动化计算机（BA）发出指令，控制图 5-64 中的电磁铁 4YA 得电，则阀 3-2 在右位工作，锁紧缸 11-1 和 11-2 的有杆腔进油，活塞杆缩回；松开工作辊的定位销，使横移缸 9-1 与 9-2 解锁；同时，使电磁铁 2YA 得电，阀 3-1 在右位工作，压力油通过切断阀 1-1 和液控单向阀 4 的控制油路，将它们全部反向开启。液压泵站的液压油经阀 1-1 向液压控制系统供油。通过 BA 发出指令，分别向伺服阀 2-1 和伺服阀 2-2 输入控制电流 $\pm I$。伺服阀 2-1 和伺服阀 2-2 分别控制缸 9-1 和缸 9-2 拖动上下工作辊相对轴向左右横移，其横移值为 $\pm Y$；位移传感器 10-1 和 10-2 分别将上下工作辊的实际位移值反馈到 BA 进行处理。当辊缝间距的调整符合要求后，BA 发出指令使电磁铁 1YA 和 3YA 同时得电，阀 1-1 和阀 4 的控制油路被切断压力油，阀 1-1 关闭，泵站就不能向液压控制系统供油。此时泵站供油至锁紧缸 11-1 和 11-2 的无杆腔，两锁紧缸活塞杆伸出，锁紧了定位销，使上下横移缸固定，即固定了上下工作辊，轧机就可以合格地轧制带钢了。

(2) 精轧机液压伺服控制系统的故障现象与排除

① CVC 阀箱高压进油管漏油。经分析检查是阀箱出口油管法兰密封坏了。排除方法是更换法兰密封件。

② 液压平衡系统漏油。经分析检查是油管连接法兰 O 形密封圈损坏。排除方法是更换 O 形密封圈。

③ 液压压下故障，经分析检查是控制阀故障。排除方法是修理控制阀。

④ 传动侧压下油缸卸压故障。经分析检查是液压缸故障。排除方法是修理液压缸。

⑤ CVC 系统的位置控制精度达不到要求。该故障原因很多，如某一位置传感器测量值大于极限位、某一轧辊两个位置值超差或同侧上下辊位置值超差、电液伺服阀驱动零偏电流大于正常范围、某液压缸位置无法控制等。

附录

常用液压元件图形符号

附表 1　基本符号和管路及连接

名　称	符　号	名　称	符　号
工作管路	——————	油箱	⊔
控制管路	- - - - - -	带单向阀快换接头	⊢◇·◇⊣
连接管路	—┼—	不带单向阀快换接头	⊢>·<⊣
交叉管路	—┬—	单通路旋转接头	◯
柔性管路	•⌣•	三通路旋转接头	≡

附表 2　控制机构和控制方法

名　称	符　号	名　称	符　号
按钮式人力控制		液压先导控制	
手柄式人力控制		弹簧控制	
踏板式人力控制		滚轮式机械控制	
顶杆式人力控制		单向滚轮式机械控制	
内部压力控制		单作用电磁控制	
外部压力控制		双作用电磁控制	
加压或泄压控制		液压先导泄压控制	
液压二级先导控制		电反馈控制	
电液先导控制		差动控制	

附表 3　液压辅件符号

名　称	符　号	名　称	符　号
过滤器	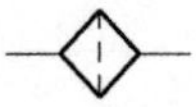	压力计	
磁芯过滤器		液面计	
污染指示过滤器	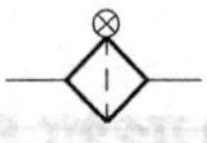	温度计	
分水排水器		流量计	
空气过滤器		压力继电器	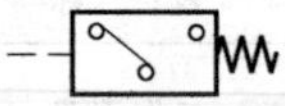
除油器	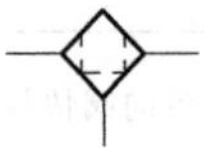	冷却器	
蓄能器		加热器	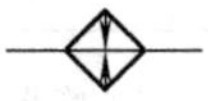

附表 4　液压泵和马达

名　称	符　号	名　称	符　号
单向定量液压泵	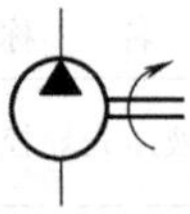	液压整体式传动装置	
双向定量液压泵	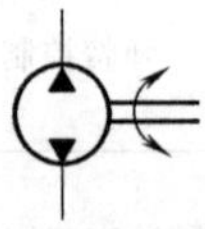	摆动马达	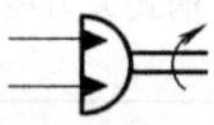
单向变量液压泵		单向变量马达	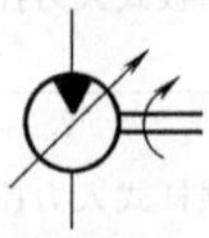
双向变量液压泵	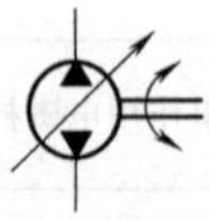	双向变量马达	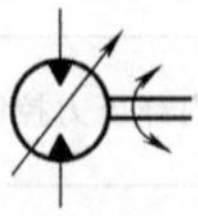
单向定量马达		定量液压泵-马达	
双向定量马达	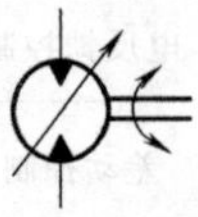	变量液压泵-马达	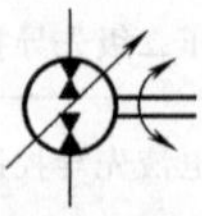

附表 5 液压阀

名　称	符　号	名　称	符　号
直动型溢流阀		先导型顺序阀	
先导型溢流阀		直动型减压阀	
先导型比例电磁溢流阀		先导型减压阀	
定压减压阀		不可调节流阀	

参考文献

[1] 赵静一，郭锐，程斐. 液压系统故障诊断与排除案例精选. 北京：机械工业出版社，2017.

[2] 姚成玉，赵静一，杨成刚. 液压气动系统疑难故障分析与处理. 北京：化学工业出版社，2010.

[3] 黄志坚. 液压故障速排方法、实例与技巧. 北京：化学工业出版社，2009.

[4] 杨务滋. 液压维修入门. 北京：化学工业出版社，2010.

[5] 龚烈航. 液压系统污染控制. 北京：国防工业出版社，2010.

[6] 赵月静. 常用液压测试仪器及使用入门. 北京：化学工业出版社，2009.

[7] 黄志坚. 实用液压气动回路800例. 北京：化学工业出版社，2016.

[8] 刘忠. 工程机械液压传动原理、故障诊断与排除. 北京：机械工业出版社，2018.

[9] 衣娟，李晓红. 液压系统安装调试与维修. 北京：化学工业出版社，2015.

[10] 王亚萍，韩桂华，焦卫兵. 液压泄漏防治技术. 北京：机械工业出版社，2012.

[11] 赵静一，曾辉，李侃. 液压气动系统常见故障分析与处理. 北京：化学工业出版社，2009.

[12] 黄志坚，吴百海. 液压设备故障诊断与维修案例精选. 北京：化学工业出版社，2009.

[13] 刘延俊. 液压系统使用与维修. 北京：化学工业出版社，2006.

[14] 陆望龙. 液压维修实用技巧集锦. 北京：化学工业出版社，2010.

[15] 董继先，吴春英. 流体传动与控制. 北京：国防工业出版社，2010.

[16] 韩慧仙. 液压系统装配与调试. 北京：北京理工大学出版社，2011.

[17] 张玉良. 汽车液压动力转向系统的故障诊断与排除. 公路与汽运，2004，6：12.

[18] 李世班，房玉胜，李安. 数控机床液压与气动系统的故障诊断. 现代零部件，2006，11：86.

[19] 时耀文. LF炉液压系统的配置、调试及改进. 南钢科技与管理，2008（4）：46-49.

[20] 杨明友. 莱歇立磨液压系统安装中需注意的问题. 水泥，2009（12）：37-38.

[21] 苏启训，杨建东. 气动与液压控制项目训练教程. 北京：高等教育出版社，2010.

[22] 黄志坚. 看图学液压系统安装调试. 北京：化学工业出版社，2011.

[23] 黄福艺. 长洲水利枢纽永久船闸上下闸首液压启闭机安装. 贵州水力发电，2007（5）：67-70.

[24] 郝兴安. 气体爆破法在液压管道循环清洗中的应用. 清洗世界，2008（5）：40-42.

[25] 姜长平，周云麟. 全液压卷取机的安装调试. 鞍钢技术，2002（5）：60-62.

[26] 左健民. 液压与气压传动. 北京：机械工业出版社，1998.

[27] 张磊. 实用液压技术300题. 北京：机械工业出版社，1998.

[28] 李永堂. 锻压设备理论与控制. 北京：国防工业出版社，2005.

[29] 阳彦雄，李亚利. 液压与气动技术. 北京：北京理工大学出版社，2008.

[30] 张耀武. 液压与气动. 北京：中国铁道出版社，2014.

[31] 何清华. 旋挖钻机研究与设计. 长沙：中南大学出版社，2012.

[32] 中国机械工程学会. 机修手册. 北京：机械工业出版社，1977.

[33] 杨乐民. 钟表及仪器生产中机械化自动化机构设计图例. 北京：轻工业出版社，1982.

[34] 范存德. 液压技术手册. 沈阳：辽宁科学技术出版社，2004.

[35] 李壮云. 中国机械设计大典第5卷：机械控制系统设计. 南昌：江西科学技术出版社，2002.

[36] 张能武，卢庆生. 实用液压维修手册. 长沙：湖南科学技术出版社，2015.

[37] 魏喜新. 液压技术手册. 上海：上海科学技术出版社，2013.

[38] 齐英杰. 液压设备故障诊断分析. 哈尔滨：东北林业大学出版社，1990.

[39] 宋连龙. 液压设备使用与维护. 武汉：华中科技大学出版社，2015.

[40] 胡运林，蒋祖信. 液压气动技术与实践. 北京：冶金工业出版社，2013.

[41] 朱楠，杨阳. 液压与气动技术. 北京：北京理工大学出版社，2013.